Maurizio BROCATO

STATIQUE

DE LA GÉOMÉTRIE À LA CONCEPTION DES STRUCTURES

Presses des Ponts

Cet ouvrage a été réalisé avec l'appui du ministère de la Culture et de la Communication.

ISBN : 978-2-85978-490-4

Presses des Ponts

15, rue de la Fontaine-au-Roi
75127 Paris Cedex 11

SOMMAIRE

Avant-propos

Les questions structurelles et constructives sont à la base de l'architecture. Dérivant des limites posées par l'ordre qui régit la nature, elles nous poussent vers la compréhension et, parfois, la maîtrise de ces limites en se faisant ainsi sources de créativité et d'innovation.

La capacité de synthèse nécessaire à ces actions requiert l'acquisition préalable d'une capacité d'analyse basée sur des concepts et des méthodes qui ont été parmi les acquis scientifiques les plus importants des deux derniers siècles, voire les plus longuement recherchés au cours de l'histoire de la philosophie naturelle.

Ce livre présente un ensemble élémentaire de telles connaissances, permettant l'analyse des structures les plus simples et donnant les bases pour des études plus avancées.

Son origine pédagogique se situe dans les cours que j'ai donnés en 2005-2008 à École nationale supérieure d'architecture de Versailles et qui ont évolué jusqu'à la forme présente, qui est celle du cours de statique de l'École nationale supérieure d'architecture de Paris-Malaquais et de la première partie du cours de mécanique des structures de l'École nationale des ponts et chaussées.

Les contenus sont organisés suivant un ordre classique en France, qui permet l'introduction progressive des concepts fondamentaux, partant des seules considérations de géométrie pour passer ensuite aux notions de cinématique, de statique, de mécanique des matériaux et des structures. Ainsi, les objets étudiés se font de plus en plus concrets, leurs propriétés s'enrichissant d'information, et les déductions possibles adhèrent de plus en plus fidèlement à la complexité propre à l'apparence de tout phénomène naturel. Certes, l'abstraction reste, tout le long de ce parcours, le processus cognitif auquel sera fait le plus souvent appel : comme les figures de la géométrie euclidienne, les barres, poutres, plaques, etc. de la mécanique des structures ne sont que des images *simplifiées* et *utiles* de la réalité. Comme lesdites figures, elles ne composent pas seulement les phrases d'un langage scientifique cohérent, mais se prêtent à la création d'univers possibles qui est propre de l'architecture.

Nous ne pourrons pas démontrer la liaison étroite entre connaissance et créativité, mais nous espérons confier aux lecteurs de ce livre quelques informations organisées et l'envie de suivre un parcours qui ne dissocie pas la recherche artistique de celle scientifique.

Liste des symboles

$(\mathscr{C}, \vartheta)$ Centre et amplitude d'une rotation dans un plan

$(\mathscr{P}, m)$ Pôle et intensité d'un moment agissant sur un plan

α Rotation

$\approx$ Relation entre deux grandeurs dont la différence est négligeable par rapport à un critère donné

$\mathbf{f}$ Vecteur force, dont les composantes sont notés f_x, f_y, f_z

$\mathbf{n}$ Axe identifié par une liaison cinématique

$\mathbf{p}$ Vecteur force de la pesanteur d'un corps

$\mathbf{t}$ Axe orthogonale à $\mathbf{n}$

$\cos\alpha$, $\sin\alpha$, $\tan\alpha$ Cosinus, sinus et tangente d'un angle α

Δ Différence entre les valeurs d'une composante du déplacement ou de la rotation des deux côtés d'une liaison cinématique intérieure

$\mathbf{A}$ Petit tenseur antisymétrique

$\mathbf{C}$ Matrice de compatibilité cinématique

$\mathbf{d}$ Vecteur translation dont les composantes sont notées d_x, d_y, d_z

$\mathbf{I}$ Tenseur identité

$\mathbf{R}$ Tenseur orthogonal propre de rotation

$\mathscr{C}_{ij}$ Centre de rotation relative entre le corps i et le corps j dans un système de n corps, $i, j = 1, 2, ..., n$, $i \neq j$

$\mathscr{B}_\star$ Configuration de référence d'un corps

$\mathscr{C}$ Centre de rotation instantané absolu d'un corps, noté $\mathscr{C}_i$, $i = 1, 2, ..., n$ s'il s'agit du i-ème corps dans un système de n corps

A, B, ... Point d'un système, normalement lieu d'une liaison cinématique ou point d'application d'une force ou d'autres informations

O, $\mathbf{x}$, $\mathbf{y}$, $\mathbf{z}$ Origine et axes du repère

$\mathscr{W}$ Travail

$\hat{\mathscr{W}}$ Travail virtuel

ε Paramètre adimensionnel petit par rapport à l'unité

φ Rotation autour d'un point indiqué

a, b, l, d, h Longueurs caractéristiques d'un système

$d\omega$ Petite amplitude d'une rotation

e Nombre des degrés de liaison extérieurs

F_i Force extérieure dans un système de n forces appliquées, $i = 1, 2, ..., n$

i Nombre des degrés de blocage des liaisons intérieures

o Centre d'une rotation

p Nombre des poutres qui composent un système

u Translation

u_n Translation dans la direction $\mathbf{n}$

u_t Translation dans la direction $\mathbf{t}$

x Position d'un point du corps en configuration actuelle

$x_\star$ Position d'un point du corps en configuration de référence

ddb Abréviation pour *degré de blocage*

ddl Abréviation pour *degré de liberté*

Introduction

La statique est l'étude des conditions dans lesquelles les corps matériels restent immobiles sous l'action d'autres corps. Elle s'applique à l'étude des édifices pour évaluer leur capacité de se tenir et supporter d'autres corps sous l'effet de la gravité.

Une définition plus spécifique de cette branche des mathématiques appliquées indique la statique comme la partie de la mécanique qui étudie l'état d'équilibre des forces, ce qui délimite le terrain de l'étude par rapport a des entités supposées connues : les forces et l'équilibre.

Ce livre présente l'étude de la statique en faisant appel à un ensemble minimal de notions préalables, relevant essentiellement du domaine de la géométrie élémentaire, sans s'appuyer initialement sur les concepts de force et d'équilibre, qui seront donc introduits successivement. Cette approche a été choisie pour permettre l'accès aux informations présentées au plus vaste public, ne demandant que des connaissances relativement simples de géométrie et d'algèbre, comme il se doit pour un premier cours sur la matière traitée.

La compréhension des sujets exposés dans ce texte permet l'étude des structures les plus simples en vue de l'évaluation de leur capacité de fonctionner comme éléments porteurs d'un édifice et de l'identification de leur manière de remplir cette fonction. Les connaissances pouvant être acquises par la lecture de ce livre donnent accès à des études plus complètes sur la mécanique des structures.

L'étude débute par des rappels de géométrie et par la présentation de quelques concepts de cinématique, la science qui étudie le mouvement. Les premiers objets propres aux structures qui seront introduits sont les *liaisons cinématiques*, systèmes par lesquels les divers éléments qui composent une structure se tiennent entre eux et au sol afin que tout mouvement soit impossible. Ce chapitre introduit ainsi la notion la plus élémentaire de structure : un ensemble d'objets qui ne se déplacent pas.

Cette propriété admet des nuances, en fonction du rapport entre le nombre d'objets convoqués dans un système et le nombre des blocages introduits, et en fonction de la disposition des divers éléments. Il s'avère que les blocages peuvent être insuffisants, en juste quantité ou surabondants. Dans le premier cas on parle de *mécanisme* plutôt que de structure, dans le deuxième on peut avoir ce qu'on appelle une structure *isostatique* et dans le troisième on est en présence d'un système (éventuellement une structure) *hyperstatique*. Au-delà des questions économiques impliquées par la surabondance des blocages propre de l'hyperstaticité, ces systèmes sont essentiellement différents des structures isostatiques ; leur étude par les seules méthodes de la statique est bien plus limitée.

Dans le deuxième chapitre on introduit les concepts fondamentaux de force, moment, énergie et travail. L'étude préalable du mouvement permet des associations, dites dualités, entre forces et translations et entre moments et rotations, par lesquelles on définit les forces et les moments moyennant l'idée primitive de travail (ou énergie). La statique apparaît alors comme une discipline qui se base exclusivement sur la géométrie et sur l'introduction axiomatique du concept de travail. Les structures pouvant être étudiées par la statiques sont celles dans lesquelles aucun travail ne se produit.

Le troisième chapitre traite de l'étude des *réactions* : au blocage d'un mouvement correspond une action duale qu'on appelle réaction, une force réactive si le mouvement bloqué est une translation, un moment réactif si on bloque une rotation. On introduit les différents types de réactions pouvant se présenter dans les liaisons cinématiques précédemment définies, et on présente une méthode qui permet le calcul des réactions en fonction des actions (forces et moments) extérieures appliquées sur la structure.

Les effets se produisant à l'intérieur d'une structure suite à l'application d'actions extérieures sont introduits dans le quatrième chapitre. Leur nom peut engendrer des erreurs d'interprétation ; si, dans le langage commun, *sollicitation* indique, le plus souvent, le fait d'exercer une action sur quelque chose, on l'emploie ici exclusivement pour designer l'effet ou résultat de cette action.

Une sollicitation est un objet composé. Se présentant dans les éléments des structures par effet de leur continuité matérielle, une sollicitation a autant de composantes que de mouvements généralement possibles dans l'espace, mais empêchés par ladite continuité. Pour la définir il faut se donner la géométrie de l'objet au sein duquel elle se produit. Par exemple dans les cas bi-dimensionnels sur lesquels on se concentrera et pour une poutre, ces composantes sont deux forces, l'une dite effort normal, l'autre effort tranchant, et un moment, dit fléchissant. Comme pour les réactions dans le chapitre précédent, on définit d'abord les sollicitations dans les poutres et on donne ensuite des méthodes pour les calculer.

L'étude des sollicitations, avec celle des réactions, est l'objet ultime de la statique. Cette étude est complexe à cause de la nature des objets étudiés, ayant plusieurs composantes, et de la géométrie des structures sur lesquelles on les étudie. Pour parvenir à des évaluations synthétiques on introduit dans le cinquième chapitre des systèmes de représentation qu'on appelle *diagrammes* des sollicitations.

Les *treillis* sont l'objet du sixième chapitre ; il s'agit de structures dont les éléments, nommés *barres* se caractérisent par leur état de sollicitation, qui est réduit au seul effort normal.

Le septième chapitre de ce livre traite d'un ensemble de problèmes apparemment disjoints des précédents en approchant la question des équilibres *funiculaires*. Cette branche de la statique traite de l'équilibre d'un type particulier de corps, des fils idéaux dont la longueur est immuable, tout autre mouvement que les changements de longueur étant possible sans dépenses d'énergie. Un tel objet ne peut pas faire du travail et peut donc être étudié par la statique.

Le problème de la courbe funiculaire permet de traiter en première approximation l'étude des câbles et des cordes portant des charges suspendues. Il est aussi à la base de l'étude des arches en tant que systèmes anti-funiculaires, qui ne sera pas traitée dans ce livre.

L'équilibre funiculaire a une application intéressante dans l'univers des structures composées de poutres grâce à l'analogie qui existe entre la forme d'un fil idéal soumis à des forces et le diagramme du moment fléchissant d'une poutre sous les mêmes forces. Cette analogie permet une approche intuitive à l'évaluation du moment dans les poutres qui requiert peu de calculs.

Les questions présentées dans le huitième et dernier chapitre introduisent à la conception des structures, démarche qui peut être expliquée qualitativement en la comparant à celle de l'analyse des structures. Celle-ci part de la donnée d'une structure et d'un ensemble d'actions extérieures pour étudier la réponse de la première aux deuxièmes, alors que la conception est la recherche d'une structure qui peut répondre, d'une manière considérée optimale, à des actions extérieures données.

Dans les divers chapitres, des approfondissements des sujets traités sont présentés en italique. Ils sont réservés aux lecteurs voulant acquérir une information formellement plus évoluée du point de vue mathématique et ils se basent sur des connaissances mathématiques requises aux élèves de première année des écoles d'ingénieur en France. Les lecteurs qui ne souhaitent pas suivre ce parcours approfondi peuvent éviter la lecture des parties en italique sans inconvénients pour la compréhension des autres sujets.

Chaque chapitre se conclut par un ensemble d'exercices qui permettent l'étude des sujets par l'application.

1

Espace et mouvement

1.1 Introduction

Dans ce chapitre nous allons introduire des notions et des définitions préliminaires, relatives à la géométrie de l'espace et du plan et aux mouvements qui peuvent y avoir lieu, dont l'étude relève de la science appelée cinématique.

Tout d'abord quelques notions de géométrie, § 1.2.1, permettent l'établissement d'un langage mathématique efficace et partagé pour la description de l'espace et des phénomènes qui s'y produisent. Mais quels sont les phénomènes que nous allons étudier ?

Une structure est intuitivement quelque chose de fixe, stable. Statique est l'adjectif qui indique une condition de stabilité, propre de ce qui n'est pas doué de mouvement, et le nom de la science qui étudie une telle condition. En d'autres termes, la statique est une science qui étudie les structures du point de vue de leur capacité de rester immobiles même sous l'effet d'interactions avec d'autres objets en mouvement.

Or, tout objet – y compris une structure – se meut, parfois insensiblement, au cours de telles interactions ; donc l'immobilité qu'on souhaite étudier doit être définie par un processus d'abstraction, permettant de négliger certains mouvements pour privilégier l'analyse de ceux qu'on considère plus importants, comme par exemple les déplacements par rapport au sol. On répond à ce besoin par l'introduction du concept de corps rigide (§ 1.2.2).

Ladite capacité de rester immobile sous interaction avec d'autres objets est par ailleurs un concept glissant : comment définir une interaction entre objets si ce n'est par son pouvoir de générer des effets, et quel est alors le sens d'une action (force) sans conséquences (mouvements) dont l'introduction paraît inévitable pour parler d'immobilité (équilibre) ?

En effet, cette impasse a longuement nui au développement de la théorie : il est difficile de donner une définition de stabilité sans introduire l'idée de négation du mouvement, de sorte que la statique, étude de l'immobilité, dévient tributaire de la cinématique, étude du mouvement. C'est pour cette raison que ce livre commence par quelques notions de cinématique, qui nous permettent une définition non ambiguë de ce qui est une structure, système stable d'objets, par la négation de son opposé : un système est stable s'il ne peut accomplir aucun mouvement – sans se déformer.

Pour arriver à cette définition nous avons besoin d'introduire les concepts de liaison cinématique extérieure, § 1.3.1, et intérieure, § 1.3.7, et d'appliquer aux systèmes composés de corps rigides et de telles liaisons des méthodes d'analyse dérivant des propriétés du mouvement des corps rigides dans l'espace expliquées dans la première partie de ce chapitre.

On verra apparaître dans cette étude deux familles de constituants d'une structure : les éléments porteurs proprement dits, imaginés pour l'instant comme des corps rigides et identifiés schématiquement comme des *poutres*, et les éléments d'assemblage qui donnent lieu aux liaisons cinématiques, entre poutres et avec le sol.

En conclusion, ce chapitre permet l'acquisition de la capacité d'identifier les structures et de les analyser du point de vue de leur stabilité lorsque les poutres qui les composent sont idéalement rigides.

1.2 Notions et définitions préliminaires

1.2.1 Géométrie

Les structures sont des objets dont la description géométrique fait appel le plus souvent à l'espace dit *euclidien* à trois dimensions. Il s'agit de l'espace propre de la géométrie classique, nommée d'après Euclide, qui en fonda l'étude dans le IIIe siècle av. J.-C., et conçu sur la base de notre expérience intuitive. Les notions élémentaires propres de cette géométrie seront données pour acquises.

Pour l'étude de la géométrie dans l'espace euclidien on se donne souvent ce qu'on appelle, en hommage à René Descartes (1596-1650), un repère cartésien orthogonal : trois directions deux à deux orthogonales, non coplanaires et ayant un point commun, qui est l'origine du repère. Tant l'origine que les trois directions peuvent être choisies de façon arbitraire, pourvu que lesdites conditions soient respectées. Dans la suite, on nomme O l'origine et $\mathbf{x}$, $\mathbf{y}$, $\mathbf{z}$ les trois directions du repère. Par convention, on prendra ces trois axes orientés respectivement comme le doigt moyen, index et pouce de la main gauche, ce qui correspond à un repère dit *lévogyre* ([1], voir figure 1.1)

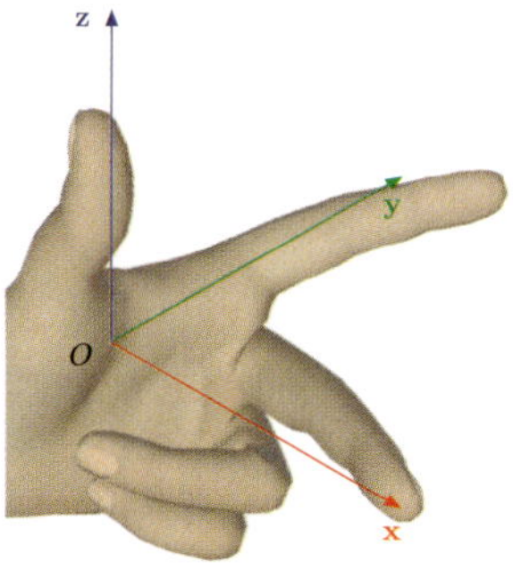

FIGURE 1.1 – Vue isométrique d'un repère cartésien orthogonal lévogyre O, $\mathbf{x}$, $\mathbf{y}$, $\mathbf{z}$. Le code des couleurs sera respecté dans les images qui suivent pour identifier les directions de l'espace.

Pour simplifier la présentation des concepts, sans par ailleurs en réduire la généralité, on se restreindra souvent à l'étude de systèmes placés dans un espace à deux dimensions, qu'on appellera *systèmes plans*. Il y a là un mécanisme typique du processus d'abstraction : un système plan n'est pas forcément un ensemble d'objets n'ayant réellement que

1. L'appellation lévogyre, provenant du latin *laevus*, qui signifie gauche, indique le fait que si on procède, en gardant une distance constante du point O, d'un point de l'axe $\mathbf{x}$ vers l'axe $\mathbf{y}$ et ensuite vers l'axe $\mathbf{z}$ on tourne à sa gauche.

deux dimensions, mais un ensemble qui peut être décrit comme s'il n'avait que deux dimensions, au moins dans un certain nombre de cas d'intérêt pratique.

Par exemple, les positions d'un jeu d'échecs sur l'échiquier peuvent aisément se représenter en deux dimensions – ce qui est très utile pour l'étude de ce jeu – alors que les pièces en elles-mêmes et leurs mouvements réels se situent dans un espace à trois dimensions ([2]).

Dans l'étude des systèmes plans, la géométrie est alors celles du plan, ce qui en simplifie la représentation et réduit la complexité. Cette réduction est pédagogiquement importante, mais elle n'est pas sans conséquences vis-à-vis des applications : l'extension de certains concepts à l'espace tridimensionnel devra être faite avec soin.

Dans ce texte de nature introductive, on considère uniquement des structures composées d'éléments de type *poutre* et de type *barre*. Ces deux termes ont, dans le langage technique, une signification spécifique, alors que dans les textes de statique et de mécanique on lui donne le sens plus général qu'on lui accordera ici : on appelle *poutre* une pièce allongée, caractérisée donc par une ligne d'axe, droite ou courbe, et des sections orthogonales à cette ligne ; on appelle *barre* une pièce de même type, avec axe droit et sous des conditions de fonctionnement particulières qu'on présentera dans un autre chapitre.

Bien que dans le langage technique poutres, poutrelles, pannes, solives, chevrons, poteaux, etc., soient des éléments constructifs distincts, à cause de leur morphologie commune on les associe tous ici, suivant la tradition, sous le nom de poutres.

D'après sa définition, une poutre est caractérisée avant tout par la donnée d'une ligne d'axe. Un bâton par exemple peut être étudié comme une poutre ; une arche ou un ressort hélicoïdal aussi. Ces trois exemples nous montrent que la ligne d'axe d'une poutre peut être droite (le bâton), courbe plane (l'arche), courbe et non contenue dans un plan (le ressort hélicoïdal). Seulement les deux premier types de poutres seront étudiés dans ce texte.

Un autre terme d'usage commun dans les études de mécanique est celui de *corps*. Il s'agit du terme le plus général par lequel on désigne n'importe quel objet qui occupe une région de l'espace (ou du plan si on traite des systèmes plans). Ainsi une poutre est un corps, mais un ensemble de poutres, liées entre elles d'une quelconque manière, peut aussi être vu comme un seul corps. On se servira donc de ce terme chaque fois qu'il ne sera pas nécessaire de spécifier davantage le type d'objet étudié.

1.2.2 Cinématique

Concept de corps rigide

Nous observons tous les jours des objets en mouvement : un patin qui glisse, une chaise qui se replie, un ballon qui rebondit, en sont autant d'exemples. Le cinéma nous montre que n'importe quel mouvement continu à l'apparence peut se décomposer en une

2. L'information perdue dans le passage de l'espace réel à celui de la représentation n'affecte pas l'étude du problème. Le renoncement au traitement d'une partie de l'information est un acte nécessaire, qui doit être soigneusement opéré, dont les conséquences sur la qualité des résultats ne pourront s'évaluer qu'à posteriori par le recours à un autre modèle, souvent expérimental. Il s'agit d'une application du principe dit du *rasoir d'Occam*, dont l'énoncé « Occidit qui non servat » (élimine ce qui est inutile), faisant appel à l'utilité de l'acte de penser, en réduit l'efficacité à un horizon limité de cas d'études.

suite d'images fixes se déroulant dans le temps ; c'est ainsi que le mouvement est décrit par la branche des mathématiques qu'on appelle *cinématique*, science qui traite du mouvement des corps.

Des images successives d'un patin qui glisse donnent cet objet dans des positions différentes sur la surface de la patinoire ; des images d'une chaise en train de se plier montrent ses éléments dans des positions relatives différentes ; des images d'un ballon qui rebondit montrent cet objet avec des formes différentes. Dans le premier cas, nous pouvons imaginer le patin comme s'il était idéalement *rigide* (c'est-à-dire de forme invariable), toute image étant identique sauf pour la position sur la patinoire ; dans le deuxième cas, la chaise peut être vue comme composée d'éléments rigides liés entre eux par des *articulations* qui permettent certains mouvements ; dans le troisième cas, on ne peut pas ignorer le changement de forme du ballon pendant le rebond.

En idéalisant le mouvement du patin on parvient à l'idée de *mouvement de corps rigide* : dans un tel mouvement la distance entre n'importe quel couple de points du corps reste invariable ; la forme du corps est toujours la même au cours d'un tel mouvement.

Le modèle idéal du mouvement de la chaise pliante est celui du mouvement d'un ensemble de corps rigides : chaque élément de la chaise suit un mouvement de corps rigide comme précédemment défini, alors qu'il existe un nombre fini de conditions entre les mouvements des différents éléments, qui sont imposées par les articulations.

Finalement, le modèle du mouvement du ballon est celui d'un *corps déformable*.

Des mouvements plus complexes peuvent être observés (par exemple les phénomènes de rupture, ceux de changement de phase ou ceux de croissance), mais notre attention sera bornée aux trois types susdits ([3]).

N'importe quel corps peut idéalement suivre un mouvement de corps rigide. Il s'agit d'un processus idéal. Pour l'imaginer il n'est pas nécessaire de se donner des conditions dans lesquelles il pourrait être réellement observé ; il suffit d'imaginer une suite de positions du corps dans l'espace dans lesquelles le corps reste toujours égal à son image initiale, le mouvement de corps rigide est celui qui relie ces positions.

Translations et rotations

On appelle *translation* un mouvement dans lequel tous les points d'un corps se déplacent également dans la même direction. On appelle *rotation* un mouvement dans lequel les points décrivent, dans le même sens autour d'un axe fixe, dit *de rotation*, des arcs de cercle, qui se trouvent tous dans le plan orthogonal à cet axe et qui ont tous le même angle d'ouverture ; dans un tel mouvement, l'axe de rotation conserve ses distances par rapport aux points du corps, comme s'il en faisait partie, même si cela n'est pas forcement le cas.

Un corps rigide ne peut suivre que des translations et des rotations. Le mathématicien français Michel Chasles (1793-1880) démontra, en 1830, que le mouvement le plus général d'un corps rigide est une translation précédée ou suivie d'une rotation autour de l'axe de translation ([4]).

3. Il est clair que, encore une fois, nous faisons appel à un processus d'abstraction : le patin qui glisse n'est pas réellement sans déformations, mais en les négligeant nous avons imaginé un processus idéal, certes impossible en nature, qui sera utile pour les raisonnements que nous allons faire.

4. Ce résultat avait été publié, en 1763, par Giulio Mozzi (1730-1813), sans recevoir l'attention nécessaire.

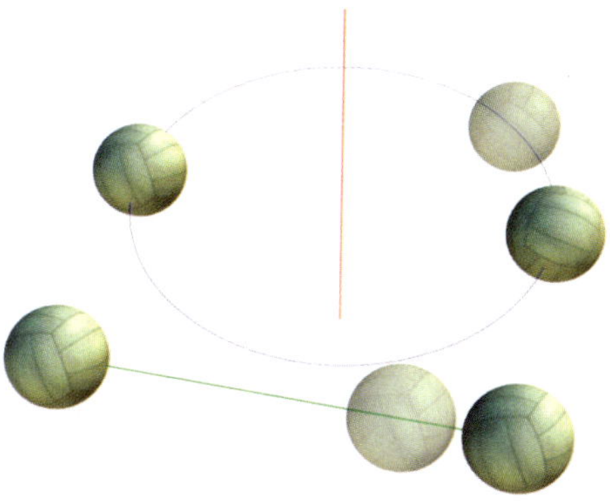

FIGURE 1.2 – Translation et rotation d'un ballon. L'axe rouge est l'axe du mouvement de rotation, la ligne bleue est la trajectoire du centre du ballon dans ce mouvement, la ligne verte dans celui de translation.

Si on compare deux rotations ayant des axes de rotation parallèles et plus ou moins loin du corps, on constate que, dans la rotation avec l'axe le plus lointain, les points du corps se déplacent suivant des arcs de cercle dont la courbure est plus faible que dans le cas où l'axe de rotation est plus proche (la courbure d'un arc de cercle est en fait l'inverse de son rayon). Il suffit d'imaginer les arcs de cercle tracés par un compas de plus en plus ouvert.

On peut alors imaginer l'axe de rotation s'éloigner de plus en plus du corps et les trajectoires des points du corps se rapprocher de plus en plus de lignes droites (c'est-à-dire de lignes à courbure nulle). Il convient d'imaginer l'axe de rotation s'éloigner du corps en restant orthogonal à un même plan fixe, de façon qu'il soit identifié par son point d'intersection avec ce plan. *À la limite* d'un axe de rotation infiniment éloigné du corps, le mouvement devient une translation dans la direction du plan orthogonale à celle qui relie le point du plan à l'infini identifiant l'axe de rotation et le corps ([5]).

On peut donc conclure en affirmant que un corps rigide peut suivre seulement de mouvements de translation et de rotation ou, ce qui revient au même, des mouvements de rotation qui peut être propre, c'est-à-dire autour d'un axe de rotation placé à distance finie du corps, ou impropre, si l'axe de rotation s'éloigne à l'infini.

Les translations, les rotations et leurs compositions s'appellent *isométries*, car ce sont les seuls mouvements qui ont la propriété de ne pas modifier les distances entre points du corps qui se déplacent. Un corps qui suit un mouvement isométrique se déplace donc comme un corps rigide.

Lorsqu'on se restreint aux systèmes plans, les seuls mouvements possibles sont ceux qui laissent les points du corps dans le plan donné. Les isométries des corps plans sont alors les translations dans le plan et les rotations par rapport à des axes orthogonaux au plan. Ces axes seront alors identifiés par leur point d'intersection avec le plan du système, ce qui nous conduit à la notion de *centre de rotation*, valable pour les systèmes plans. Dans un tel système un corps rigide peut donc suivre des mouvements de translation dans le plan et de rotation autour d'un centre qui est un point du plan ou, ce qui revient au même, des mouvements de rotation qui peut être propre, c'est-à-dire autour d'un centre placé à distance finie du corps, ou impropre, si le centre de rotation s'éloigne à l'infini.

5. Dans la proposition précédente on a fait appel à la notion de limite : il s'agit d'un concept abstrait, qui représente un résultat qui se produit idéalement lorsqu'on pousse un modèle dans des conditions qui, sans pouvoir nécessairement être atteintes, peuvent être approchées autant qu'on veut. Par exemple, on peut imaginer (dans l'espace euclidien) un compas qui trace des arcs de cercle de rayon aussi grand qu'on veut.

Il faut noter que le concept d'isométrie s'applique, plus généralement, aux figures géométriques ; il existe alors, dans le plan, outre les translations et les rotations, les réflexions et les symétries glissées, mouvements qui ne peuvent pas être accomplis par les corps matériels car ils comportent une inversion des axes de la figure (voir figure 1.3, [6]).

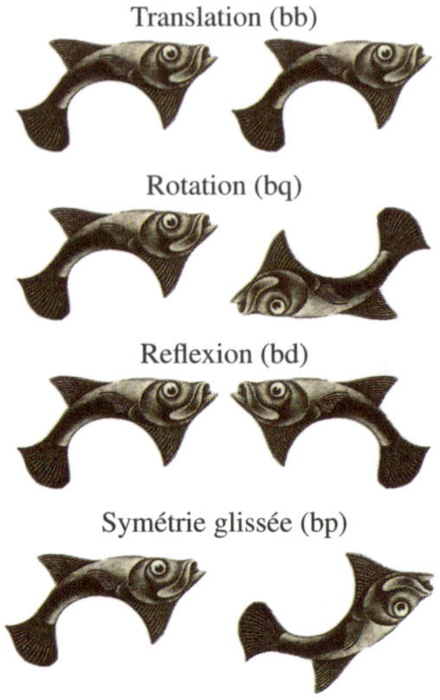

FIGURE 1.3 – Isométries d'une figure géométrique dans le plan. Les lettres entre parenthèses identifient les diverses isométries par leurs effets sur la lettre b. On observe qu'il est possible de composer des isométries pour en obtenir une autre. Par exemple, si on indique avec · la composition de deux transformations : bb=bq·bq, bb=bd·bd, bb=bp·bp, etc.

Décomposition et composition des translations

Fixons un repère dans l'espace. N'importe quel mouvement de translation pourra être vu comme la succession des mouvements de translation suivant au plus trois des directions du repère. Par conséquent, on dit qu'un corps rigide a trois *degrés de liberté de translation* dans l'espace.

Prenons par exemple deux points A et B dans l'espace et le mouvement du premier au deuxième suivant le segment qui joigne A à B ; ce segment pourra être projeté sur les trois directions $\mathbf{x}$, $\mathbf{y}$ et $\mathbf{z}$, donnant trois segments deux à deux orthogonaux (voir figure 1.7). (Dans certains cas, une ou deux de ces projections pourra être de longueur nulle ; c'est-à-dire qu'un ou deux de ces segments pourra se réduire à un point). Le mouvement de A à B pourra être décomposé dans une succession des translations identifiées par ces projections, l'ordre dans lequel on prend les projections étant immatériel pour le résultat : on peut aller de A à B suivant, par exemple, d'abord la direction de l'axe $\mathbf{x}$, ensuite celle de l'axe $\mathbf{y}$ et finalement celle de l'axe $\mathbf{z}$ (ou suivre ces trois directions dans un autre ordre ; voir figure 1.8). Cette propriété *commutative* est fondamentale pour la composition de plusieurs translations. Les projections d'une translation sur les axes du repère sont ses *composantes*.

Prenons un troisième point C et une deuxième translation, de B à C ; elle pourra aussi être décomposée suivant les trois directions des axes du repère. La succession des translations de A à B et de B à C équivaut à une translation de A à C. Grâce à la susdite propriété commutative, on peut montrer que les composantes de la translation de A à C sur les axes du repère sont données par la somme des composantes sur les mêmes axes des translations de A à B et de B à C.

Les translations ont donc une propriété fondamentale : elles peuvent se sommer, c'est-à-dire que la composition de plusieurs translations est encore une translation et que l'ordre dans lequel on prend les translations en les composant est immatériel pour la translation résultante.

6. La figure du poisson utilisée dans ces images et dans les suivantes est extrait de *Plane Filling II*, 1957, lithographie de M. C. Esher (1898-1972).

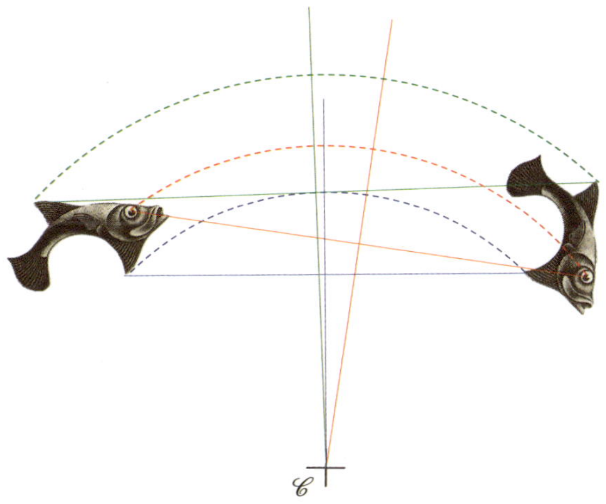

FIGURE 1.4 – Mouvement plan de rotation : tous les points du corps se déplacent en gardant leur distance fixe par rapport au centre de rotation $\mathscr{C}$. La médiatrice du segment joignant les positions avant et après rotation de n'importe quel point du corps contient $\mathscr{C}$.

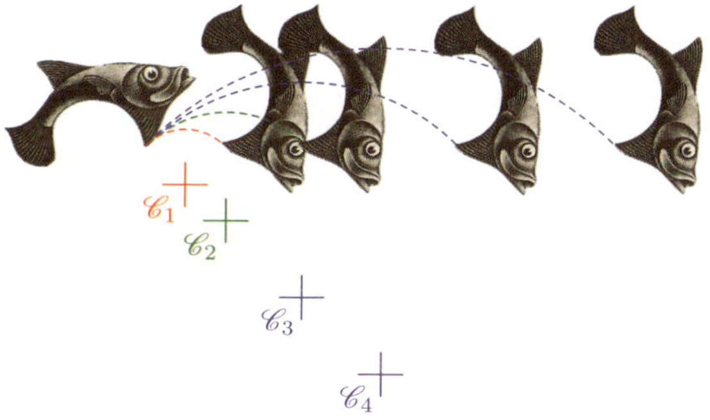

FIGURE 1.5 – Rotations d'un même angle autour de centres différents alignés : elles diffèrent par une translation.

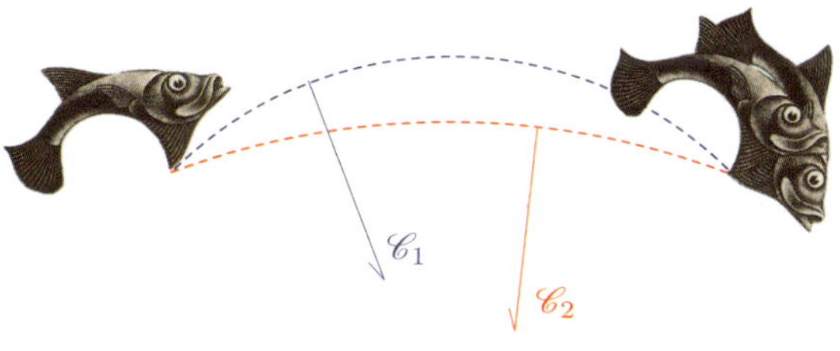

FIGURE 1.6 – Rotations autour de centres différents : en éloignant le centre de rotation du corps on obtient un mouvement qui s'approche de celui d'une translation.

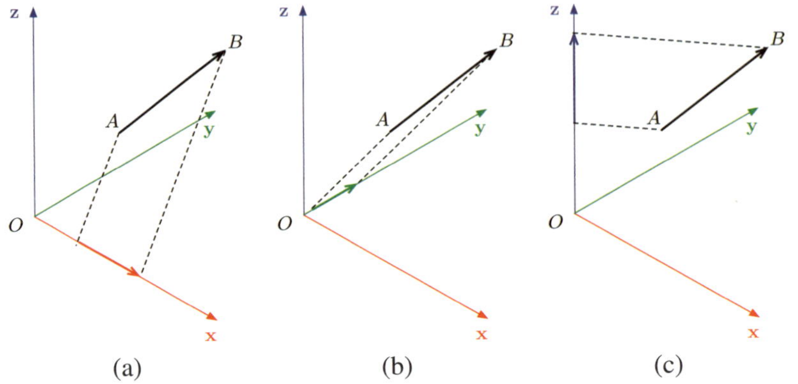

FIGURE 1.7 – Projections d'un mouvement du point A au point B sur les trois axes du repère cartésien orthogonal O, $\mathbf{x}$, $\mathbf{y}$, $\mathbf{z}$: (a) sur l'axe $\mathbf{x}$, (b) sur l'axe $\mathbf{y}$, (c) sur l'axe $\mathbf{z}$.

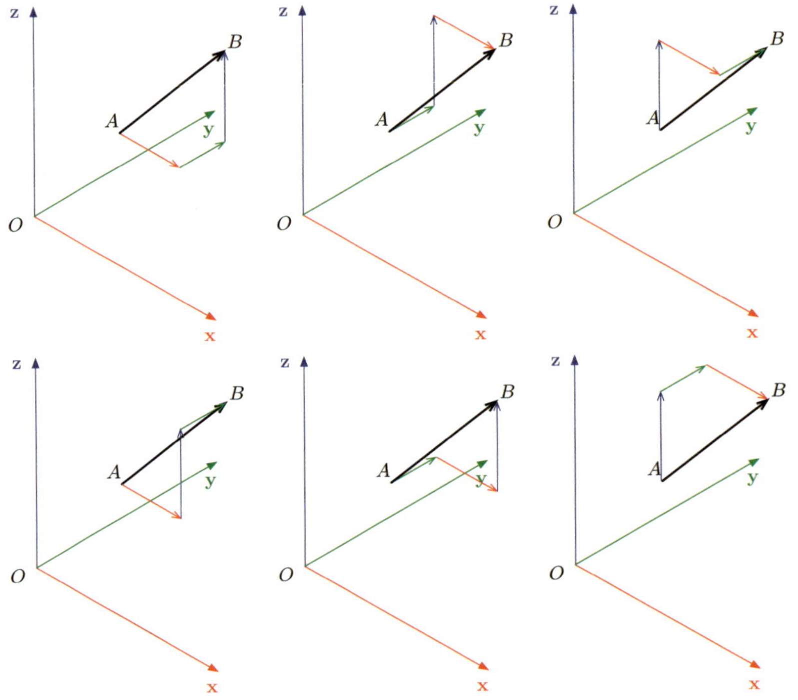

FIGURE 1.8 – Propriété commutative de la somme des translations : les images montrent la somme des composantes d'une translation obtenue en changeant l'ordre de la composition suivant les 6 combinaisons possibles.

Décomposition et composition des rotations

D'après un théorème démontré en 1776 par le mathématicien suisse Leonhard Euler (1707-1783), les rotations dans l'espace d'un corps autour d'un point fixe peuvent être décrites par trois paramètres indépendants.

Pour définir une telle rotation, il faut se donner un axe passant par le point fixe, un sens de rotation et un angle de rotation autour de cet axe. Pour associer trois paramètres à cette information il suffit de voir que l'ensemble des axes sortant d'un même point est équivalent à la surface d'une sphère ayant son centre sur ce point. N'importe quelle rotation du type considéré peut donc être mise en relation avec un point sur la surface d'une sphère (ce qui correspond au choix de deux coordonnées sur cette surface) et un angle de rotation autour de l'axe qui relie ce point au centre de la sphère, soit trois paramètres en tout.

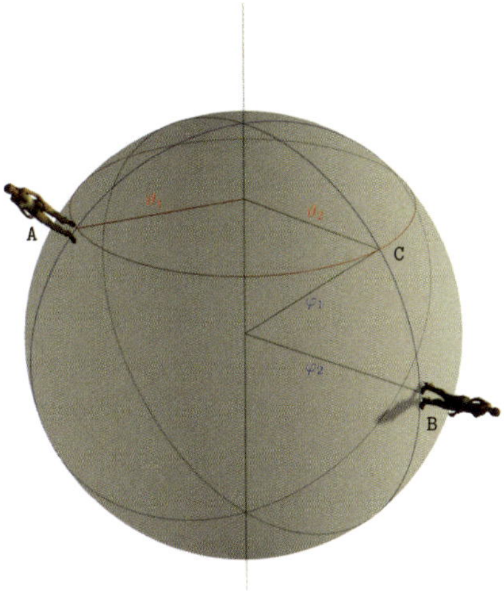

FIGURE 1.9 – Mouvements sur la surface de la sphère suivant un système de trois coordonnées sphériques : latitude φ en bleu, longitude ϑ en rouge ; le troisième angle définit la rotation sur l'axe zénithal du point de la sphère considéré, comme par exemple celle que le personnage représenté devra faire en C pour suivre le parcours ACB.

Imaginez un homme qui marche sur la surface d'une planète sphérique (figure 1.9) : vu que son corps sera toujours normal à la surface, en se déplaçant d'un point à l'autre il tournera autour du centre de la sphère et, en restant sur un point donné, il pourra tourner sur lui-même. Il y a dans son mouvement un point fixe (le centre de la sphère) et trois variables indépendantes ou degrés de liberté ; pour les visualiser on se donne sur la sphère un système de méridiens et parallèles (dit aussi *système de coordonnées sphériques*). On pourra alors distinguer parmi les mouvements possibles de l'homme les déplacements suivant les méridiens, ou changements de l'angle appelé latitude, ceux suivant les parallèles, ou changements de l'angle appelé longitude, et les rotations – dites propres – autour de son propre axe zénithal. Ces degrés de liberté sont en nombre de trois, même si le résultat du mouvement dépend de l'ordre dans lequel les rotations se succèdent.

Les rotations n'ont pas en fait la même propriété commutative que les translations : il est vrai que la composition de deux rotations est encore une rotation, mais l'ordre dans lequel les rotations se composent intervient sur le résultat de l'opération (voir figure 1.10).

Par convention, une rotation autour d'un axe est positive si on voit le corps tourner dans le sens opposé aux aiguilles d'une montre lorsqu'on le regarde du côté vers lequel l'axe se dirige. Une rotation positive du repère autour de l'axe $\mathbf{x}$ voit l'axe $\mathbf{y}$ aller vers l'axe $\mathbf{z}$, si la rotation positive se fait autour de $\mathbf{y}$ c'est $\mathbf{z}$ qui va vers $\mathbf{x}$ et finalement, si la rotation positive se fait autour de $\mathbf{z}$, on voit $\mathbf{x}$ aller vers $\mathbf{y}$ (voir figure 1.11).

FIGURE 1.10 – Les rotations ne sont pas commutatives : en partant d'une même position initiale et en échangeant l'ordre des rotations, on obtient des positions finales différentes.

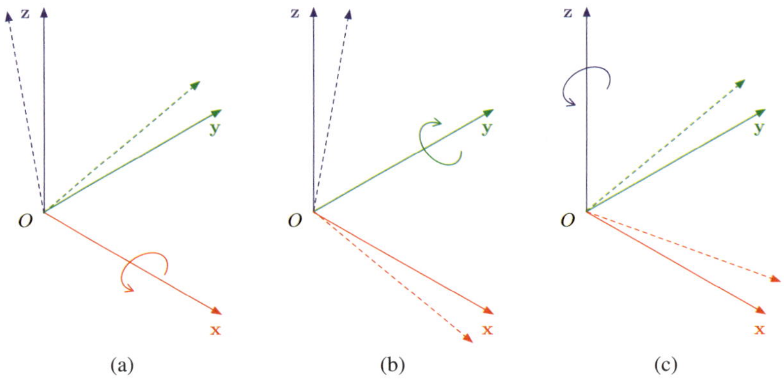

FIGURE 1.11 – Rotations positives du repère cartésien orthogonal O, $\mathbf{x}$, $\mathbf{y}$, $\mathbf{z}$: (a) autour de l'axe $\mathbf{x}$, (b) de l'axe $\mathbf{y}$, (c) de l'axe $\mathbf{z}$.

1.2.3 Mouvements d'un corps rigide dans le plan

Degrés de liberté

Le théorème d'Euler de 1776 prouve qu'un corps rigide a dans l'espace trois degrés de liberté de rotation autour d'un centre donné $\mathscr{C}$, lisibles comme une rotation, d'un angle arbitraire, autour d'un axe, arbitrairement choisi, de l'étoile centrée en $\mathscr{C}$. Les translations possibles du centre $\mathscr{C}$ ajoutent trois autres degrés de liberté au corps, qui en possède donc six en tout.

Un mouvement se dit *plan* si tous les points gardent leurs distances par rapport à un plan fixe. Les trajectoires sont alors parallèles à ce plan : les translations se font dans des directions du plan et n'ont que deux degrés de liberté ; les rotations se font autour d'axes normaux au plan, avec seulement un angle arbitraire. En conclusion, un corps rigide dans l'espace a six degrés de liberté, qui se réduisent à trois dans le plan.

Les trois degrés de liberté du corps dans le plan peuvent se voir comme les deux translations dans les directions $\mathbf{x}$ et $\mathbf{y}$ données par le repère et une rotation d'axe $\mathbf{z}$ (orthogonal au plan) : en choisissant la distance de translation suivant $\mathbf{x}$, celle suivant $\mathbf{y}$ et l'angle de rotation on fixe les trois degrés de liberté.

Il est équivalent de voir ces degrés de liberté comme nécessaires au choix d'un point jouant le rôle de centre de rotation (le choix d'un point dans le plan correspond à la donnée des deux coordonnées du point) et de l'angle de rotation du corps autour de ce point. En effet, la composition des deux translations suivant $\mathbf{x}$ et $\mathbf{y}$ mentionnées précédemment donne lieu à une translation suivant éventuellement une autre direction, qui pourra être vue comme une rotation impropre autour d'un centre infiniment éloigné du corps dans la direction orthogonale à celle du mouvement de translation, de façon que tout mouvement dans le plan, comme dans l'espace, peut être vu comme une rotation, éventuellement impropre.

Il convient de rappeler que les rotations ne jouissent pas de la propriété commutative, même lorsqu'on se restreint aux mouvements plans. Dans ce cas toute rotation possible se fait autour d'un axe orthogonal au plan et seulement le cas particulier de la composition de deux rotations coaxiales (donc ayant le même centre de rotation dans le plan) permet la commutation sans changement du résultat.

Centre de rotation

Le mouvement d'un corps rigide dans le plan peut être décrit comme une translation u suivie ou précédée d'une rotation α autour de l'un de ses points. Ce même mouvement peut être décrit comme une rotation pure d'angle α autour d'un point du plan.

On appelle centre de rotation instantanée du corps, noté $\mathscr{C}$ ce point qui permet de décrire le mouvement comme une rotation pure. Si le mouvement est de translation pure ($\alpha \to 0$) le centre de rotation instantanée se trouve à l'infini dans la direction orthogonale à celle de la translation. On parle alors de rotations impropres pour les distinguer des rotations propres, qui ne sont pas de translations.

L'adjectif *instantané* dénote la possibilité pour le corps de suivre un mouvement dans le temps qui ne soit pas une simple rotation, propre ou impropre, mais une suite de rotations autour d'un centre qui se déplace. Si la position finale pourra toujours être atteinte à partir de la position initiale par un mouvement de rotation (propre ou impropre), le vrai trajet suivi par le corps entre ces deux positions ne sera pas nécessairement un arc de cercle ou un segment de droite.

Dans les limites de ce cours on ne s'intéressera qu'au début du mouvement et on n'aura donc pas besoin de rappeler le caractère instantané d'un centre de rotation. L'adjectif sera donc omis, la référence au premier instant du mouvement étant sous-entendue.

À noter que les mouvements autour d'un centre de rotation $\mathscr{C}$ se font suivant des trajectoires qui sont des arcs de cercle de centre $\mathscr{C}$. La longueur de la trajectoire dans le mouvement de rotation pure est donc mesurée par un angle, qui est le même pour tout point du corps rigide.

Cette propriété permet l'identification du centre de rotation d'un mouvement dont on ne connaît que deux positions distinctes : c'est le seul point du plan qui voit tout couple de points homologues dans le mouvement sous le même angle et qui, par conséquent, est commun aux médiatrices de tous les segments joignant de tels points homologues (voir figure 1.12).

Pour la définition précédente nous avons introduit le concept de points homologues dans un mouvement : il s'agit de deux positions (dans le plan ou dans l'espace) occupées par un même point du corps à deux instants pendant son mouvement. Nous avons aussi utilisé le concept de médiatrice d'un segment : la droite normale à ce segment qui passe par son milieu.

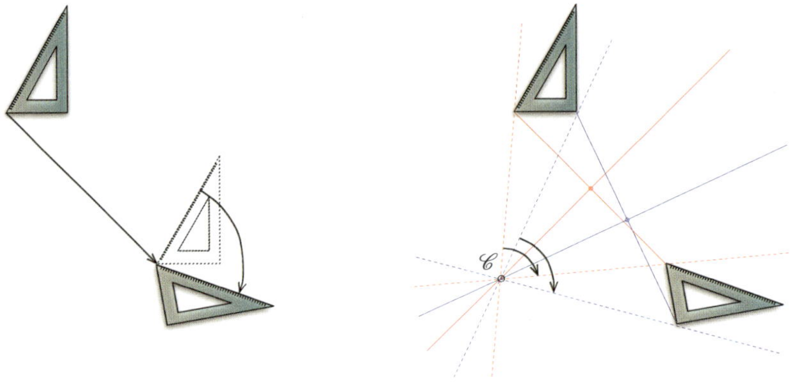

FIGURE 1.12 – Construction du centre instantané de rotation : étant donné un mouvement de translation suivi d'une rotation (image à gauche), on peut identifier le point $\mathscr{C}$, centre d'un mouvement équivalent de rotation pure, comme le point commun aux médiatrices des segments qui joignent deux points quelconques du corps à leurs images dans le mouvement (image à droite).

1.2.4 Concept de petit mouvement

Intérêt du concept pour l'étude de la stabilité

Dans l'introduction de ce chapitre nous avons déclaré l'intention de définir la stabilité d'une structure comme la négation de la possibilité de celle-ci de suivre de mouvements. Pour établir cette négation il suffit de tenir compte de la possibilité du début du mouvement : si la structure se trouve dans l'impossibilité d'initier n'importe quel mouvement, alors elle ne pourra pas se mouvoir et – par conséquent – on dira qu'elle est stable.

La possibilité de se limiter simplement à l'étude du début du mouvement a un avantage et, en même temps, une subtilité. L'avantage consiste en ce que ce début correspond par définition à de petites amplitudes : un corps qui commence un mouvement de son état de repos s'écarte progressivement de sa position initiale de sorte que, à un instant choisi à cet effet – éventuellement très proche du dernier instant de repos –, la différence entre sa position en mouvement et sa position au repos est aussi petite qu'on veut.

C'est ici une autre application du concept de limite : on peut étudier le mouvement à la limite d'un écart infinitésimal par rapport à la position stable. Cette étude, comme on l'a expliqué précédemment, nous permettra de caractériser cette position stable.

La subtilité de l'étude à la limite de la position stable réside dans le fait que des mouvements infinitésimaux (on pourrait dire imperceptibles pour évoquer leur effet subjectif sur un observateur qui vit à l'échelle de la structure) peuvent parfois être possibles pour un système qui, par ailleurs, ne pourra pas suivre de mouvements d'amplitude finie (perceptible). Dans le cadre de l'étude de la stabilité un tel système n'est pas pour autant stable, car il suffit de pouvoir se mouvoir, d'un mouvement aussi petit qu'il soit, pour ne pas satisfaire la définition : une structure est stable si elle ne peut pas se déplacer (sans déformations).

On s'intéresse donc à un type particulier de mouvement du corps rigide, dont l'amplitude est petite. En vertu de ce qui a été présenté dans les paragraphes précédents, tout mouvement pouvant être décrit par une rotation autour d'un centre donné, cette amplitude est toujours quantifiable en un angle de rotation, qui sera donc à prendre petit.

Définition

Un angle étant un nombre réel, l'idée de *petit* doit être précisée. Soit α un angle mesuré en radians ([7]) ; « α petit » signifie :

$$\alpha^2 \ll 1,$$

le symbole $\ll$ indiquant que la grandeur à gauche est négligeable par rapport à celle à droite. Par exemple si $\alpha = 0{,}1$ alors $\alpha^2 = 0{,}01$ qui est une valeur négligeable par rapport à 1.

Si $\alpha^2 \ll 1$ on a par conséquent :

$$\cos\alpha \approx 1 \text{ et } \sin\alpha \approx \tan\alpha \approx \alpha,$$

où le symbole $\approx$ met en relation deux grandeurs dont la différence est négligeable.

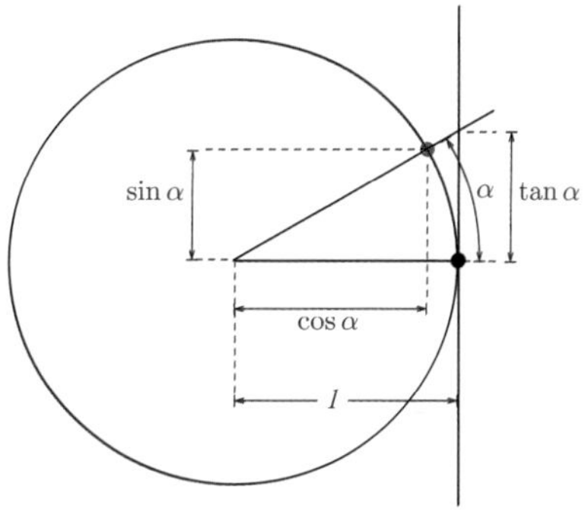

FIGURE 1.13 – Cercle trigonométrique et définitions.

Pour expliquer ces relations on rappelle les définitions habituelles pour le cercle trigonométrique : dans un cercle de rayon unitaire on se donne une origine pour la mesure des arcs (normalement prise au point le plus à droite du cercle) et le rayon qui la relie au centre (voir figure 1.13). Le choix d'un point arbitraire sur le cercle permet de définir un deuxième rayon et l'angle qu'il forme avec le rayon de l'origine. La mesure de cet angle, exprimée en radians, est égale à la longueur de l'arc (noté α, figure 1.13). On appelle cosinus de l'angle α, noté $\cos\alpha$, la longueur de la projection du rayon identifiant α sur le rayon identifiant l'origine et sinus, noté $\sin\alpha$, la longueur de sa projection sur la normale au rayon identifiant l'origine. On appelle tangente de l'angle, $\tan\alpha$, la longueur du segment intercepté par la prolongation du rayon identifiant α sur la tangente au cercle à l'origine.

7. La mesure des angles appelée radian est telle que l'angle plat se compose de π radians.

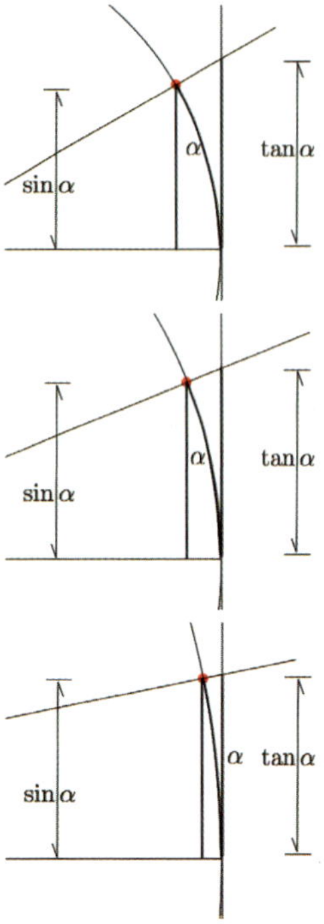

FIGURE 1.14 – Arc, sinus et tangente d'un même angle s'approchent entre eux au fur et à mesure que l'angle se réduit.

Les approximations indiquées peuvent se comprendre en observant les images de figure 1.14, dans lesquelles on compare les objets géométriques dont les mesures sont α, $\sin\alpha$ et $\tan\alpha$, qui se confondent entre eux lorsque α devient petit.

La démonstration mathématique de ce rapprochement s'obtient en observant que la différence entre la tangente et le sinus d'un angle peut s'exprimer en fonction de ce même sinus en observant le cercle centré au point défini par l'arc α et ayant la même tangente à l'origine que le cercle trigonométrique (voir figure 1.15). Le rayon de ce cercle est $(1-\cos\alpha)$ et donc :

$$\tan\alpha - \sin\alpha = (1 - \cos\alpha)\sin\alpha + ...$$

où les points indiquent d'autres termes qu'il faut sommer, mais qui, comme on voit sur la figure 1.15, sont encore plus petits que le terme écrit au second membre de l'équation et pourront être négligés si celui-ci est négligeable. La différence entre les deux grandeurs au premier membre est donc du même ordre de grandeur que le produit de deux nombres ($(1 - \cos\alpha)$ et $\sin\alpha$) qui s'approchent tous les deux de zéro lorsque α décroît vers zéro ; autrement dit, les deux fonctions $\tan\alpha$ et $\sin\alpha$ décroissent avec α vers zéro, mais leur différence décroît plus vite et dévient donc négligeable vis-à-vis d'eux pour les petits angles.

Un exemple numérique est donné dans le tableau et dans le graphique de la figure 1.16, où on reporte les valeurs des fonctions trigonométriques et leur allure pour les petits angles : on voit bien comment les différences entre l'angle (en radians), le sinus et la tangente deviennent négligeables par rapport aux valeurs de ces grandeurs pour $\alpha < 0{,}3$.

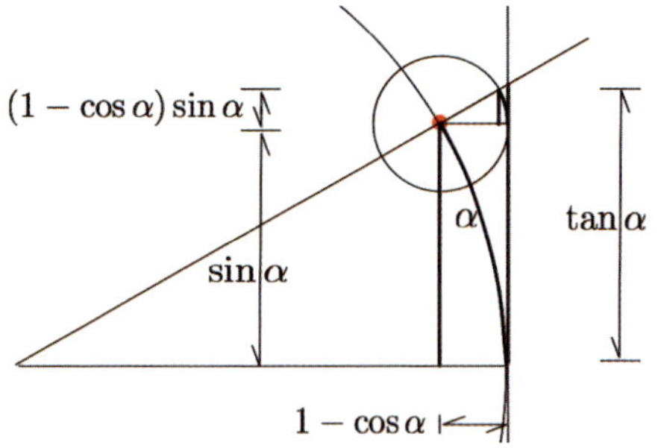

FIGURE 1.15 – Différence entre la tangente et le sinus d'un angle.

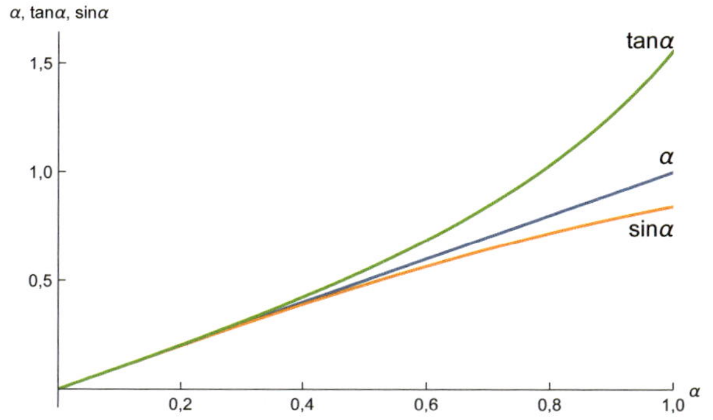

α	$\sin\alpha$	$\tan\alpha$
0,00	0,000000	0,000000
0,01	0,010000	0,010000
0,02	0,019999	0,020003
0,03	0,029996	0,030009
0,04	0,039989	0,040021
0,05	0,049979	0,050042
0,06	0,059964	0,060072
0,07	0,069943	0,070115
0,08	0,079915	0,080171
0,09	0,089879	0,090244
0,10	0,099833	0,100335

FIGURE 1.16 – Tracé des fonctions $\sin\alpha$, $\tan\alpha$ et α pour $\alpha \in [0, 1]$ et valeurs numériques pour $\alpha \in [0, 0{,}1]$: on observe qu'à l'échelle du dessin les courbes sont indistinctes pour $\alpha < 0{,}3$ et que les valeurs numériques considérées diffèrent pour la quatrième décimale.

1.2.5 Approfondissement : représentation mathématique du mouvement

Ce paragraphe présente les questions précédemment abordées avec un formalisme mathématique plus avancé. Le lecteur qui ne souhaite pas suivre cet approfondissement peut continuer son étude au chapitre suivant.

On peut décrire le mouvement d'un corps rigide à partir de la donnée d'une configuration de référence du corps, $\mathscr{B}_\star$, qui est un domaine dans l'espace euclidien dont les points sont notés $x_\star \in \mathscr{B}_\star$, d'une translation donnée par le vecteur $\mathbf{d}$ et d'une rotation autour d'un point fixe o donnée par le tenseur orthogonal propre $\mathbf{R}$ (un tel tenseur a les propriétés : $\mathbf{R}\mathbf{R}^T = \mathbf{I}$, $\mathbf{I}$ étant l'identité des tenseurs, $\det\mathbf{R} = 1$). La configuration $\mathscr{B}$ du corps après le mouvement est l'ensemble des points :

$$x = o + \mathbf{d} + \mathbf{R}(x_\star - o).$$

La distance entre tout couple de points du corps ne change pas dans ce mouvement $\forall \mathbf{d}, \mathbf{R}$. En indiquant par A et B deux points du corps :

$$(x^{(B)} - x^{(A)}) \cdot (x^{(B)} - x^{(A)}) = (x_\star^{(B)} - x_\star^{(A)}) \cdot \mathbf{R}\mathbf{R}^T(x_\star^{(B)} - x_\star^{(A)}) =$$
$$= (x_\star^{(B)} - x_\star^{(A)}) \cdot (x_\star^{(B)} - x_\star^{(A)}).$$

Pour un petit mouvement, $\mathbf{d} \cdot \mathbf{d} \ll 1$ et il est possible de prendre pour $\mathbf{R}$ l'approximation

$$\mathbf{R} \approx \mathbf{I} + \mathbf{A}\,;\ \mathbf{A} = -\mathbf{A}^T\,;\ \mathbf{A} \cdot \mathbf{A} \ll 1$$

($\mathbf{A}$ est un petit tenseur antisymétrique), ce qui donne pour le mouvement d'un point $x_\star$:

$$x - x_\star \approx \mathbf{d} + \mathbf{A}(x_\star - o)\,. \tag{1.1}$$

En 2D, par exemple, si $d\omega$ est l'amplitude (petite) de la rotation, celle-ci est représentée par le tenseur antisymétrique :

$$\mathbf{A} = \begin{bmatrix} 0 & -d\omega \\ d\omega & 0 \end{bmatrix}.$$

1.3 Liaisons cinématiques

1.3.1 Définition des liaisons cinématiques extérieures

Une *liaison cinématique* extérieure est un élément structurel qui bloque un ou plusieurs degrés de liberté d'un corps. Ce blocage se fait en mettant le corps en relation, par la liaison cinématique, avec un autre corps qu'on convient de prendre comme fixe et rigide et qui représente, dans le modèle, le sol ou tout autre support donné pour la structure étudiée.

Il convient de se limiter dans un premier temps à l'étude des liaisons cinématiques pouvant intervenir dans les systèmes plans. Il existe cinq types de telles liaisons, chacun étant défini par la donnée de certaines caractéristiques géométriques et des conditions cinématiques qu'il impose. Nous n'allons pas approfondir les aspects technologiques qui permettent la réalisation de ces éléments, en nous limitant à une représentation symbolique qui indique seulement la fonction remplie par la liaison dans le système structurel étudié.

Compte tenu du nombre des degrés de liberté d'un corps rigide dans le plan et du fait que le blocage du mouvement de translation dans une direction ne diffère pas idéalement du blocage du même mouvement dans n'importe quelle autre direction, on sait qu'il n'existe que 5 liaisons possibles, dont 2 aptes au blocage de 1 degré de liberté, 2 aptes au blocage de 2 degrés de liberté et 1 qui en bloque 3, comme le montre le tableau ci-dessous

liaison	action sur les degrés de liberté			n. ddl
	translation $\mathbf{x}$	translation $\mathbf{y}$	rotation	bloqués
1	bloquée	libre	libre	
1	libre	bloquée	libre	1
2	libre	libre	bloquée	
3	bloquée	bloquée	libre	
4	bloquée	libre	bloquée	2
4	libre	bloquée	bloquée	
5	bloquée	bloquée	bloquée	3

Appui simple ou liaison ponctuelle. Cette liaison est définie par la donnée d'un point au sol A et d'une direction passant par ce point $\mathbf{n}$; un point du corps est lié en ce même point de sorte qu'on peut l'identifier par la même lettre A : la liaison ponctuelle placée en A bloque les mouvements de translation du corps dans la direction $\mathbf{n}$, laissant les translations dans la direction $\mathbf{t}$ orthogonale à $\mathbf{n}$ et les rotations autour de A libres.

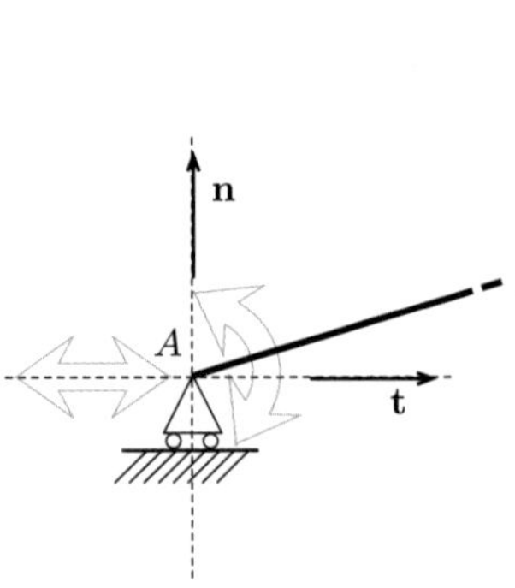

FIGURE 1.17 – Appui simple.

Pour représenter un appui simple on dessine un triangle mis en relation avec le sol par deux roulettes, comme un patin, et lié au corps par le sommet opposé aux roulettes (voir figure 1.17). Les roulettes représentent la possibilité de se déplacer dans la direction définie par la ligne du sol, le contact ponctuel avec le corps la possibilité pour celui-ci de tourner librement autour de ce contact ; seuls les mouvements de translation dans le sens orthogonal à la ligne du sol sont bloqués.

Implicitement, dans ce cas comme dans tous les autres qui seront présentés dans la suite, on considère que les conditions de contact entre éléments du dessin sont bilatérales, c'est-à-dire que le patin ne peut ni pénétrer dans le sol ni se soulever et que la poutre ne peut pas se détacher du sommet du triangle. Notez aussi que la liaison est idéalement vue comme occupant un seul point, A dans le dessin.

Double glissière. Liaison définie par la donnée d'un point A commun aux sol et au corps, qui ne bloque que les rotations de celui-ci, les translations restant libres dans n'importe quelle direction. La liaison est l'équivalent de deux glissières consécutives placées en A, permettant des translations sur deux directions différentes (la liaison dite glissière sera définie dans la suite).

La représentation de la liaison montre deux patins roulant sur deux directions orthogonales entre elles (en effet, il suffit de prendre deux directions distinctes non nécessairement orthogonales) ; ainsi les mouvements des patins permettent, en se composant, la réalisation de translations dans n'importe quelle direction du plan. Comme les roulettes ne peuvent pas se détacher ni pénétrer dans leur roulements, les rotations sont empêchées.

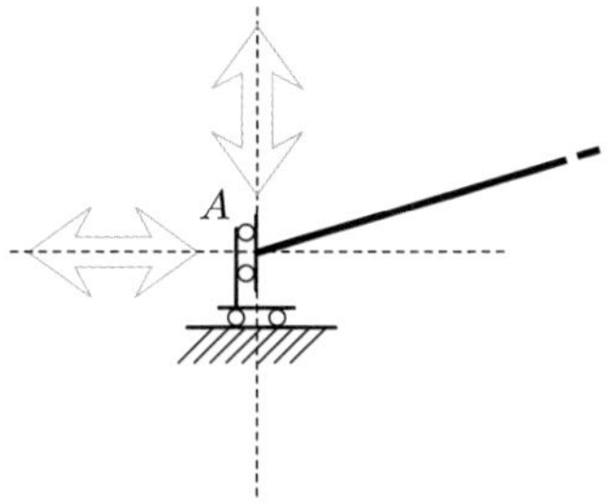

FIGURE 1.18 – Double glissière.

On observe dans le dessin de la double glissière (figure 1.18) des traits reliés entre eux sans l'intermédiaire du triangle comme dans le cas de l'appui simple ; par exemple le trait représentant le support des roulettes posées au sol est directement lié au trait représentant le plan sur lequel glissent les roulettes de la deuxième glissière. Cette continuité graphique indique deux objets solidaires, ne pouvant ni s'éloigner ni se rapprocher ni tourner l'un par rapport à l'autre. Il s'agit de l'effet de la liaison encastrement, qui sera présentée ci-après.

Pivot ou charnière ou rotule. Liaison définie par la donnée d'un point A commun au sol et au corps, dit *centre de la rotule*, qui bloque toute translation du corps en ne laissant libres que les rotations autour de A.

Les dénominations données ne sont équivalentes que dans les systèmes plans ; dans les systèmes à trois dimensions, charnière et rotule indiquent des liaisons qui autorisent les rotations autour d'un axe, alors que pivot indique une liaison permettant les rotations autour d'un point. Graphiquement on représente cette liaison soit par un cercle séparant le sol et le corps lié, dont le centre correspond à la trace sur le plan de l'axe de la rotation possible autour de la rotule, soit par un triangle, comme celui de l'appui simple, mais posé au sol sans roulettes, pour indiquer que la rotation se fait autour du

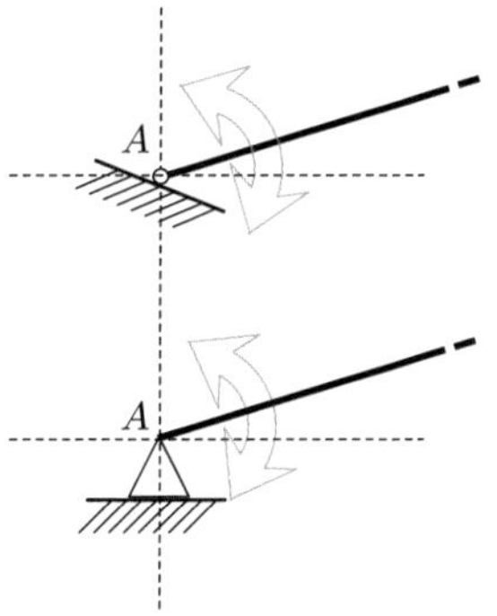

FIGURE 1.19 – Rotule (représentations équivalentes).

sommet du triangle auquel est lié le corps (figure 1.19). En tout cas, les représentations indiquent qu'aucune translation n'est possible, alors que la rotation autour du point indiqué, par le centre du cercle ou par le sommet du triangle, reste possible.

Notez que la représentation de la rotule comme un cercle ne signifie pas que le corps lié peut rouler sur le sol : le cercle indique l'axe de la rotation libre pour le corps et il est solidaire avec le sol. De ce point de vue la représentation par un triangle est préférable car elle ne génère aucune ambiguïté.

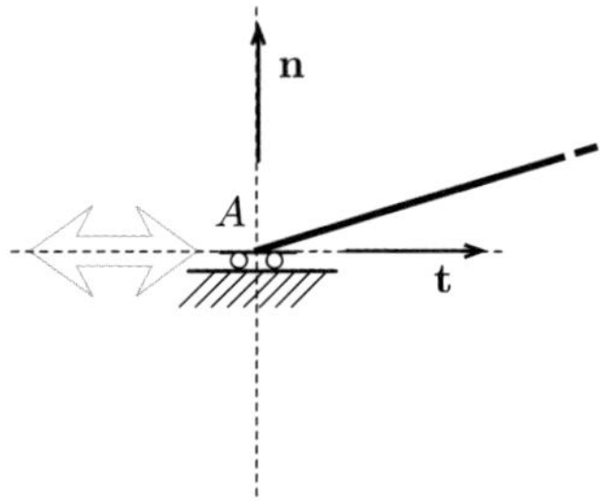

FIGURE 1.20 – Glissière.

Glissière. Liaison définie par la donnée d'un point A, commun au sol et au corps lié, et d'une direction $\mathbf{n}$, qui bloque les rotations et les translations du corps dans la direction $\mathbf{n}$, seules les translations dans la direction $\mathbf{t}$ orthogonale à $\mathbf{n}$ restant libres.

La représentation suit celle qui a été donnée pour la double glissière, mais avec un seul patin et donc des translations possibles dans une seule direction (figure 1.20).

Encastrement. Liaison définie par la donnée d'un point A commun au sol et au corps, qui bloque tout mouvement de translation ou rotation du corps (figure 1.21).

Le contact direct entre le corps et le sol présenté dans le dessin indique qu'aucun mouvement ne sera possible pour le premier.

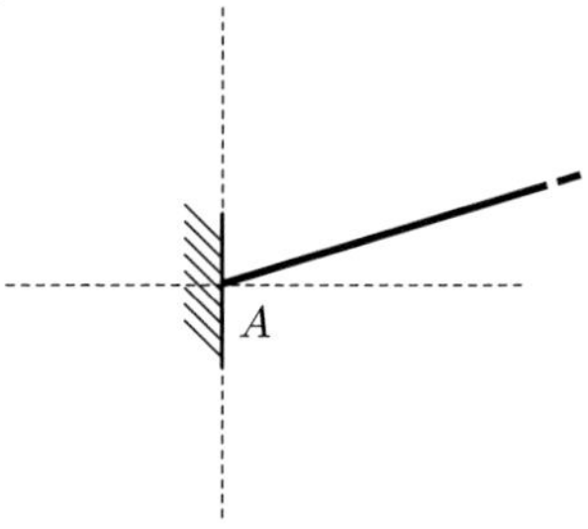

FIGURE 1.21 – Encastrement.

TABLE 1.1 – Tableau récapitulatif des liaisons cinématiques extérieures. Signification des symboles : u_n est la translation dans la direction $\mathbf{n}$, u_t est la translation dans la direction $\mathbf{t}$, φ est la rotation autour du point A (voir figure 1.17 à 1.35).

Dénomination	géométrie	ddl bloqué(s)	ddl libre(s)
appui simple	A, $\mathbf{n}$	u_n	u_t, φ
double glissière	A	φ	u_n, u_t
pivot	A	u_n, u_t	φ
glissière	A, $\mathbf{n}$	u_n, φ	u_t
encastrement	A	u_n, u_t, φ	aucun

1.3.2 Mouvements compatibles avec les liaisons

Pour comprendre l'effet de plusieurs liaisons sur un corps rigide, il convient de regarder chaque liaison comme un ensemble de conditions imposées au mouvement du corps, c'est-à-dire – plus précisément – comme un ensemble de conditions géométriques imposées aux centres de rotation par rapport auquel peuvent se faire les mouvements de corps rigide du corps.

Grace au théorème de Chasles, l'effet d'une liaison cinématique extérieure sur un corps rigide peut en fait se décrire par le mouvement de rotation, propre ou impropre, autorisé par la liaison, et donc par la donnée d'un centre de rotation compatible avec la liaison. On se sert de l'adjectif *compatible* pour indiquer le fait que le mouvement n'est pas en conflit avec les limitations imposées par la liaison cinématique.

Pour simplifier les exemples limitons-nous aux systèmes 2D. Un corps sans liaisons cinématiques, par exemple, peut se déplacer librement dans le plan : il peut suivre des mouvements arbitraires de rotation autour de n'importe quel point du plan. Si on lie ce corps à une rotule, le centre des rotations possibles se trouve confiné au point identifié par la rotule.

Appui simple ou liaison ponctuelle. La composition d'un mouvement de rotation autour du point d'appui A et de translation dans le plan d'appui identifié par sa normale $\mathbf{n}$ génère une rotation pure dont le centre $\mathscr{C}$ se trouve sur cet axe. Si $\mathscr{C}$ est à distance finie de A, le mouvement est une rotation propre, si cette distance tend à l'infini, on dit que $\mathscr{C}$ est le point à l'infini de la droite $\mathbf{n}$ et la rotation est impropre, c'est-à-dire qu'elle est une translation pure.

Notez que la composition indiquée n'est valable en général que pour de petits mouvements : le théorème de Chasles montre que $\mathscr{C}$ se trouve sur la médiatrice du segment décrit dans le mouvement de translation, qui ne peut être confondue avec l'axe $\mathbf{n}$ que dans cette hypothèse. Au début d'un mouvement ayant une composante de translation, cette composante étant infinitésimale, l'écart entre la position de $\mathscr{C}$ et l'axe $\mathbf{n}$ étant la moitié de cette quantité infinitésimale est négligeable, de sorte que le début du mouvement se fait autour d'un centre instantané, situé sur $\mathbf{n}$.

On peut aussi dire qu'une rotation autour d'un centre $\mathscr{C}$ se trouvant sur l'axe $\mathbf{n}$ correspond à un déplacement du point A du corps rigide qui a une composante parallèle à cet axe (dont la valeur est $1 - \cos\alpha$ si α est l'angle de rotation), et donc incompatible avec la liaison, mais que cette incompatibilité est négligeable si la rotation est petite (en effet $1 - \cos\alpha \approx 0$ si α est petit), ce qui nous permet d'imaginer $\mathscr{C}$ sur $\mathbf{n}$ au début du mouvement.

En tout cas, et dans la même limite des petits mouvements, il existe une infinité de centres de rotation compatibles avec l'appui simple, dont le lieu est donné par la droite $\mathbf{n}$ (voir figure 1.22).

Notez que dans un mouvement de rotation pure et dans un mouvement de translation pure le centre de rotation se trouve sur l'axe $\mathbf{n}$, même si ces mouvements ne sont pas petits : dans le premier cas, c'est simplement $\mathscr{C} \equiv A$ et, dans le deuxième, $\mathscr{C}$ est le point à l'infini de la droite $\mathbf{n}$, qui coïncide avec le point à l'infini de toute droite parallèle à $\mathbf{n}$ et donc aussi avec celui de la médiatrice du segment décrit dans le mouvement de translation – qui est le lieu de $\mathscr{C}$ d'après le théorème de Chasles.

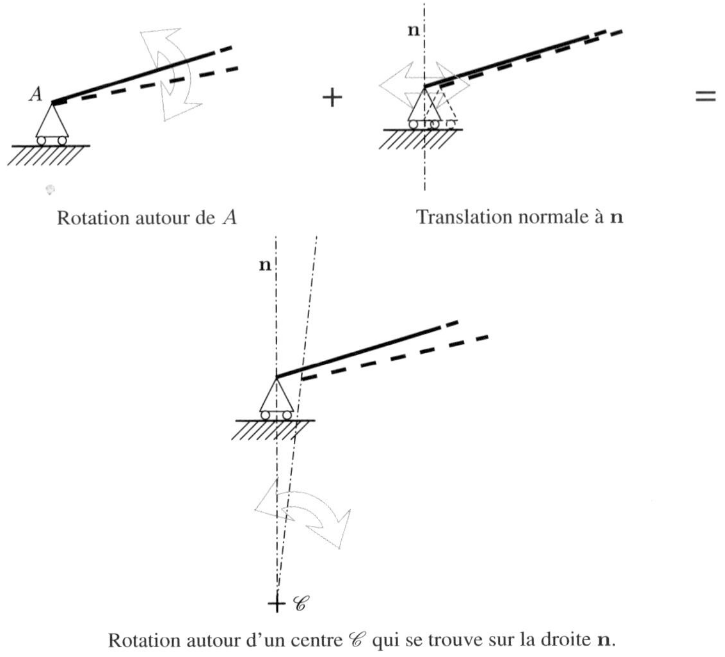

FIGURE 1.22 – Mouvements autorisés par un appui simple et leur représentation en termes de rotation instantanée pure – propre ou impropre – autour d'un centre $\mathscr{C}$ placé sur la normale au plan de l'appui.

Double glissière. Un mouvement de translation est équivalent à une rotation impropre qui se fait autour du point à l'infini des droites orthogonales à la direction de translation. Dans le cas d'une double glissière il existe donc une infinité de centres de rotation compatibles avec la liaison : le point à l'infini de n'importe quelle droite du plan. On peut imaginer ce lieu géométrique comme un cercle de rayon infini (figure 1.23).

Pivot ou charnière ou rotule. Le centre de rotation est dans ce cas le centre A de la rotule. À la différence des cas précédents – dans lesquels le centre de rotation reste variable dans un lieu géométrique de dimension 1 –, la rotule étant une liaison double elle détermine uniquement l'emplacement de ce centre.

Glissière. La glissière est aussi une liaison double ; le centre de rotation compatible avec elle est donc uniquement déterminé par la donnée de la liaison : il s'agit du point à l'infini dans la direction normale à celle du glissement (voir figure 1.24).

Encastrement. L'encastrement ne permet aucun mouvement ; il n'y a donc pas de centre de rotation compatible avec cette liaison.

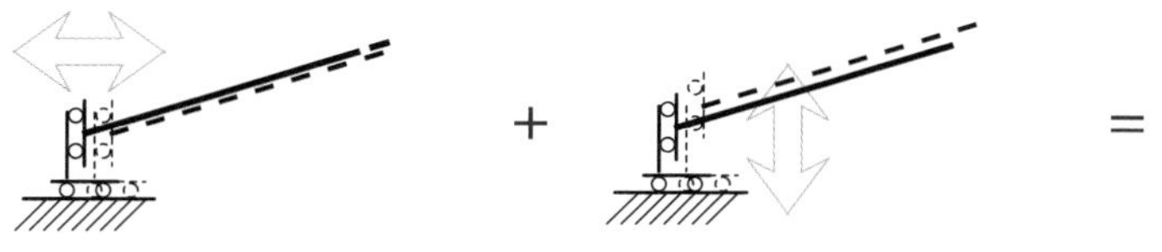

Translation arbitraire dans une direction donnée

Translation arbitraire dans une autre direction donnée

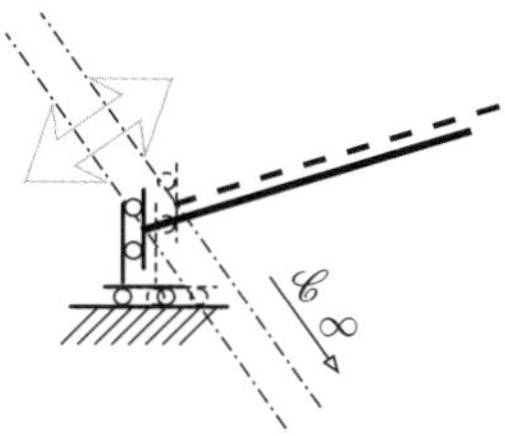

Translation arbitraire dans une direction arbitraire, c'est-à-dire rotation autour d'un centre $\mathscr{C}$ qui se trouve à l'infini dans une direction arbitraire.

FIGURE 1.23 – Mouvements autorisés par une double glissière et leur représentation en termes de rotation instantanée impropre autour d'un centre $\mathscr{C}$ placé à l'infini dans une direction arbitraire.

1.3.3 Effets des liaisons extérieures sur un corps rigide

Les considérations qui suivent sont valables pour n'importe quel corps rigide soumis à un ensemble de liaisons cinématiques ; pour fixer les idées on prend comme cas particulier de corps rigide une poutre dans un plan.

Lorsque plusieurs liaisons agissent sur une même poutre, son mouvement ne pourra se faire que par rapport à un centre de rotation compatible avec l'ensemble de ces liaisons. Pour que le mouvement soit impossible il faut donc qu'aucun point du plan puisse satisfaire en même temps toutes conditions imposées par les liaisons. S'il existe un lieu géométrique dont les points respectent ces conditions, alors un petit mouvement pourra se produire dont le centre de rotation instantané se trouve dans ce lieu.

Si le lieu des centres de rotation compatibles avec les liaisons est un point, un seul mouvement pourra être accompli et il sera défini par la donnée de ce centre et par son amplitude. Si ce lieu est de plus grande dimension, comme par exemple une droite, alors plusieurs mouvements seront possibles, en nombre égal au nombre des points composants ledit lieu.

Application et conséquences du concept de petit mouvement

Pour la détermination du lieu géométrique des centres de rotation compatibles avec un ensemble de liaisons nous pouvons nous appuyer, en limitant notre attention aux petits mouvement, sur la simple superposition des conditions imposées individuellement par les liaisons.

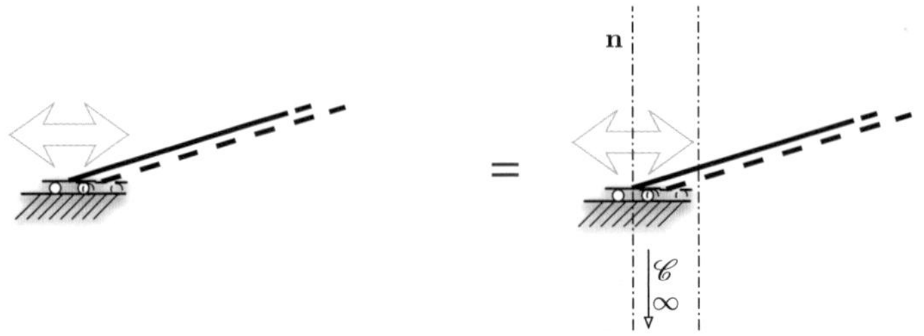

Translation sur le plan de glissement

Rotation autour d'un centre $\mathscr{C}$ qui se trouve à l'infini sur la droite $\mathbf{n}$ normale au plan d'appui.

FIGURE 1.24 – Mouvements autorisés par une glissière et leur représentation en termes de rotation instantanée impropre autour d'un centre $\mathscr{C}$ placé à l'infini dans la direction normale à celle du glissement.

Observons par exemple la figure 1.25 donnant le schéma statique d'une poutre dont une extrémité est liée à une rotule et l'autre à un appui simple. On appelle un tel système *poutre simplement appuyée*. La rotule à une extrémité impose au centre de rotation $\mathscr{C}$ d'un éventuel mouvement de corps rigide de la poutre de se trouver au point A qu'elle identifie avec son centre, alors que l'appui simple à l'autre extrémité impose à ce même point de se trouver sur la droite $\mathbf{n}$ identifiée par le point et le plan d'appui ; ces conditions étant impossibles à accomplir en même temps il n'existe aucun lieu géométrique dans lequel le centre de rotation de la poutre puisse se trouver lorsque celle-ci se déplace comme un corps rigide. Autrement dit : la poutre ne peut pas se mouvoir sans se déformer.

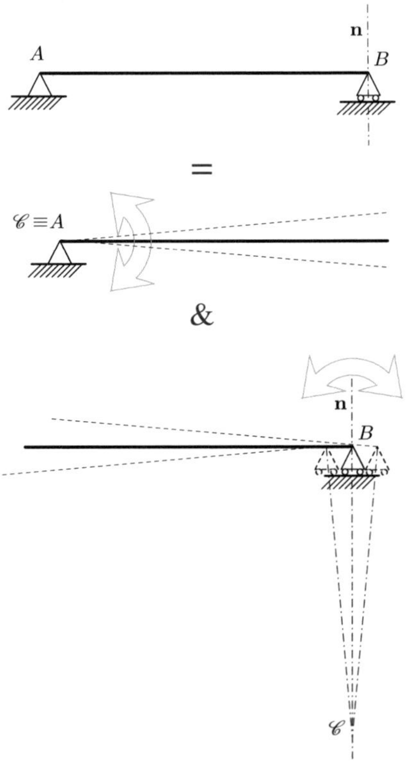

FIGURE 1.25 – Poutre *simplement appuyée*.

Prenons une autre poutre avec les mêmes liaisons, mais avec l'appui simple placé de manière que sa normale $\mathbf{n}$ passe par le centre A de la rotule (fig. 1.26). Il existe dans ce cas un lieu géométrique dans lequel le centre de rotation de la poutre peut se trouver lorsque celle-ci se meut comme un corps rigide, c'est justement le point A, compatible avec les deux liaisons.

Un petit mouvement de rotation autour de A est tel que le mouvement de B à B' est une translation *orthogonale* à l'axe de la poutre, dont la valeur est donnée par l'angle de

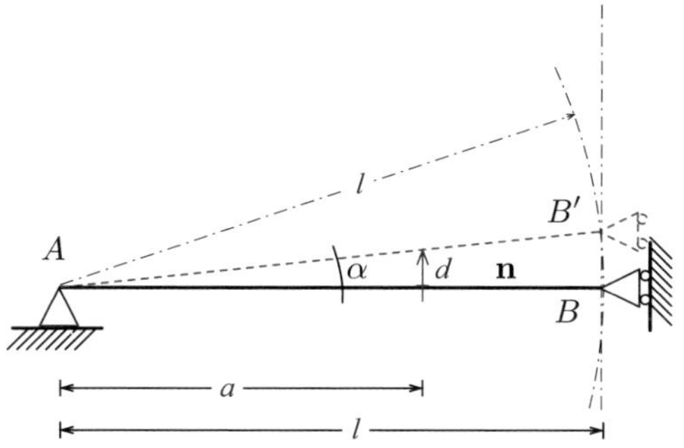

FIGURE 1.26 – Petit mouvement admissible pour le système, initiant un mouvement fini qui ne pourra pas être accompli car incompatible avec les liaisons. Le système est néanmoins instable car il peut se mouvoir. Pour se donner un exemple : si $a = 5$ m, $l = 7{,}5$ m et $d = 1$ cm, la distance horizontale entre l'arc de cercle et la droite verticale au niveau du point B' est $1{,}5/100$ mm.

rotation multiplié par la distance du point B au centre de rotation A, soit $l\alpha$. Les longueurs $\bar{AB}$ et $\bar{AB'}$ sont identiques, et le point B' peut être confondu avec un point de la droite verticale passant par B, car $\cos\alpha \approx 1$ si α est petit, ce qui fait qu'une petite rotation autour de A est compatible avec l'appui simple en B dont l'axe $\mathbf{n}$ contient A.

Faisons un calcul basé sur des proportions vraisemblables (voir figure 1.26 : admettons $a = 5$ m, $l = 7{,}5$ m, $d = 1$ cm. L'extrémité B de la poutre décrit en se déplaçant l'arc de cercle indiqué avec centre en A et rayon l ; pour un mouvement dont l'amplitude est d, l'angle α vaut $\arctan(d/a) = 0{,}115$ rad, par conséquent B se déplace vers le haut de $l\tan\alpha = dl/a = 1{,}5$ cm et vers la droite de $l(1-\cos\alpha) = l(1-\sqrt{1-(d/a)^2} = 0{,}015$ mm : ce déplacement horizontal est donc négligeable par rapport aux autres longueurs en jeu. On observe que le mouvement peut être décrit par le paramètre $\varepsilon = d/a = 0{,}002$ très inférieur à 1 ; on a alors $\sin\alpha \approx \alpha$ et $\cos\alpha \approx 1$.

Si, par contre, le mouvement se continue pour des valeurs de l'angle de rotation α finies, c'est-à-dire tel que $\cos\alpha$ diffère sensiblement de 1, alors il ne sera plus compatible avec la liaison imposée par l'appui simple, qui contraint l'extrémité B de la poutre de rester toujours sur le plan d'appui.

Le système ci-dessus peut donc suivre le petit mouvement de corps rigide indiqué, mais il ne pourrait pas suivre ce même mouvement en s'éloignant sensiblement de sa position initiale. Il est néanmoins instable car il peut initier un mouvement (et donc se mouvoir) sans se déformer.

La superposition des effets des liaisons valable pour l'analyse des petits mouvements permet en tout cas de chercher les mouvements de corps rigide possibles pour une poutre sous un ensemble de liaisons en tenant compte séparément des conditions suivantes :

- une poutre libre de liaisons peut se déplacer dans le plan comme un corps rigide, c'est-à-dire autour d'un centre de rotation librement choisi dans le plan tout entier ; notez que le plan est un lieu géométrique de dimension 2 (c'est-à-dire qu'il faut deux coordonnées cartésiennes pour fixer un point du plan) ;

- une liaison simple appliquée à une poutre identifie un lieu géométrique de dimension 1 dans lequel le centre de rotation des mouvements de corps rigide de la poutre doit se trouver ; ce lieu est une droite dans le cas de l'appui simple et un cercle de rayon infini dans le cas de la double glissière ;
- une liaison double identifie un seul point dans lequel le centre de rotation du mouvement de corps rigide de la poutre peut se trouver ; un point est en effet un lieu géométrique de dimension zéro ; il s'agit du centre de la rotule dans le cas d'une rotule et du point à l'infini dans la direction normale à celle du glissement dans le cas d'une glissière ;
- une liaison triple ne permet pas de mouvements de corps rigide à la poutre.

Bilan global des degrés de liberté et de blocage

Un corps rigide a dans le plan trois degrés de liberté. Si une poutre est soumise à des liaisons cinématiques, celles-ci peuvent avoir deux effets :

1. il y a moins de trois degrés de liberté bloqués (la poutre est encore libre de se déplacer comme un corps rigide) ;
2. les trois degrés de liberté des mouvements de corps rigide de la poutre sont bloqués.

Une poutre qui n'a pas ses trois degrés de liberté bloqués est dite *potentiellement instable* ou *géométriquement indéterminée*, car elle peut prendre des positions différentes sans se déformer. Du fait de cette liberté de mouvement, une telle poutre avec ses liaisons constituent un *mécanisme*.

Une poutre qui a ses trois degrés de liberté bloqués par un système de liaisons cinématiques est dite *stable* ou *géométriquement déterminée*. Dans ce cas, la poutre et ses liaisons seront une *structure*.

Par ailleurs la somme des degrés de liaison peut être inférieure, égale ou supérieure à trois, nombre de degrés de liaison strictement nécessaires pour bloquer tout mouvement de corps rigide.

Si le degré de liaison est inférieur à trois, la poutre est dite *hypostatique*, car elle est effectivement soumise à un nombre de conditions insuffisant pour éviter ses mouvements de corps rigide. Le système est alors nécessairement un mécanisme.

Si, dans une structure, le degré de liaison est trois, elle est dite *isostatique* ou *géométriquement isodéterminée*, s'il est supérieur à trois, la structure est dite *hyperstatique*.

Il faut faire attention aux définitions précédentes : un système défini par une poutre et de liaisons peut être potentiellement instable et hyperstatique en même temps, car les deux conditions ne s'excluent pas : la première dit que tous les mouvements possibles ne sont pas bloqués par les liaisons, la deuxième dit qu'il y a numériquement plus de liaisons que le strict nécessaire à la stabilité, mais il peut bien sûr y avoir en même temps trop et pas assez (voir le diagramme de la figure 1.27 et l'exemple de la figure 1.28).

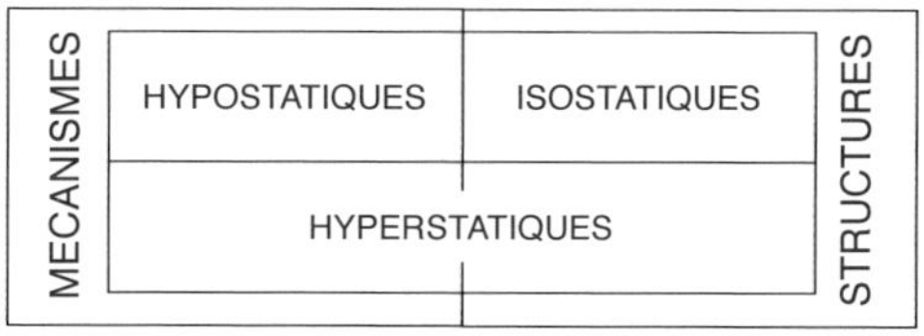

FIGURE 1.27 – Diagramme montrant les propriétés d'inclusion des ensembles des systèmes hypostatiques, isostatiques et hyperstatiques, des mécanismes et des structures.

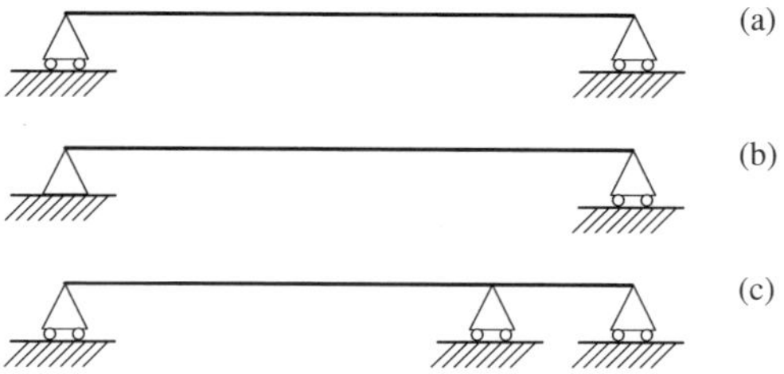

FIGURE 1.28 – Exemples des poutres : (a) potentiellement instable car hypostatique ; (b) isostatique ; (c) hyperstatique et potentiellement instable en même temps. Dans le cas (a), il n'y a que deux degrés de blocage, ce qui est insuffisant pour éliminer les trois degrés de liberté de la poutre. Dans les cas (b) et (c), il y a trois degrés de blocage en tout (1 pivot = 2 ddb et 1 appui simple = 1 ddb dans le cas b, 3 appuis simples dans le cas c), mais ceux-ci ne sont pas efficacement placés dans le cas c, de sorte qu'il n'y a pas assez de blocages dans le sens horizontal et – en même temps – il y en a trop dans le sens vertical.

La condition d'instabilité potentielle ne peut être évitée que si les liaisons sont correctement placées à cet effet, leur nombre étant sans conséquences pourvu qu'elles soient suffisantes (c'est-à-dire que le degré de liaison ne soit pas inférieur à trois ; voir figure 1.29). Pour qu'une poutre ne soit pas potentiellement instable, il ne suffit donc pas de contrôler que les degrés de liberté bloqués par les liaisons introduites soient en nombre supérieur ou égal à trois : il faut aussi que ces liaisons soient placées de façon efficace.

Pour contrôler si de liaisons bloquent efficacement tout mouvement d'une poutre, il faut vérifier qu'il n'existe aucun centre de rotation possible pour la poutre.

FIGURE 1.29 – Exemple de poutre potentiellement instable bien que bloquée par des liaisons introduisant en tout trois degrés de blocage (1 pivot = 2 ddb, 1 appui simple = 1 ddb). Le système est aussi hyperstatique, car l'appui simple à droite, qui est inefficace pour éliminer les mouvements de rotation autour de la rotule à gauche, se superpose à celle-ci pour le blocage des translations horizontales.

1.3.4 Représentations alternatives

Comme il a été expliqué précédemment, une représentation alternative de la rotule peut se faire en interposant un cercle – qui indique l'axe de la charnière – plutôt qu'un triangle entre le corps et le sol ; l'axe est fixe par rapport au sol, seules les rotations autour de son centre étant possibles pour le corps ainsi lié (figure 1.19).

Cette image introduit d'autres alternatives pour les autres liaisons cinématiques, qui sont présentées dans les figures 1.17 à 1.35. Ces représentations sont intéressantes parce qu'elles permettent de visualiser le concept de degré de liaison ou de blocage : toute liaison peut se représenter par la combinaison d'un certain nombre de liaisons dites *ponctuelles*, chaque liaison ponctuelle donnant lieu à un degré de blocage : un pour l'appui simple, deux pour la rotule et la glissière, trois pour l'encastrement. Le nombre de degrés de blocage d'une liaison est en effet égal au nombre de *bielles* introduites dans sa représentation.

Cette représentation a aussi un avantage pratique : le schéma avec des bielles correspond souvent aux éléments qu'il faut introduire réellement pour la construction de la liaison.

FIGURE 1.30 – Représentations schématiques d'un appui simple, ou liaison ponctuelle, à l'extrémité d'une poutre. L'appui simple est une liaison cinématique qui bloque un seul degré de liberté de translation, caractérisé par le point dans lequel il est relié à la poutre et par la direction du mouvement de translation bloqué ; dans les schémas ces deux éléments géométriques sont évidents. Notez le schéma à droite, dans lequel la liaison est représentée comme une *liaison ponctuelle*, dite aussi *bielle*, c'est-à-dire comme une poutre idéalement rigide limitée par deux rotules.

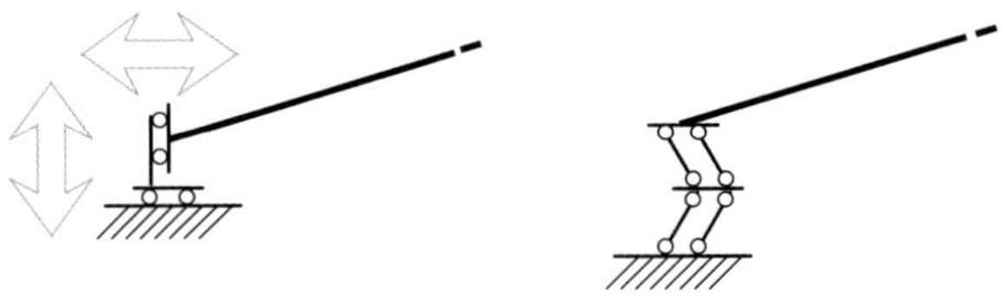

FIGURE 1.31 – Représentations schématiques d'une double glissière. Pour comprendre ces schémas, il convient de se référer à la figure 1.34.

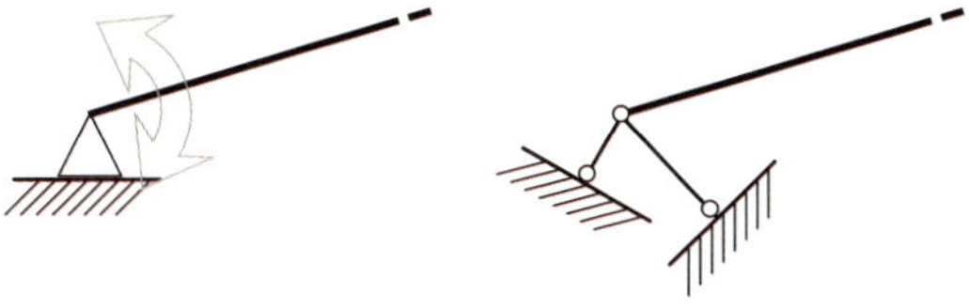

FIGURE 1.32 – Représentations schématiques d'une rotule réelle, liaison cinématique caractérisée par la donnée du point autour duquel il laisse tourner la poutre, dit *centre de la rotule*. Dans les images ce point est réellement un point de la poutre ; notez le schéma à droite, dans lequel la rotule est obtenue par l'effet combiné de deux bielles et le centre de la rotule se trouve au point d'intersection des axes de ces deux éléments.

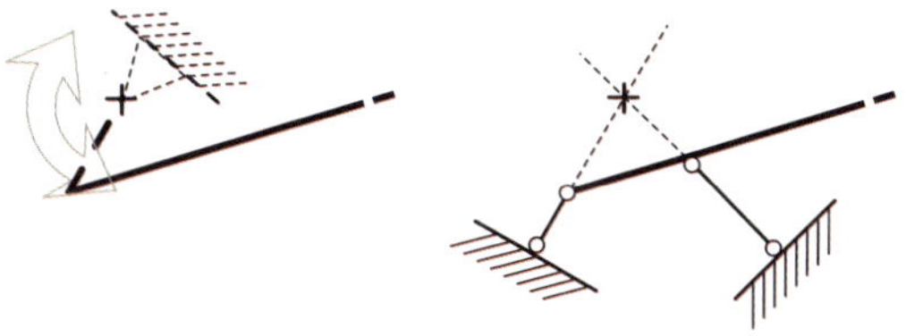

FIGURE 1.33 – Représentations schématiques d'une rotule idéale, liaison cinématique de même type qu'à la figure 1.32, mais telle que les rotations de la poutre sont autorisées autour d'un point qui ne fait pas partie de celle-ci. Cette liaison est obtenue, comme le montre le schéma à gauche, par l'action combinée de deux liaisons ponctuelles dont les axes sont concourants dans un point extérieur à la poutre.

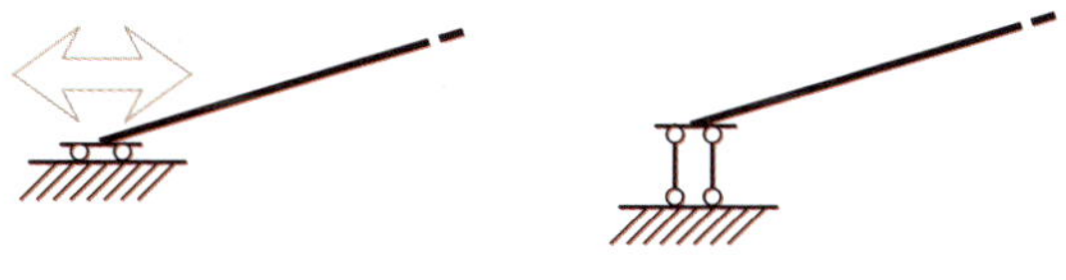

FIGURE 1.34 – Représentations schématiques d'une glissière. Notez le schéma à droite, dans lequel la glissière est obtenue par l'action combinée de deux bielles parallèles : la rotation autorisée par ces deux éléments, autour d'un centre qui se trouve à l'infini dans la direction propre des bielles, est un effet une translation dans la direction orthogonale à celle-ci.

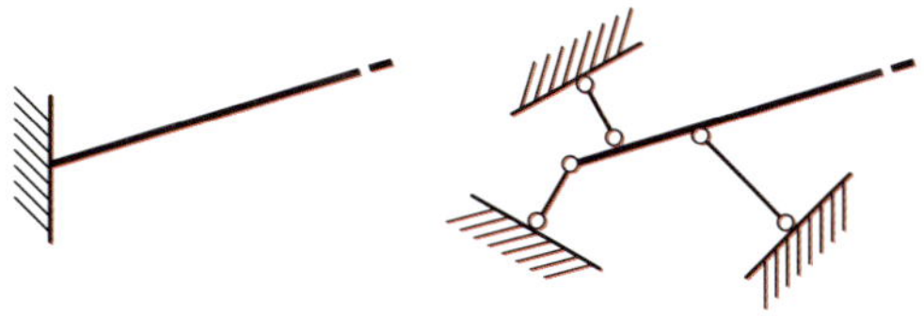

FIGURE 1.35 – Représentations schématiques d'un encastrement. Le schéma à droite montre que l'action combinée de trois bielles non concourantes dans un seul point est équivalente à celle d'un encastrement.

1.3.5 Recherche du centre de rotation

Pour savoir si un ensemble de liaisons cinématiques rend stable une poutre, il faut démontrer qu'aucun mouvement de corps rigide n'est possible pour la poutre. La stabilité se trouve ainsi, comme on a déjà vu, définie par la négation de toute possibilité de mouvement de corps rigide.

N'importe quel mouvement de corps rigide peut être réduit à la donnée d'un centre et d'un angle de rotation ; puisque la stabilité est impliquée par l'impossibilité de tous les mouvements, aussi petits qu'ils soient, nous allons nous intéresser aux angles infinitésimaux de rotation qui – comme on l'a vu dans les paragraphes précédents – en plus d'apparaître forcement en premier, parfois initient un mouvement qui ne peut pas se poursuivre sur des amplitudes finies.

L'étude cinématique limitée aux petits mouvements permet l'analyse de l'effet combiné des liaisons par simple superposition de leurs effets. Par conséquent, l'étude de la stabilité d'une poutre coïncide avec la recherche des centres de rotation de la poutre compatibles avec toutes les liaisons qui l'intéressent, cette comptabilité pouvant être testée pour chaque liaison individuellement sans tenir compte de l'effet des autres.

La procédure à suivre pour identifier les lieux géométriques dans lesquels peuvent se trouver des centres de rotation de la poutre, ou pour démontrer qu'il n'existe pas un tel lieu, est donc :

1. *on dessine un schéma dans lequel on identifie les liaisons ;*

2. *pour chaque liaison on dessine le lieu géométrique des centres de rotation possibles (sans tenir compte des autres liaisons) ;*

3. *on observe le résultat :*

   (a) *si l'intersection de tous les lieux ainsi identifiés est vide, alors aucun point du plan pourra être pris comme centre de rotation compatible en même temps avec toutes les liaisons ; on en déduira que la poutre est stable,*

   (b) *sinon, l'intersection n'étant pas vide, il existe au moins un point qui peut être choisi comme centre pour un petit mouvement de rotation compatible avec les liaisons, et la poutre n'est pas stable.*

Dans la figure 1.36 on montre l'exemple d'une telle procédure.

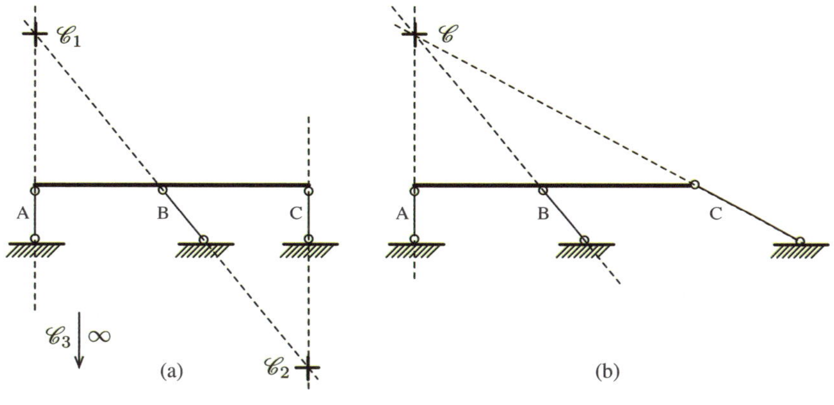

FIGURE 1.36 – Analyse cinématique d'une poutre bloquée par trois liaisons ponctuelles. (a) Poutre stable : les lignes pointillées correspondent aux lieux géométriques dans lesquels peuvent se trouver des centres de rotation pour la poutre qui sont compatibles avec les liaisons prises individuellement ; les centres $\mathscr{C}_1$, $\mathscr{C}_2$ et $\mathscr{C}_3$ correspondent aux rotations possibles si seulement deux des trois liaisons ponctuelles étaient en place, aucun centre n'étant admissible avec les trois liaisons (car les trois droites pointillées n'ont aucun point en commun). (b) Poutre potentiellement instable : $\mathscr{C}$ est le centre de la rotation possible, commun aux trois droites et donc compatible avec les trois liaisons ponctuelles.

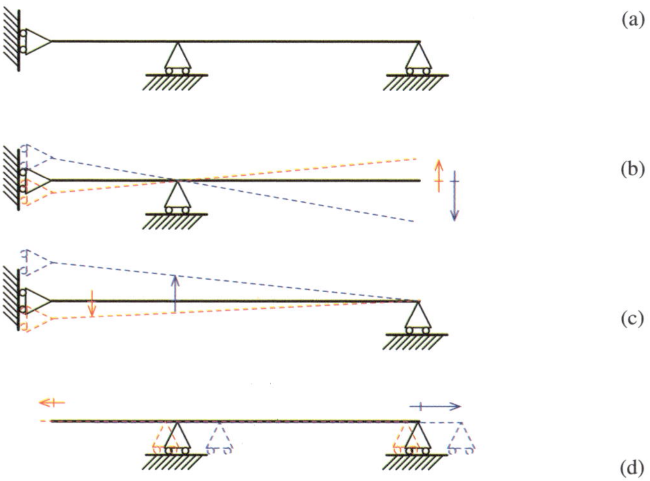

FIGURE 1.37 – La poutre représentée dans le schéma (a) est stable, car il n'existe aucun point en commun aux trois droites identifiées par les trois appuis simples. Dans les schémas (b), (c) et (d) on montre les mouvements qui seraient possibles si seulement deux de ces appuis étaient mis en place : le fait que la suppression de n'importe quel degré de blocage génère la possibilité d'un mouvement implique que tous ces blocages sont nécessaires à la stabilité, c'est-à-dire que la poutre est isostatique.

1.3.6 Approfondissement : représentation analytique des liaisons

Ce paragraphe traite le sujet des liaisons cinématiques par un formalisme mathématique plus avancé que dans les paragraphes précédents. Il est possible de continuer l'étude au §1.3.7 sans lacunes.

Du point de vue analytique, une liaison placée en un point A correspond à une équation de la forme :

$$u(\mathbf{x}^{(A)}) = 0$$

où $\mathbf{x}^{(A)}$ *sont les coordonnées de ce point et* u *représente une mesure scalaire du mouvement bloqué (par exemple l'amplitude d'une translation ou d'une rotation ou la distance par rapport à un point fixe). Si on considère un petit déplacement du point A, on peut accepter le développement limité :*

$$u(\mathbf{x}^{(A)} + d\mathbf{x}^{(A)}) = u(\mathbf{x}^{(A)}) + \left.\frac{\partial u}{\partial \mathbf{x}}\right|_{\mathbf{x}=\mathbf{x}^{(A)}} \cdot d\mathbf{x}^{(A)}$$

qui justifie l'expression linéarisée de la liaison

$$\left.\frac{\partial u}{\partial \mathbf{x}}\right|_{\mathbf{x}=\mathbf{x}^{(A)}} \cdot d\mathbf{x}^{(A)} = 0\,.$$

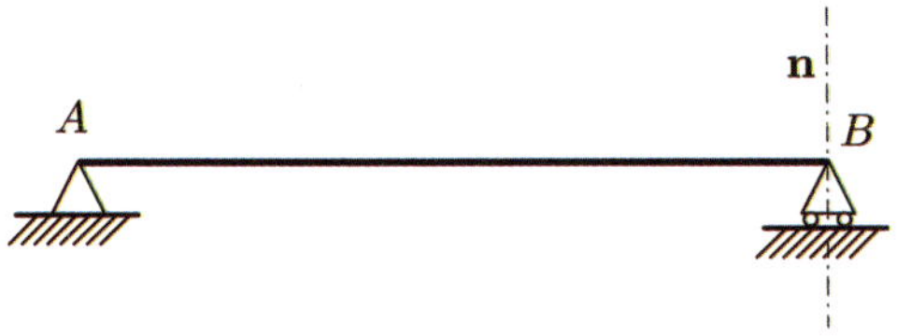

Si on considère la poutre ci-dessus (on prend l'axe x *le long de l'axe de la poutre) on peut écrire les trois liaisons comme :*

$$\begin{cases} dx^{(A)} &= 0 \\ dy^{(A)} &= 0 \\ dy^{(B)} &= 0 \end{cases}$$

Compte tenu de la relation entre les mouvements de A *et* B *données par le modèle de corps rigide (1.1) :*

$$dy^{(B)} = dy^{(A)} + (x^{(B)} - x^{(A)})d\omega$$

On peut écrire le système des liaisons en forme matricielle :

$$\begin{bmatrix} 1 & 0 & 0 \\ 0 & 1 & 0 \\ 0 & 1 & x^{(B)} - x^{(A)} \end{bmatrix} \begin{bmatrix} dx^{(A)} \\ dy^{(A)} \\ d\omega \end{bmatrix} = 0$$

La matrice de compatibilité cinématique

$$\mathbf{C} = \begin{bmatrix} 1 & 0 & 0 \\ 0 & 1 & 0 \\ 0 & 1 & x^{(B)} - x^{(A)} \end{bmatrix}$$

a, en général pour une poutre, 3 colonnes (une par degré de liberté) et e *lignes, avec* e *nombre des degrés de liaison présents sur la poutre.*

Dans le cas présent nous avons $e = 3$ *et* $\det \mathbf{C} = x^{(B)} - x^{(A)} \neq 0$*, le système homogène d'équations linéaires n'admet donc que la solution nulle.*

Si, par contre, le rang de $\mathbf{C}$ *est inférieur à 3, alors il existe de solutions non nulles, c'est-à-dire de mouvements possibles pour la poutre.*

Dans le cas de figure 1.26, par exemple, la troisième liaison de l'exemple précédent doit être remplacée par :

$$dx^{(B)} = 0 \Rightarrow dx^{(B)} = dx^{(A)} + (y^{(B)} - y^{(A)})d\omega = dx^{(A)} = 0$$

et la matrice de compatibilité cinématique est de rang 2 :

$$\mathbf{C} = \begin{bmatrix} 1 & 0 & 0 \\ 0 & 1 & 0 \\ 1 & 0 & 0 \end{bmatrix}$$

Dans le cas présenté en figure 1.36 (1), on peut noter n_x *et* n_y *les composantes sur les axes horizontal et vertical de la direction de la bielle en* B *; la matrice de compatibilité s'écrit :*

$$\mathbf{C} = \begin{bmatrix} 0 & 1 & 0 \\ n_x & n_y & (x^{(B)} - x^{(A)})n_y \\ 0 & 1 & (x^{(C)} - x^{(A)}) \end{bmatrix}$$

$$\det \mathbf{C} = n_x(x^{(C)} - x^{(A)}) \neq 0 \text{ si } n_x \neq 0$$

($\mathbf{C}$ *exprime la mobilité en termes de* $dx^{(A)}$*,* $dy^{(A)}$*,* $d\omega$ *dans cet ordre). Ce resultat demontre que la structure est isostatique.*

Si on étudie la situation de figure 1.36 (1), en introduisant les composantes m_x *et* m_y *pour la bielle en* C*, on obtient :*

$$\mathbf{C}^{(1)} = \begin{bmatrix} 0 & 1 & 0 \\ n_x & n_y & (x^{(B)} - x^{(A)})n_y \\ m_x & m_y & (x^{(C)} - x^{(A)})m_y \end{bmatrix}$$

$$\det \mathbf{C}^{(1)} = n_y m_x(x^{(B)} - x^{(A)}) - n_x m_y(x^{(C)} - x^{(A)})$$

La condition

$$n_y \frac{(x^{(B)} - x^{(A)})}{n_x} = m_y \frac{(x^{(C)} - x^{(A)})}{m_x}$$

qui annule le déterminant correspond au passage des directions $\mathbf{n}$ *et* $\mathbf{m}$ *par un même point sur la verticale par* A*, car elle s'écrit*

$$(x^{(B)} - x^{(A)}) \tan(\widehat{AB\mathscr{C}}) = \overline{A\mathscr{C}} = (x^{(C)} - x^{(A)}) \tan(\widehat{AC\mathscr{C}})\,;$$

le système est donc un mécanisme ayant un degré de liberté.

En général, on remarque que chaque liaison cinématique correspond à une, deux ou trois conditions sur le lieu géométrique des centres de rotation des mouvements possibles de la poutre.

Graphiquement, l'ensemble des conditions identifie un lieu géométrique : si ce lieu est vide, le système est dans l'impossibilité de se mouvoir ; s'il est de dimension 1, le système est un mécanisme avec 1 degré de liberté, etc.

Algébriquement, les conditions forment les lignes d'une matrice de compatibilité ayant 3 colonnes. L'impossibilité du mouvement correspond à la non-existence de solutions autres que la solution banale pour le problème homogène.

1.3.7 Définition des liaisons intérieures

Dans une chaise pliante, plusieurs éléments, qu'on peut considérer comme rigides pour une étude purement cinématique, se trouvent liés entre eux de manière à ce que leur liberté de mouvement soit réduite aux seules cinématiques nécessaires au pliage. Ces liaisons sont internes au corps, qui peut être vu comme un ensemble de poutres (ou de corps rigides) et de liaisons cinématiques.

Les liaisons cinématiques placées entre éléments d'un même corps donnent des relations entre les mouvements de ces éléments ; on les appelle *liaisons intérieures*.

Des raisonnements analogues à ceux qui nous ont conduits à la définition des liaisons cinématiques du paragraphe précédent – qu'on appellera désormais *extérieures* –, nous mènent à la définition de 5 types de liaisons intérieures. Notez que le choix de deux axes pour identifier les translations relatives n'a pas de signification intrinsèque. Dans les cas réels, il est éventuellement intéressant de distinguer les liaisons exercées suivant les axes des poutres.

Sur les 5 liaisons possibles, 2 bloquent 1 degré de liberté relative, 2 en bloquent 2 et 1 en bloque 3, ce qui est résumé dans le tableau ci-dessous

liaison	action sur degrés de liberté relative			n. ddl
	translation $\mathbf{x}$	translation $\mathbf{y}$	rotation	bloqués
1	bloquée	libre	libre	
1	libre	bloquée	libre	1
2	libre	libre	bloquée	
3	bloquée	bloquée	libre	
4	bloquée	libre	bloquée	2
4	libre	bloquée	bloquée	
5	bloquée	bloquée	bloquée	3

Liaison ponctuelle ou bielle. Cette liaison est définie par la donnée de deux points, A et B, un sur chacun des deux corps reliés, identifiant une direction $\mathbf{n}$: la liaison ponctuelle placée entre A et B bloque les mouvements de translation relative dans la direction $\mathbf{n}$, laissant les translations relatives dans la direction $\mathbf{t}$ orthogonale à $\mathbf{n}$ et les rotations autour de A et B libres (figure 1.38). La représentation de la liaison montre une barre munie de rotules à ses extrémités, par lesquelles elle est attachée aux deux corps rigides qui se trouvent ainsi mis en relation. Les rotules sont représentées par des cercles, dont les centres A et B indiquent les axes de rotation ; l'axe de la bielle indique la direction $\mathbf{n}$ suivant laquelle les translations relatives sont bloquées.

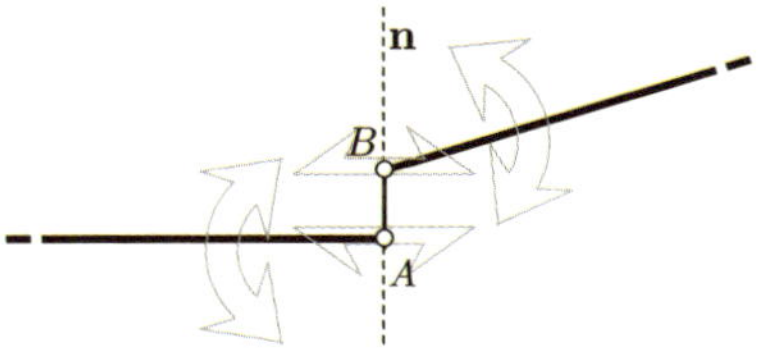

FIGURE 1.38 – Liaison ponctuelle interne ou bielle.

Double glissière. La liaison, définie par la donnée d'un point A du corps, ne bloque que les rotations propres, les translations restant libres dans n'importe quelle direction (figure 1.39). La représentation de la liaison par quatre bielles, deux à deux parallèles, indique la possibilité d'un mouvement obtenu par la composition de deux translations, chacune orthogonale à la direction d'un couple de bielles, et donc finalement la possibilité d'un mouvement de translation dans une direction arbitraire.

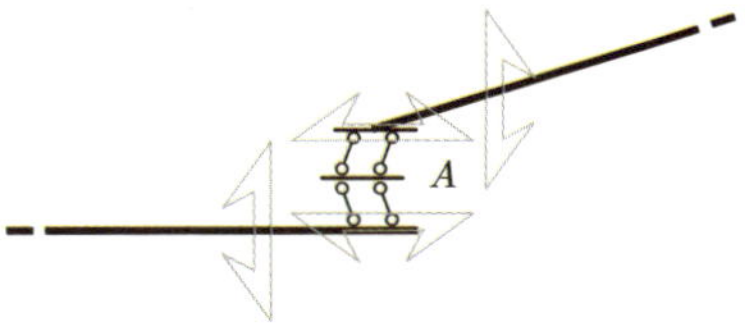

FIGURE 1.39 – Double glissière interne.

Pivot ou charnière ou rotule. La liaison, définie par la donnée d'un point A, dit *centre de la rotule*, bloque toute translation en ne laissant libres que les rotations relatives autour de A (figure 1.40). Les dénominations données ne sont équivalentes que dans les systèmes plans ; dans les systèmes à trois dimensions, charnière et rotule indiquent des liaisons qui autorisent les rotations autour d'un axe, alors que pivot indique une liaison permettant les rotations autour d'un point.

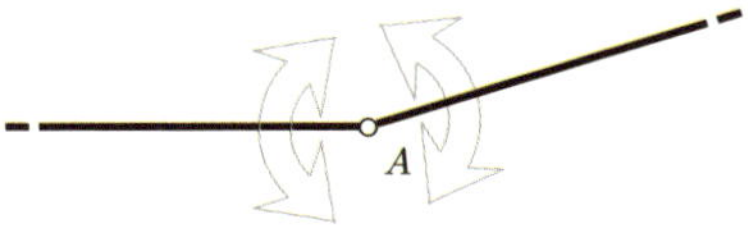

FIGURE 1.40 – Rotule interne.

Glissière. La liaison définie par la donnée d'un point A et d'une direction $\mathbf{n}$, bloque les rotations et les translations dans la direction $\mathbf{n}$, seules les translations dans la direction $\mathbf{t}$ orthogonale à $\mathbf{n}$ restant libres (figure 1.41). La représentation par deux bielles parallèles indique la possibilité d'un mouvement de rotation autour du point à l'infini de la direction des bielles, c'est-à-dire d'un mouvement de translation dans la direction orthogonale à celle-ci.

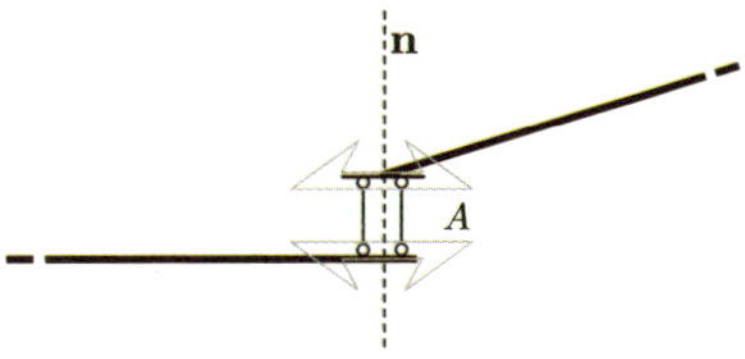

FIGURE 1.41 – Glissière interne.

Encastrement. La liaison définie par la donnée d'un point A, bloque tout mouvement de translation ou rotation relative des deux corps, de sorte qu'ils peuvent être considérés comme un seul corps rigide (figure 1.42).

FIGURE 1.42 – Encastrement interne.

TABLE 1.2 – Tableau récapitulatif des liaisons cinématiques intérieures. Signification des symboles : Δ indique la différence entre les valeurs des deux côtés de la liaison cinématique, donc Δu_n est une translation relative dans la direction normale au plan identifié par la liaison cinématique (par exemple le plan sur lequel glisse l'appui simple), Δu_t est la translation relative dans la direction tangente à ce plan, $\Delta\varphi$ est la rotation relative autour du point identifié par la liaison cinématique (par exemple le centre d'une rotule).

Dénomination	mouvement(s) relatif(s) bloqué(s)	mouvement(s) relatif(s) libre(s)
liaison ponctuelle	Δu_n	Δu_t, $\Delta\varphi$
double glissière	$\Delta\varphi$	Δu_n, Δu_t
rotule	Δu_n, Δu_t	$\Delta\varphi$
glissière	Δu_n, $\Delta\varphi$	Δu_t
encastrement	Δu_n, Δu_t, $\Delta\varphi$	aucun

Liaisons multiples

Si une liaison intérieure lie plus de deux poutres, on parle de liaison multiple. Dans de tels cas, en effet, la liaison agit autant de fois que le nombre de couples indépendants de poutres qu'elle met en relation. Par exemple si trois poutres, disons 1, 2 et 3, convergent sur une rotule intérieure, celle-ci bloquera les translations relatives entre les poutres 1 et 2 et celles entre les poutres 1 et 3 (les translations relatives entre 2 et 3 étant bloquées par conséquent), introduisant ainsi. dans le système, 2 fois les 2 degrés de blocage propres de ce type de liaison.

Pratiquement, les seuls cas de liaison multiple qui peuvent se présenter sont ceux de la rotule et de l'encastrement. Dans le cas de la rotule multiple liant n poutres, le nombre de degrés de blocage introduits est $2(n-1)$, dans le cas de l'encastrement multiple de n poutres, ce nombre est $3(n-1)$ (voir par exemple figure 1.43).

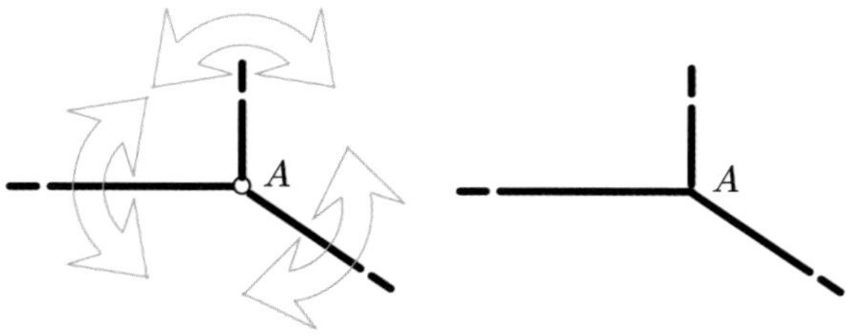

FIGURE 1.43 – Exemple de rotule multiple.

En réfléchissant sur le schéma des autres liaisons, on se rend compte qu'elles ne peuvent représenter que des relations cinématiques entre deux poutres à la fois :

- si on doit lier trois poutres deux à deux par une glissière, simple ou double, on ne peut pas simplement adopter le schéma statique d'une telle liaison en le liant à deux poutres d'un côté et une de l'autre, car les deux poutres du même côté se trouveraient alors encastrées ;
- si on doit lier trois poutres deux à deux par une bielle on ne peut pas représenter une seule bielle avec deux poutres liées d'un côté et une de l'autre, car les deux poutres du même côté seraient alors liées par une rotule.

Effets des liaisons sur un système de poutres

Pour qu'un ensemble de poutres liées puisse effectivement être considéré comme une structure, il faut que les mouvements relatifs de corps rigide entre ces poutres, ainsi que le mouvement de corps rigide de l'ensemble, soient rendus impossibles par la présence des liaisons intérieures et extérieures. Dans le cas contraires, nous avons affaire à des mécanismes ou systèmes géométriquement indéterminés.

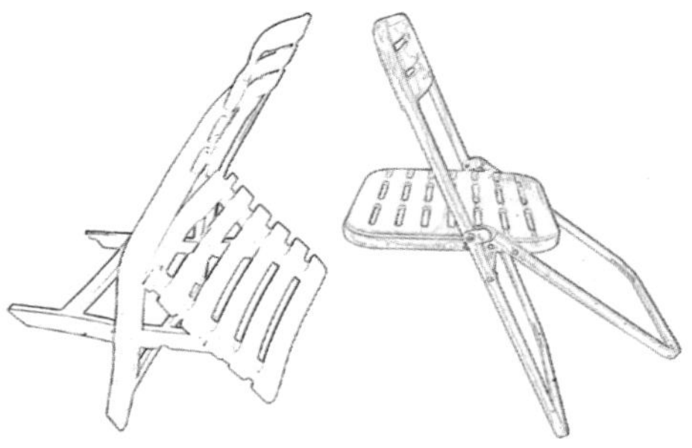

FIGURE 1.44 – Chaises pliantes : la chaise à gauche se bloque une fois dépliée et peut se déplacer comme un corps rigide dans l'espace, celle à droite a besoin du contact avec le sol pour garder sa configuration dépliée et se comporte comme un mécanisme en l'absence de ce contact.

Une chaise pliante, par exemple, n'est stable qu'à la fin du dépliement, lorsque le mécanisme est bloqué et que la structure est capable de porter des charges. Par ailleurs, certaines de ces chaises ne sont stables que par effet des appuis au sol, de sorte qu'elles ne peuvent garder leur forme dépliée lorsqu'on les soulève. D'autres se bloquent indépendamment du contact avec le sol et peuvent, une fois dépliées, se déplacer dans l'espace comme des corps rigides (voir figure 1.44).

Dans le projet d'une structure, il faut définir un nombre adéquat de liaisons cinématiques dans le but que le corps ne soit pas potentiellement instable : aucun mouvement de corps rigide ne doit être possible ni pour la structure dans son ensemble ni pour chacune de ses parties.

Dans certains cas, la structure peut être conçue, moyennant le choix des liaisons intérieures, pour qu'elle apparaisse comme un seul corps rigide indépendamment de la manière dont on la relie au sol; dans d'autres c'est l'ensemble des liaisons intérieures et extérieures qui réalise la stabilité, les premières n'étant pas suffisantes à cet effet.

Soit p le nombre des poutres qui composent un système : l'ensemble – sans liaisons cinématiques – a alors $3p$ degrés de liberté.

Chaque liaison cinématique intérieure introduit un certain nombre de degrés de blocage. Soit i leur nombre total.

Sous l'ensemble des liaisons intérieures le système peut :

1. se comporter comme un seul corps rigide : aucun mouvement relatif n'est autorisé entre ses parties ;

2. ne pas se comporter comme un seul corps rigide, car un certain nombre de degrés de liberté restent libres entre des parties du système.

Dans le premier cas l'ensemble des liaisons intérieures agit efficacement pour bloquer tout mouvement intérieur du système, alors que dans le deuxième le système sera géométriquement indéterminé à son intérieur.

Dans le premier cas, si

$$3p - i = 3$$

le nombre de liaisons intérieures introduites est strictement nécessaire à l'élimination de toute indétermination géométrique intérieure. Le système est conçu pour être *isostatique intérieurement*. Si

$$3p - i < 3$$

il y a trop de liaisons intérieures par rapport au nombre minimal nécessaire à la stabilité intérieure et le système se dit *hyperstatique intérieurement*. Évidemment lorsque

$$3p - i > 3$$

le système ne peut pas se comporter comme un seul corps rigide et on est forcément dans le deuxième cas.

Notez que la condition :

- $3p - i \leq 3$ est nécessaire pour que le système soit, à son intérieur, une structure isostatique (signe =) ou hyperstatique (signe <), mais elle n'est pas suffisante à cet effet : si les liaisons intérieures ne sont pas efficacement placées, la stabilité intérieure du système n'est pas assurée ;
- $3p - i > 3$ est suffisante pour affirmer que le système est un mécanisme si on ne tient pas compte des liaisons extérieures, mais – d'après ce qui a été écrit dans le cas précédent – elle n'est pas nécessaire à cet effet.

Chaque liaison cinématique extérieure introduit un certain nombre de degrés de blocage. Soit e le degré de blocage extérieur total du système.

Sous l'ensemble des liaisons cinématiques, intérieures et extérieures, le système peut :

1. être stable ou géométriquement déterminé : aucun mouvement n'est autorisé entre ses parties et par rapport au repère fixé, on est en présence d'une structure ;
2. être potentiellement instable ou géométriquement indéterminé, car un certain nombre de mouvements relatifs restent possibles entre parties du système ou entre celui-ci et le repère, et on est en présence d'un mécanisme.

Dans le premier cas, si

$$3p - i = 3 \text{ et } e = 3$$

la structure se dit *isostatique intérieurement et extérieurement* : l'ensemble des liaisons cinématiques est minimal par rapport au besoin de stabilité. Il s'agit d'une condition parfois recherchée car elle permet l'optimisation des éléments de la structure vis-à-vis des incompatibilités géométriques ou distorsions.

Toujours dans le premier cas, si

$$3p - i > 3 \text{ et } 3p - i - e = 0$$

la structure est *isostatique* dans son ensemble (sans l'être intérieurement et extérieurement).

Dans tous les cas, si

$$3p - i - e < 0$$

le système est *hyperstatique*. Un système hyperstatique peut être en même temps potentiellement instable car les deux conditions ne s'excluent pas mutuellement.

Si

$$3p - i - e > 0$$

le système est *hypostatique*, c'est-à-dire que les liaisons introduites sont en nombre insuffisant pour la stabilité, et il sera donc, nécessairement, potentiellement instable. Un système peut être potentiellement instable sans être hypostatique.

Le *degré d'hyperstaticité*, h, d'un système est le nombre des degrés de liaison surabondants, c'est-à-dire qu'ils peuvent être retirés sans modification de la nature statique du système. Dans le cas d'une structure, il s'agit des degrés de liaisons non nécessaires à sa stabilité : $h = e + i - 3p$ (≥ 0, $h = 0$ si la structure est isostatique).

Le *degré de mobilité*, m, d'un mécanisme est le nombre des paramètres permettant la description de son mouvement. Le degré de mobilité d'une structure est nul. Dans tous les cas, m et h sont liés par la relation $m - h = 3p - i - e$.

L'hyperstaticité d'un système stable peut être associée à ses liaisons intérieures seulement (si $e = 3$; voir figure 1.45 (e)) ou aux extérieures seulement (si $3p - i = 3$, avec toute liaison intérieur efficace ; voir figure 1.45 (f)) ou aux deux types de liaison (si $e > 3$ et $3p - i < 3$, ou $3p - i \geq 3$ avec des liaisons surabondantes ; figure 1.45 (g)).

Un système potentiellement instable peut avoir des liaisons surabondantes (et donc être hyperstatique, éventuellement stable), à son intérieur (figure 1.45 (h)) ou à son extérieur (figure 1.45 (i)). Il peut être en même temps instable et hyperstatique, tant intérieurement quant extérieurement (figure 1.45 (j)).

1.3.8 Conclusion

La présentation qui précède montre que la condition

$$3p - i - e > 0$$

(c'est-à-dire moins de liaisons que de degrés de liberté) est suffisante pour dire que le système est géométriquement indéterminé et potentiellement instable (ce qui exclut qu'il soit une structure isostatique).

Elle montre aussi que la condition

$$3p - i - e < 0$$

(moins de degrés de liberté que de liaisons) est suffisante pour dire que le système est hyperstatique (ce qui exclut aussi qu'il soit une structure isostatique).

Par conséquent la condition

$$3p - i - e = 0$$

est la seule qui permet que le système soit une structure isostatique, mais elle ne suffit pas à cela car il faut encore que toutes les liaisons soient efficacement placées pour que tout mouvement de corps rigide, du système ou de ses parties, soit empêché (c'est-à-dire pour que le système ne soit pas potentiellement instable).

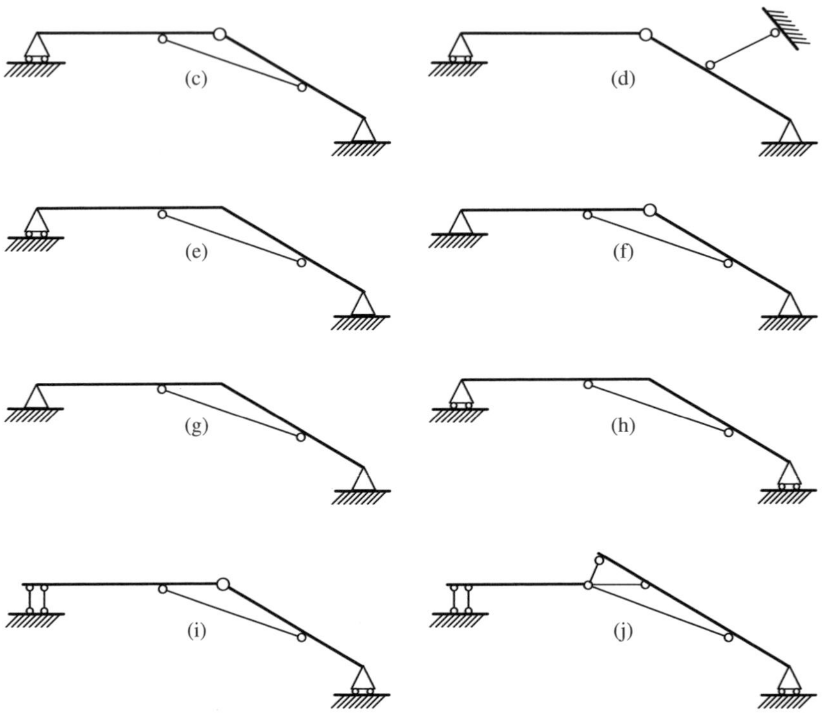

FIGURE 1.45 – Exemples de systèmes de poutres : (a) hypostatique, (b) hypostatique, potentiellement instable (ou géométriquement indéterminée) extérieurement et stable isostatique intérieurement, (c) isostatique intérieurement et extérieurement, (d) isostatique, (e) stable, hyperstatique intérieurement et isostatique extérieurement, (f) stable, hyperstatique extérieurement et isostatique intérieurement, (g) stable et hyperstatique intérieurement et extérieurement, (h) potentiellement instable extérieurement et stable hyperstatique intérieurement, (i) potentiellement instable extérieurement et hyperstatique extérieurement, (j) potentiellement instable intérieurement et extérieurement et hyperstatique intérieurement et extérieurement.

1.4 Mouvements des systèmes de corps liés

Nous avons introduit le concept de centre (instantané) de rotation pour le mouvement d'un corps rigide dans un plan. Dans l'étude du mouvement relatif entre deux corps liés entre eux, nous pouvons introduire un concept similaire : si on considère l'un des deux corps comme fixe, on pourra voir l'autre suivre des mouvements de corps rigide autour d'un centre instantané de rotation. S'agissant du centre d'un mouvement *relatif*, on lui associera cet adjectif en opposition avec *absolu* qui sera désormais utilisé pour indiquer le centre de rotation d'un corps par rapport au repère fixe.

Nos études cinématiques étant en relation avec la définition de la stabilité, nous nous intéressons seulement à la description du début du mouvement, et la nature instantanée des deux types de centre de rotation ne sera pas systématiquement rappelée : il est entendu que tout raisonnement est restreint au premier instant du mouvement. Nous traiterons donc de la recherche des centres de rotation absolue d'un corps et de rotation relative entre corps à cet instant.

Les concepts de degré de liberté et de degré de blocage, ainsi que celui de centre de rotation, peuvent être particularisés au cas du mouvement relatif entre deux corps : c'est comme si – en regardant fictivement comme fixe l'un des deux corps – on décrivait la cinématique d'un corps par rapport à l'autre, trois degrés de liberté relative correspondant au cas de deux corps non liés et trois degrés de blocage relatif au cas de deux corps totalement solidaires, comme un seul corps rigide.

Les liaisons intérieures peuvent être vues comme des éléments qui permettent de fixer le centre de rotation relative entre les corps qu'elles relient en limitant ainsi les degrés de liberté relative du mouvement des deux corps.

- Une liaison simple annule l'un des trois degrés de liberté du mouvement relatif :
  - dans le cas d'une liaison ponctuelle, en particulier, le centre de rotation de ce mouvement relatif sera sur la droite identifiée par la bielle :

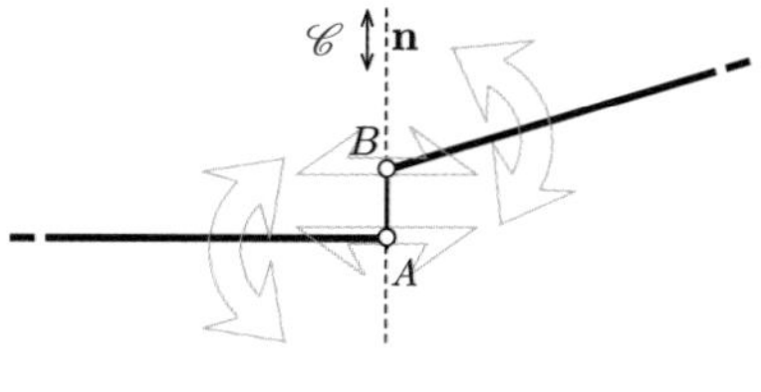

  - dans le cas d'une double glissière ce centre sera un point quelconque à l'infini (un point du cercle de rayon infini) :

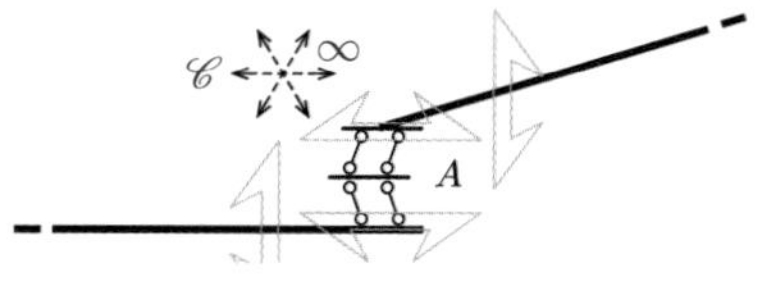

Dans tous les cas, une liaison simple correspond à un lieu géométrique de dimension 1 (droite identifiée par la bielle ou cercle à l'infini) dans lequel le centre de rotation relative peut se trouver.

- Une liaison intérieure double annule deux degrés de liberté du mouvement relatif :
  - s'il s'agit d'une rotule, ce mouvement relatif sera une rotation autour de la rotule :

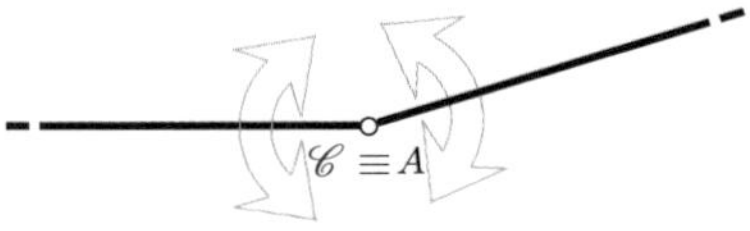

  - s'il s'agit d'une glissière, ce sera une translation parallèle à la direction de glissement (c'est-à-dire une rotation dont le centre se trouve à l'infini dans la direction orthogonale au glissement) :

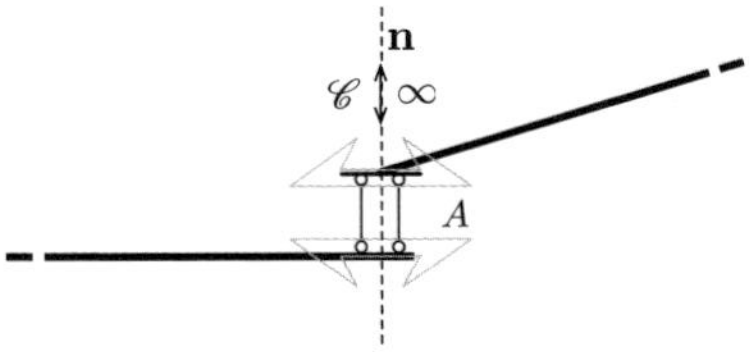

La liaison double identifie donc un lieu géométrique de dimension 0, c'est-à-dire un seul point du plan, dans lequel le centre de rotation relative peut se trouver.

- Finalement si deux poutres sont encastrées entre elles aucun mouvement relatif ne sera possible. Aucun centre de rotation relative ne pourra donc exister, on pourra regarder les deux poutres comme un seul corps rigide.

1.4.1 Théorème de Kennedy

Une théorème, publié en 1886 par Alexander Kennedy (1847-1892) montre que, pour que deux corps liés puissent avoir un mouvement, il faut que leurs centres instantanés de rotation absolue soient alignés avec le centre de rotation relative de leurs mouvements. Donc, dans un mouvement possible, le centre de rotation relative entre deux poutres se trouve sur la même droite que leurs centres de rotation absolue.

Pour s'en convaincre il suffit de rappeler que les mouvements des deux corps peuvent, chacun, être représentés comme une rotation autour d'un centre absolu. Tous les points de chaque corps suivent des trajectoires qui sont des arcs de cercle autour du centre de rotation de leur corps. Dans un tel mouvement, les points d'un corps ne s'éloignent pas de leur centre de rotation, qui apparait par conséquent comme appartenant, lui aussi, à ce corps. Le centre de rotation relative est un point, qui n'est pas forcement physique, mais qui, pour la même raison, doit se déplacer comme s'il appartenait aux deux corps ; il ne pourra pas suivre de trajectoires compatibles avec les liaisons agissantes sur l'un et sur l'autre corps que si celles-ci définissent des trajectoires identiques pour ce point. Cela n'est possible que si les deux arcs de cercle, trajectoires du centre de rotation relative dans le mouvement de l'un et de l'autre corps, puissent être confondus pour de petites rotations, ce qui n'est possible que si leurs centres et leur point de contact sont alignés (ils ont alors la même tangente en ce point, voir figure 1.46).

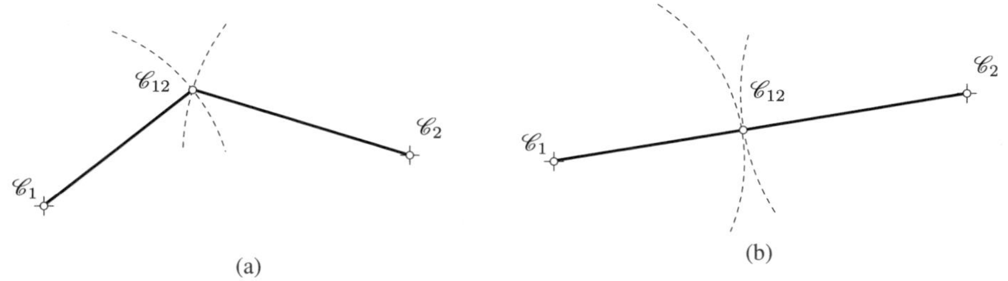

FIGURE 1.46 – Le théorème de Kennedy est illustrée par deux cas particuliers, dans lesquels deux poutres sont liées entre elles par la rotule $\mathscr{C}_{12}$ (qui définit donc leur centre de rotation relative) et au sol par les rotules $\mathscr{C}_1$ et $\mathscr{C}_2$ (centres de rotation absolue) : (a) le mouvement n'est pas possible sans modifier la longueur des poutres ; (b) le mouvement est possible car les deux cercles ont leur tangente en commun en $\mathscr{C}_{12}$, ce qui correspond à l'alignement du rayon $\mathscr{C}_1\mathscr{C}_{12}$ avec le rayon $\mathscr{C}_{12}\mathscr{C}_2$.

1.4.2 Systèmes de deux poutres

Pour décider de la stabilité d'un système composé de deux poutres liées il suffit de contrôler si le centre de rotation relative entre elles peut se trouver sur la droite définie par leurs centres de rotation absolue. Dans ce cas le mouvement est possible, et le système est potentiellement instable ; si, par contre, il n'est pas possible pour les trois centres de se trouver sur la même droite tout en respectant la comptabilité avec les liaisons, alors le système est stable (voir figure 1.47, 1.48 et 1.49).

Un système de deux poutres a $3p = 3 \cdot 2 = 6$ degrés de liberté ; par conséquent, si le nombre des degrés de blocage introduits par les liaisons, extérieures et intérieures, est inférieur à 6, le système est hypostatique et donc potentiellement instable quel que soit l'emplacement des liaisons. L'analyse des mouvements potentiels par l'alignement des centres de rotation n'est, dans ces cas, pas nécessaire pour décider de la stabilité. Si, par contre, $i + e \geq 6$, cette analyse nous donne la méthode la plus efficace pour vérifier si les liaisons ont été correctement placées et donnent lieu à une structure.

1.4.3 Chaînes cinématiques

Si plusieurs poutres composent un ensemble lié (afin de créer une structure), la condition de stabilité sera toujours recherchée par la négation de la possibilité du mouvement, en s'appuyant sur le théorème de Kennedy : le mouvement sera possible si un ensemble de centres de rotation, absolue et relative, forme une suite de points trois à trois alignés qu'on appelle une *chaîne cinématique*.

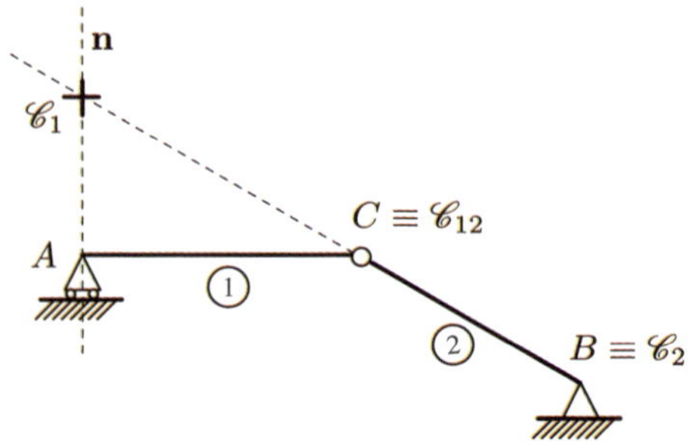

FIGURE 1.47 – Analyse cinématique d'un système hypostatique. Les poutres, notées 1 et 2, sont liées entre elles par une rotule au point C et liées au sol respectivement par un appui simple en A et une rotule en B. La rotule en C donne l'emplacement du centre de rotation relative $\mathscr{C}_{12}$, celle en B l'emplacement du centre de rotation absolue $\mathscr{C}_2$ de la poutre 2. Le centre de rotation absolue de la poutre 1 doit se trouver sur la droite $\mathbf{n}$ identifiée par l'appui simple placé en A. Le schéma montre que les trois centres de rotation peuvent être alignés, le mouvement est donc possible, et le système est potentiellement instable. Notez que $3p = 6$, $i = 2$ et $e = 3$, donc $3p - i - e = 1$, ce qui nous dit que le système est hypostatique et donc instable quelque soit l'emplacement des liaisons.

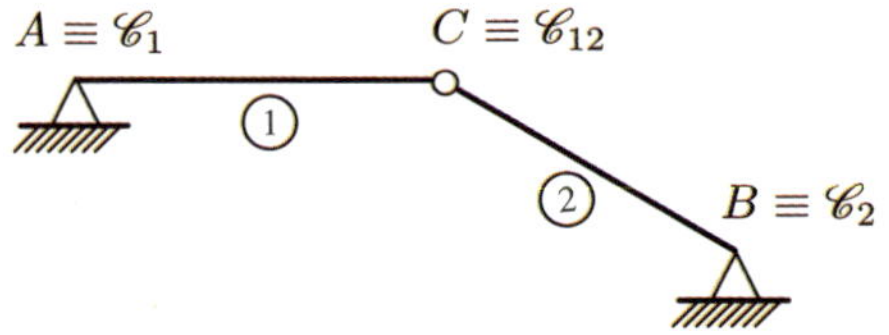

FIGURE 1.48 – Analyse cinématique d'une structure isostatique : les trois rotules donnent l'emplacement des trois centres de rotation, qui ne sont pas alignés ; le mouvement est donc impossible. Étant donné que $3p = 6$, $i = 2$ et $e = 4$, nous avons $3p - i - e = 0$, et la structure est isostatique.

Par ailleurs, la demonstration du théorème présentée au § 1.4.1 peut se répéter si, à la place de considérer deux corps liés entre eux et au repère fixe, on prend trois corps liés entre eux. Si on note $\mathscr{C}_{13}$ et $\mathscr{C}_{23}$ les centres de rotation relative entre les corps 1 et 3 et entre 2 et 3 respectivement (et $\mathscr{C}_{12}$ celui entre 1 et 2 comme au § 1.4.1), on ne pourra avoir du mouvement relatif que si $\mathscr{C}_{12}$, $\mathscr{C}_{13}$ et $\mathscr{C}_{23}$ sont alignés, indépendamment de toute autre condition cinématique sur ces trois corps. Celui des deux corps apparaît donc comme un cas particulier du précédent, dans lequel l'un des trois corps est le repère fixe.

Il faut noter que le théorème de Kennedy s'applique au mouvement de trois corps liés (dont l'un est éventuellement le repère fixe) et que, par conséquent, il n'est pas nécessaire que tous les centres de rotation dans un système composé de plus de deux poutres soient alignés sur une même droite. De plus, il ne faut pas oublier qu'il suffit du mouvement potentiel d'une partie du système pour que celui-ci ne soit pas considéré comme stable ; par conséquent il n'est pas nécessaire que tous les centres de rotation, absolue ou relative, s'alignent trois à trois dans une même suite.

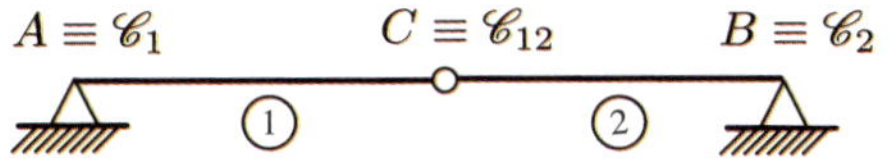

FIGURE 1.49 – Analyse cinématique d'un mécanisme hyperstatique : les liaisons sont de même type que pour le cas de la figure 1.48, mais elles sont placées de manière que les trois centres de rotation se trouvent alignés. Par conséquent, il existe des mouvements possibles et le système est instable. Le nombre des degrés de blocage étant suffisant pour assurer la stabilité, le mécanisme est hyperstatique (car il ne dérive pas d'une hypostaticité) : notez que les rotules extérieures réalisent un double blocage des translations horizontales qui correspond à ladite hyperstaticité.

On introduit le concept de chaîne cinématique afin de définir sans ambiguïté dans quelles conditions le mouvement, global ou partiel, d'un système composé de plusieurs poutres est possible.

Une chaîne cinématique est une suite de poutres dont les centres de rotation sont trois à trois alignés, de sorte que le centre de rotation relative entre deux poutres soit aligné avec leurs centres de rotation absolue. Les extrémités de la chaîne répondent à l'un des critères suivants (voir, par exemple, figures 1.54 et 1.55) :

- l'extrémité est le centre de rotation absolue d'une poutre qui n'est liée au système que d'un côté (dans le cas contraire il y aurait encore une poutre et la chaîne cinématique devrait se poursuivre pour inclure encore un centre de rotation relative et un centre de rotation absolue) ;

- l'extrémité est un centre de rotation absolue qui coïncide avec le centre de rotation relative entre la dernière poutre de la chaîne et la première poutre qui n'appartient pas à la chaîne (dans ce cas, le mouvement de ces deux poutres est dissocié ; le centre de rotation absolue de la première poutre qui n'appartient pas à la chaîne est toujours aligné avec les deux autres centres par le fait que ceux-ci coïncident en un seul point).

La dénomination de chaîne ne doit pas conduire à la fausse conclusion que ces études cinématiques se limitent à des systèmes dont les parties sont agencées l'une après l'autre comme les anneaux d'une chaîne. En effet, la méthode est tout à fait générale et s'applique aussi à des systèmes incluant de branches (voir figures 1.57, 1.58 et 1.59) ou des anneaux fermés (voir figure 1.60). Les critères précédents doivent en tout cas être respectés par l'extrémité de toute branche.

1.4.4 Dessin des chaînes cinématiques

Le dessin du mouvement d'une chaîne cinématique suit des règles simples et il peut être obtenu par la procédure suivante :

1. On identifie les contraintes imposées au mouvement virtuel par chaque liaison cinématique ; il convient de faire cette identification en dessinant les lieux des centres de rotation, absolue et relative, compatibles avec chaque liaison.

2. On identifie les centres de rotation absolue des différentes parties de la structure et les centres de rotation relative entre parties de la structure qui sont compatibles avec l'ensemble des liaisons en jeu. Un seul ensemble des centres de ce type existe forcement si le système est un mécanisme avec un degré de liberté. Le théorème de Kennedy pour le mouvement de deux corps liés permet l'identification de cet ensemble des centres.

3. On se donne arbitrairement le déplacement d'un point quelconque du mécanisme et on trace le mouvement des autres points en suivant les deux règles :

   (a) un centre de rotation absolue est un point fixe du système, il n'aura aucun déplacement ;

   (b) un centre de rotation relative n'est pas un point fixe ; les axes des poutres qui se raccordent en ce point (ou la prolongation de ces axes si le centre n'est pas un point matériel du système) peuvent changer d'inclinaison relative ou (si le centre est à l'infini) de position relative.

Un exemple d'un tel dessin est montré en figure 1.50.

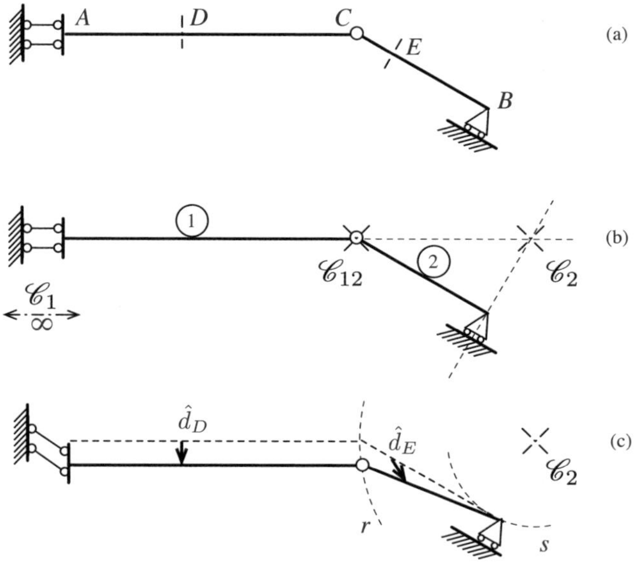

FIGURE 1.50 – Dessin du mouvement virtuel du mécanisme (a) : on identifie d'abord l'ensemble des centres de rotation, relative et absolue, qui règle le mouvement (b), et on dessine un mouvement d'amplitude arbitraire, compatible avec ces centres (c). Le déplacement de tout point du système peut être représenté sur le schéma, et ses composantes calculées sur la base des considérations géométriques ayant permis le dessin du mouvement.

Ce dessin peut ne pas être aisé si la structure est morphologiquement complexe. Il est alors intéressant de dessiner les projections du mouvement sur deux axes orthogonaux plutôt que le mouvement proprement dit.

La construction géométrique des projections suit les mêmes règles que celle du mouvement complet : les centres de rotation absolue sont des points fixes et les centres de rotation relative sont des éventuels points de brisure.

En passant du dessin d'une projection du mouvement à l'autre, il faut respecter la règle fondamentale du mouvement des corps rigides : un tel corps se déplace en tournant autour d'un centre de rotation absolue d'un (petit) angle, tous ses points suivent des trajectoires en arc de cercle ayant le même angle d'ouverture. Par conséquent, l'image d'un corps rigide dans n'importe quelle projection de son mouvement tourne par rapport à la position initiale de ce corps du même angle, qui mesure sa rotation absolue.

Les figures de 1.51 à 1.53 donnent deux exemples de cette procédure.

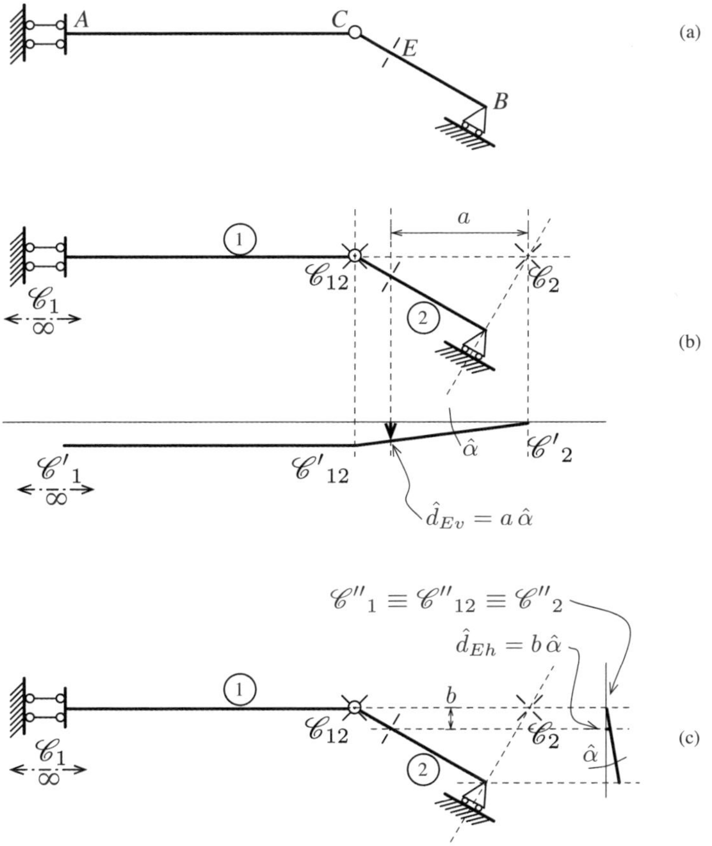

FIGURE 1.51 – Le dessin de la figure 1.50 est plus aisé si on représente les projections du déplacement des points du mécanisme sur les axes cartésiens plutôt que le déplacement dans son ensemble. On montre respectivement en (b) et (c) le dessin des déplacements verticaux et horizontaux des points du mécanisme. Le dessin de chaque schéma suit les mêmes règles que le dessin de l'ensemble.

1.4.5 Conditions d'isostaticité

Comme pour les poutres simples, on peut donc analyser la cinématique d'un système de poutres pour contrôler si l'ensemble des liaisons cinématique est efficace.

1. On analyse séparément les mouvements rigides possibles qui peuvent être suivis par chaque poutre qui compose le système, compte tenu des liaisons qui l'intéressent, et on identifie les centres de rotation qui permettent de décrire ces mouvements ;
2. on contrôle si l'ensemble des centres de rotation est compatible, ce qui correspond à un mouvement possible ;
3. s'il n'existe pas de mouvements possibles, l'ensemble des liaisons est efficace.

On rappelle que seulement dans ce dernier cas la condition $3p - i - e = 0$ correspond à un système isostatique.

- $\boxed{3p - i - e > 0}$
  le système est hypostatique (pas assez de liaisons) et donc potentiellement instable ;
- $\boxed{3p - i - e = 0}$
  - s'il y a de mouvements possibles, le système est potentiellement instable et hyperstatique (assez de liaisons mais mal placées) ;
  - s'il n'y a pas de mouvements possibles, le système est isostatique (liaisons en nombre minimal pour la stabilité) ;
- $\boxed{3p - i - e < 0}$
  le système est hyperstatique (plus de liaisons que nécessaire pour la stabilité) et :
  - s'il y a de mouvements possibles, il est potentiellement instable (liaisons en nombre plus que nécessaire, mais mal placées) ;
  - s'il n'y a pas de mouvements possibles il est stable.

Seulement les systèmes stables nous intéressent.

1.5 Conclusion

L'étude de ce chapitre donne accès aux connaissances suivantes :

- définitions et méthodes pour la description du mouvement des corps rigides ;
- concept de liaison cinématique ;
- conditions et méthodes pour l'identification d'un mécanisme, d'une structure isostatique et d'un système (mécanisme ou structure) hyperstatique.

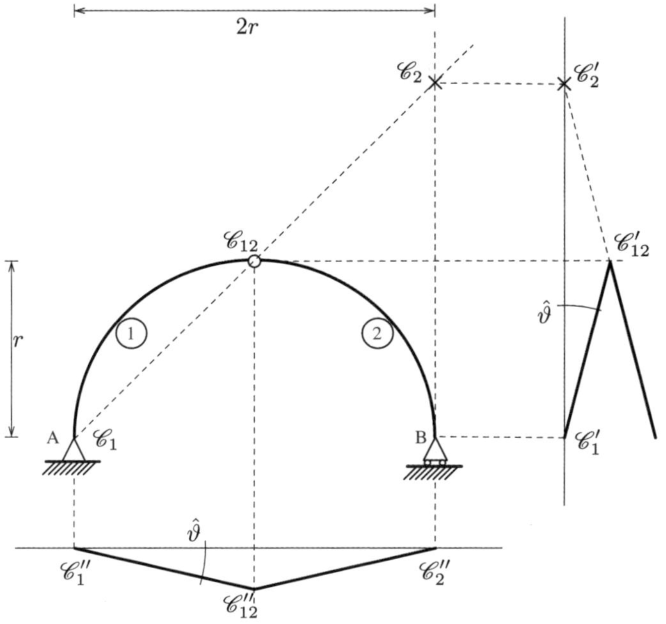

FIGURE 1.52 – Exemple de dessin du mouvement virtuel d'un mécanisme composé de poutres courbes. L'emploi des projections orthogonales des déplacements est dans ce cas très utile pour faciliter la tâche.

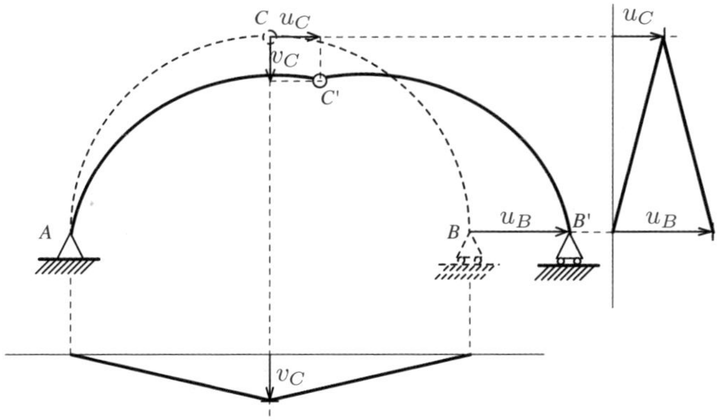

FIGURE 1.53 – Dessin du mouvement d'ensemble du système de la figure 1.52 à partir de la donnée des projections du mouvement.

1.6 Exercices

Exercice 1. On démontre que le centre de rotation d'un mouvement plan se trouve au croisement des médiatrices des segments qui joignent les points du corps à leurs images dans le mouvement.

On considère un corps plan représenté pas trois points non alignés A, B et C, transformés dans un mouvement de corps rigide dans leurs homologues A', B' et C', comme dans la figure ci-contre. On construit les segments joignants les points à leurs homologues et les médiatrices de ces segments, et on identifie le point $\mathscr{C}$ à l'intersection de ces dernières.

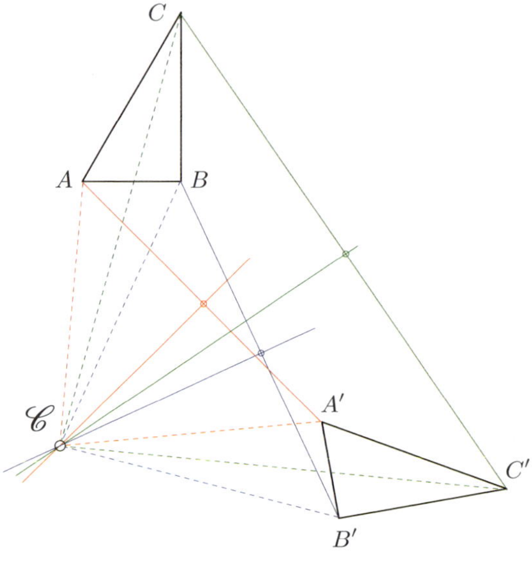

Pour démontrer la proposition, il faut prouver que $\mathscr{C}$ est unique et que les arcs de cercle de centre $\mathscr{C}$ joignant les couples de points homologues dans le mouvement balayent un angle égal.

Par construction, $AB \equiv A'B'$ & $A\mathscr{C} \equiv A'\mathscr{C}$ & $B\mathscr{C} \equiv B'\mathscr{C}$, donc les triangles $AB\mathscr{C}$ et $A'B'\mathscr{C}$ sont équivalents. Il en vas de même quel que soit le couple de point pris sur le corps pour construire un tel triangle ($BC\mathscr{C}$ ou $CA\mathscr{C}$).

Cette équivalence engendre celle des côtés et des angles de ces triangles, et donc, en particulier, $A\mathscr{C} \equiv A'\mathscr{C}$ et $\widehat{\mathscr{C}AB} \equiv \widehat{\mathscr{C}A'B'}$. Par conséquent, les mouvements de corps rigide étant des isométries, et donc $AC \equiv A'C'$ et $\widehat{BAC} \equiv \widehat{B'A'C'}$, on obtient :

$$A\mathscr{C} \equiv A'\mathscr{C} \quad \& \quad AC \equiv A'C' \quad \& \quad \widehat{\mathscr{C}AC} \equiv \widehat{\mathscr{C}A'C'} \quad \Rightarrow \quad \mathscr{C}AC \equiv \mathscr{C}A'C'$$

l'équivalence de ces triangles implique celle des côtés $\mathscr{C}C \equiv \mathscr{C}C'$; donc le triangle $\mathscr{C}CC'$ est isocèle et la médiatrice de CC' passe bien par $\mathscr{C}$. Ce résultat démontre la première partie de la proposition.

De l'équivalence des triangles $AB\mathscr{C}$ et $A'B'\mathscr{C}$ on peut aussi déduire, en subdivisant l'angle $\widehat{A\mathscr{C}B'}$ de deux manières différentes :

$$\widehat{A\mathscr{C}A'} + \widehat{A'\mathscr{C}B'} \equiv \widehat{A\mathscr{C}B} + \widehat{B\mathscr{C}B'} \quad \& \quad \widehat{A\mathscr{C}B} \equiv \widehat{A'\mathscr{C}B'} \quad \Rightarrow \widehat{A\mathscr{C}A'} \equiv \widehat{B\mathscr{C}B'}\,.$$

Ce résultat, pouvant être obtenu quel que soit le couple de points homologues dans le mouvement, démontre la deuxième partie de la proposition.

Exercice 2. On analyse le bilan des degrés de liberté et de blocage du système ci-dessous :

Le système se compose de deux poutres, liées entre elles par une rotule (point C, 2 degrés de blocage) et liées extérieurement par une rotule (point A, 2 degrés de blocage) et un appui simple (point B, 1 degré de blocage) ; le calcul suivant montre qu'il s'agit d'un mécanisme :

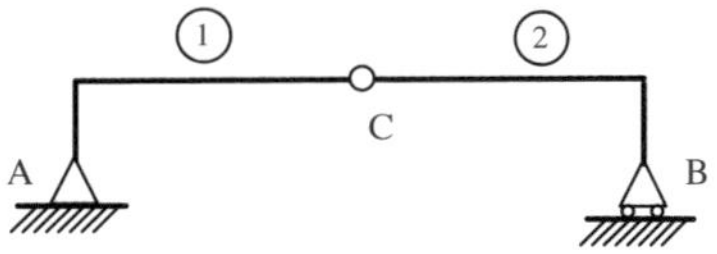

$$\begin{array}{rcl} 3p & = & 3 \cdot 2 \\ i & = & 2 \\ e & = & 2+1 \\ \hline 3p-i-e & = & 1 \end{array}$$

Exercice 3. On analyse le bilan des degrés de liberté et de blocage du système ci-dessous :

Le système se compose de deux poutres, liées entre elles par une glissière (point C, 2 degrés de blocage) et liées extérieurement par une rotule (point A, 2 degrés de blocage) et un appui simple (point B, 1 degré de blocage) ; le calcul suivant montre qu'il s'agit d'un mécanisme :

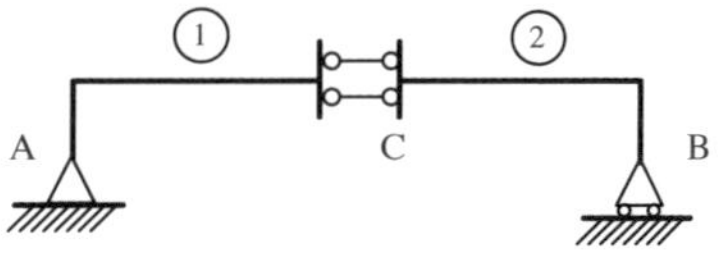

$$\begin{array}{rcl} 3p & = & 3 \cdot 2 \\ i & = & 2 \\ e & = & 2+1 \\ \hline 3p-i-e & = & 1 \end{array}$$

Exercice 4. On analyse le bilan des degrés de liberté et de blocage du système ci-dessous :

Le système se compose de deux poutres, liées entre elles par une glissière (point C, 2 degrés de blocage) et liées extérieurement par une glissière (point A, 2 degrés de blocage) et une rotule (point B, 2 degrés de blocage) ; le calcul suivant montre qu'il s'agit d'un système qui peut être isostatique :

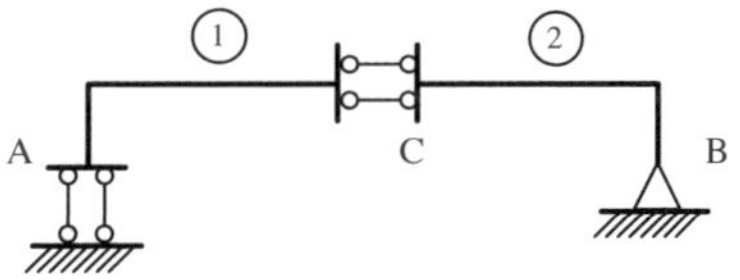

$$\begin{array}{rcl} 3p & = & 3 \cdot 2 \\ i & = & 2 \\ e & = & 2+2 \\ \hline 3p-i-e & = & 0 \end{array}$$

Exercice 5. On analyse le bilan des degrés de liberté et de blocage du système ci-dessous :

Le système se compose de deux poutres, liées entre elles par une rotule (point C, 2 degrés de blocage) et liées extérieurement par une glissière (point A, 2 degrés de blocage) et une rotule (point B, 2 degrés de blocage) ; le calcul suivant montre qu'il s'agit d'un système qui peut être isostatique :

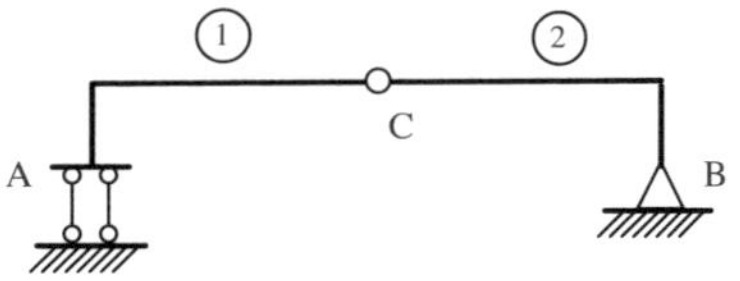

$$\begin{array}{rcl} 3p & = & 3 \cdot 2 \\ i & = & 2 \\ e & = & 2+2 \\ \hline 3p-i-e & = & 0 \end{array}$$

Exercice 6. On analyse le bilan des degrés de liberté et de blocage du système ci-dessous :

Le système se compose de deux poutres, liées entre elles par une rotule (point C, 2 degrés de blocage) et liées extérieurement par deux autres rotules (point A, 2 degrés de blocage, et point B, 2 degrés de blocage) ; le calcul suivant montre qu'il s'agit d'un système qui peut être isostatique :

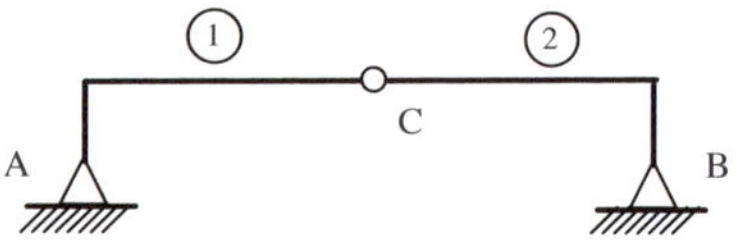

$$\begin{array}{rcl} 3p & = & 3 \cdot 2 \\ i & = & 2 \\ e & = & 2+2 \\ \hline 3p-i-e & = & 0 \end{array}$$

Exercice 7. On analyse la cinématique du système ci-dessous :

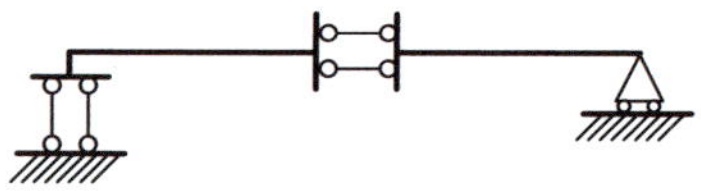

Le calcul qui suit montre que le système a un nombre insuffisant de liaisons cinématiques et est donc un mécanisme ; le mouvement indiqué ci-dessous s'obtient si $\mathscr{C}_2$ est le point à l'infini de la droite verticale identifiée par l'appui simple ; il s'agit d'une translation horizontale sans mouvement relatif entre les poutres 1 et 2.

$$\begin{array}{rcl} 3p & = & 3 \cdot 2 \\ i & = & 2 \\ e & = & 2+1 \\ \hline 3p-i-e & = & 1 \end{array}$$

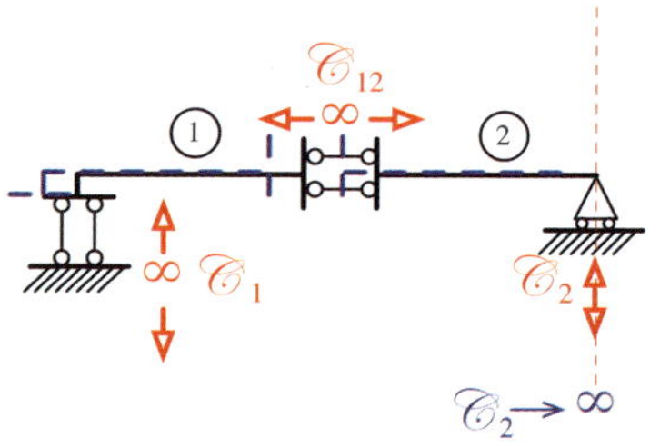

L'image précédente montre, en rouge, les centres de rotation et, en bleu, un mouvement possible, amplifié pour en faciliter la lecture. On adopte la même graphique dans les exercices suivants.

Exercice 8. On analyse la cinématique du système ci-dessous :

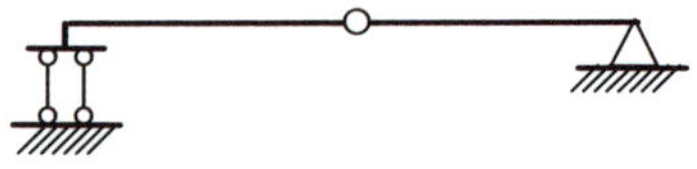

Le calcul ci-dessous montre que les liaisons sont en juste nombre pour l'isostaticité, si elles sont bien placées ; le schéma montre que les trois centres de rotation ne sont pas alignés, et le mouvement est donc impossible. On peut en conclure qu'il s'agit d'une structure isostatique.

$$\begin{aligned} 3p &= 3 \cdot 2 \\ i &= 2 \\ e &= 2+2 \\ \hline 3p - i - e &= 0 \end{aligned}$$

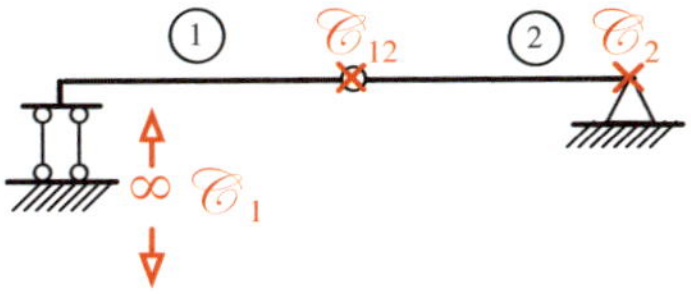

Exercice 9. On analyse la cinématique du système ci-dessous :

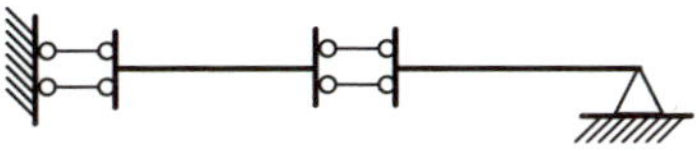

Les liaisons sont en juste nombre pour l'isostaticité, mais elles sont mal placées : les deux glissières autorisent un mouvement de translation verticale de la poutre 1, sans mouvement de la poutre 2 ($\mathscr{C}_1$ et $\mathscr{C}_{12}$ coïncident). On en conclut que le système est un mécanisme hyperstatique (l'hyperstaticité correspond au double blocage des translations horizontales de l'ensemble généré par la glissière extérieure et par la rotule).

$$\begin{aligned} 3p &= 3 \cdot 2 \\ i &= 2 \\ e &= 2+2 \\ \hline 3p - i - e &= 0 \end{aligned}$$

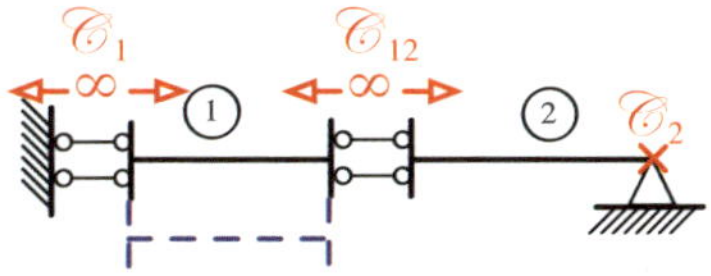

Exercice 10. On analyse la cinématique du système ci-dessous :

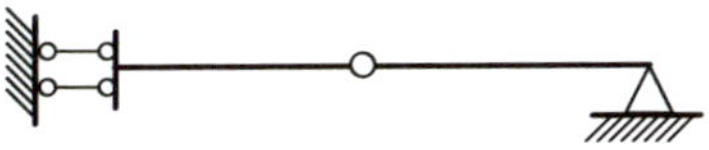

Les liaisons sont en juste nombre pour l'isostaticité, mais elles sont mal placées : les trois centres de rotation $\mathscr{C}_1$, $\mathscr{C}_{12}$ et $\mathscr{C}_2$ sont alignés sur la droite horizontale, le mouvement indiqué ci-dessous est donc possible. On en conclut que le système est un mécanisme hyperstatique (l'hyperstaticité correspond au double blocage des translations horizontales de l'ensemble généré par la glissière et par la rotule extérieure).

$$\begin{aligned} 3p &= 3 \cdot 2 \\ i &= 2 \\ e &= 2+2 \\ \hline 3p - i - e &= 0 \end{aligned}$$

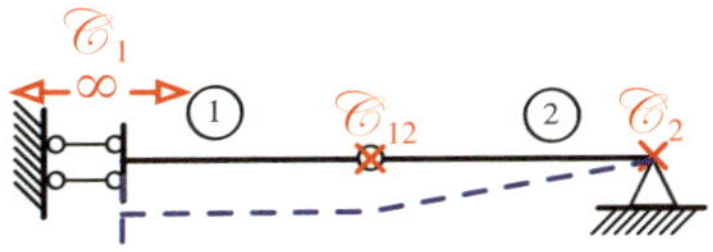

Exercice 11. On analyse la cinématique du système ci-dessous :

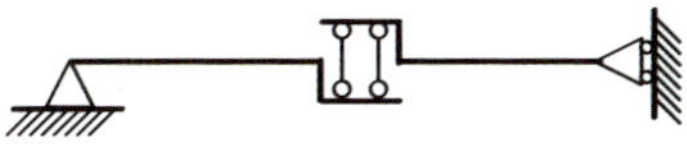

Le système a un nombre insuffisant de liaisons cinématiques ; il s'agit donc d'un mécanisme. Le mouvement indiqué s'obtient si $\mathscr{C}_2$, qui peut se trouver en tout point de la droite identifiée par l'appui simple, coïncide avec $\mathscr{C}_1$; on a alors une rotation des deux poutres autour de ce centre sans mouvement relatif et donc indépendamment de la nature de la liaison intérieure.

$$\begin{array}{rcl} 3p & = & 3 \cdot 2 \\ i & = & 2 \\ e & = & 2+1 \\ \hline 3p-i-e & = & 1 \end{array}$$

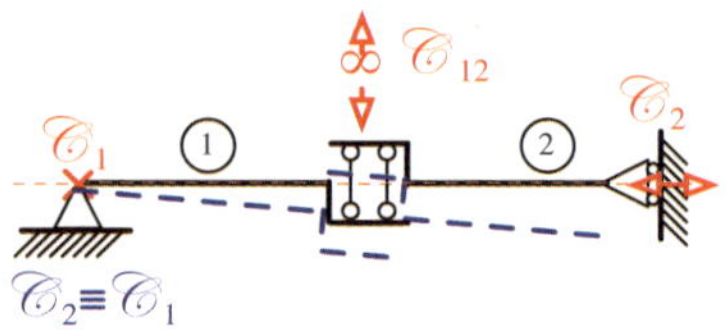

Exercice 12. On analyse la cinématique du système ci-dessous :

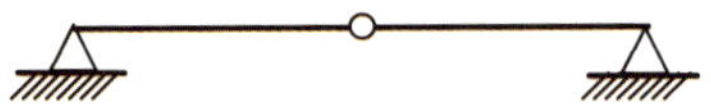

Les liaisons cinématiques sont en juste nombre pour l'isostaticité, mais elles sont mal placées : on observe l'alignement des trois centres de rotation qui permet un mouvement sans déformation des poutres. En conclusion, il s'agit d'un mécanisme hyperstatique (l'hyperstaticité dérive du double blocage des translations horizontales imposé par les deux rotules extérieures).

$$\begin{array}{rcl} 3p & = & 3 \cdot 2 \\ i & = & 2 \\ e & = & 2+2 \\ \hline 3p-i-e & = & 0 \end{array}$$

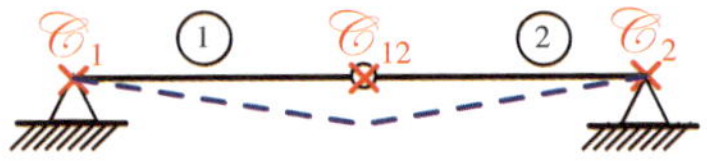

Exercice 13. On analyse la cinématique du système ci-dessous :

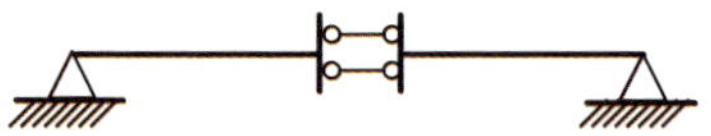

Liaisons en juste nombre pour l'isostaticité, mais mal placées : les trois centres de rotation $\mathscr{C}_1$, $\mathscr{C}_{12}$ et $\mathscr{C}_2$ sont alignés sur la droite horizontale, le mouvement indiqué est donc possible. Il s'agit d'un mécanisme hyperstatique (l'hyperstaticité dérive du double blocage des translations horizontales imposé par les deux rotules).

$$\begin{array}{rcl} 3p & = & 3 \cdot 2 \\ i & = & 2 \\ e & = & 2+2 \\ \hline 3p-i-e & = & 0 \end{array}$$

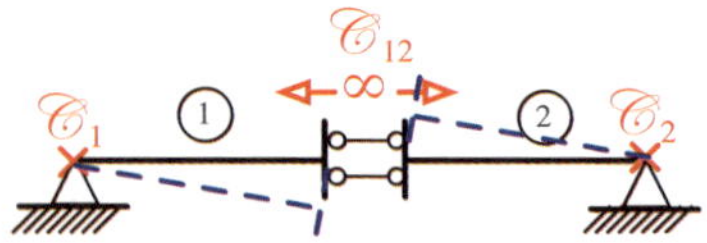

Exercice 14. On analyse la cinématique du système ci-dessous :

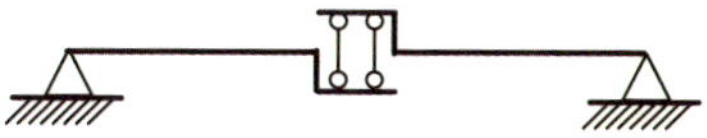

Liaisons en juste nombre pour l'isostaticité et correctement placées à cet effet : les trois centres de rotation ne sont pas alignés, et aucun mouvement n'est possible. Il s'agit donc d'une structure isostatique.

$$\begin{array}{rcl} 3p & = & 3 \cdot 2 \\ i & = & 2 \\ e & = & 2+2 \\ \hline 3p-i-e & = & 0 \end{array}$$

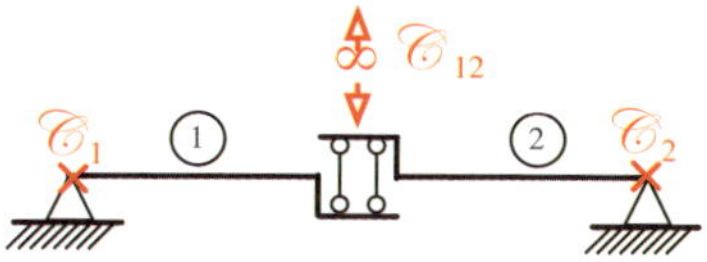

Exercice 15. On analyse la cinématique du système ci-dessous :

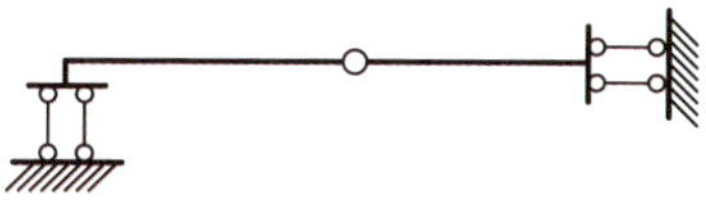

Liaisons en juste nombre pour l'isostaticité et correctement placées : les trois centres de rotation ne sont pas alignés et aucun mouvement n'est possible. Il s'agit donc d'une structure isostatique.

$$\begin{array}{rcl} 3p & = & 3 \cdot 2 \\ i & = & 2 \\ e & = & 2+2 \\ \hline 3p-i-e & = & 0 \end{array}$$

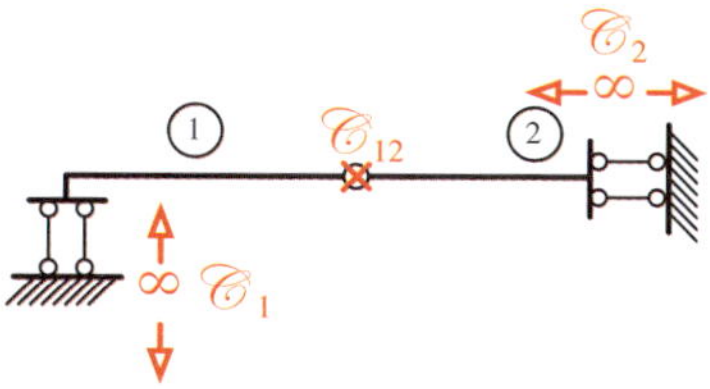

Exercice 16. On analyse la cinématique du système ci-dessous :

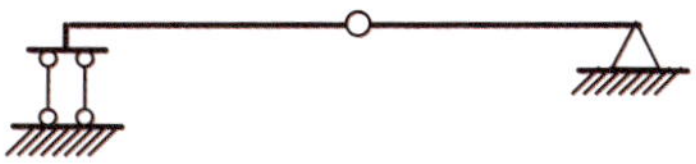

Liaisons en juste nombre pour l'isostaticité et correctement placées : les trois centres de rotation ne sont pas alignés, et aucun mouvement n'est possible. Il s'agit donc d'une structure isostatique.

$$\begin{array}{rcl} 3p & = & 3 \cdot 2 \\ i & = & 2 \\ e & = & 2+2 \\ \hline 3p-i-e & = & 0 \end{array}$$

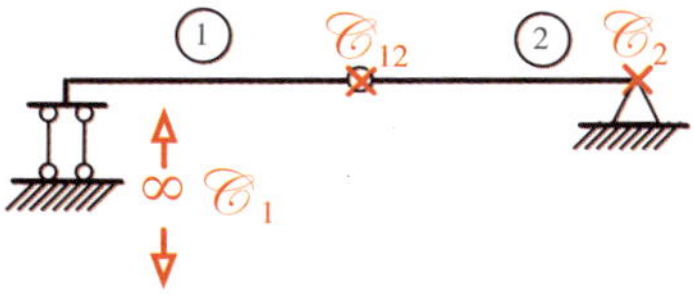

Exercice 17. On analyse la cinématique du système ci-dessous :

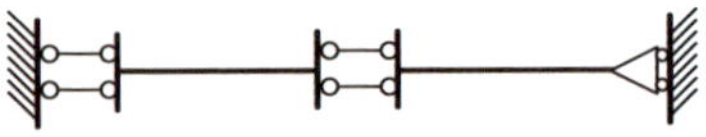

Le système a un nombre insuffisant de liaisons cinématiques, de plus, les deux glissières sont placées de manière à permettre un mouvement relatif entre poutres. On a donc un mouvement d'ensemble de translation verticale possible, lorsque $\mathscr{C}_2$ est le point à l'infini de la droite horizontale identifiée par l'appui simple, et aussi un mouvement possible de translation verticale de la seule poutre 1, sans mouvement de la poutre 2 ($\mathscr{C}_1$ et $\mathscr{C}_{12}$ coïncident).

$$\begin{array}{rcl} 3p & = & 3 \cdot 2 \\ i & = & 2 \\ e & = & 2+1 \\ \hline 3p-i-e & = & 1 \end{array}$$

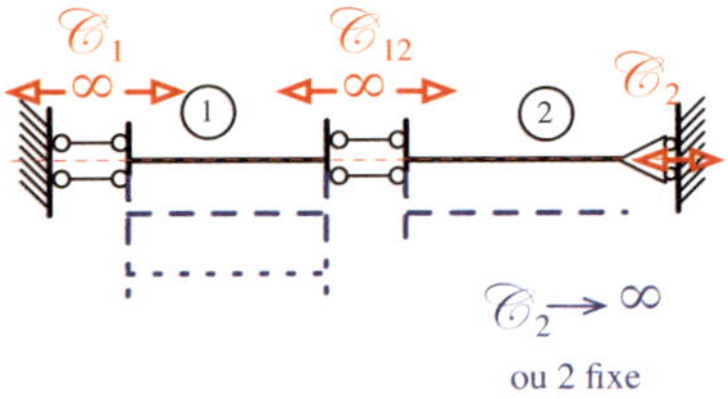

Le système est donc un mécanisme ayant 2 degrés de liberté cinématique. Il est aussi hyperstatique, car les translations horizontales sont bloquées deux fois, par la glissière extérieure et par l'appui simple.

Exercice 18. On analyse la cinématique du système ci-dessous :

Liaisons en juste nombre pour l'isostaticité et correctement placées : les trois centres de rotation ne sont pas alignés et aucun mouvement n'est possible. Il s'agit donc d'une structure isostatique.

$$\begin{array}{rcl} 3p & = & 3 \cdot 2 \\ i & = & 2 \\ e & = & 2+2 \\ \hline 3p-i-e & = & 0 \end{array}$$

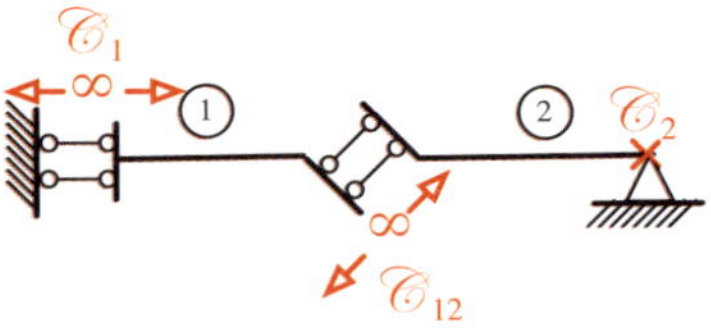

Exercice 19. On analyse la cinématique du système ci-dessous :

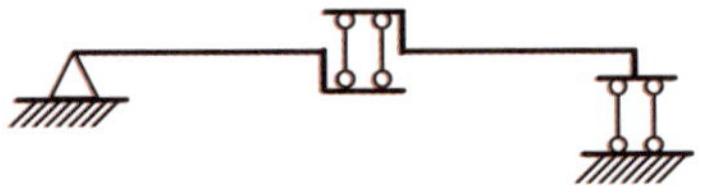

Liaisons en nombre suffisant pour l'isostaticité, mais mal placées : les deux glissières autorisent des mouvements de translation horizontale de la poutre 2 sans mouvement de la poutre 1 ($\mathscr{C}_{12}$ et $\mathscr{C}_2$ coïncident).

$$\begin{array}{rcl} 3p & = & 3 \cdot 2 \\ i & = & 2 \\ e & = & 2+2 \\ \hline 3p-i-e & = & 0 \end{array}$$

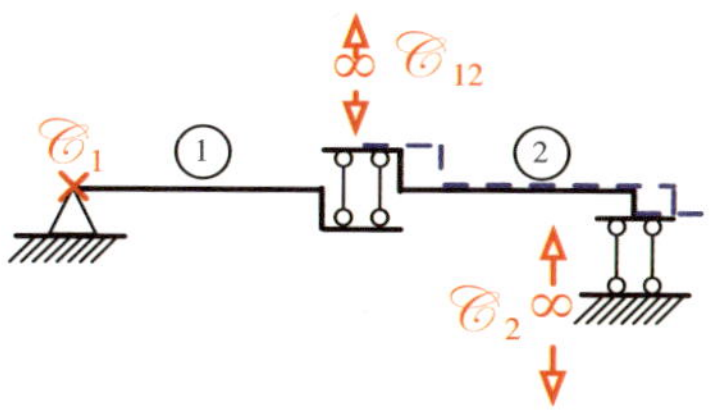

Il s'agit donc d'un mécanisme hyperstatique (les translations verticales bloquées par la rotule sont aussi bloquées par effet du blocage des rotations généré par la glissière extérieure et par la continuité des rotations imposée par la glissière intérieure).

Exercice 20. On analyse la cinématique du système ci-dessous :

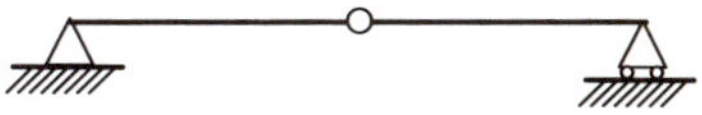

Le système a un nombre insuffisant de liaisons cinématiques, de plus, les liaisons sont mal placées car les trois centres de rotation $\mathscr{C}_1$, $\mathscr{C}_{12}$ et $\mathscr{C}_2$ peuvent être alignés sur la droite horizontale ; le mouvement indiqué est donc possible. Il s'agit d'un mécanisme.

$$\begin{array}{rcl} 3p & = & 3 \cdot 2 \\ i & = & 2 \\ e & = & 2+1 \\ \hline 3p-i-e & = & 1 \end{array}$$

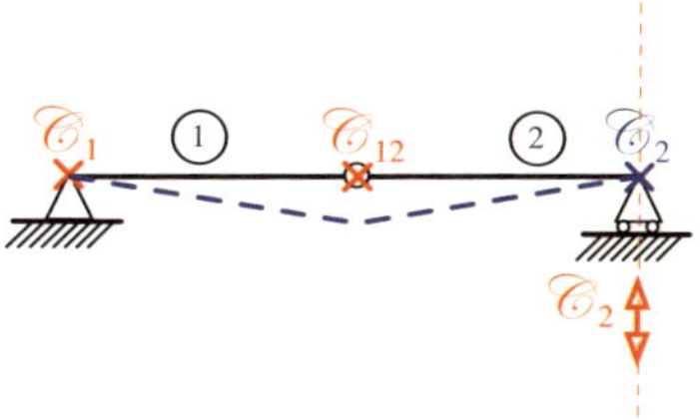

Exercice 21. On analyse la cinématique du système ci-dessous :

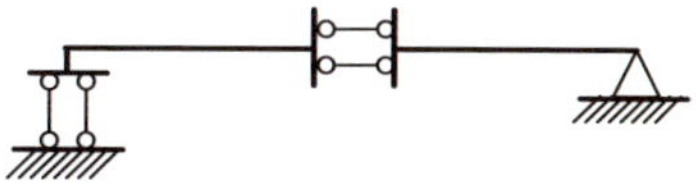

Liaisons en juste nombre pour l'isostaticité et correctement placées : les trois centres de rotation ne sont pas alignés et aucun mouvement n'est possible. Il s'agit donc d'une structure isostatique.

$$\begin{array}{rcl} 3p & = & 3 \cdot 2 \\ i & = & 2 \\ e & = & 2+2 \\ \hline 3p-i-e & = & 0 \end{array}$$

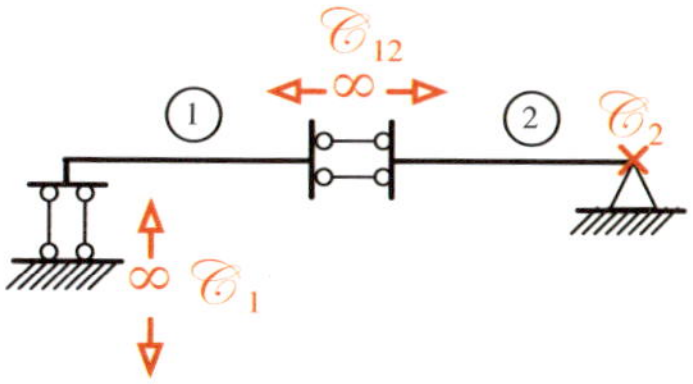

Exercice 22. On analyse la cinématique du système ci-dessous :

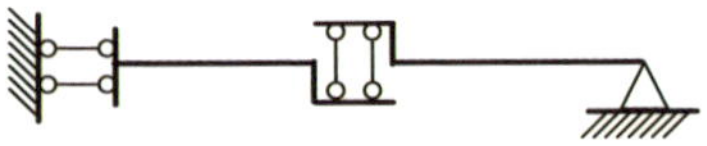

Liaisons en juste nombre pour l'isostaticité et correctement placées : les trois centres de rotation ne sont pas alignés, et aucun mouvement n'est possible. Il s'agit donc d'une structure isostatique.

$$\begin{aligned} 3p &= 3 \cdot 2 \\ i &= 2 \\ e &= 2 + 2 \\ \hline 3p - i - e &= 0 \end{aligned}$$

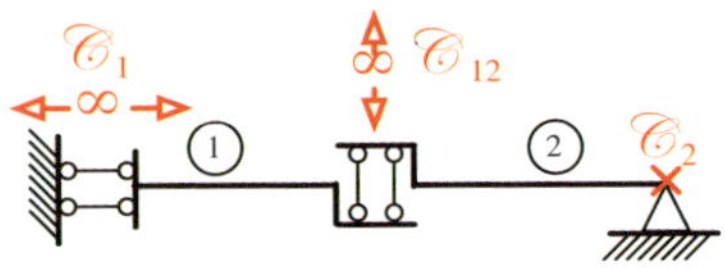

Exercice 23. On analyse la cinématique du système ci-dessous :

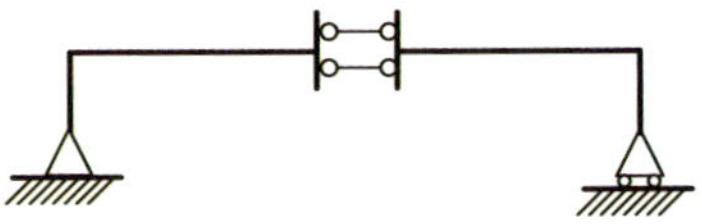

$$\begin{aligned} 3p &= 3 \cdot 2 \\ i &= 2 \\ e &= 2 + 1 \\ \hline 3p - i - e &= 1 \end{aligned}$$

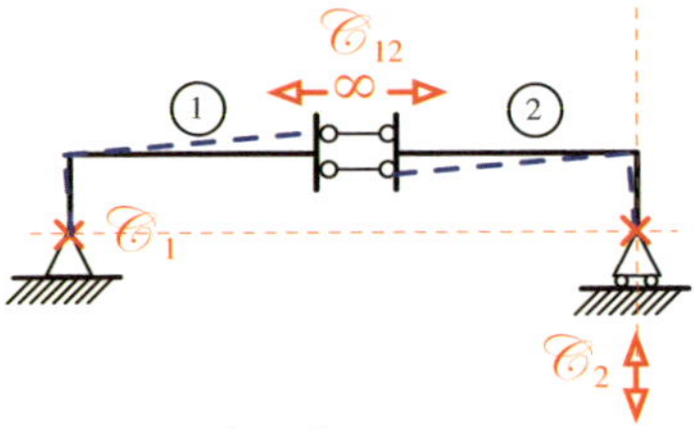

Liaisons en nombre insuffisant. Le système est un mécanisme.

Exercice 24. On analyse la cinématique du système ci-dessous :

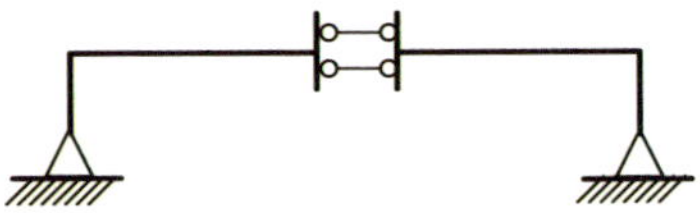

$$\begin{aligned} 3p &= 3 \cdot 2 \\ i &= 2 \\ e &= 2 + 2 \\ \hline 3p - i - e &= 0 \end{aligned}$$

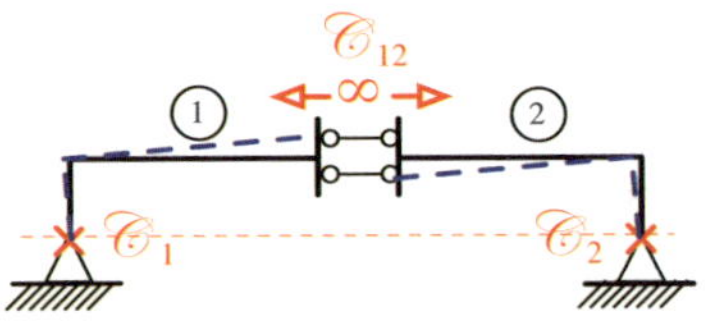

Liaisons en juste nombre pour l'isostaticité, mais mal placées. Le système est un mécanisme hyperstatique (double blocage des translations horizontales par les rotules).

Exercice 25. On analyse la cinématique du système ci-dessous :

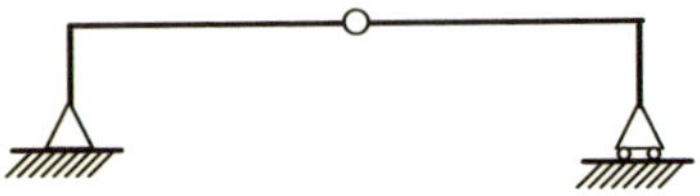

$$\begin{array}{rcl} 3p & = & 3 \cdot 2 \\ i & = & 2 \\ e & = & 2+1 \\ \hline 3p-i-e & = & 1 \end{array}$$

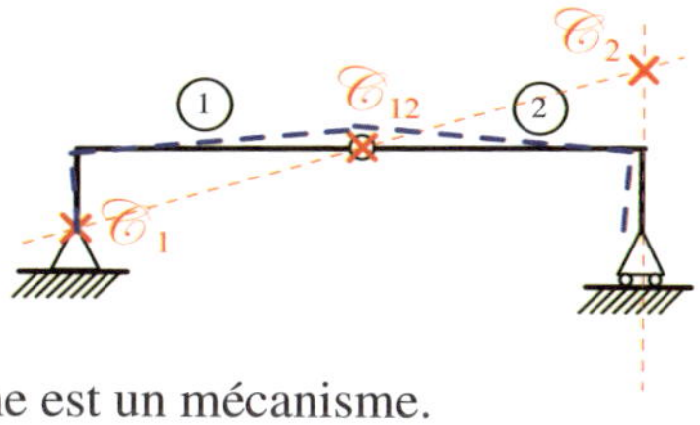

Liaisons en nombre insuffisant. Le système est un mécanisme.

Exercice 26. On analyse la cinématique du système ci-dessous :

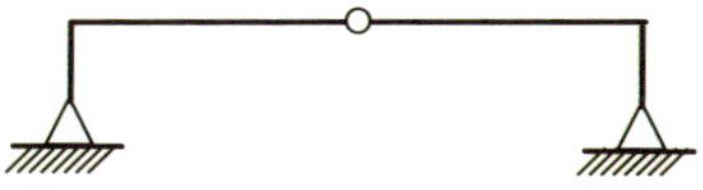

$$\begin{array}{rcl} 3p & = & 3 \cdot 2 \\ i & = & 2 \\ e & = & 2+2 \\ \hline 3p-i-e & = & 0 \end{array}$$

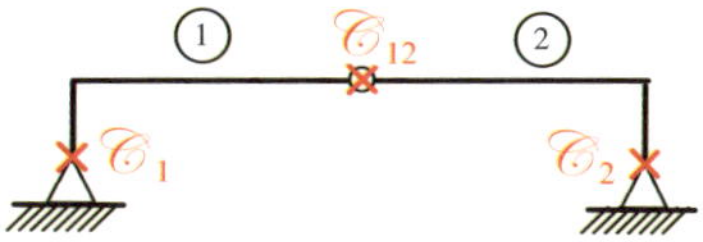

Liaisons en juste nombre pour l'isostaticité et correctement placées : il s'agit donc d'une structure isostatique.

Exercice 27. On analyse le système de figure 1.54.

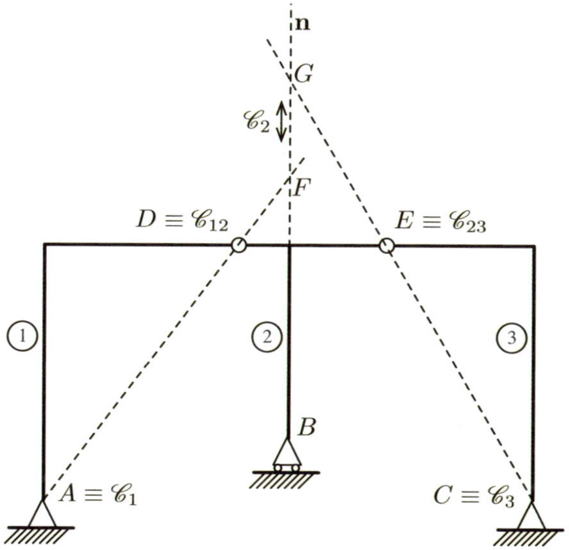

FIGURE 1.54 – Analyse cinématique d'un système de trois corps rigides.

Les trois centres de rotation $\mathscr{C}_1$, $\mathscr{C}_{12}$ et $\mathscr{C}_2$ et les trois centres $\mathscr{C}_2$, $\mathscr{C}_{23}$ et $\mathscr{C}_3$ ne peuvent pas être alignés en même temps, car $\mathscr{C}_2$ ne peut pas se trouver sur deux points différents (F et G) de la droite $\mathbf{n}$ définie par l'appui en B ; il n'est donc pas possible de se donner une chaîne cinématique permettant le mouvement de l'ensemble.

Par ailleurs, si on prend $\mathscr{C}_2 \equiv F$, la suite $(\mathscr{C}_1, \mathscr{C}_{12}, \mathscr{C}_2)$ n'est pas une chaîne cinématique car l'extrémité $\mathscr{C}_2$ ne respecte aucun des deux critères donnés : il n'est donc pas possible que les parties 1 et 2 du système se meuvent sans déplacements de la partie 3. Également, si on prend $\mathscr{C}_2 \equiv G$ la suite $(\mathscr{C}_2, \mathscr{C}_{23}, \mathscr{C}_3)$ n'est pas une chaîne cinématique, et le mouvement des parties 2 et 3 n'est pas possible sans mouvements de la partie 1.

Tout mouvement est donc impossible. Comme $3p = 9$, $i = 4$ et $e = 5$, nous avons $3p - i - e = 0$ et la structure est isostatique.

Exercice 28. On analyse le système de figure 1.55.

Le système est semblable à celui de la figure 1.54, sauf que pour l'emplacement de la rotule D, les droites AD, $\mathbf{n}$ et EC ont maintenant un point un commun, ce qui permet au centre de rotation absolue $\mathscr{C}_2$ de respecter la condition imposée par l'appui simple en B tout en étant aligné avec $\mathscr{C}_1$ et $\mathscr{C}_{12}$ d'un côté et $\mathscr{C}_{23}$ et $\mathscr{C}_3$ de l'autre. Il existe donc une chaîne cinématique compatible avec les liaisons (notez que les extrémités de la chaîne sont des centres de rotation absolue de poutres liées au système seulement du côté de la chaîne), le mouvement est possible et le système est potentiellement instable.

Les liaisons étant par ailleurs en nombre suffisant pour assurer la stabilité, il s'agit d'un mécanisme hyperstatique.

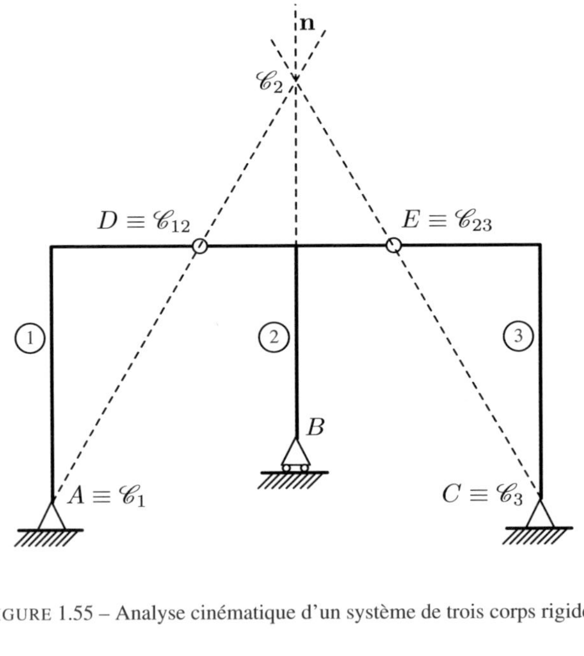

FIGURE 1.55 – Analyse cinématique d'un système de trois corps rigides.

Exercice 29. On analyse le système de figure 1.56.

Les degrés de liberté et de blocage sont : $3p = 3 \cdot 4 = 12$, $i = 3 \cdot 2 = 6$ et $e = 2 + 1 + 2 + 1 = 6$; leur bilan donne $3p - i - e = 0$: le système a un juste nombre de degrés de blocage pour l'isostaticité, mais il existe des mouvements possibles (dessinés en bleu dans le schéma ci-après) et il est donc potentiellement instable et hyperstatique.

Notez qu'en B il y a une rotule intérieure, liant la poutre 1 à la poutre 2, et un appui extérieur qui empêche les translations verticales de la rotule ; il faut compter, dans ce cas, 2 degrés de blocage intérieurs et 1 extérieur. Notez aussi que les extrémités de la chaîne cinématique en B et F sont des centres de rotation absolue coïncidants avec des centres de rotation relative, ce qui permet à la chaîne de ne pas intéresser l'ensemble du système.

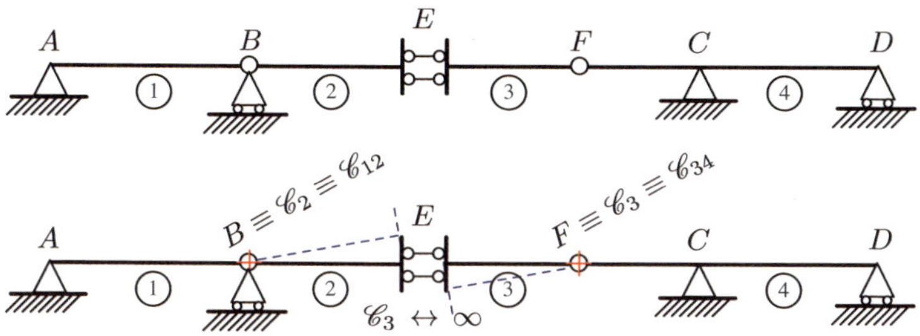

FIGURE 1.56 – Analyse cinématique d'un système de poutres.

Exercice 30. On analyse le système de figure 1.57.

Les degrés de liberté et de blocage sont : $3p = 3 \cdot 4 = 12$, $i = 3 \cdot 2 = 6$ et $e = 2 + 1 + 1 + 1 = 5$; leur bilan donne $3p - i - e = 1$: le système est hypostatique, son analyse montre l'emplacement des centres de rotation qui rend le mouvement possible

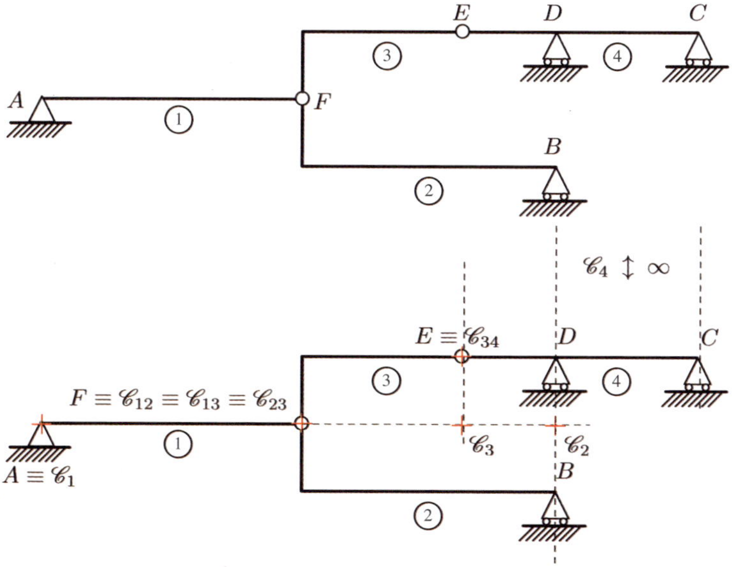

FIGURE 1.57 – Analyse cinématique d'un système avec branches

Exercice 31. On analyse le système de figure 1.58.

L'analyse du système montre qu'il n'existe pas de centres de rotation compatibles avec les liaisons : en ayant remplacé l'appui simple D par une rotule, $\mathscr{C}_4$ n'a plus de lieux géométriques disponibles (il ne peut pas se trouver en même temps en D et sur la droite de l'appui C), et la poutre 4 est donc stable ; par conséquent, les poutres 1 et 3 sont stables ($\mathscr{C}_3$ ne peut pas en même temps se trouver en E et aligné avec $\mathscr{C}_1$ et $\mathscr{C}_{13}$) et la poutre 2 est aussi stable ($\mathscr{C}_2$ ne peut pas se trouver en F et sur la droite de l'appui B). Il s'agit donc d'une structure isostatique.

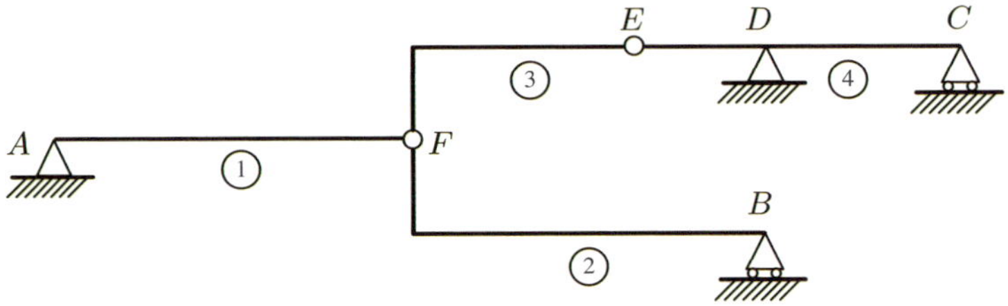

FIGURE 1.58 – Analyse cinématique d'un système avec branches, comme à la figure 1.57, mais avec un degré de blocage en plus, de sorte que $3p - i - e = 0$.

Exercice 32. On analyse le système de figure 1.59.

La structure est similaire à celle de la figure 1.58, mais ici l'appui B rend le mouvement possible.

La chaîne cinématique n'intéresse que la branche de la poutre 2 et elle se termine sur un centre de rotation relative qui est aussi un centre de rotation absolue (au point $F \equiv \mathscr{C}_{12} \equiv \mathscr{C}_2$). Le nombre de liaisons étant suffisant à la stabilité, mais celles-ci étant mal placées à cet effet, le système est un mécanisme hyperstatique.

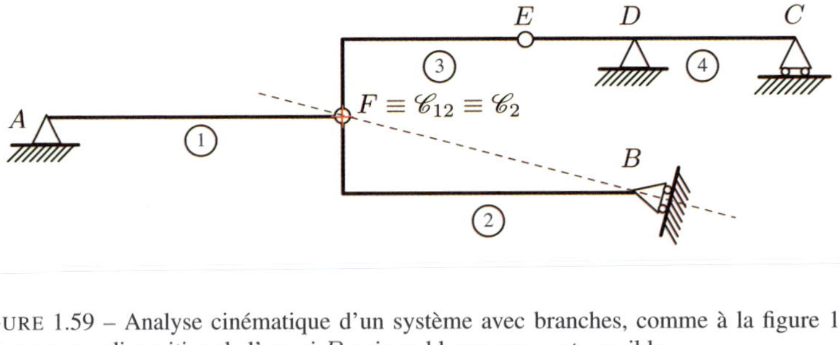

FIGURE 1.59 – Analyse cinématique d'un système avec branches, comme à la figure 1.58, mais avec une disposition de l'appui B qui rend le mouvement possible.

Exercice 33. On analyse le système de figure 1.60.

$3p = 3 \cdot 5 = 15$, $i = 6 \cdot 2 = 12$ et $e = 2 \cdot 2 = 4$; $3p - i - e = -1$: ayant plus de degrés de blocage que nécessaire pour la stabilité, le système est hyperstatique. Les centres de rotation étant trois à trois alignés, comme montré dans le schéma à droite, il s'agit d'un mécanisme hyperstatique.

Notez l'alignement des centres de $\mathscr{C}_3$ à $\mathscr{C}_5$ sur la verticale, compatible avec les alignements des centres $\mathscr{C}_{13}$ à $\mathscr{C}_{15}$ et $\mathscr{C}_{23}$ à $\mathscr{C}_{25}$: les centres $\mathscr{C}_{34}$, $\mathscr{C}_{35}$ et $\mathscr{C}_{45}$ se trouvent à l'infini dans la direction verticale.

En figure 1.61, on montre un autre manière d'analyser la même structure : si on considère les parties EH, DG et CF comme des bielles liant les poutres 1 et 2, le centre de rotation relative $\mathscr{C}_{12}$ devra se trouver sur le point commun aux trois droites horizontales identifiées par les directions de ces bielles (lignes hachurées), ce qui est possible en prenant le point à l'infini dans cette direction. Ce point étant aligné avec $\mathscr{C}_1$ et $\mathscr{C}_2$, le mouvement est possible.

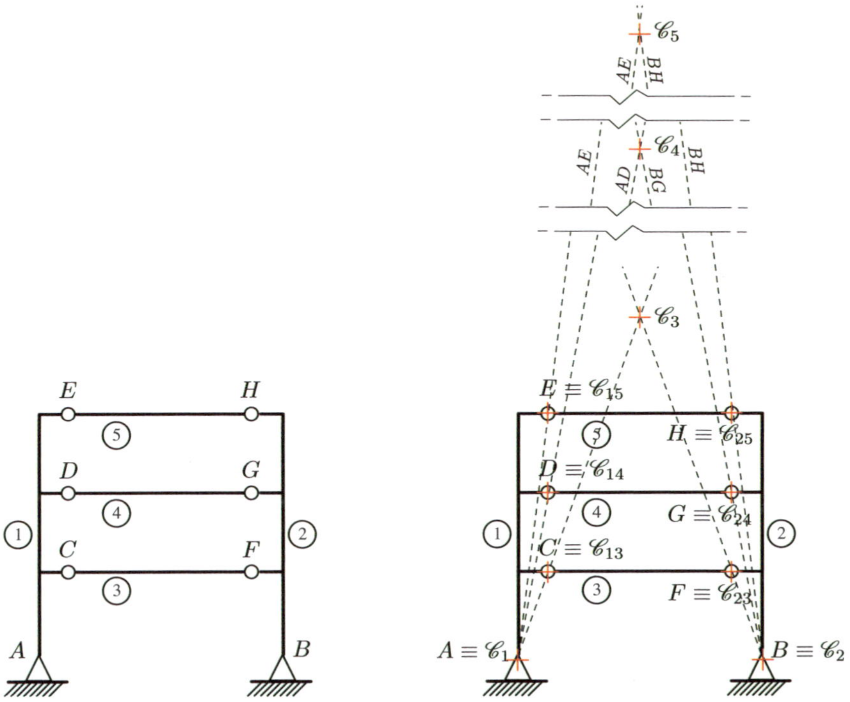

FIGURE 1.60 – Analyse cinématique d'un système avec des anneaux fermés.

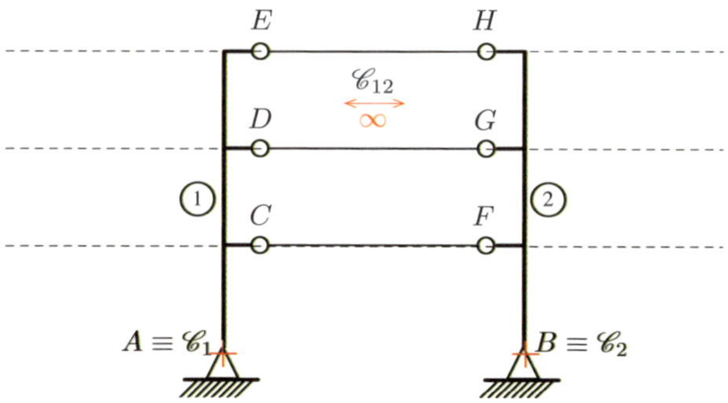

FIGURE 1.61 – Analyse cinématique alternative du système de figure 1.60.

2

Forces, moments, énergie, travail

« *Forza dico essere una virtù spirituale, una potenza invisibile, la quale per accidentale esterna violenza è causata dal moto e collocata e infusa nei corpi, i quali sono dal naturale uso retratti e piegati dando a quella vita attiva di maravigliosa potenzia* ([a]). »
[Léonard de Vinci, manuscrit, Institut de France, A 34v]

a. Je dis que la force est une vertu spirituelle, une puissance invisible, qui suite à une violence accidentelle et extérieure est générée par le mouvement et placée et infuse dans les corps, qui sont par leur usage naturel rétrécis et pliés en lui donnant une vie active d'une merveilleuse puissance.

2.1 Introduction

Ce chapitre introduit les *forces* et les *moments*, qui sont les objets fondamentaux de la statique, dont la conception est parmi les acquis les plus importants des sciences physiques, et présente les conséquences des blocages introduits par les liaisons cinématiques dans une structure sur laquelle agissent de telles entités.

La notion de force est aussi ancienne que la philosophie naturelle présocratique, mais sa définition controversée est longuement restée obscure. La phrase de Léonard de Vinci (1452-1519) introduisant ce chapitre présente toute la difficulté d'une définition qui puise sur l'intuition et sur l'observation d'effets laissant apparaître la force comme une conséquence du mouvement, comme une entité agissante dans les corps et comme une cause de leurs déformations.

L'origine même du terme, souvent synonyme d'autres dont l'usage est courant – et aujourd'hui distinct – en physique, comme *puissance* et *énergie*, témoigne des diverses pistes qui ont précédé l'établissement de la théorie moderne de la *dynamique* ou étude des forces, au cours du XVIIe et XVIIIe siècle.

Pour résumer brièvement les termes de la question, dans les limites qui nous intéressent, les observations nous conduisent à l'introduction du concept de force – et de celui associé de moment – pour décrire certains échanges ou interactions entre corps. Par exemple dans l'action d'un levier, on constate qu'un échange s'établit entre deux objets, l'un résistant et l'autre actionnant le mouvement, ou lorsqu'une raquette de tennis frappe une balle, la première imprimant manifestement à la deuxième un changement de trajectoire, ou lorsque nous déplaçons un objet avec nos mains et dans une infinité d'autres exemples du quotidien, des changements de forme, de position, de vitesse, etc., se produisent continument dans l'interaction entre corps.

Ces interactions ne se manifestent pas seulement par des mouvements ou d'autres changements observables : l'absence de mouvement dans la structure d'un bâtiment normalement exploité ou le simple état de repos d'un objet posé sur une table sont, par exemple, des situations dans lesquelles on imagine, aujourd'hui intuitivement, des forces ayant tendance à actionner des mouvements et d'autres leur opposant résistance.

Ces images intuitives, certes utiles pour la compréhension générale des problèmes, doivent être précisées et introduites dans un cadre formel rigoureux. Définissons tout d'abord certains concepts afin d'ôter toute ambiguïté :

1. les forces et les moments sont les entités par lesquelles on décrit en statique les interactions entre corps ;

2. l'équilibre est une propriété intrinsèque des systèmes de forces et de moments ;

3. l'équilibre statique, sur lequel nous allons nous concentrer, est un cas particulier du précédent qui se produit en l'absence de mouvement ;

4. le *travail* est un effet observable des forces et des moments qui nous permettra de les quantifier.

2.2 Forces et moments

2.2.1 Définitions

Le premier point de la liste précédente requiert la limitation du cadre d'étude : la statique ne s'intéresse qu'à certaines interactions entre corps, qu'on appelle forces et moments. Pour les définir nous allons faire appel à la structure de l'espace géométrique dans lequel nos études ont lieu ; dans un tel espace, les corps ne peuvent se déplacer que par des translations et des rotations, éventuellement composées. Les interactions que nous allons étudier sont donc celles qui peuvent générer, ou, de façon plus générale, être mises en relation avec ces deux types de mouvement :

- on appelle *force* une interaction entre deux corps ayant tendance à générer une translation relative entre eux ;

- on appelle *moment* une interaction entre deux corps ayant tendance à générer une rotation relative entre eux.

Si, plutôt que de se référer à l'interaction entre deux corps, on considère l'action sur un corps, sans s'intéresser à son origine, on peut dire aussi :

- qu'on appelle *force* une action sous laquelle un corps a tendance à se déplacer suivant une direction ;

- qu'on appelle *moment* une action sous laquelle un corps a tendance à tourner autour d'un axe.

Si l'étude est limitée aux systèmes plans, alors l'axe, nécessaire pour la définition du moment, se réduit à un point du plan, qu'on appelle *pôle*.

Notez que, si les forces et les moments se trouvent ainsi définis par rapport à un type particulier de mouvement, ce n'est que la tendance à générer ces mouvements qui caractérise les unes et les autres, dont on peut très bien imaginer l'existence indépendamment de l'apparence du mouvement ([1]).

Conformément à leur définition, on représente les forces et les moments comme les mouvements que, potentiellement, ils génèrent : les forces par un vecteur comme les translations (c'est-à-dire par un segment avec une flèche qui indique la direction du mouvement potentiel) et les moments par l'indication d'une rotation, ce qui implique l'indication d'un axe et d'un sens de rotation autour de cet axe. Pour représenter un moment, on dessine alors, comme pour une rotation, soit un arc de cercle se terminant par une flèche, soit un segment se terminant par une double flèche. Les deux représentations ont le même contenu d'information : dans le premier cas, la normale au plan de l'arc passant par son centre indique l'axe par rapport auquel s'exprime le moment (c'est-à-dire l'axe de la rotation potentielle), dans le deuxième, c'est le segment même qui indique cet axe.

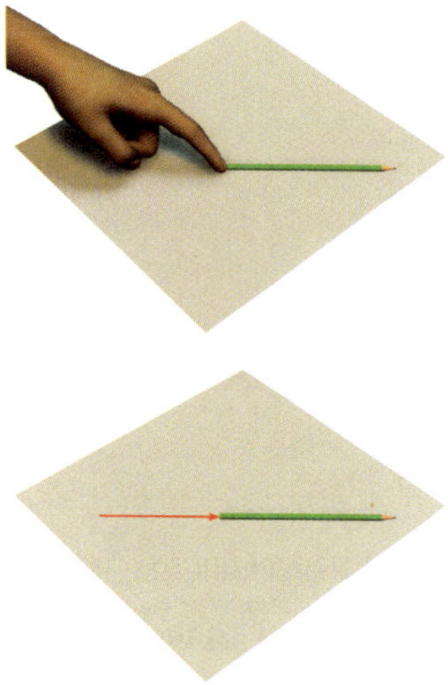

FIGURE 2.1 – Exemple d'action de type force et sa représentation : le vecteur indique la direction du mouvement de translation qui peut être généré par la force, sa longueur est proportionnelle à l'intensité de la force.

Mais l'expérience nous dit que les interactions entre corps peuvent être plus ou moins intenses : les entités forces et moments dont nous allons nous servir pour l'étude de la statique doivent être caractérisées, non seulement par la *direction* et le *sens* du mouvement qu'elles provoquent potentiellement, mais aussi par une *intensité*, qui sera représentée par la longueur du segment ou de l'arc de cercle dont la signification a été introduite ci-dessus.

Dans l'étude d'une structure (qui n'est qu'un corps particulier), on parle de forces et de moments *agissant* sur celle-ci pour indiquer l'interaction entre elle et d'autres corps. En particulier, on donne à ces entités l'adjectif *extérieures* pour indiquer qu'elles dérivent des corps qui n'ont pas de relations stables avec la structure, c'est-à-dire qui ne sont ni l'une de ses parties ni le sol auquel elle est éventuellement liée. Par exemple le poids d'un piéton marchant sur une passerelle est une force extérieure à la structure et agissant sur elle.

1. Par exemple, la force de gravité tend à faire tomber les objets au sol ; si un objet est posé sur une table, cette force ne se manifeste par aucun mouvement, son action étant *équilibrée* (on pourrait dire annulée) par la capacité de la table à soutenir cet objet, mais elle continue néanmoins d'agir sur l'objet.

FIGURE 2.2 – Exemple d'action de type moment et représentations alternatives : à gauche on indique l'axe de la rotation éventuellement générée par le moment par un trait pointillé et le sens de la rotation par un arc de cercle se terminant par une flèche, à droite on indique l'axe par un vecteur se terminant avec deux flèches et le sens par la convention que la rotation se fait dans le sens contraire aux aiguilles d'une montre quand on regarde du côté indiqué par les flèches. L'intensité du moment est donnée par la longueur de l'arc dans le premier cas et par celle du vecteur dans le deuxième.

Par ailleurs le terme *action* peut être employé comme synonyme de force ou de moment lorsqu'il n'est pas nécessaire de préciser davantage sa nature.

Un *chargement* est un ensemble de forces et moments extérieurs agissant sur une structure, choisi afin d'étudier le fonctionnement de celle-ci pour son emploi dans la construction. On parle aussi de *réponse* de la structure à un chargement donné pour indiquer les effets de celui-ci qui sont observables sur la structure.

2.2.2 Équilibre

Le concept d'équilibre est souvent dans le langage quotidien confondu avec celui de repos. Une condition d'équilibre entre forces est ainsi vue comme un cas particulier dans lequel ces forces se font mutuellement opposition en annulant tout effet de mouvement possible. Un état de déséquilibre paraît alors nécessaire pour engendrer le mouvement d'un corps.

Il s'agit d'images trompeuses si on se réfère au sens qu'on donne – depuis l'établissement de la dynamique classique au XVIIIe siècle – aux termes *force* et *équilibre* en mécanique. Qu'il soit au repos ou en mouvement, un corps se trouve toujours sous l'action d'ensembles de forces et moments équilibrés, car le mouvement est justement tel qu'il équilibre, par les forces – dites d'inertie – qu'il génère, les actions appliquées sur le corps. L'équilibre est donc à voir comme une propriété intrinsèque des systèmes de

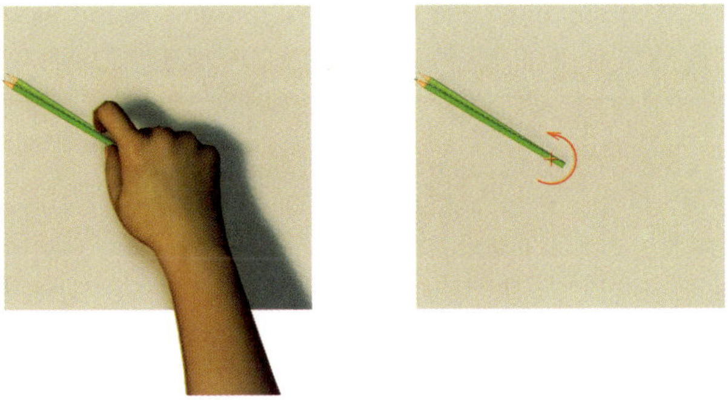

FIGURE 2.3 – La représentation en deux dimensions des moments dans les systèmes plans est nécessairement du premier type, avec un arc de cercle centré sur le pôle indiquant le sens et l'intensité de la rotation.

forces agissant sur un corps, dans le sens qu'il n'y a pas de corps qui ne soit pas en équilibre, même si le maintien de cette condition requiert la variation d'un état de repos ou de mouvement.

La statique traite seulement des situations dans lesquelles il n'y a pas de mouvements ou, plus exactement si on se réfère aux cas réels, dans lesquels les effets des mouvements peuvent être négligés vis-à-vis des autres effets observables. Cette science se limite donc forcément à l'étude de systèmes stables, tels qu'ils ont été définis au chapitre précédent, pour lesquels il n'y a pas de mouvements possibles sans déformations, et éventuellement des systèmes potentiellement instables, mais à condition qu'ils ne soient pas amenés à se mouvoir sous l'action des forces appliquées. Même dans ce contexte restreint, on ne pourra traiter par la statique que des cas dans lesquels tout effet des mouvements possibles à cause des déformations puisse être négligé.

Par exemple, on pourra étudier par la statique n'importe quelle construction stable sous des chargements qu'on appelle *lents* et on pourra étudier dans les même conditions des mécanismes qui ne soient pas en mouvement, comme par exemple un tiroir ouvert, portant une charge, qui ne soit ni en train de s'ouvrir davantage ni de se renfermer.

On a alors le cas particulier de l'équilibre *statique*, dans lequel les forces appliquées sur un corps se trouvent en équilibre sans la contribution d'aucune action inertielle dérivant d'un éventuel mouvement. Pour revenir au langage du quotidien, c'est à ce concept d'équilibre statique qu'on doit faire correspondre l'idée de repos.

En observant la géométrie et les liaisons d'un système de poutres considérées comme des corps rigides, nous avons établi la relation :

Aucun mouvement n'est possible pour le système

$$\Downarrow$$

le système est *stable*.

L'expérience nous dit, néanmoins, que cette condition ne s'établit pas indépendamment des événements extérieurs : par exemple, tout objet qui est stable dans une certaine condition pourra se déplacer sous l'action de forces appropriées, capables de vaincre les liaisons cinématiques qui le rendent stable ; une rupture se produit alors, et la structure cesse d'exister dans la forme qu'on a lui donnée en la créant.

Une structure est donc, en général, affectée par des actions extérieures et les liaisons la rendent stable en s'opposant aux mouvements potentiellement générés par ces actions. La statique étudie les conditions qui permettent aux structures de rester stables sous l'effet des actions extérieures.

On appelle *réaction* toute action exercée par une liaison cinématique sur le reste de la structure afin d'empêcher son mouvement. Une réaction apparaît donc comme une réponse à des actions extérieures. C'est par le biais des réactions que les liaisons cinématiques accomplissent leur fonction de stabilisation de la structure.

On appelle *sollicitation* toute action intérieure aux poutres de la structure. Comme les réactions, les sollicitations apparaissent en réponse à des forces extérieures ; on les étudiera au chapitre 4.

Le problème posé par une structure peut être précisé comme suit :

- on se donne un système de poutres reliées entre elles et au sol par un ensemble de liaisons cinématiques ; on appelle ce système une *structure*, s'il est stable ;
- on se donne un *chargement*, c'est-à-dire un système d'*actions extérieures* qui agissent sur la structure ; ce système représente des effets comme ceux du poids propre de la structure, des charges qu'elle doit porter, de la neige, du vent, etc. ;
- on veut savoir comment les forces extérieures se repartissent à l'intérieur de la structure – dans les poutres, en donnant lieu aux *sollicitations*, et dans les liaisons intérieures, en donnant lieu aux *réactions intérieures*, – et comment celle-ci les distribue au sol – par les *réactions* des liaisons *extérieures* ;
- en connaissant les réactions, on contrôle que les *dimensions* des appareil de liaison sont suffisantes pour éviter des ruptures ou d'autres effets non souhaités et que le sol, qui reçoit les réactions des liaisons extérieures, peut effectivement *porter la structure* ;
- en connaissant les sollicitations, on contrôle que les *dimensions* des poutres sont suffisantes pour éviter des ruptures ou des déformations excessives.

L'introduction des concepts de force et de moment engendre celle du concept d'équilibre. Une structure est un système de poutres et liaisons cinématiques capables d'exprimer respectivement des sollicitations et des réactions en *équilibre statique* avec n'importe quel ensemble de forces extérieures.

Un mécanisme est un système qui ne peut répondre à certains ensembles de forces extérieures que par le mouvement, on dit qu'il se trouve alors en *équilibre dynamique* (c'est-à-dire dans un état d'équilibre qui se produit grâce à l'apparition des forces d'inertie engendrées par le mouvement) et on ne peut pas l'étudier par la statique. Il faut noter que certains mécanismes peuvent répondre à des actions extérieures sans mouvements (c'est le cas par exemple d'un tiroir ouvert qui porte son poids propre et son contenu) ; ces situations peuvent être étudiées par la statique.

2.3 Énergie et travail

2.3.1 Notion physique de travail

Les définitions données de force, moment et équilibre n'ont pas une nature opérationnelle : elles ne nous permettent pas, en effet, des évaluations quantitatives. L'introduction du concept de travail permet l'accès à des définitions opérationnelles.

On présente la question à partir d'un exemple issu de l'expérience : dans la vie quotidienne pour évaluer le poids d'un objet, nous avons l'habitude de le prendre dans les mains pour le déplacer verticalement, éventuellement à plusieurs reprises. Nous faisons ainsi un travail qui est d'autant plus important que l'objet est lourd, c'est-à-dire un travail proportionnel à l'intensité de la force, dirigée suivant la verticale, qu'on appelle poids. De telles expériences s'appuient sur trois éléments qui sont d'intérêt général :

- on met en place un mouvement qui est fonctionnel pour l'estimation de la force, sans rapport avec l'usage réel de l'objet ou la manière dont il est normalement soutenu ou porté ;

- le mouvement mis en place est dirigé suivant la direction le long de laquelle agit la force à évaluer ; si on souhaite évaluer un moment, on met en place une rotation dont l'axe est commun à celui du moment (par exemple pour évaluer la résistance à la rotation d'une roue de vélo on fait tourner la roue à vide) ;

- la mesure du travail est rapportée à celle de la force ou du moment qu'on veut évaluer.

Nous avons introduit les forces comme des actions donnant potentiellement lieu à un mouvement de translation. De tels mouvements vont nous donner accès à l'information propre aux forces de manière tout à fait générale.

Un exemple qui permet de comprendre la relation entre travail, forces et translations est celui d'un objet posé dans un ascenseur.

Toute masse est attirée par la gravité vers le centre de la Terre de telle manière que, pendant une chute (au niveau de la mer et dans une plage de plusieurs kilomètres près de ce niveau), s'il n'y a pas d'obstacle qui s'y oppose, elle accélère approximativement de 9,81 m/s^2. On appelle cette grandeur *accélération de la gravité.*

L'action de la gravité terrestre sur un corps s'explique, de manière générale, par le concept d'énergie du corps dans le champ gravitationnel de la Terre : une masse a une *énergie potentielle* par le fait de se trouver dans ce champ ; cette énergie est d'autant plus importante que la masse s'éloigne du centre de la Terre. L'attraction s'explique alors comme la tendance au minimum de cette énergie.

Pour un corps qui se trouve près de la surface de la Terre, l'énergie potentielle gagnée ou perdue dans un déplacement vertical qui l'éloigne ou le rapproche de cette surface est :

$$\text{changement de l'énergie potentielle} = \\ \text{masse du corps} \cdot \text{accélération de la gravité} \cdot \text{changement de niveau.}$$

Si le fonctionnement de l'ascenseur ne cause aucune perte énergétique, le travail nécessaire pour soulever de 1 m une masse de 1 kg est égal à l'énergie gagnée par cette masse en s'éloignant de la Terre :

travail = changement de l'énergie potentielle,

ce qui est, d'après la définition précédente :

$$1\,\mathrm{kg}\cdot 9{,}81\,\mathrm{m/s^2}\cdot 1\,\mathrm{m} = 9{,}81\,\mathrm{J}.$$

Le symbole J indique le *joule*, qui est l'unité de mesure de l'énergie, définie par 1 J = 1 kg m^2/s^2 ([2]).

Le travail et l'énergie ont la même unité de mesure. Cela signifie que ces deux termes indiquent une même grandeur physique, à laquelle on attribue une signification et donc un nom différents selon les circonstances (comme une hauteur et une largeur correspondent à une mesure de longueur). Le terme *énergie* est général alors que le terme *travail* dénote une énergie par rapport au mouvement d'un ou plusieurs objets, plus exactement échangée dans un tel mouvement. D'autres formes d'énergie existent, comme par exemple la chaleur ou l'énergie électrique, qui ne sont pas liées à un mouvement matériel.

Si on soulève la même masse de 0,1 m, on a besoin de 1/10 de l'énergie demandée par la soulever de 1 m : tout changement de la hauteur du soulèvement correspond à un changement proportionnel du travail nécessaire ; pour une hauteur d quelconque et pour la masse de 1 kg ce travail est :

$$1\,\mathrm{kg}\cdot 9{,}81\,\mathrm{m/s^2}\cdot d$$

le facteur de d dans cette expérience est le *poids* de l'objet soulevé ; d'après sa définition nous avons :

changement de l'énergie potentielle = poids · changement de niveau,

soit, pour notre ascenseur idéal,

travail = poids · changement de niveau.

On dit alors qu'une force, qu'on appelle poids, agit sur les objets en les attirant vers le bas proportionnellement à leur masse, selon la relation

poids = masse · accélération de la gravité.

qui n'est qu'un cas particulier de la relation plus générale entre grandeurs physiques

force = masse · accélération.

L'unité de mesure de la force est le *newton*, dont le symbole est N, défini par $1\,\mathrm{N} = 1\,\mathrm{kg\,m/s^2}$. Le poids d'un corps dont la masse est 1 kg est donc 9,81 N ([3]).

La relation entre travail et poids pour l'ascenseur idéal n'est qu'un cas particulier de la relation

travail = force · déplacement de translation

sur laquelle nous allons nous appuyer dans la suite.

2. L'unité de mesure de l'énergie prend le nom du physicien britannique James Prescott Joule (1818-1889).
3. L'unité de mesure de la force prend le nom du très célèbre Isaac Newton (1642-1727).

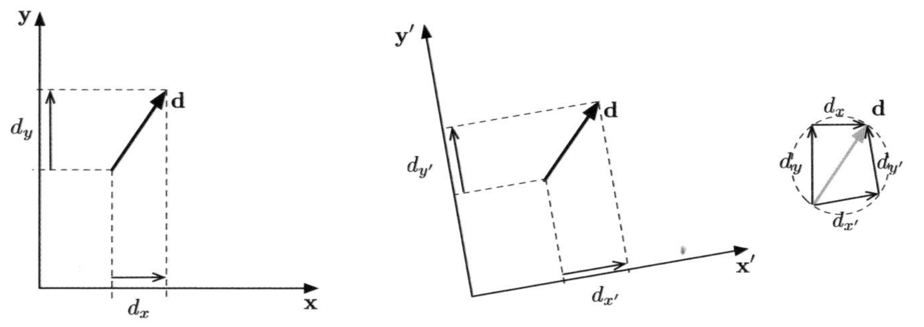

FIGURE 2.4 – Décomposition d'une translation suivant deux repères cartésiens différents dans un cas bi-dimensionnel : les composantes suivant les axes des deux repères diffèrent en général entre elles, mais leur composition est indépendante du choix du repère. Les composantes changent comme les cathètes d'un triangle rectangle dont l'hypoténuse est fixée ; les sommets opposés à l'hypoténuse sont donc des points d'un même cercle.

2.3.2 Conséquences géométriques de la notion de travail

Prenons le cas d'un point sur lequel agit une force. Pour étudier cette force, on considère les mouvements de translation de ce point.

Au § 1.2.2 nous avons montré qu'une translation a, en général, trois composantes ou projections, sur les trois axes $\mathbf{x}$, $\mathbf{y}$ et $\mathbf{z}$. On appelle un tel objet un *vecteur* et on le note par une lettre latine minuscule en caractère gras, par exemple $\mathbf{d}$. Ses composantes sur les trois axes seront notées par des indices correspondants aux noms des axes, de sorte qu'on écrit :

$$\mathbf{d} = (d_x,\, d_y,\, d_z)\,.$$

Cette notation indique que la translation $\mathbf{d}$ peut être obtenue en composant les translations d_x, d_y et d_z chacune prise suivant l'axe qui apparaît à son index (et dans n'importe quel ordre). Si on prend un autre repère, la translation $\mathbf{d}$ aura, en général, des composantes différentes sur les axes de cet autre repère, mais leur composition sera toujours la même. Cette propriété est très importante ; on peut la représenter aisément en deux dimensions (par exemple pour les translations qui n'ont pas une composante sur l'axe $\mathbf{z}$ et les changements de repère qui conservent cet axe (voir figure 2.4).

Un déplacement du point dans la direction $\mathbf{x}$ est donc un vecteur de type

$$\mathbf{d} = (d_x,\, 0,\, 0)\,.$$

Admettons que la réalisation d'un tel mouvement requière un travail ; comme pour l'exemple précédent, le travail sera proportionnel à la distance parcourue dans le mouvement, le facteur de proportionnalité étant – par définition – une force :

$$f_x d_x\,.$$

f_x est alors, par définition, la composante de la force agissant sur le point en direction $\mathbf{x}$, car elle génère un travail lors d'un mouvement de translation dans cette direction.

On peut également définir les composantes f_y et f_z, de sorte qu'on peut associer trois composantes à la force qui agit sur le point, une dans chaque direction de l'espace indiquée par le repère qu'on s'est donné :

$$\mathbf{f} = (f_x,\ f_y,\ f_z)\,.$$

La force apparaît alors comme un vecteur et donc, comme pour une translation, on attribue à toute force une droite d'action, un sens suivant cette droite et une intensité, qui ne dépendent pas du repère cartésien choisi pour se donner une représentation de la force en composantes.

2.3.3 Travail dans une translation

Si $\mathbf{d}$ est une translation et $\mathscr{W}$ un travail observé dans ce mouvement, on définit la force $\mathbf{f}$ comme l'entité dont le *produit scalaire* avec $\mathbf{d}$ donne $\mathscr{W}$:

$$\mathscr{W} = \mathbf{f} \cdot \mathbf{d} = f_x d_x + f_y d_y + f_z d_z\,,$$

ce qui peut s'écrire aussi

$$\mathbf{f} \cdot \mathbf{d} = f d \cos\alpha \tag{2.1}$$

α étant l'angle entre la droite d'application de la force et la direction de la translation, f étant l'intensité de la force et d l'amplitude de la translation :

$$f = \sqrt{f_x^2 + f_y^2 + f_z^2} \ \text{ et } d = \sqrt{d_x^2 + d_y^2 + d_z^2}\,.$$

Dans un système plan :

$$\mathbf{f} \cdot \mathbf{d} = f_x d_x + f_y d_y\,,\ f = \sqrt{f_x^2 + f_y^2},\ d = \sqrt{d_x^2 + d_y^2}\ .$$

En faisant référence aux notations de la figure 2.5, on observe en fait que :

$$d_x = d\cos\gamma\,,\ d_y = d\sin\gamma\,,\ f_x = f\cos\beta\,,\ f_y = f\sin\beta\,.$$

En rappelant la formule :

$$\cos\gamma\cos\beta + \sin\gamma\sin\beta = \cos(\gamma - \beta)$$

on obtient :

$$f_x d_x + f_y d_y = f d\cos(\gamma - \beta) = f d\cos\alpha\,,$$

qui montre que le produit scalaire ne dépend pas du repère cartésien, choisi pour représenter la force et le déplacement.

La définition du produit scalaire donnée correspond donc au produit de la force par la projection du déplacement sur sa droite d'application ou, ce qui revient au même, au produit du déplacement par la projection de la force sur sa direction.

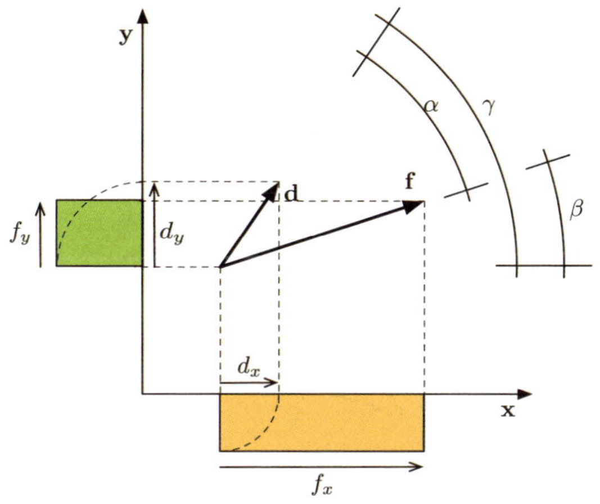

FIGURE 2.5 – Le produit scalaire $\mathbf{f} \cdot \mathbf{d}$ est, par définition, la somme des deux surfaces dessinées. Les angles β entre $\mathbf{f}$ et $\mathbf{x}$ et γ entre $\mathbf{d}$ et $\mathbf{x}$ permettent de démontrer la formule (2.1) dans les cas à deux dimensions.

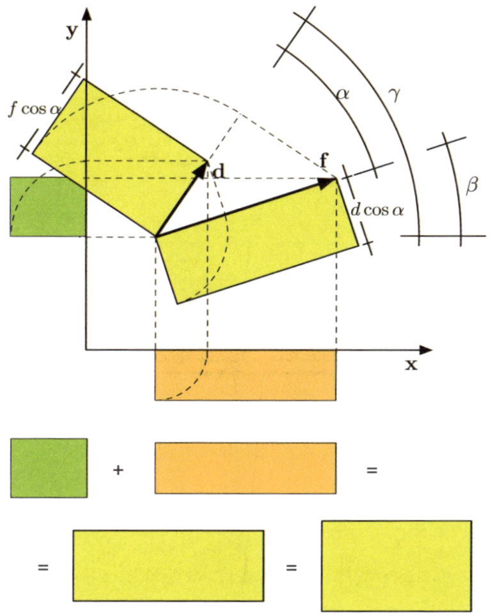

FIGURE 2.6 – La formule (2.1) montre que la somme de la surface verte et de la surface orange donne la surface jaune, qui est celle de l'un ou de l'autre des deux rectangles dessinés.

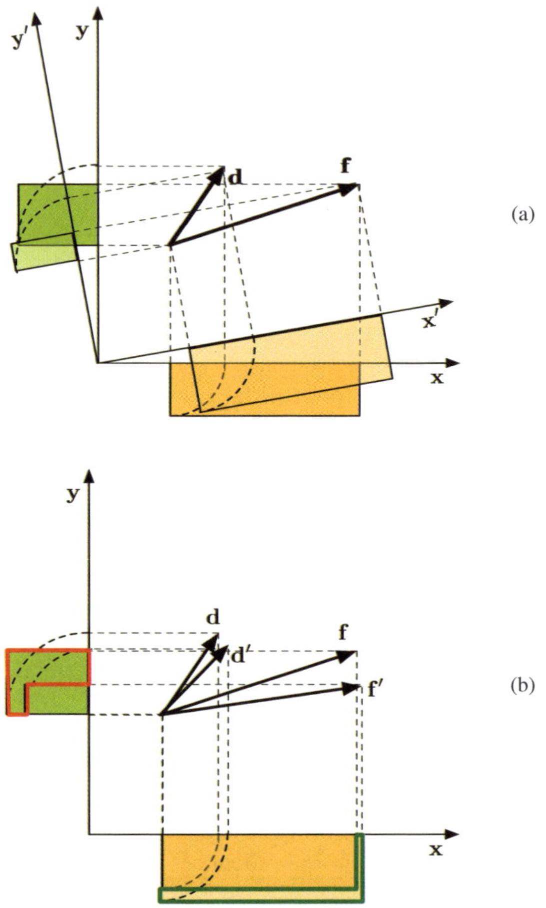

FIGURE 2.7 – Le choix des axes du repère n'affecte pas le produit scalaire $\mathbf{f} \cdot \mathbf{d}$. Le schéma (a) montre les surfaces dans lesquelles se décompose ce produit en tant que somme $f_x d_x$ (surfaces oranges) $+f_y d_y$ (surfaces vertes), pour deux choix d'axes différents ($\mathbf{x}$ et $\mathbf{y}$ ou $\mathbf{x}'$ et $\mathbf{y}'$). Le schéma (b) permet de comparer ces surfaces en superposant les deux repères (ce qui revient à tourner le couple $\mathbf{f}$ et $\mathbf{d}$ de l'angle opposé à celui entre $\mathbf{x}'$ et $\mathbf{x}$) : la surface entourée en rouge, perdue en changeant de repère, est égale à celle entourée en vert, gagnée dans ce changement.

L'exemple d'un bloc pouvant glisser sur un plan incliné permet l'application du concept de produit scalaire.

Lors d'un glissement sur une longueur d, c'est-à-dire suivant le vecteur $\mathbf{d}$ parallèle au plan incliné, seulement la composante de la pesanteur $\mathbf{p}$ du bloc dans la direction du glissement fait un travail ; le travail total est :

$$p\, d \cos\alpha$$

où α est l'angle entre le vecteur force et le vecteur déplacement. La même expression montre que le travail pour soulever le bloc en faisant un changement total de niveau $h = d\cos\alpha$ est $p\, h$, indépendamment de l'inclinaison du plan (en conditions idéales sans frottement). Comme pour l'ascenseur idéal, le travail à faire sur un plan incliné idéal est égal à la variation de l'énergie potentielle du bloc dans son mouvement.

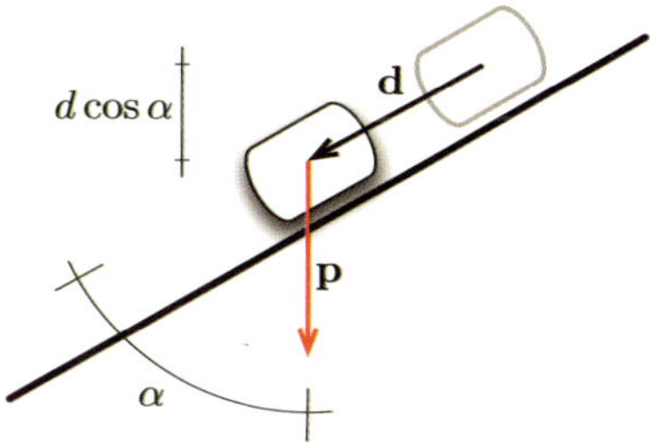

FIGURE 2.8 – Exemple d'un bloc sur un plan incliné.

Invariance

La propriété d'invariance par rapport au choix du repère est très importante. Pour en dégager les conséquences sur la notion mathématique de force, on peut partir de la constatation que le travail, étant un scalaire, est indépendant du repère choisi pour représenter les déplacements et les forces.

On montre alors que les composantes des forces changent lorsqu'on change de repère comme les composantes des déplacements.

Pour s'en convaincre il suffit d'écrire la relation qui relie les composantes d'un déplacement donné dans deux repères obtenus l'un de l'autre par une rotation d'un angle α autour de l'axe $\mathbf{z}$ ([4]) et d'imposer l'indépendance du travail.

Soit (d_x, d_y) le déplacement exprimé dans le premier repère et (d'_x, d'_y) son expression dans le deuxième repère ; les relations qui relient ces composantes sont :

$$d'_x = d_x \cos\alpha + d_y \sin\alpha\,; \quad d'_y = -d_x \sin\alpha + d_y \cos\alpha \tag{2.2}$$

car la *somme vectorielle* de ces composantes, c'est-à-dire la somme obtenue en prenant chaque composante dans sa direction, ne change pas en changeant de repère.

Soit (f_x, f_y) et (f'_x, f'_y) les expressions de la même force dans les deux repères ; l'invariance du travail engendre, quel que soit le déplacement :

$$f_x d_x + f_y d_y = f'_x d'_x + f'_y d'_y =$$

$$= f'_x(d_x \cos\alpha + d_y \sin\alpha) + f'_y(-d_x \sin\alpha + d_y \cos\alpha) =$$

$$= (f'_x \cos\alpha - f'_y \sin\alpha)d_x + (f'_x \sin\alpha + f'_y \cos\alpha)d_y\,;$$

4. La rotation conventionnellement positive est celle qui voit le deuxième repère tourner sur le plan dans le sens opposé des aiguilles d'une montre par rapport au premier.

d'où, le déplacement étant arbitraire :

$$f_x = f'_x \cos\alpha - f'_y \sin\alpha\,;\; f_y = f'_x \sin\alpha + f'_y \cos\alpha$$

et inversement :

$$f'_x = f_x \cos\alpha + f_y \sin\alpha\,;\; f'_y = -f_x \sin\alpha + f_y \cos\alpha$$

relations analogues aux (2.2).

2.3.4 Travail d'une force dans une rotation

On considère un bloc pesant, glissant sur une surface dont la trace sur le plan est un quart de cercle comme dans la figure 2.9. Pour simplifier l'analyse, le bloc sera schématisé comme un simple point qui se déplace sur la courbe.

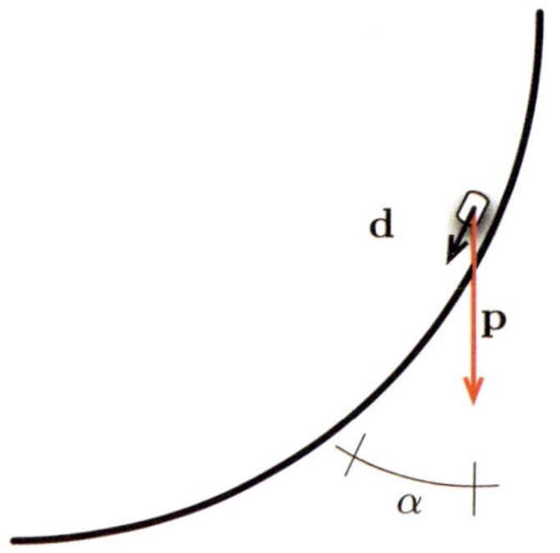

FIGURE 2.9 – Exemple d'un bloc sur une surface de pente variable.

Le poids agit toujours en direction verticale, alors que le mouvement se fait dans une direction qui change continûment. Pour calculer le travail nécessaire à déplacer le point suivant cette courbe, on imagine une subdivision de la courbe en une suite de plans inclinés. On obtiendra alors une expression approchée de la valeur recherchée qui sera d'autant plus proche du résultat réel que la suite de plans sera proche de la courbe. Par exemple, on peut remplacer le quart de cercle par le quart d'un polygone ayant autant de côtés qu'on veut, le plus grand nombre de côtés donnant la meilleure approximation du cercle.

Dans le cas présent, grâce à l'absence de frottement, n'importe quelle subdivision donnera le bon résultat, à condition que les points de départ et d'arrivée du bloc aient la même différence de niveau.

Lors d'un mouvement suivant l'un des plans inclinés, définis par les côtés du polygone, le travail est donné, comme montré dans le paragraphe précédent, par le produit :

$$p\,d\cos\alpha$$

où d est la longueur du côté du polygone et α l'inclinaison par rapport à la verticale du côté considéré ([5]).

5. La longueur du côté d'un polygone de $4n$ côtés dont r est l'apothème est :

$$d = 2r\sin\frac{\pi}{4n} \approx \frac{\pi r}{2n}$$

l'approximation indiquée étant acceptable pour n suffisamment grand, comme montré au § 1.2.4. Les angles formés entre les côtés et la verticale sont les n premiers éléments de la suite (n donné, $i = 1, 2, ..., n$) :

$$(2i-1)\frac{\pi}{4n}.$$

Le travail total est donné par la somme des travaux fait sur chaque côté du polygone donc par le produit de p par la somme des projections des côtés sur la verticale, qui est égale à l'apothème du polygone quel que soit le nombre de côtés choisi pour faire ce calcul. Le travail pour parcourir le quart de circonférence est donc donné par le produit du poids par le rayon du cercle (le rayon étant égal à la différence de niveau entre point initial et final du parcours).

De façon plus générale, si la ligne est un arc ϑ d'un cercle comme dessiné à la figure 2.10, le travail sera :

$$\mathscr{W} = p\, r \sin\vartheta$$

et si ϑ est petit, comme expliqué au §1.2.4 :

$$\mathscr{W} \approx p\, r\, \vartheta \quad (\vartheta^2 \ll 1).$$

L'expression du travail d'une force *qui ne change pas pendant le mouvement* dans une rotation s'obtient à partir de ce résultat en se rappelant que dans un mouvement de rotation tous les points du corps suivent des trajectoires qui sont des arcs de cercle dans des plans orthogonaux à l'axe de rotation et dont le centre est donné par l'intersection de cet axe et de leur plan.

En particulier, il nous intéresse de préciser le travail d'une force au début d'un mouvement de rotation et donc par rapport à un petit mouvement de rotation.

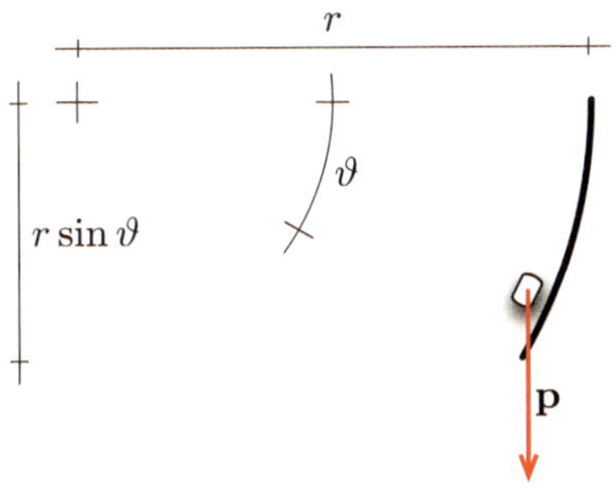

FIGURE 2.10 – Exemple d'un bloc sur une surface en arc de cercle.

On considère une petite rotation ϑ autour de l'axe $\mathbf{z}$ d'un corps sur lequel agit au point $P = (l_x, 0, 0)$ une force $\mathbf{f} = (0, f_y, 0)$ (c'est-à-dire une force dirigée suivant l'axe $\mathbf{y}$). La rotation génère une petite translation $\mathbf{d}_P = (0, l_x\vartheta, 0)$ qui se fait dans la direction $\mathbf{y}$ et donne donc lieu au travail de la force f_y :

$$\mathscr{W} \approx f_y l_x \vartheta \quad (\vartheta^2 \ll 1).$$

On considère un autre point $Q = (0, l_y, 0)$ du même corps sur lequel agit la même force $\mathbf{f} = (0, f_y, 0)$; dans ce cas la rotation génère une translation $\mathbf{d}_Q = (-l_y\vartheta, 0, 0)$ qui n'a pas de composantes en direction $\mathbf{y}$ et ne donne donc pas de travail pour f_y.

De façon plus générale, pour un point $R = (l_x, l_y, 0)$ et une force appliquée sur ce point $\mathbf{f} = (f_x, f_y, 0)$ on obtient au début de la rotation ϑ d'axe $\mathbf{z}$ un petit déplacement $\mathbf{d}_R = (-l_y\vartheta, l_x\vartheta, 0)$ et le travail :

$$\mathscr{W} \approx -f_x l_y \vartheta + f_y l_x \vartheta \quad (\vartheta^2 \ll 1).$$

Compte tenu des définitions des composantes des vecteurs $\mathbf{f}$ et $\mathbf{l}$ selon les angles indiqués à la figure 2.11 :

$$\mathscr{W} \approx -f \cos\beta\, l \sin\gamma\, \vartheta + f \sin\beta\, l \cos\gamma\, \vartheta \quad (\vartheta^2 \ll 1),$$

et, en rappelant la formule :

$$\sin\beta\cos\gamma - \cos\beta\sin\gamma = \sin(\beta-\gamma)\,,$$

on obtient :

$$\mathscr{W} \approx \vartheta f\, l \sin\alpha \quad (\vartheta^2 \ll 1). \tag{2.3}$$

On appelle *produit vectoriel* de deux vecteurs $\mathbf{f}$ et $\mathbf{l}$ qui se trouvent dans le plan $\mathbf{xy}$ le vecteur parallèle à l'axe $\mathbf{z}$ dont l'intensité est :

$$f\, l \sin\alpha$$

α étant l'angle entre la droite d'application de $\mathbf{f}$ et de $\mathbf{l}$ (et f et l leurs intensités respectives). L'intensité du produit vectoriel est la surface du rectangle construit sur la base $\mathbf{f}$ avec une hauteur donnée par la projection de $\mathbf{l}$ sur la normale à $\mathbf{f}$ ou vice versa.

Le sens qu'on se donne pour mesurer les angles est important pour ce dernier résultat, car le signe de la fonction sinus change si on change le signe de son argument. Conventionnellement on mesure les angles dans le sens trigonométrique (c'est-à-dire opposé à la rotation des aiguilles d'une montre) à partir de la direction de $\mathbf{l}$ vers la direction de $\mathbf{f}$.

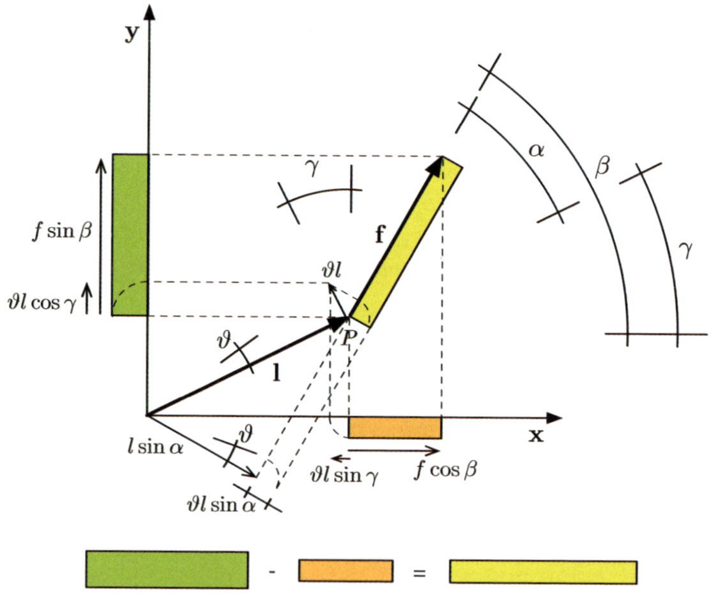

FIGURE 2.11 – Le travail de la force $\mathbf{f}$ appliquée au point P dans la rotation ϑ, centrée sur l'origine, est donné par la surface jaune, calculée comme en figure 2.5, mais en prenant le vecteur ϑl à la place du vecteur $\mathbf{d}$. Les angles β entre $\mathbf{f}$ et $\mathbf{x}$ et γ entre $\mathbf{l}$ et $\mathbf{x}$ permettent de démontrer la formule (2.3).

2.3.5 Travail d'un moment dans une rotation

Nous avons introduit les moments comme des actions donnant potentiellement lieu à un mouvement de rotation. Par conséquent, un moment est défini par la donnée de l'axe par rapport auquel il est appliqué, du sens d'action autour de cet axe et de son intensité. À cause de la nature non commutative des rotations, il est moins aisé que pour les forces et les translations de donner la définition générale du travail d'un moment dans une rotation, mais en se restreignant aux problèmes plans cette définition devient plus simple.

Dans un système plan, il ne peut y avoir que des rotations autour d'axes normaux au plan du système et donc que des moments autour d'axes de même type, ces axes pouvant être représentés simplement par la donnée d'un point du plan, centre de la rotation ou pôle du moment. L'information nécessaire à la définition d'une rotation est un centre $\mathscr{C}$ et une amplitude mesurée par un angle ϑ, dotée d'un signe pour indiquer le sens de la rotation. De même, celle pour définir un moment est limitée à la donnée d'un couple $(\mathscr{P}, m)$, c'est-à-dire d'un pôle, $\mathscr{P}$ et d'une intensité m.

Si $(\mathscr{C}, \vartheta)$ est une rotation et $\mathscr{W}$ un travail observé lors de ce mouvement, on définit l'intensité du moment m comme l'entité donnant $\mathscr{W}$ par le produit :

$$\mathscr{W} = m\vartheta\,. \tag{2.4}$$

À noter que si le travail est négatif, ϑ et m n'ayant pas le même signe, m correspond à une rotation dans le sens opposé de ϑ.

Cette définition ne permet que l'identification de l'intensité m, pas celle du pôle $\mathscr{P}$, qui, par ailleurs ne joue pas dans le calcul du travail.

On sait que, dans la rotation d'un corps dans un plan, tous les points du corps tournent d'un même angle. Par conséquent, pour une rotation donnée $(\mathscr{C}, \vartheta)$ et un point $\mathscr{C}'$ du corps, il existe toujours une translation qui peut se composer avec $(\mathscr{C}, \vartheta)$ et donner lieu à un mouvement de rotation $(\mathscr{C}', \vartheta)$, dont le sens et l'amplitude sont identiques, mais autour de $\mathscr{C}'$.

On imagine, dans le plan, un corps rigide, dont un point $\mathscr{C}$ est fixé lors d'un mouvement de rotation $(\mathscr{C}, \vartheta)$, sur lequel on applique un moment $(\mathscr{P}, m)$, avec $\mathscr{P}$ distinct de $\mathscr{C}$. Dans le mouvement envisagé tous les points du corps ont des trajectoires circulaires de mesure angulaire θ autour du centre de rotation $\mathscr{C}$: si on attache un repère à n'importe quel point du corps, indépendamment de la position de ce point dans le corps, ce repère tourne dans le mouvement $(\mathscr{C}, \vartheta)$ d'un même angle ϑ (dans le même sens) autour de son origine. D'après la définition (2.4), quel que soit $\mathscr{P}$, le moment $(\mathscr{P}, m)$, qui voit la même rotation ϑ se faire autour de son pôle $\mathscr{P}$, génère le même travail. La définition donnée implique donc que les moments ne produisent du travail que par rapport aux rotations, sans être affectés par les translations.

La définition implique, en effet, que le moment ne voit que la rotation pure, comme si elle avait lieu autour de son pôle, son travail étant indépendant de la translation qu'il faudrait composer avec $(\mathscr{C}, \vartheta)$ pour obtenir une rotation $(\mathscr{P}, \vartheta)$.

On a donc un corollaire important : *le travail d'un moment dans une translation est toujours nul.*

2.3.6 Couples

L'apparente symétrie conceptuelle entre forces et moments et translations et rotations est brisée par les définitions données de travail des forces et des moments, car le travail d'une force dans une rotation n'est en général pas nul alors que le travail d'un moment dans une translation est toujours nul.

Si on compare le travail d'une force dans une petite rotation (2.3) avec celui d'un moment dans une rotation (2.4), on constate que, dans le premier, le terme :

$$f\,l\,\sin\alpha$$

peut être vu comme un moment du point de vue du travail qu'il produit (au début de la rotation), mais, si on déplace le centre de rotation (qui était placé sur l'origine des axes pour obtenir l'équation (2.3)), on obtient un changement de l'expression du travail fait par la force (car la longueur l ou l'angle α ou tous les deux changent), alors que celui fait par le moment reste inchangé. La similitude entre le travail d'une force dans une petite rotation et celui d'un moment n'est donc qu'apparente.

On considère un corps pouvant tourner dans le plan $\mathbf{xy}$ et on imagine que sur ce corps s'appliquent deux forces d'égale direction et d'intensités égales et opposées, mais placées en deux points différents de sorte qu'elles ne soient pas alignées (figure 2.12). Lors d'une petite rotation ϑ autour d'un centre $\mathscr{C}$, les deux forces produisent un travail qui ne dépend pas du choix de $\mathscr{C}$, ce qui permet de les associer à un moment. Pour s'en convaincre il suffit de se rappeler que ce travail est donné par la somme des intensités des deux produits vectoriels :

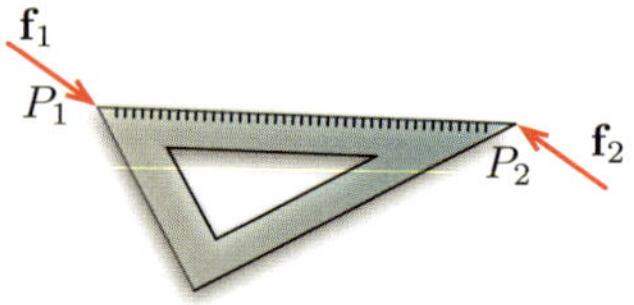

FIGURE 2.12 – Exemple d'un corps soumis à un couple de forces.

$$\mathscr{W} = (f\,l_1 \sin\alpha_1 + f\,l_2 \sin\alpha_2)\vartheta \quad (\vartheta^2 \ll 1)$$

(on indique par les indices 1 et 2 les données relatives aux deux forces, voir figure 2.13) et que la somme

$$b = l_1 \sin\alpha_1 + l_2 \sin\alpha_2$$

ne dépend pas de $\mathscr{C}$. Il en est ainsi car les deux vecteur $\mathbf{l}_1$ et $\mathbf{l}_2$ ont un point un commun sur $\mathscr{C}$ et pointent respectivement sur les points P_1 et P_2 où s'appliquent $\mathbf{f}_1$ et $\mathbf{f}_2$; quelle que soit la position du sommet $\mathscr{C}$ du triangle formé par $\mathbf{l}_1$, $\mathbf{l}_2$ et P_1P_2, b est la projection de ce dernier côté sur la normale à $\mathbf{f}_1$ et $\mathbf{f}_2$.

b est donc la distance entre la droite d'action de $\mathbf{f}_1$ et celle de $\mathbf{f}_2$. Les deux forces donnent lieu à un *couple* caractérisé par la donnée de b et de leur intensité $f = f_1 = f_2$, indépendamment de leur direction. Le symbole b rappelle la dénomination de *bras de levier* qu'on associe souvent à cette caractéristique d'un couple.

En effet, si le corps est soumis à une translation $\mathbf{d}$, quelle que soit la direction, le travail fournit par le couple est nul, car :

$$\mathbf{f}_1 \cdot \mathbf{d} = -\mathbf{f}_2 \cdot \mathbf{d}$$

(les deux produits scalaires ont la même valeur absolue car les deux forces ont égale intensité et angle par rapport à $\mathbf{d}$, mais leurs signes sont opposés car les deux forces se dirigent à l'opposé l'une de l'autre).

En conclusion, pour un couple de forces on a, lors d'une rotation, le travail

$$\mathscr{W} = f\, b\, \vartheta \quad (\vartheta^2 \ll 1)$$

et, lors d'une translation, un travail nul, ce qui permet d'identifier ce couple avec un moment dont l'intensité est :

$$m = f\, b\,.$$

Il faut noter que l'identification d'un couple avec un moment a été admise seulement en situation statique, c'est-à-dire pour le début de la rotation lorsque les angles de rotation restent petits, car ce qu'on peut dire en condition de plus grands mouvements dépend de la manière dont les forces évoluent avec la rotation : les forces du couple peuvent évoluer en restant fixes par rapport au corps, et seulement dans ce cas le couple $f\, b$ fourni reste constant, ou en restant parallèles à un repère extérieur au corps, tout en étant toujours appliquées aux mêmes points du corps, ou en changeant aussi ces points d'application. Pour tirer des conclusions valables pour des rotations non petites, qui sortent en tout cas du cadre de la statique, il faudrait donc se donner plus d'informations.

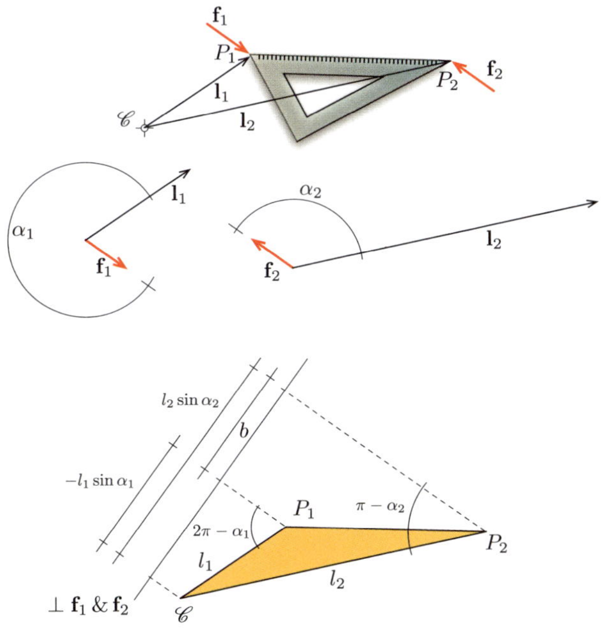

FIGURE 2.13 – Exemple de calcul du travail d'un couple de forces dans une rotation de centre $\mathscr{C}$. On constate que le moment exprimé par le couple ne dépend pas de la position de $\mathscr{C}$, mais seulement du *bras de levier* b du couple.

2.3.7 Travail virtuel

Dans le § 2.3.1 nous avons évalué le travail qu'il faut réellement faire pour soulever un corps dont on connaît la masse. Ce travail est nécessaire pour vaincre le poids qui s'oppose au soulèvement du corps, et il nous permet donc d'estimer cette force : en mesurant le travail fait pour des hauteurs de soulèvement différentes, on obtient le facteur 9,81 N qui est le poids agissant sur la masse de 1 kg.

La simple observation du corps au repos ne nous aurait pas permis cette évaluation ; il a fallu pour cela mesurer un travail, et donc *imaginer* un mouvement du corps.

Le corps était néanmoins au repos avant l'expérience de soulèvement : il était donc en équilibre statique sous l'action de la gravité (générant le poids) et de son support (par exemple le plancher de l'ascenseur). Autrement dit, ce dernier agissait sur le corps avec une force en équilibre statique avec le poids ; l'expérience de soulèvement qui nous permet l'estimation du poids nous donne aussi, par conséquent, la réaction du support à cette force.

Le support peut, en effet, être vu comme une liaison cinématique, qui empêche au corps de descendre sous un niveau donné ; par conséquent, la force qu'il exerce sur le corps est une réaction, générée par l'action extérieure de la gravité qui cherche à vaincre la liaison.

L'expérience de soulèvement aurait pu être imaginée même si le support, plutôt que le plancher d'un ascenseur, était n'importe quel autre type de liaison, par exemple le plan d'une table ou le sol. Pour indiquer une telle expérience imaginaire on se sert de l'adjectif *virtuel* ; un *mouvement virtuel* de translation peut toujours être imaginé, quelle que soit la condition réelle de liaison du corps ou sa condition réelle de repos ou de mouvement.

Pour mieux comprendre ce concept, nous pouvons reprendre un exemple employé en 1586 par Simon Stevin (1548-1620) dans son étude de l'équilibre du plan incliné.

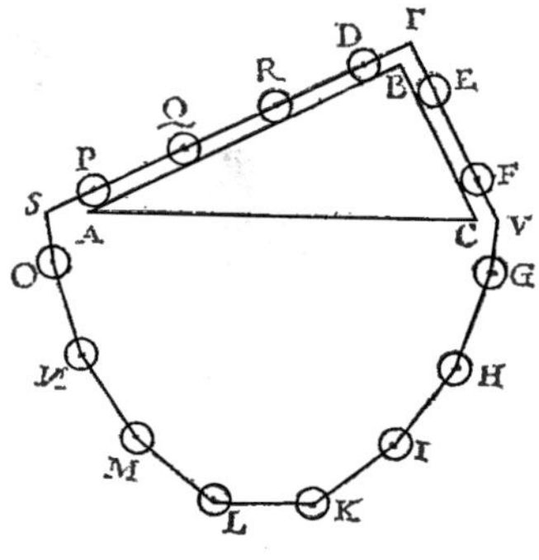

FIGURE 2.14 – Stevin : explication de l'équilibre du plan incliné (Les œuvres mathématiques de Simon Stevin ... , Elsevier (Leyde) 1634). Exemple de mouvement virtuel.

Stevin imagine une montage comme à la figure 2.14, où les côtés AB et BC du triangle représentent des plans inclinés différents, et les cercles représentent des rouleaux pesants pouvant se déplacer sur les plans inclinés et également espacées sur le fil qui les relie.

Par construction, la somme des poids posés sur le côté AB et celle des poids posés sur le côté BC ont le même rapport que les longueurs des côtés AB et BC (dans le dessin de Stevin ce rapport est 2). Si on appelle α l'angle $\widehat{CAB}$ et γ l'angle $\widehat{BCA}$, ce rapport est :

$$\frac{p_{AB}}{p_{BC}} = \frac{\sin\gamma}{\sin\alpha}$$

et donc :

$$p_{AB}\sin\alpha = p_{BC}\sin\gamma. \qquad (2.5)$$

Sans ajouter d'autres actions au système que celles de la gravité, on imagine un mouvement des rouleaux tel que, par exemple, ceux du côté AB remontent et ceux du côté BC descendent. Si dans un tel mouvement, l'énergie potentielle de l'ensemble diminuait, celui-ci aurait effectivement lieu et on observerait un mouvement qui, reproduisant infiniment sa condition initiale, serait sans fin. Cette conséquence étant impossible, on doit admettre que le mouvement imaginé ne se produit pas en réalité. Également on doit exclure la possibilité du mouvement opposé.

Stevin considère l'impossibilité du mouvement perpétuel comme un axiome de sa démonstration. Nous pouvons, partant des concepts introduits sur l'énergie du champ gravitationnel, montrer qu'il n'y a pas effectivement de changements d'énergie dans un mouvement du type imaginé.

Imaginons un mouvement du type décrit ci-dessus, tel que la distance parcourue par un rouleau sur un plan incliné est d (par construction cette distance ne dépend ni du rouleau ni du plan considéré) suffisamment petit pour que le nombre de rouleaux sur chaque plan incliné reste le même. Dans ce mouvement, les rouleaux du côté AB remontent verticalement de $d \sin \alpha$, ceux du côté BC descendent verticalement de $d \sin \gamma$ et ceux de la partie courbe entre C et A descendent ou remontent, en fonction de leur position, mais de manière à ce que leurs changements d'énergie potentielle se compensent deux à deux (par exemple G descend d'une même hauteur que O remonte et ainsi de suite pour les couples H et N, I et M, K et L).

L'énergie potentielle du côté AB s'accroît alors de

$$p_{AB}\, d \sin \alpha,$$

celle du côté BC décroît de

$$p_{BC}\, d \sin \gamma,$$

qui est la même quantité comme le montre la condition (2.5) ; l'énergie potentielle de la partie courbe entre C et A ne change pas. Le travail virtuel nécessaire pour faire le mouvement imaginé est (comme pour l'ascenseur idéal de l'exemple précédent) égal à la variation totale, virtuelle, de l'énergie potentielle, donc :

$$\mathscr{W} = p_{AB}\, d \sin \alpha - p_{BC}\, d \sin \gamma = (p_{AB} \sin \alpha - p_{BC} \sin \gamma) d = 0\,.$$

En conséquent de (2.5) ce travail est nul quelle que soit l'amplitude d du déplacement virtuel ([6]). La nullité du facteur de d est la condition d'équilibre du système, identique à la condition constructive (2.5).

Si la construction de Stevin démontre que :

$$p_{AB} \sin \alpha = p_{BC} \sin \gamma \quad \Rightarrow \quad \mathscr{W} = 0\ \forall d$$

(la double flèche représente l'implication logique), on voit par le calcul des énergies potentielles que l'implication inverse est vraie :

$$\mathscr{W} = 0\ \forall d \quad \Rightarrow \quad p_{AB} \sin \alpha = p_{BC} \sin \gamma.$$

6. La phrase « quel que soit » sera désormais résumée par le symbole $\forall$.

Ce qui nous intéresse dans cet exemple est qu'on doit, en conclusion, admettre que :

- le système étudié est en équilibre statique, c'est-à-dire qu'il n'y a pas des mouvements engendrés par les forces en jeu ;
- dans un mouvement virtuel l'énergie de l'ensemble ne change pas et donc le travail des forces en jeu est nul, quel que soit ce mouvement.

Ces deux affirmations peuvent être prises indifféremment l'une comme une conséquence de l'autre, propriété qui est représentée par la double flèche ci-dessous :

Le système est en équilibre statique

$\Updownarrow$

Le travail est nul quel que soit le mouvement virtuel du système.

On pourra donc désormais identifier l'équilibre statique et l'égalité à zéro du travail dans tout mouvement virtuel et étudier toutes les propriétés et les conséquences de l'équilibre statique par le travail virtuel.

2.4 Principe des travaux virtuels

2.4.1 Définitions

Lorsque le système est un mécanisme, plusieurs configurations sont possibles, on dit alors que le système est géométriquement indéterminé. Dans les autres cas, le système est une structure ; il est donc géométriquement déterminé car il a une seule configuration possible.

Dans une structure isostatique, aucun degré de liaison ne peut être enlevé sans compromettre la stabilité du système. Si on élimine un degré de liaison d'une structure isostatique, celle-ci devient un mécanisme (voir figure 1.37 et 2.15).

FIGURE 2.15 – Exemple d'un mécanisme dont les configurations possibles ne sont pas générées par la donnée de l'amplitude du mouvement d'un seul point de la structure.

Un mouvement est dit *virtuel*, si c'est un mouvement qu'on imagine avoir lieu, mais qui n'est pas nécessairement un mouvement possible de l'objet étudié.

Quand on étudie un objet soumis à un ensemble de forces extérieures en équilibre (comme la chaînette de Stevin), par définition il n'y aura pas de mouvements réels, mais on pourra toujours imaginer ses mouvements virtuels. Une structure est, encore par définition, un ensemble de corps ne pouvant pas se mouvoir, mais elle peut être transformée idéalement en mécanisme par l'élimination d'un certain nombre de degrés de liaison ; les mouvements possibles de ce mécanisme seront des mouvements virtuels de la structure.

Par convention on placera des ^ sur les symboles des déplacements et des travaux virtuels.

2.4.2 Énonce du principe des travaux virtuels

PTV *un système se trouve en équilibre dans une configuration sous un ensemble d'actions extérieures si et seulement si le travail virtuel de toutes ces actions est nul quel que soit le déplacement virtuel du système à partir de la configuration donnée* :

$$\text{équilibre} \Leftrightarrow \hat{\mathscr{W}} = 0 \text{ quel que soit le déplacement virtuel}$$

L'application du principe requiert la définition d'un ensemble de mouvements virtuels sur une configuration donnée et le calcul du travail de toutes les actions agissant sur la structure dans n'importe quel mouvement de cet ensemble. La déclaration *si et seulement si* indique que, non seulement, l'énoncé du principe s'applique aux systèmes en équilibre, mais aussi que sa validité implique l'état d'équilibre du système.

On observe que l'équilibre est une propriété d'un système d'actions, qui peuvent être appliquées sur une structure ou sur un mécanisme

Dans les chapitres suivants on appliquera ce principe à l'étude des structures. En conclusion de ce chapitre, on ne saurait pas mieux résumer les questions traitées que par les mots que Joseph-Louis Lagrange (1736-1813) utilise, en 1788, dans l'introduction de la Statique :

« La Statique est la science de l'équilibre des forces. On entend, en général, par *force* ou *puissance* la cause, quelle qu'elle soit, qui imprime ou tend à imprimer du mouvement au corps auquel on la suppose appliquée ; et c'est aussi par la quantité du mouvement imprimé, ou prêt à imprimer, que la force ou puissance doit s'estimer. Dans l'état d'équilibre, la force n'a pas d'exercice actuel ; elle ne produit qu'une simple tendance au mouvement ; mais on doit toujours la mesurer par l'effet quelle produirait si elle n'était pas arrêtée. En prenant une force quelconque, ou son effet pour l'unité, l'expression de toute autre force n'est plus qu'un rapport, une quantité mathématique qui peut être représentée par des nombres ou des lignes ; c'est sous ce point de vue que l'on doit considérer les forces dans la Mécanique.

L'équilibre résulte de la destruction de plusieurs forces qui se combattent et qui anéantissent réciproquement l'action qu'elles exercent le unes sur les autres ; et le but de la Statique est de donner les lois suivant lesquelles cette destruction s'opère ([7], [8]). »

Lisant, quelques pages après, le même texte, on doit avoir le soin de changer le mot « vitesse » en « déplacement », et « puissance » en « travail », mieux adaptés à notre contexte : « On doit entendre par *vitesse virtuelle*, celle qu'un corps en équilibre est disposé à recevoir, en cas que l'équilibre vienne à être rompu, c'est-à-dire la vitesse que ce corps prendrait réellement dans le premier instant de son mouvement, et le principe dont il s'agit consiste en ce que des puissances sont en équilibre quand elles sont en raison inverse de leurs vitesses virtuelles, estimées suivant la direction de ces puissances. »

« La loi générale de l'équilibre dans les machines est que les forces ou puissances soient entre elles réciproquement comme les vitesses des points où elles sont appliquées, estimées suivant la direction de ces puissances.

7. J-L. De La Grange. Méchanique analytique. Veuve Desaint, Paris, 1788.

8. Notez la réduction du concept de force, témoignant d'un changement épistémologique radical par rapport à la phrase de Leonard de Vinci citée en début du chapitre.

C'est dans cette loi que consiste ce qu'on appelle communément le *principe des puissances virtuelles*, principe reconnu depuis longtemps pour le principe fondamental de l'équilibre [...] et qu'on peut, par conséquent, regarder comme une espèce d'axiome de la Mécanique. »

Finalement, Lagrange donne celui qui fut, historiquement, le premier énoncé général du principe :

(Lagrange 1788) « *Si un système quelconque de tant de corps ou points que l'on veut tirés, chacun par des puissances quelconques, est en équilibre, et qu'on donne à ce système un petit mouvement quelconque, en vertu duquel chaque point parcoure un espace infiniment petit qui exprimera sa vitesse virtuelle ; la somme des puissances, multipliées chacune par l'espace que le point où elle est appliquée, parcourt suivant la direction de cette même puissance, sera toujours égale à zero, en regardant comme positifs les petits espaces parcourus dans le sens des puissances, et comme négatifs les espaces parcourus dans le sens opposé.* »

2.5 Conclusion

Dans ce chapitre nous avons introduit les concepts et les méthodes suivants :

- concepts de forces, moments, énergie et travail ;
- opérations entre forces, moments, déplacements et rotations ;
- concept de petit mouvement ;
- définition d'équilibre et principe des travaux virtuels.

2.6 Exercices

Exercice 34. On calcule le travail fait par les forces F_1 et F_2 lors d'un petit mouvement du mécanisme ci-dessous (balance). Pour F_1 donnée, on évalue la force F_2 qu'il faut appliquer pour éviter le mouvement.

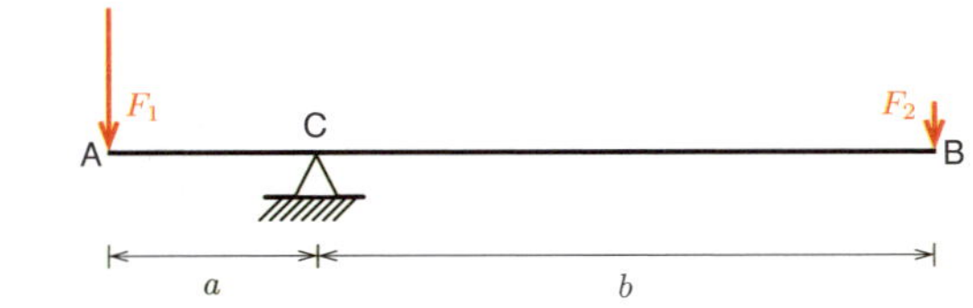

Pour une petite rotation ϑ de la poutre AB autour de C, le déplacement du point A est $(0, a\vartheta)$, celui du point B est $(0, -b\vartheta)$.

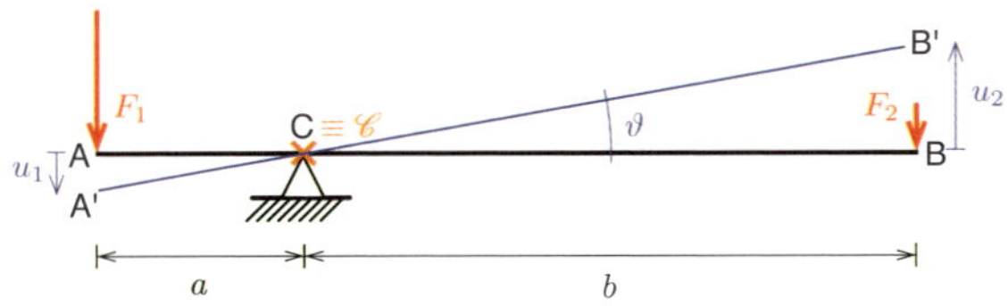

Le travail des deux forces est :

$$\mathscr{W} = F_1 a\vartheta - F_2 b\vartheta$$

la condition d'équilibre pour que le mécanisme reste dans sa position est :

$$F_2 = \frac{a}{b} F_1 .$$

Exercice 35. On calcule le travail fait par les forces F_1 et F_2 lors d'un petit mouvement du mécanisme ci-dessous. Pour F_1 donnée, on évalue la force F_2 qu'il faut appliquer pour éviter le mouvement.

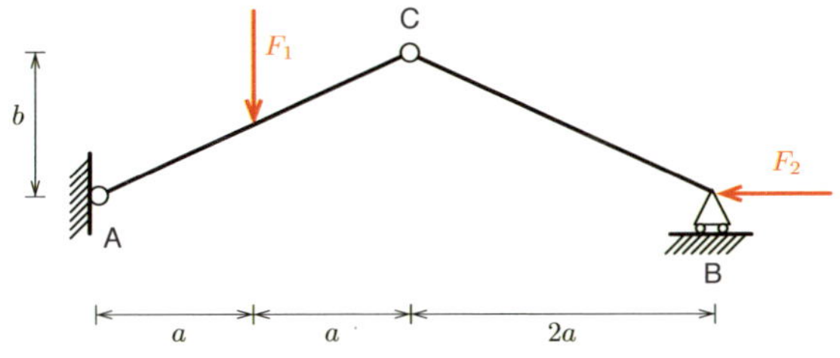

Pour une petite rotation ϑ de la poutre AC autour de A, le déplacement du point C est $(-b\vartheta, 2a\vartheta)$, celui du point d'application de F_1 est $(-b\vartheta/2, a\vartheta)$; le centre de rotation de la poutre CB a les coordonnées $(4a, 2b)$ (en prenant sur A le centre du repère), la rotation de cette poutre est $-\vartheta$ et le déplacement de B est $(-2b\vartheta, 0)$.

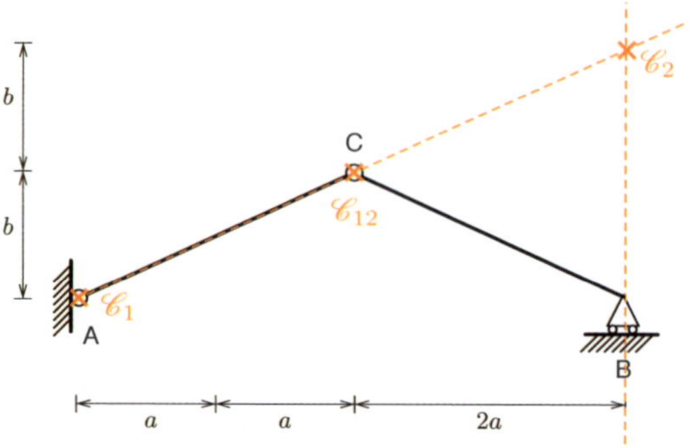

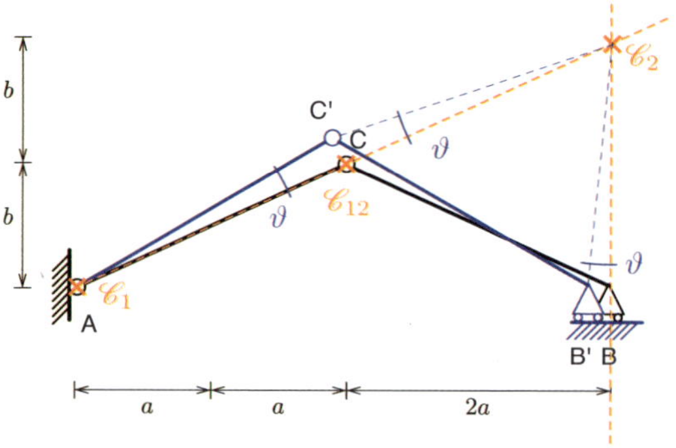

Le travail des deux forces est :

$$\mathscr{W} = -F_1 a\vartheta + F_2 2b\vartheta$$

la condition d'équilibre pour que le mécanisme reste dans sa position est :

$$F_2 = \frac{a}{2b} F_1 \, .$$

Exercice 36. On calcule le travail fait par les forces F_1 et F_2 lors d'un petit mouvement du mécanisme ci-dessous. Pour F_1 donnée, on évalue la force F_2 qu'il faut appliquer pour éviter le mouvement.

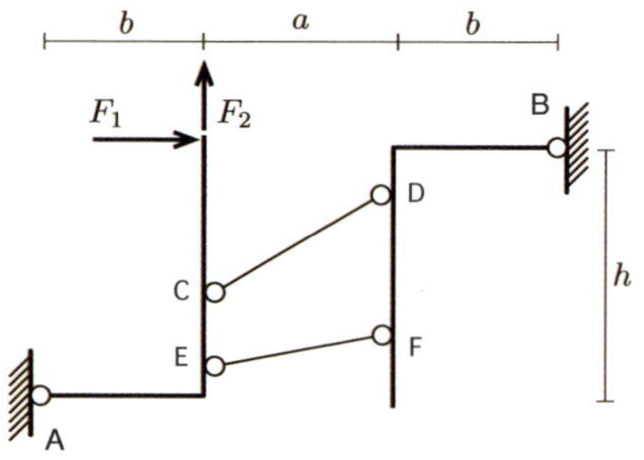

L'identification des centres de rotation montre que les centres $\mathscr{C}_1$ et $\mathscr{C}_{12}$ coïncident. Par conséquent, le corps 2 ne pourra pas se déplacer (deux points distincts de ce corps sont fixes). On montre ci-dessous les centres de rotation et un mouvement du mécanisme.

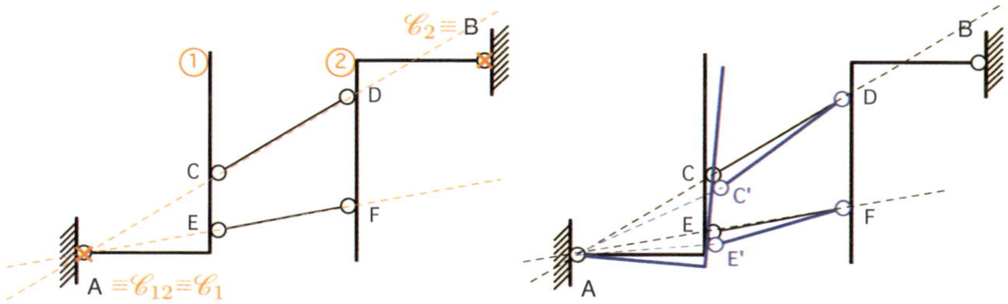

Le dessin des projections du mouvement permet le calcul du travail :

$$\mathscr{W} = F_1 u_{1G} - F_2 u_{2G} = F_1 h\alpha - F_2 b\alpha$$

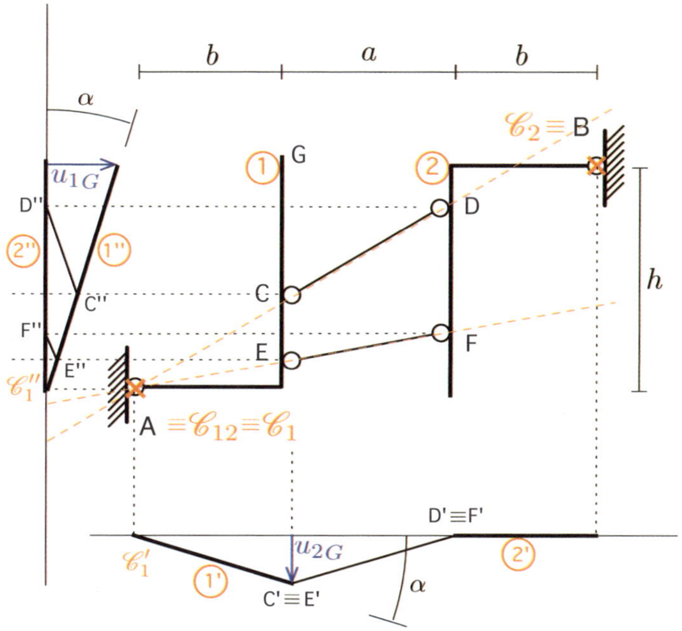

la condition d'équilibre est :

$$F_2 = \frac{h}{b} F_1 \, .$$

Si on applique des forces respectant cette relation, le mécanisme étudié se trouvera en équilibre statique, sans se mouvoir. On comprend que cet état statique dépendant d'une relation entre forces extérieures est d'une autre nature que celui assuré, dans une structure, par les liaisons. L'effet des liaisons est étudié dans le chapitre suivant.

3

Réactions

3.1 Introduction

Dans le premier chapitre nous avons mis en relation l'idée de structure avec les conditions qui rendent impossible le mouvement (sans déformation) de ses parties. Ces conditions correspondent à des liaisons cinématiques et la négation du mouvement est une propriété qui dérive des relations géométriques entre poutres et liaisons.

Si l'impossibilité du mouvement, ou stabilité, est une propriété intrinsèque de la structure composée de poutres rigides, c'est-à-dire indépendante des éventuelles actions extérieures, ces actions auront un effet sur la structure qui est purement statique, c'est-à-dire pouvant être décrit par un système de forces et moments en équilibre.

Pour expliciter l'effet des actions extérieures sur une structure, on associe aux blocages cinématiques, donnés par les liaisons, le concept de réaction à ces actions extérieures. Cette association se fait sans perte d'information : les réactions sont des entités de type force ou moment qui caractérisent les liaisons comme leurs définitions cinématiques données au chapitre 1. Elles permettent de translater le problème de la nature statique d'un système du monde de la cinématique (absence de tout mouvement) à celui de la statique (équilibre des forces en jeux) par le postulat qu'elles se trouvent en équilibre avec les forces et les moments extérieurs.

Dans ce chapitre on introduit le concept de réaction et on présente les méthodes permettant l'évaluation des réactions dans une structure isostatique soumise à un chargement.

3.2 Définition de réaction

Lorsqu'un système stable de poutres, bloquées par des liaisons cinématiques, est soumis à un système d'actions extérieures, des réactions apparaissent dans les liaisons qui permettent de conserver la structure dans sa condition d'équilibre statique.

La nature des réactions s'explique par rapport à deux conditions, l'une cinématique, l'autre dynamique :

- les réactions dérivent de la présence d'une liaison cinématique et doivent donc correspondre aux *mouvements* non autorisés par cette liaison ;
- elles apparaissent en réponse aux forces extérieures de façon à empêcher le mouvement que celles-ci tendent à générer, et doivent donc être en *équilibre* avec celles-ci.

3.2.1 Réactions des liaisons extérieures

Pour comprendre la nature des réactions qui apparaissent dans les diverses liaisons cinématiques, il convient de se référer aux schémas dans lesquels celles-ci sont décomposées en liaisons ponctuelles : chaque liaison ponctuelle ne fera éventuellement apparaître qu'une réaction de type force, dirigée suivant l'axe de la liaison. On pourra ensuite composer l'ensemble de ces forces réactives pour voir apparaître le type de réaction propre de la liaison cinématique analysée.

Appui simple. Un appui simple équivaut à une liaison ponctuelle dirigée orthogonalement au plan de l'appui ; par conséquent, il fait éventuellement apparaître une réaction qui est une force normale à ce plan, représentée en rouge dans les schémas de la figure 3.1.

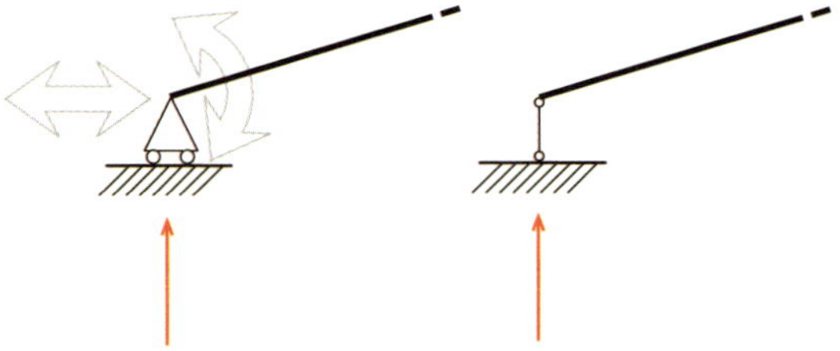

FIGURE 3.1 – Appui simple (extérieur) : mouvements possibles et réaction.

Double glissière. La décomposition en liaisons ponctuelles est moins efficace dans ce cas que dans tous les autres ; il convient par conséquent de se référer directement au schéma de base de cette liaison. S'agissant d'une liaison qui ne bloque que les rotations, elle génère éventuellement un moment réactif, appliqué au point de la structure bloqué par la double glissière.

Rotule. Une rotule équivaut à deux liaisons ponctuelles convergentes sur son centre ; par conséquent, elle fait éventuellement apparaître une réactions qui est une force passant par ce point. Cette force peut être vue en la décomposant selon deux directions convergentes sur le centre de la rotule, comme représenté en rouge dans les schémas de la figure 3.3.

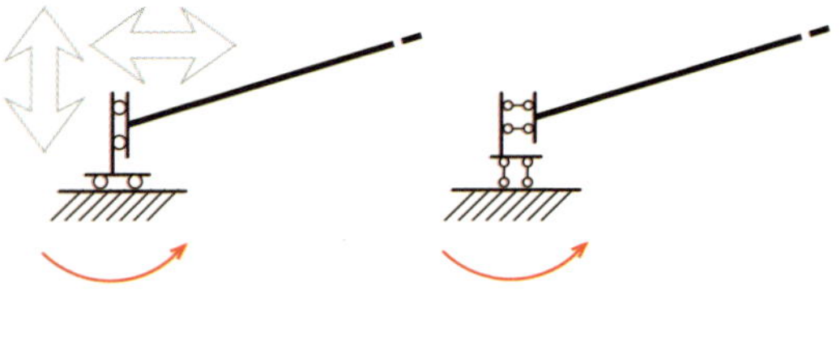

FIGURE 3.2 – Double glissière extérieure : mouvements possibles et réaction.

Une rotule idéale s'obtient par la mise en place de deux liaisons ponctuelles qui convergent sur un point qui n'appartient pas à la structure. Cette liaison génère donc, éventuellement, deux forces réactives dirigées suivant les axes de ces liaisons (voir figure 3.4).

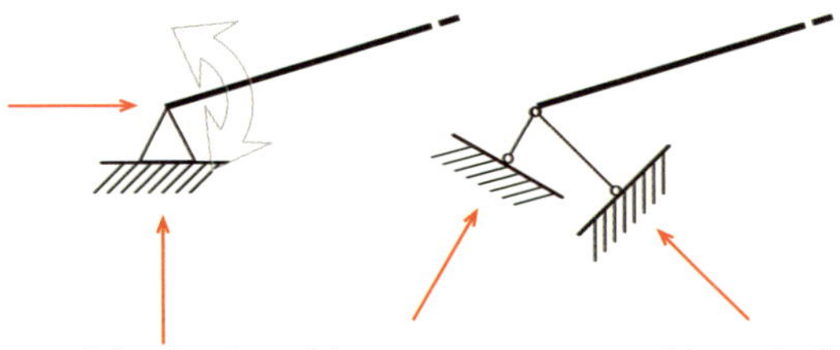

FIGURE 3.3 – Rotule extérieure : mouvement possible et réactions.

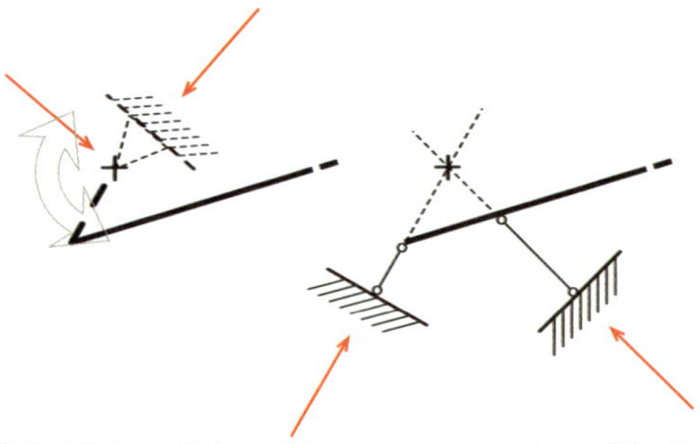

FIGURE 3.4 – Rotule idéale extérieure : mouvement possible et réactions.

Glissière. Une glissière correspond à deux liaisons ponctuelles parallèles, dont les axes sont orthogonaux au plan de glissement ; par conséquent, elle donne lieu éventuellement à deux réactions parallèles ou, ce qui revient au même, à une force de réaction dirigée comme les liaisons ponctuelles passant par le centre de la liaison et un moment autour de ce centre (voir figure 3.5).

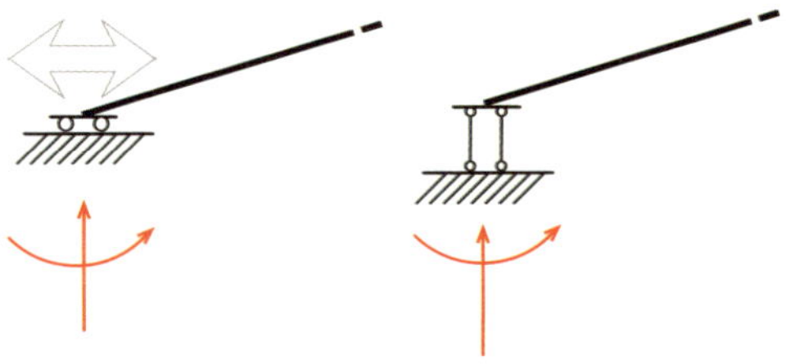

FIGURE 3.5 – Glissière extérieure : mouvement possible et réactions.

Encastrement. Un encastrement équivaut à trois liaisons ponctuelles non convergentes en un même point et il donne donc, éventuellement, lieu à trois forces réactives dirigées suivant ces trois liaisons ponctuelles. La composition de ces forces correspond à une force qui passe par le centre de l'encastrement et un moment autour de ce centre ; les deux forces peuvent se décomposer sur deux directions arbitraires comme indiqué en figure 3.6.

Le tableau suivant résume les propriétés réactives des liaisons cinématiques. Dans ce tableau, u_n est la translation dans la direction normale au plan identifié par la liaison cinématique (par exemple le plan sur lequel glisse l'appui simple), u_t est la translation dans la direction tangente à ce plan, φ est la rotation autour du point identifié par la liaison cinématique (par exemple le centre du pivot), f_n, f_t et m sont les *réactions* aux efforts extérieurs, éventuellement générées par la liaison, respectivement : force dans la direction de u_n, force dans la direction de u_t et moment autour du centre de la liaison.

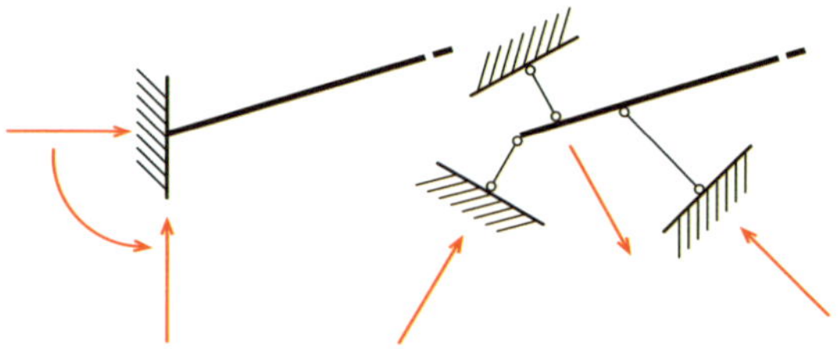

FIGURE 3.6 – Encastrement extérieur : réactions.

TABLE 3.1 – Tableau récapitulatif des réactions générées par les liaisons cinématiques extérieures.

Dénomination	ddl bloqué(s)	ddl libre(s)	réaction(s)
appui simple	u_n	u_t, φ	f_n
double glissière	φ	u_n, u_t	m
pivot	u_n, u_t	φ	f_n, f_t
glissière	u_n, φ	u_t	f_n, m
encastrement	u_n, u_t, φ		f_n, f_t, m

3.2.2 Réactions des liaisons intérieures

Pour comprendre la nature des réactions qui apparaissent éventuellement dans les liaisons intérieures d'une structure à cause d'un chargement, on peut se référer aux schémas qui ont été utilisés au § 1.3.7 pour montrer les degrés de liberté autorisés par chaque liaison. Les réactions correspondent aux mouvements bloqués, s'agissant donc de forces réactives égales et opposées, échangées entre éléments de la structure de part et d'autre de la liaison si celle-ci bloque une translation relative, et de moments si elle bloque une rotation relative.

L'indication des deux forces ou moments de part et d'autre de la liaison montre que la partie (disons) de droite exerce sur la partie de gauche une réaction qui bloque ses mouvements et vice versa la partie de gauche exerce la réaction égale et opposée sur celle de droite. Les deux réactions se font mutuellement équilibre, de sorte qu'elles n'apparaissent pas dans un bilan global de la structure, mais, si on imagine ôter la liaison intérieure, on doit, pour ne pas perturber l'équilibre, introduire sur les deux parties de la structure de part et d'autre de la liaison ces deux réactions égales et opposées.

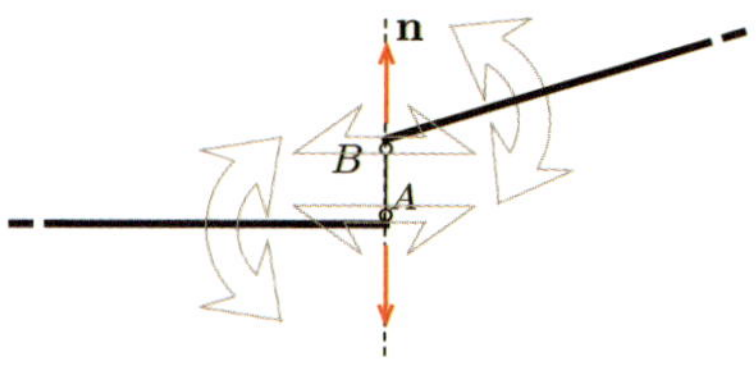

FIGURE 3.7 – Liaison ponctuelle ou bielle intérieure : mouvements relatifs possibles et réaction intérieure.

Liaison ponctuelle ou bielle. Cette liaison bloque les mouvements de translation relative dans une direction **n** ; par conséquent, elle fait éventuellement apparaître deux forces réactives, dirigées comme **n**, égales et opposées de part et d'autre de la liaison (voir figure 3.7).

Double glissière. Cette liaison bloque les rotations relatives propres et fait, par conséquent, éventuellement apparaître des moments réactifs, égaux et opposés, autour de son centre A (voir figure 3.8).

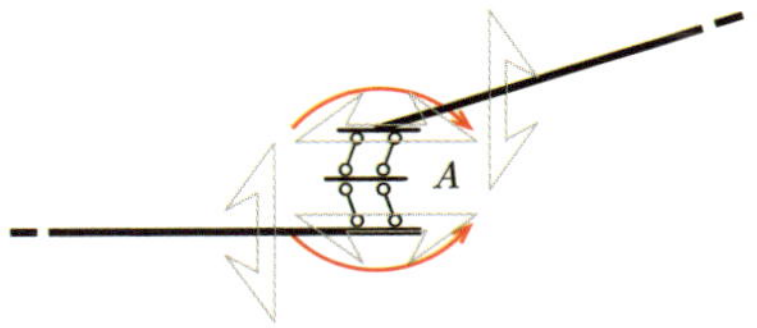

FIGURE 3.8 – Double glissière intérieure : mouvements relatifs possibles et réaction intérieure.

Pivot ou charnière ou rotule. Cette liaison bloque toute translation relative et fait donc éventuellement apparaître deux forces réactives, égales et opposées, passant par A (voir figure 3.9). Dans le schéma les deux forces sont décomposées sur deux directions quelconques : les composantes de part et d'autre de la liaison sont deux à deux égales et opposées. Les deux composantes verticales sont légèrement décalées dans le dessin, mais elles ne le sont pas en réalité (car elles passent par le point A) ; cette représentation sert pour distinguer la réaction de la partie de gauche sur celle de droite (représentée légèrement à droite de A) de la réaction de la partie de droite sur celle de gauche (représentée à gauche).

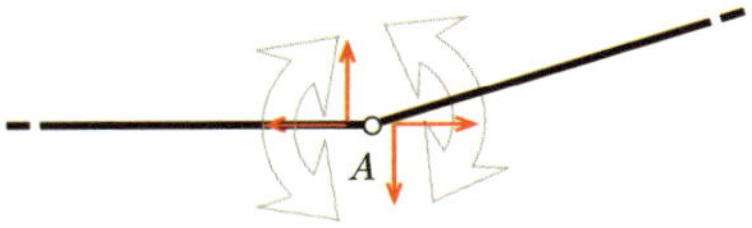

FIGURE 3.9 – Rotule intérieure : mouvement relatif possible et réactions intérieures.

Glissière. Cette liaison bloque les rotations et les translations dans une direction **n**, ce qui génère éventuellement deux moments réactifs, égaux et opposés, autour de A et deux forces réactives, égales et opposées, dirigées comme **n** (voir figure 3.10).

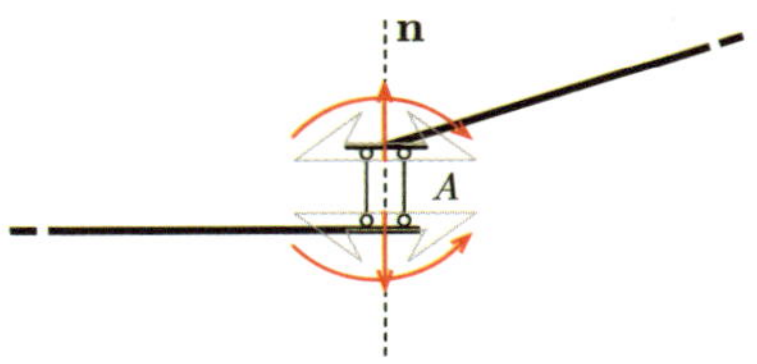

FIGURE 3.10 – Glissière intérieure : mouvement relatif possible et réactions intérieures.

Encastrement. Cette liaison, définie par la donnée d'un point A, bloque tout mouvement de translation ou rotation relative des deux corps ayant ce point en commun ; elle donne éventuellement lieu à deux forces réactives et deux moments réactifs, égaux et opposés (voir figure 3.11).

Normalement on considère, comme dans l'image ci-dessus, les forces réactives passantes par A et on prend les moments réactifs autour de ce point. Dans l'image, les forces

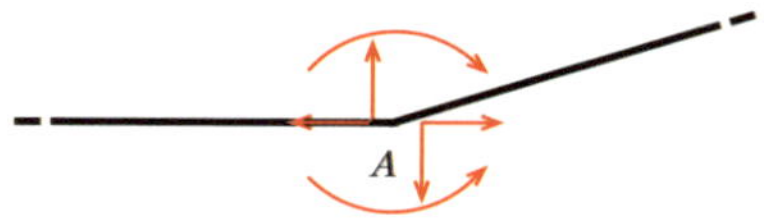

FIGURE 3.11 – Encastrement intérieur : réactions intérieures.

réactives ont été décomposées sur la direction horizontale et verticale, choisies arbitrairement ; les composantes parallèles de part et d'autre de la liaison sont égales et opposées, le décalage étant introduit pour des raisons de représentation comme pour le cas de la rotule.

3.3 Calcul des réactions

Pour calculer une réaction par le principe des travaux virtuels, on imagine que la liaison cinématique correspondante est absente ; il faut alors la remplacer par une force extérieure inconnue (de même nature que la réaction inconnue), telle que la structure soit en équilibre sous l'effet combiné des autres forces extérieures et de celle-ci.

En imposant l'équilibre par le principe des travaux virtuels, on obtient cette force et donc la réaction.

Pour introduire la méthode, on peut imaginer un mécanisme sous l'action de deux forces comme à la figure 3.12 : le calcul du travail virtuel fait par ces forces si le mouvement du mécanisme est, comme dans la figure, proportionnel à une amplitude $\hat{d}$ petite par rapport à la longueur de la poutre, montre une expression dans laquelle cette amplitude est un facteur commun à tous les termes. Si on place $\hat{d}$ en facteur du travail virtuel on trouve une expression du type :

travail virtuel =
somme des composantes des forces dans la direction du mouvement ·
amplitude du mouvement virtuel.

Pour que le système soit stable, on sait que ce travail doit être nul quel que soit le mouvement virtuel imaginé, ce qui n'est possible que si la somme des composantes des forces en facteur de l'amplitude de ce mouvement est nulle. L'expression :

somme des composantes des forces dans une direction = 0

est alors une condition nécessaire pour que le système soit en équilibre suivant cette direction.

Si le mouvement virtuel est tel qu'il génère des déplacements associés aux forces qui ne sont pas tous identiques, alors l'expression du travail virtuel s'obtient en tenant compte des conditions de compatibilité entre ces déplacements et l'amplitude du mouvement virtuel (voir figure 3.13)

Si on prend alors une structure isostatique, comme à la figure 3.14, et qu'on imagine de remplacer une liaison extérieure ponctuelle par sa force réactive (à priori inconnue),

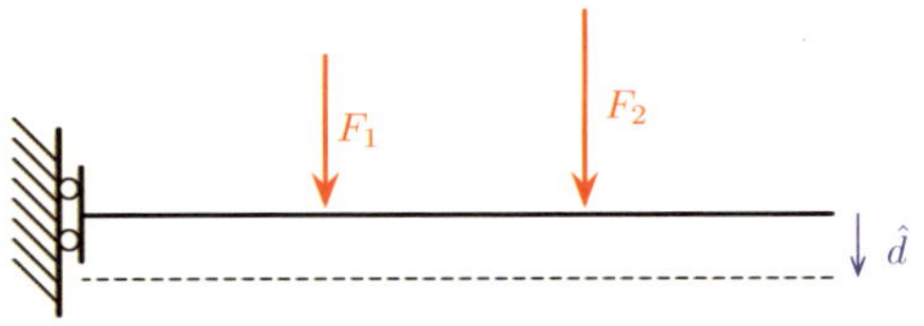

$$\hat{\mathscr{W}} = (F_1 + F_2)\hat{d}$$

FIGURE 3.12 – Exemple de calcul du travail virtuel $\hat{\mathscr{W}}$ d'un système de forces appliquées sur un mécanisme pour un mouvement virtuel d'amplitude $\hat{d}$.

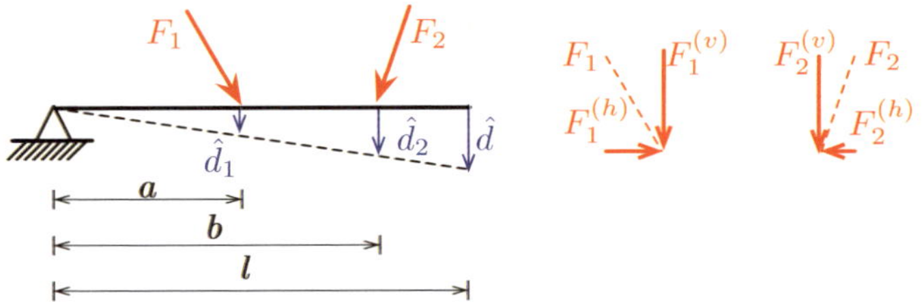

$$\frac{\hat{d}_1}{a} = \frac{\hat{d}_2}{b} = \frac{\hat{d}}{l}\ ; \quad \hat{\mathscr{W}} = F_1^{(v)}\hat{d}_1 + F_2^{(v)}\hat{d}_2 = (F_1^{(v)}\frac{a}{l} + F_2^{(v)}\frac{b}{l})\hat{d}$$

FIGURE 3.13 – Exemple de calcul d'un travail virtuel qui nécessite l'écriture des conditions de compatibilité cinématique. Les déplacements des points d'application des forces sont exprimés dans l'hypothèse que $\hat{d}$ est petit par rapport à l (et donc $\sin(\hat{d}/l) \approx \hat{d}/l$ et $\cos(\hat{d}/l) \approx 1$).

on retrouve un mécanisme pour lequel on peut écrire le travail virtuel comme dans le cas précédent. En imposant que ce travail est nul quelle que soit l'amplitude du mouvement virtuel, on obtient une condition (dite d'équilibre statique) qui relie la réaction inconnue aux autres forces – connues – en jeu, permettant donc le calcul de celle-ci.

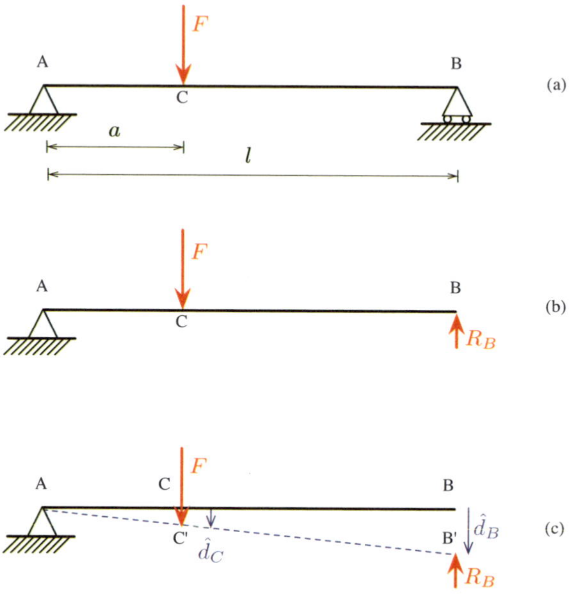

$$\hat{\mathscr{W}} = F\hat{d}_C - R_B\hat{d}_B = (F\frac{a}{l} - R_B)\hat{d}_B$$

FIGURE 3.14 – Exemple de structure isostatique dans laquelle on remplace une liaison extérieure ponctuelle par sa réaction inconnue. Le calcul du travail virtuel lors d'un petit mouvement du mécanisme nous donne une expression dans laquelle on peut distinguer deux facteurs : l'amplitude du mouvement virtuel $\hat{d}_B$ et une somme de forces $(F\frac{a}{l} - R_B)$ dans laquelle on voit intervenir des termes liés à la cinématique virtuelle.

En conclusion, par la méthode des travaux virtuels, le calcul d'une réaction se réduit au dessin d'un mouvement virtuel et à l'écriture d'une équation d'équilibre, exprimée dans la forme du principe des travaux virtuels, contenant une seule inconnue.

Les forces extérieures étant souvent données en termes de leurs composantes sur un repère, et pour éviter la complexité géométrique qui peut se présenter dans le dessin du déplacement virtuel d'une structure de forme quelconque, il est souvent intéressant de dessiner les projections du mouvement sur deux axes orthogonaux, comme il a été indiqué au §1.4.4.

Dans ce cas, on lit directement sur les diagrammes obtenus les composantes du déplacement virtuels qu'il faut multiplier par les composantes des forces extérieures sur les mêmes directions afin d'obtenir l'expression du travail virtuel.

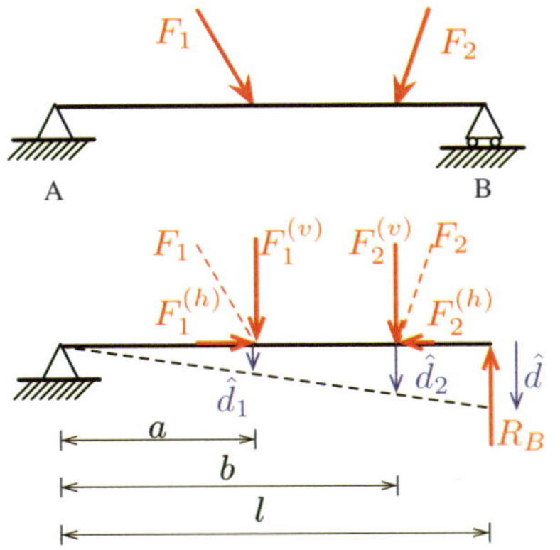

$$\hat{\mathscr{W}} = (F_1^{(v)}\frac{a}{l} + F_2^{(v)}\frac{b}{l} - R_B)\hat{d} = 0\ \forall \hat{d} \quad \Rightarrow \quad R_B = F_1^{(v)}\frac{a}{l} + F_2^{(v)}\frac{b}{l}$$

FIGURE 3.15 – Comme à la figure 3.14 on remplace une liaison ponctuelle par sa réaction inconnue et on écrit le travail virtuel de toutes les forces en jeu, y compris cette réaction qui, par ailleurs, sera la seule inconnue dans cette expression. En imposant que le travail soit nul, quelle que soit l'amplitude (petite par rapport aux longueurs en jeu) du mouvement virtuel, on obtient une condition d'équilibre statique qui permet le calcul de l'inconnue.

3.4 Conclusion

Dans ce chapitre nous avons étudié :

- le concept de réaction ;
- la caractérisation des réactions des diverses liaisons cinématiques, extérieures et intérieures ;
- le calcul des réactions par le principe des travaux virtuels.

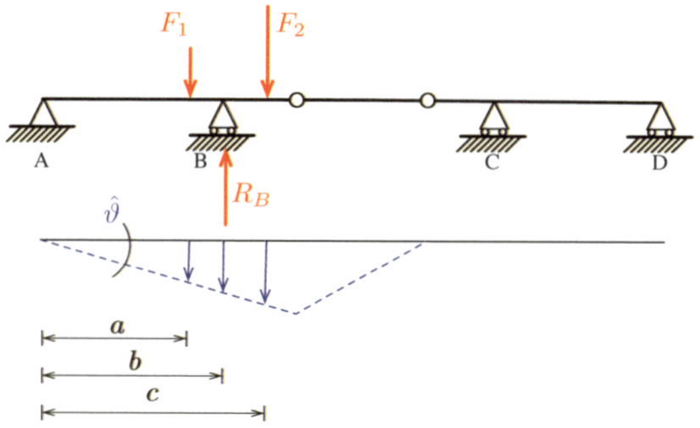

$$\hat{\mathscr{W}} = (F_1 a + F_2 c - R_B b)\hat{\vartheta} = 0 \; \forall \hat{\vartheta} \quad \Rightarrow \quad R_B = F_1 \frac{a}{b} + F_2 \frac{c}{b}$$

FIGURE 3.16 – L'amplitude du mouvement virtuel peut être donnée par un angle plutôt que par une longueur. Par exemple le schéma ci-dessus montre un mouvement dont l'amplitude est donnée par l'angle $\hat{\vartheta}$. Dans la factorisation du travail virtuel on trouve alors, en facteur de $\hat{\vartheta}$, une somme de moments, dans laquelle apparaît la réaction inconnue.

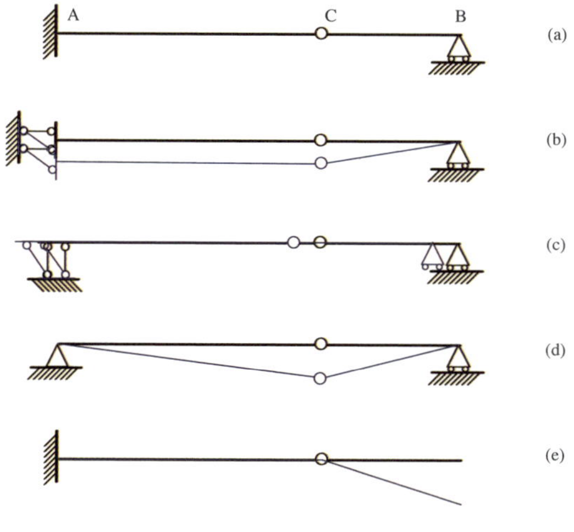

FIGURE 3.17 – Pour calculer toutes les réactions extérieures d'une structure sous un chargement donné, il faut imaginer autant de mécanismes que de liaisons extérieures simples présentes. Dans l'exemple ci-dessus, l'encastrement en A se compose idéalement de trois liaisons simples ; le calcul de sa réaction requiert donc la mise en place de trois types de mouvements virtuels, obtenus en faisant appel à trois mécanismes différents.

3.5 Exercices

Exercice 37. On cherche les réactions extérieures éventuellement générée sur le système représenté ci-dessous par la force extérieure F.

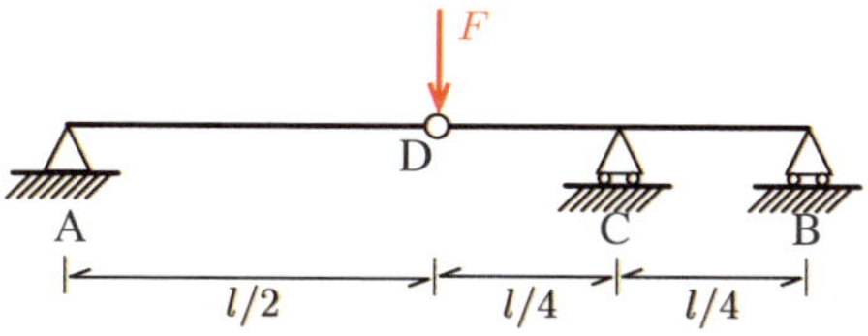

On contrôle le bilan des dégrés de liberté et de blocage :

$$\begin{array}{rcl} 3p & = & 3 \cdot 2 \\ i & = & 2 \\ e & = & 2+1+1 \\ \hline 3p-i-e & = & 0 \end{array}$$

et on constate aussi qu'il n'y a pas de mouvements possibles grâce à la disposition correcte des liaisons cinématiques (voir figure) ; les deux appuis simples sous la poutre 2 obligent le centre absolu de rotation $\mathscr{C}_2$ à se trouver sur le point à l'infini de la droite verticale, il ne peut donc pas être aligné avec $\mathscr{C}_1$ et $\mathscr{C}_{12}$).

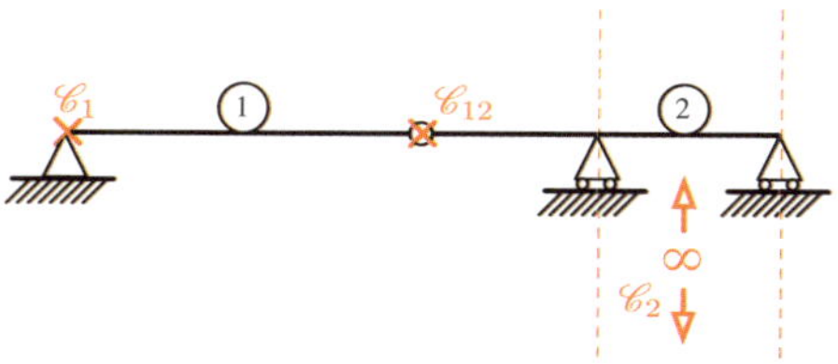

Il s'agit donc d'une structure isostatique, de type *poutre Gerber*.

Pour calculer la réaction verticale de la rotule A, on remplace celle-ci par un appui simple sur le plan vertical et on place une force inconnue R_A^v, de direction verticale, à la place du dégré de blocage supprimé :

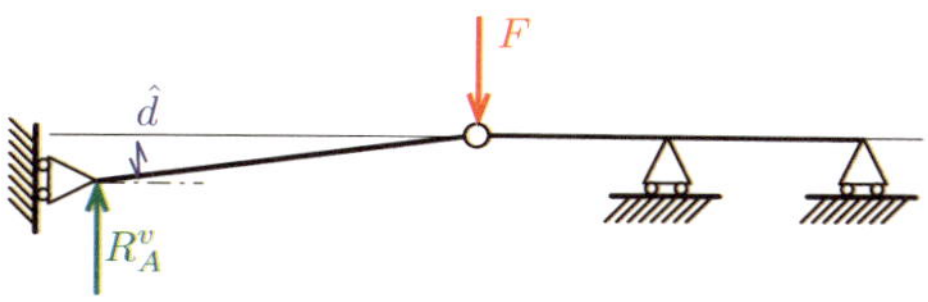

La structure est alors transformée en mécanisme et un (petit) mouvement est virtuellement possible ; on appelle $\hat{d}$ l'amplitude de ce mouvement. Le travail virtuel des efforts extérieurs dans ce mouvement est :

$$\hat{\mathscr{W}} = -R_A^v \hat{d}$$

(notez que la force F ne travaille pas) ; si on demande que ce travail soit nul quel que soit $\hat{d}$, on obtient :

$$-R_A^v \hat{d} = 0 \quad \forall \hat{d} \quad \Rightarrow \quad R_A^v = 0$$

Pour calculer la réaction horizontale de la rotule A, on remplace celle-ci par un appui simple sur le plan horizontal et on place une force inconnue R_A^h, de direction horizontale, à la place du dégré de blocage supprimé :

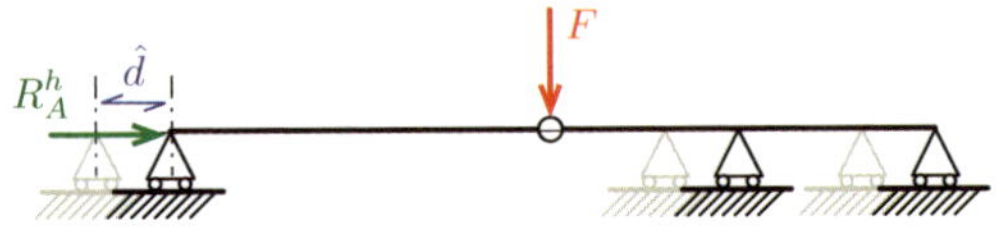

En écrivant le travail virtuel des efforts extérieurs dans un mouvement virtuel du mécanisme ainsi obtenu et en posant que ce travail soit nul quelle que soit l'amplitude $\hat{d}$ de ce mouvement virtuel, on obtient :

$$\hat{\mathscr{W}} = R_A^h \hat{d} = 0 \quad \forall \hat{d} \quad \Rightarrow \quad R_A^h = 0$$

Pour calculer la réaction de l'appui C, on supprime l'appui et on place à sa place une force verticale inconnue R_C :

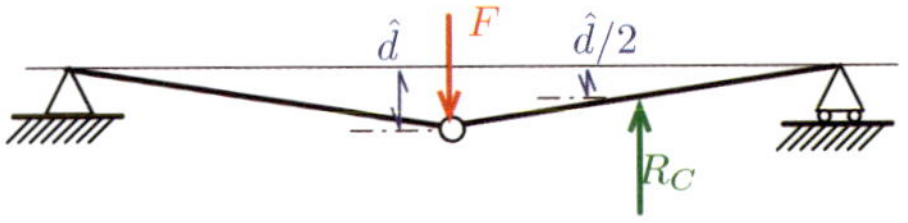

En écrivant le travail virtuel des efforts extérieurs dans un mouvement virtuel du mécanisme ainsi obtenu et en posant que ce travail soit nul, quelle que soit l'amplitude $\hat{d}$ de ce mouvement virtuel, on obtient :

$$\hat{\mathscr{W}} = F\hat{d} - R_C \frac{\hat{d}}{2} = (F - \frac{1}{2} R_C)\hat{d} = 0 \quad \forall \hat{d} \quad \Rightarrow \quad R_C = 2F$$

Pour calculer la réaction de l'appui B, on supprime l'appui et on place à sa place une force verticale inconnue R_B :

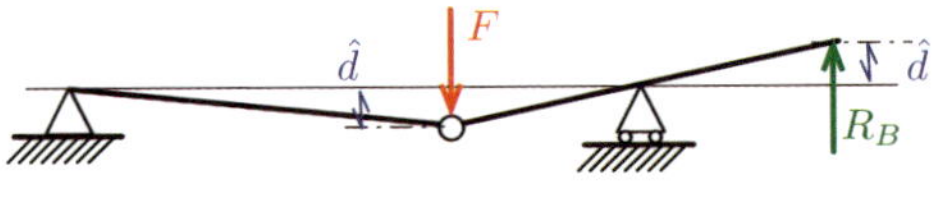

En écrivant le travail virtuel des efforts extérieurs dans un mouvement virtuel du mécanisme ainsi obtenu et en imposant que ce travail est nul, quelle que soit l'amplitude $\hat{d}$ de ce mouvement virtuel, on obtient :

$$\hat{\mathscr{W}} = F\hat{d} + R_B \hat{d} = (F + R_B)\hat{d} = 0 \quad \forall \hat{d} \quad \Rightarrow \quad R_B = -F$$

Le résultat négatif signifie que la direction du vecteur R_B choisie comme positive et représentée en figure doit être inversée.

En conclusion, on obtient la solution donnée ci-dessous :

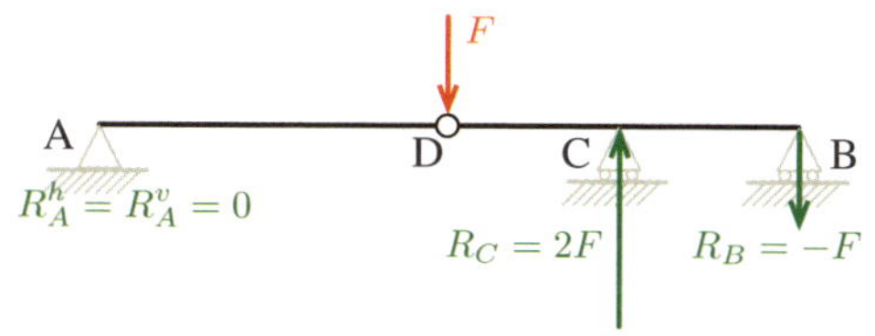

Exercice 38. On cherche les réactions extérieures éventuellement générées sur le système ci-dessous par les forces extérieures F_1 et F_2.

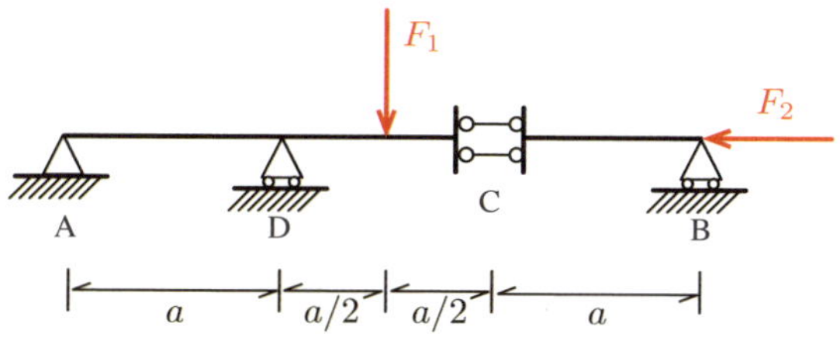

On contrôle le bilan des dégrés de liberté et de blocage :

$$
\begin{array}{rcl}
3p & = & 3 \cdot 2 \\
i & = & 2 \\
e & = & 2+1+1 \\
\hline
3p-i-e & = & 0
\end{array}
$$

et on constate aussi qu'il n'y a pas de mouvements possibles grâce à la disposition correcte des liaisons cinématiques : la rotule A et l'appui simple D sur la poutre à gauche bloquent celle-ci complètement ; par conséquent le centre absolu de rotation de la poutre à droite doit – d'après la glissière C – coïncider avec le point à l'infini de la direction horizontale et – d'après l'appui simple B – se trouver sur la droite verticale qui passe par B, ce qui est impossible (voir schéma ci-dessous).

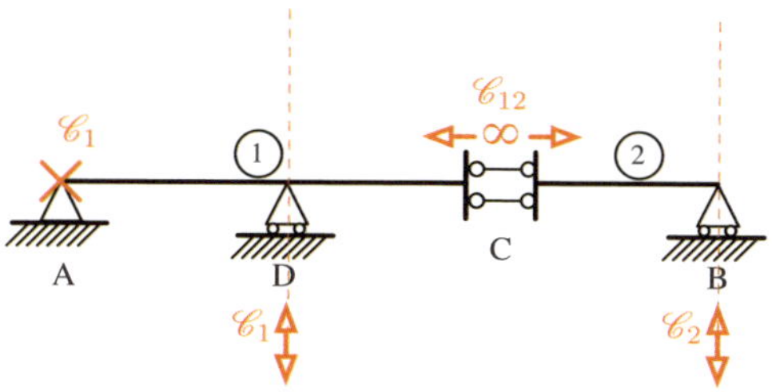

Il s'agit donc d'une structure isostatique, d'un type qu'on appelle *poutre Gerber* (constituée d'une suite de poutres alignées).

Les liaisons simples extérieures étant au nombre de 4 (2 en A, 1 en B et 1 en D), il faut se donner 4 mécanismes permettant chacun le calcul d'une réaction. Les réactions à calculer sont une force verticale et une force horizontale en A, qu'on notera respectivement R_A^v et R_A^h, une force verticale en B, R_B^v, et une autre en D, R_D^v.

Le mécanisme pour calculer R_A^v s'obtient en ôtant le blocage vertical donné par la rotule A, qui devient donc un appui simple dont le plan d'appui est vertical. Le centre absolu de rotation de la poutre 1 doit se trouver en même temps sur la droite horizontale passant par A et sur la verticale passant par D, ce qui conduit à $\mathscr{C}_1 \equiv D$. Le centre de rotation relative entre poutre 1 et poutre 2 se trouve à distance infinie dans la direction horizontale (à cause de la glissière intérieure, ces deux poutres ne peuvent que se translater l'une par rapport à l'autre en direction verticale) ; le centre absolu de rotation de la poutre 2 doit se trouver sur la verticale passant par B. Le mouvement étant possible, si et seulement si, les trois centres sont alignés, on doit prendre $\mathscr{C}_2 \equiv B$. On obtient ainsi les mouvements possibles tracés dans le schéma suivant en pointillé.

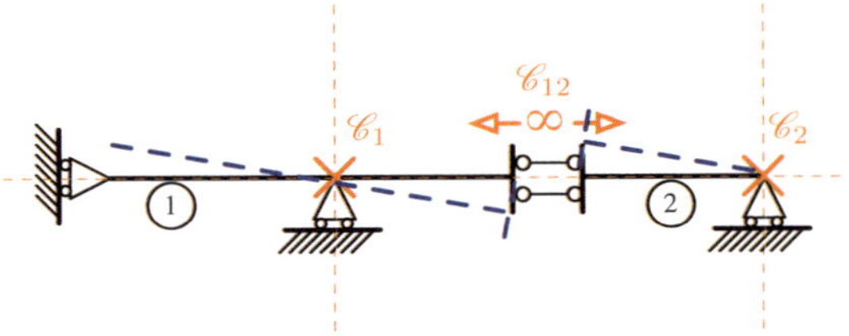

Le travail virtuel des forces extérieures et de la réaction inconnue s'écrit en fonction de l'amplitude du déplacement virtuel du point A, $\hat{d}_A$, suivant les informations contenues dans le schéma ci-dessous.

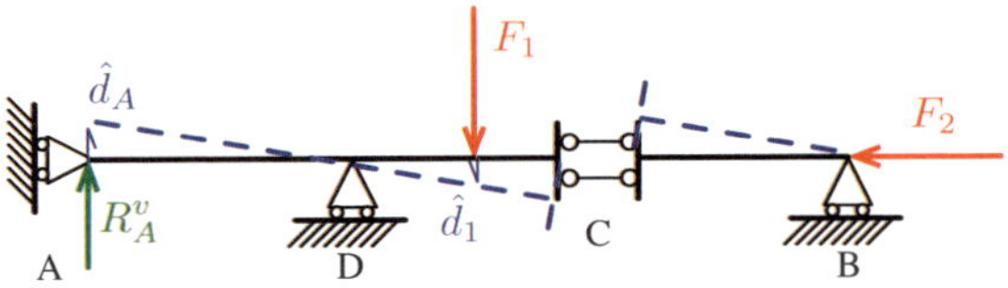

On tient compte de la proportion :

$$\frac{\hat{d}_A}{a} = \frac{\hat{d}_1}{a/2} \quad \Rightarrow \quad \hat{d}_1 = \frac{1}{2}\hat{d}_A$$

et on obtient le travail virtuel :

$$\hat{\mathscr{W}} = R_A^v \hat{d}_A + F_1 \hat{d}_1 = (R_A^v + \frac{1}{2}F_1)\hat{d}_A = 0 \quad \forall \hat{d}_A$$

$$\Rightarrow \quad R_A^v + \frac{1}{2}F_1 = 0 \quad \Rightarrow \quad R_A^v = -\frac{1}{2}F_1$$

(le signe $-$ indique que la réaction est dirigée en direction opposée à celle choisie comme positive et dessinée dans le schéma).

Le mécanisme pour calculer R_A^h s'obtient en remplaçant la rotule A par un appui simple dont le plan d'appui est horizontal. Le mouvement de la poutre 1 est alors une translation horizontale (rotation autour du point à l'infini commun aux directions identifiées par les appuis A et D) ; le mouvement de la poutre 2 peut se faire de la même manière sans mouvement relatif entre les deux poutres et, donc, sans que la condition imposée par la glissière C sur $\mathscr{C}_{12}$ n'intervienne. On obtient le mouvement :

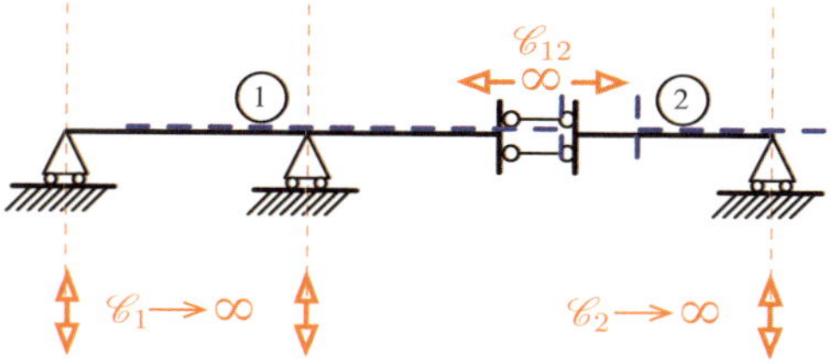

Le travail virtuel des forces extérieures et de la réaction inconnue s'écrit en fonction de l'amplitude du déplacement virtuel de tous les points, $\hat{d}$, comme le montre le schéma ci-dessous.

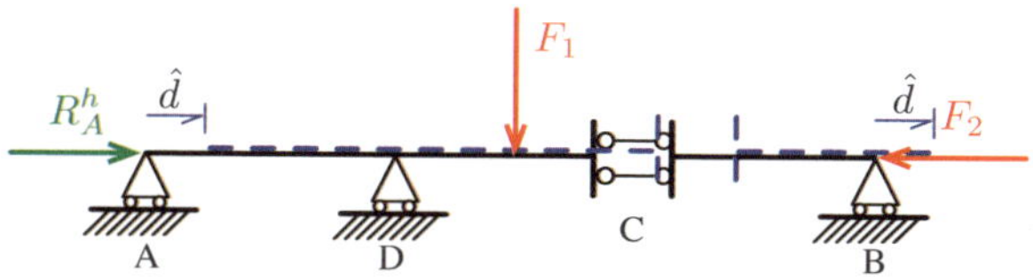

On obtient :

$$\hat{\mathscr{W}} = R_A^h \hat{d} - F_2 \hat{d} = (R_A^h - F_2)\hat{d} = 0 \quad \forall \hat{d} \quad \Rightarrow \quad R_A^h - F_2 = 0 \quad \Rightarrow \quad R_A^h = F_2.$$

Le mécanisme pour calculer R_D^v s'obtient en ôtant l'appui D. Le mouvement de la poutre 1 est alors une rotation autour de la rotule A ; le centre absolu de rotation de la poutre 2 doit se trouver sur la verticale par B et sur l'horizontale par A (ce qui permet de respecter la contrainte imposée par la glissière C sur $\mathscr{C}_{12}$) et doit donc être $\mathscr{C}_2 \equiv B$. On obtient le mouvement :

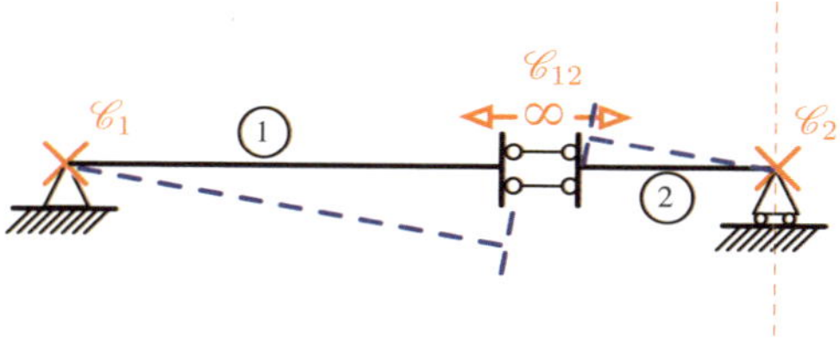

Le travail virtuel des forces extérieures et de la réaction inconnue s'écrit en fonction de l'amplitude du déplacement virtuel de D, $\hat{d}_D$.

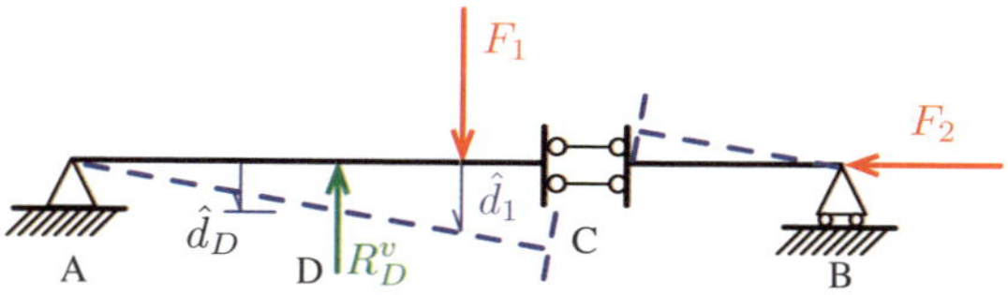

Par la proportion entre déplacements :

$$\frac{\hat{d}_D}{a} = \frac{\hat{d}_1}{3a/2} \quad \Rightarrow \quad \hat{d}_1 = \frac{3}{2}\hat{d}_D,$$

on obtient le travail virtuel :

$$\hat{\mathscr{W}} = -R_D^v \hat{d}_D + F_1 \hat{d}_1 = (-R_D^v + \frac{3}{2}F_1)\hat{d}_D = 0 \quad \forall \hat{d}_D$$

$$\Rightarrow \quad -R_D^v + \frac{3}{2}F_1 = 0 \quad \Rightarrow \quad R_D^v = \frac{3}{2}F_1.$$

Le mécanisme pour calculer R_B^v s'obtient en ôtant l'appui B. Le mouvement de la poutre 1 demeure impossible grâce à la rotule A et à l'appui simple D ; la glissière C impose alors à la poutre 2 des mouvements de translation verticale :

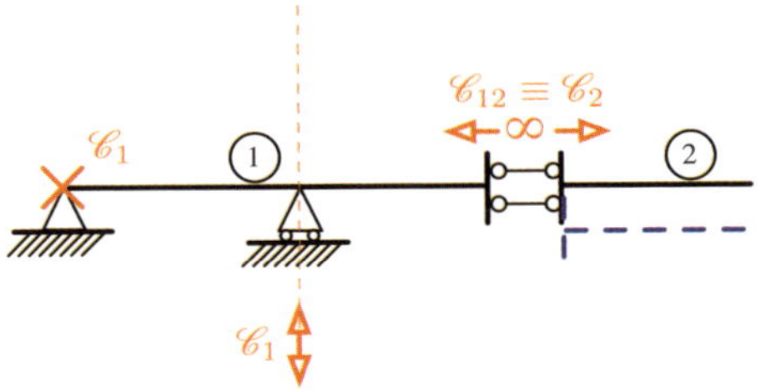

Le travail virtuel des forces extérieures et de la réaction inconnue s'écrit en fonction de l'amplitude du déplacement virtuel de B, $\hat{d}$.

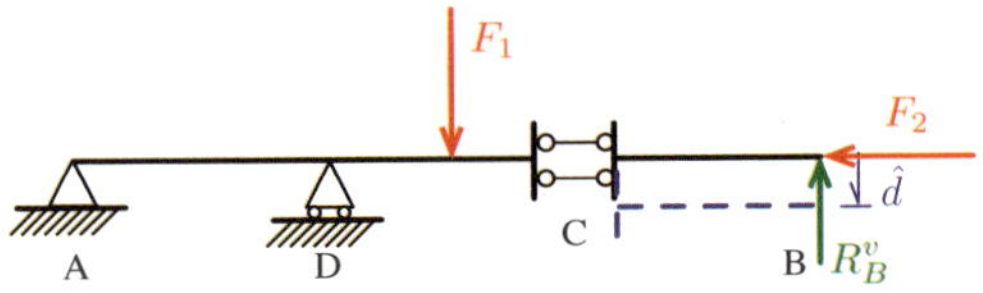

$$\hat{\mathscr{W}} = -R_B^v \hat{d} = 0 \quad \forall \hat{d} \quad \Rightarrow \quad R_B^v = 0.$$

En conclusion, les réactions sont dessinées dans le schéma ci-dessous, en intégrant la longueur et la direction des vecteurs obtenus :

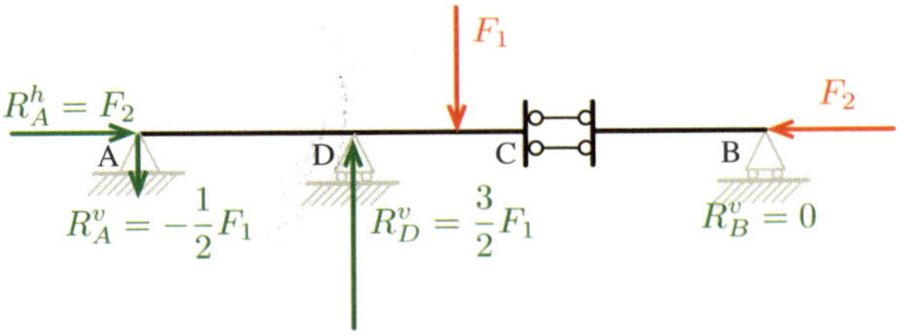

Exercice 39. On cherche les réactions extérieures éventuellement générées sur le système ci-dessous par les forces extérieures F_1 et F_2.

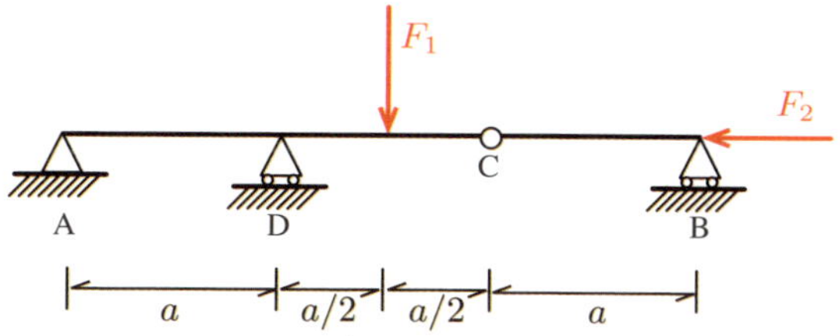

Bilan des dégrés de liberté et de blocage :

$$\begin{array}{rcl} 3p & = & 3\cdot 2 \\ i & = & 2 \\ e & = & 2+1+1 \\ \hline 3p-i-e & = & 0 \end{array}$$

Il n'y a pas de mouvements possibles grâce à la disposition correcte des liaisons cinématiques (voir schéma ci-dessous) : la rotule en A et l'appui simple en D donnent deux conditions incompatibles pour la position de $\mathscr{C}_1$; par conséquent la poutre 1 n'a pas de mouvements possibles et le centre $\mathscr{C}_{12}$ doit être vu comme un centre absolu, ce qui donnerait des mouvements incompatibles avec l'appui simple B.

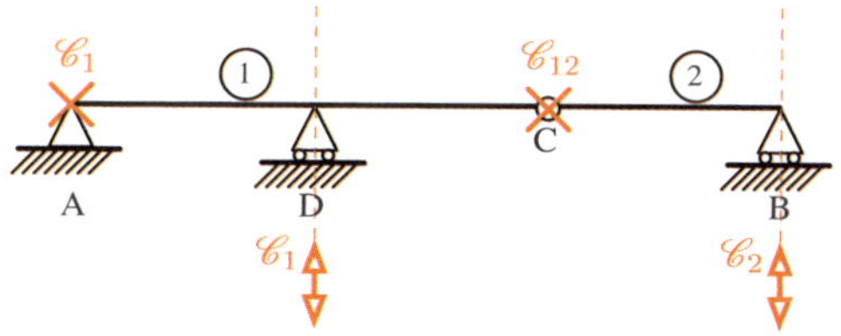

Il s'agit donc d'une structure isostatique, de type *poutre Gerber*.

Les réactions inconnues sont au nombre de 4 : une force verticale, R_A^v, et une force horizontale, R_A^h, en A, une force verticale, R_B^v, en B et une autre, R_D^v, en D.

Mécanisme pour le calcul de R_A^v et son mouvement :

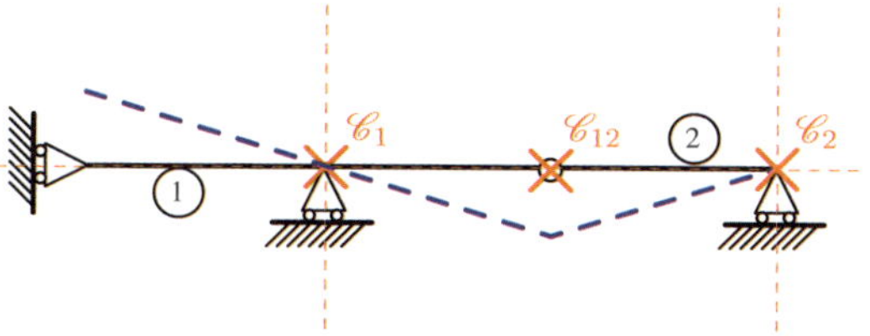

Schéma pour le calcul du travail virtuel :

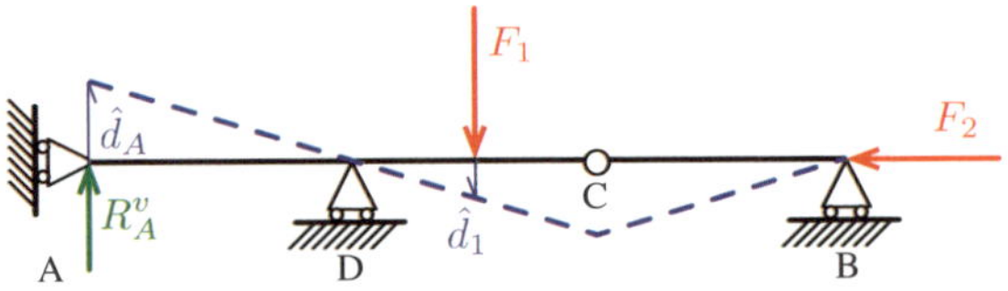

Proportion entre déplacements :

$$\frac{\hat{d}_A}{a} = \frac{\hat{d}_1}{a/2} \quad \Rightarrow \quad \hat{d}_1 = \frac{1}{2}\hat{d}_A$$

Travail virtuel :

$$\hat{\mathscr{W}} = R_A^v \hat{d}_A + F_1 \hat{d}_1 = (R_A^v + \frac{1}{2}F_1)\hat{d}_A = 0 \quad \forall \hat{d}_A$$

$$\Rightarrow \quad R_A^v + \frac{1}{2}F_1 = 0 \quad \Rightarrow \quad R_A^v = -\frac{1}{2}F_1.$$

Mécanisme pour le calcul de R_A^h et son mouvement :

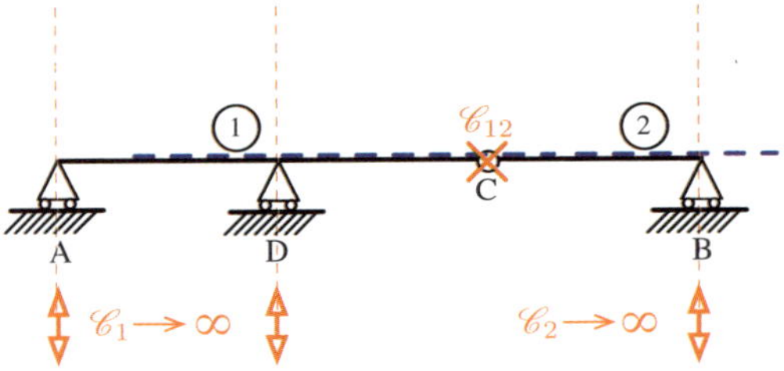

Schéma pour le calcul du travail virtuel :

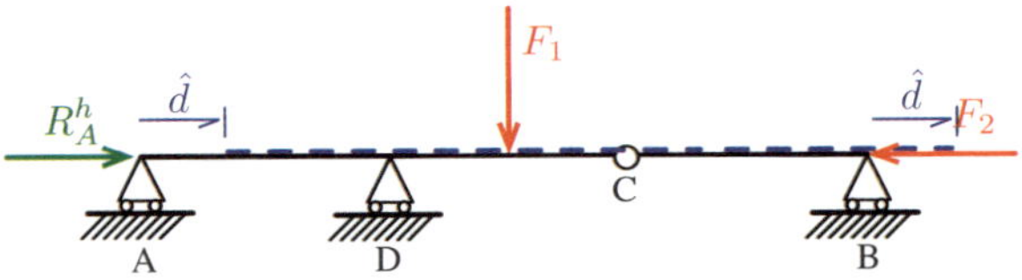

$$\hat{\mathscr{W}} = R_A^h \hat{d} - F_2 \hat{d} = (R_A^h - F_2)\hat{d} = 0 \quad \forall \hat{d} \quad \Rightarrow \quad R_A^h - F_2 = 0 \quad \Rightarrow \quad R_A^h = F_2.$$

Mécanisme pour le calcul de R_D^v et son mouvement :

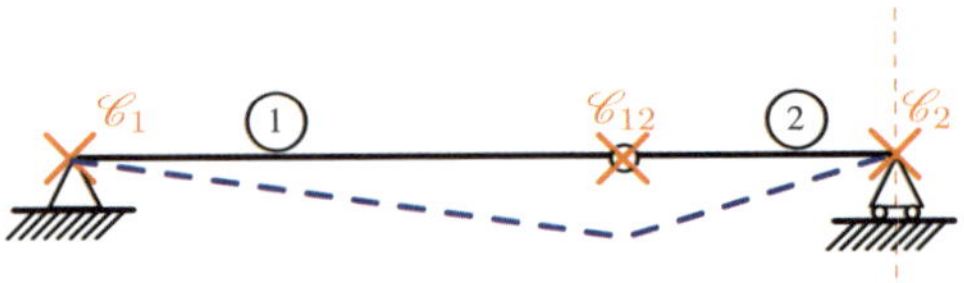

Schéma pour le calcul du travail virtuel :

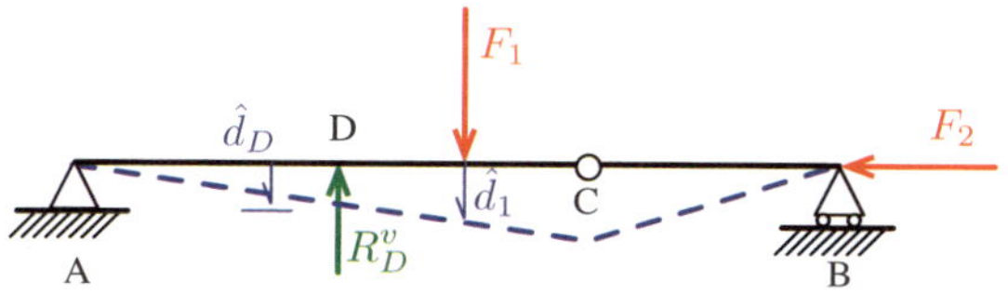

Proportion entre déplacements :

$$\frac{\hat{d}_D}{a} = \frac{\hat{d}_1}{3a/2} \quad \Rightarrow \quad \hat{d}_1 = \frac{3}{2}\hat{d}_D,$$

Travail virtuel :

$$\hat{\mathscr{W}} = -R_D^v \hat{d}_D + F_1 \hat{d}_1 = (-R_D^v + \frac{3}{2}F_1)\hat{d}_D = 0 \quad \forall \hat{d}_D$$

$$\Rightarrow \quad -R_D^v + \frac{3}{2}F_1 = 0 \quad \Rightarrow \quad R_D^v = \frac{3}{2}F_1.$$

Mécanisme pour le calcul de R_B^v et son mouvement :

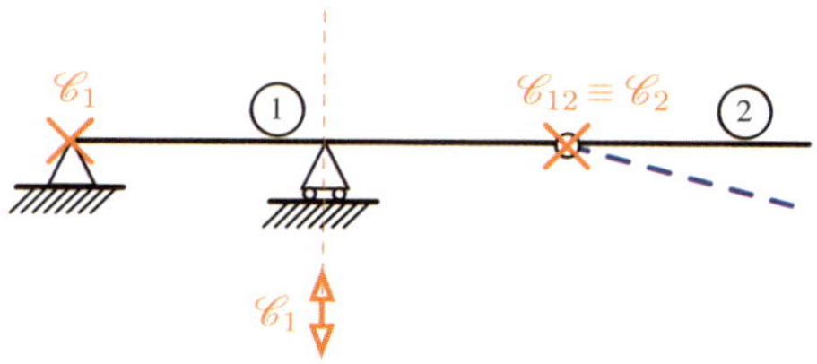

Schéma pour le calcul du travail virtuel :

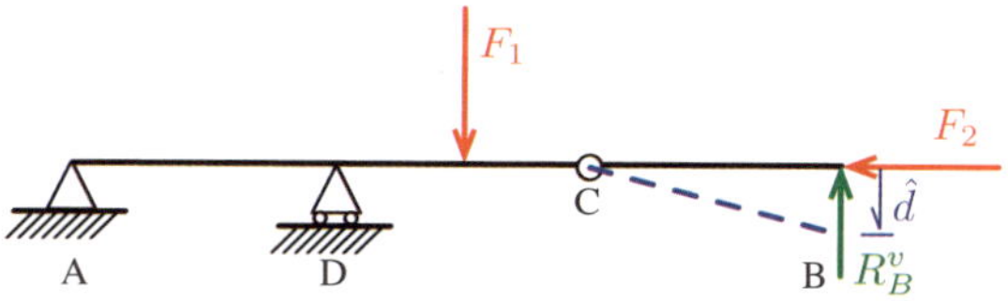

Travail virtuel :

$$\hat{\mathscr{W}} = -R_B^v \hat{d} = 0 \quad \forall \hat{d} \quad \Rightarrow \quad R_B^v = 0.$$

En conclusion, les réactions sont dessinées dans le schéma ci-dessous, en intégrant la longueur et la direction des vecteurs obtenus :

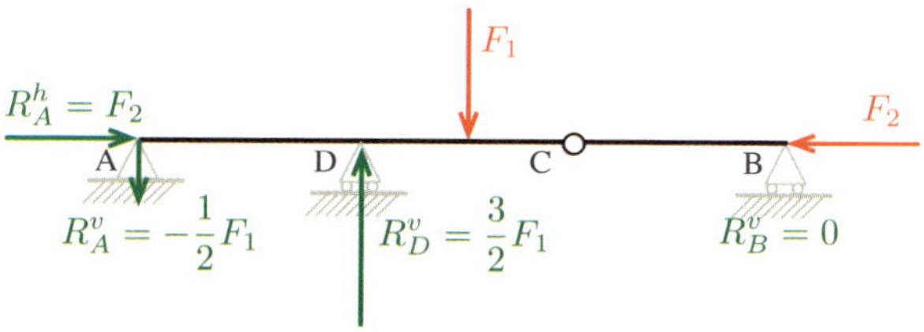

Exercice 40. On cherche les réactions extérieures éventuellement générées sur le système ci-dessous par les forces extérieures F_1 et F_2.

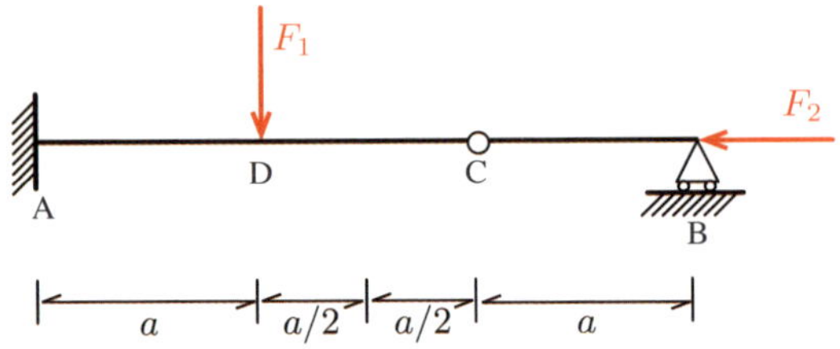

Bilan des dégrés de liberté et de blocage :

$$\begin{array}{rcl} 3p & = & 3 \cdot 2 \\ i & = & 2 \\ e & = & 3+1 \\ \hline 3p-i-e & = & 0 \end{array}$$

Il n'y a pas de mouvements possibles grâce à la disposition correcte des liaisons cinématiques (voir schéma ci-dessous) : l'encastrement A empêche tout mouvement de la poutre 1 ; $\mathscr{C}_{12}$ associé à la rotule C doit donc être vu comme un centre absolu, ce qui est une condition incompatible avec celle donnée par l'appui simple B, qui impose au centre $\mathscr{C}_2$ de se trouver sur la verticale de l'appui.

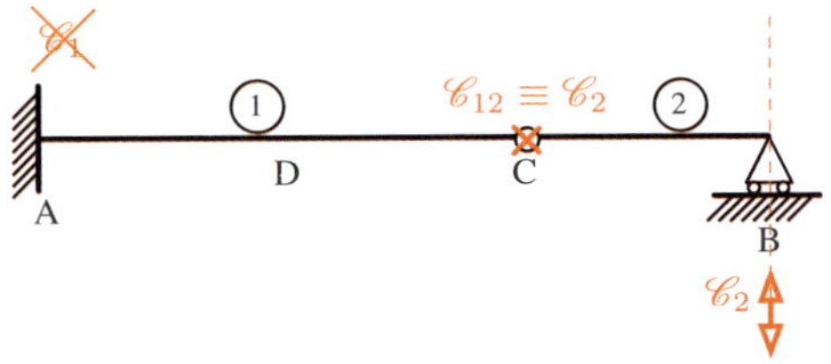

Il s'agit donc d'une structure isostatique, de type *poutre Gerber*.

Les réactions inconnues sont au nombre de 4 : une force verticale, R_A^v, une force horizontale, R_A^h, et un moment, M_A, en A et une force verticale, R_B^v, en B.

Mécanisme pour le calcul de R_A^v et son mouvement :

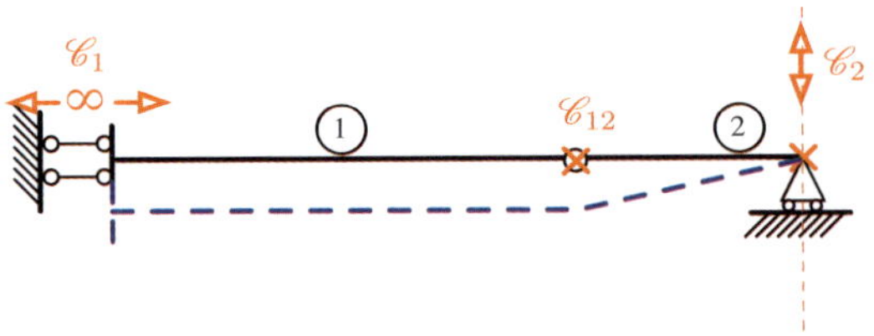

Schéma pour le calcul du travail virtuel :

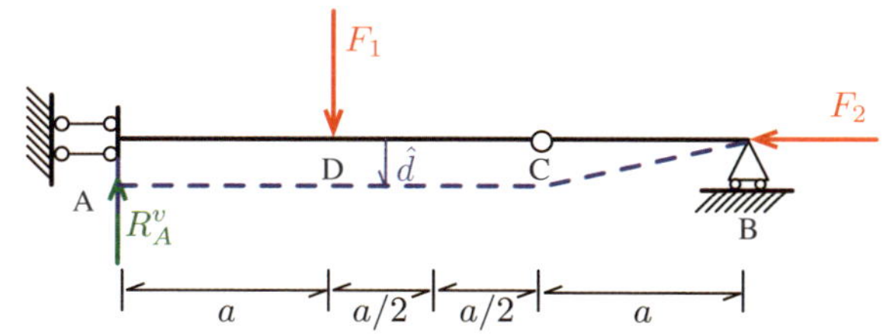

Travail virtuel et calcul de la réaction :

$$\hat{\mathscr{W}} = -R_A^v \hat{d} + F_1 \hat{d} = (-R_A^v + F_1)\hat{d} = 0 \; \forall \hat{d}_A \;\Rightarrow\; -R_A^v + F_1 = 0 \;\Rightarrow\; R_A^v = F_1.$$

Mécanisme pour le calcul de R_A^h et son mouvement :

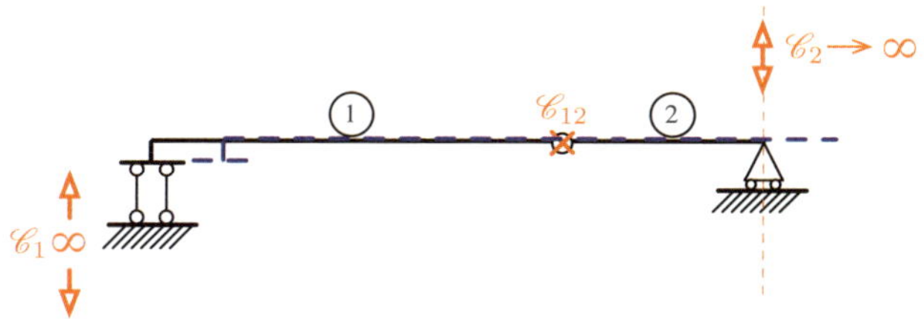

Schéma pour le calcul du travail virtuel :

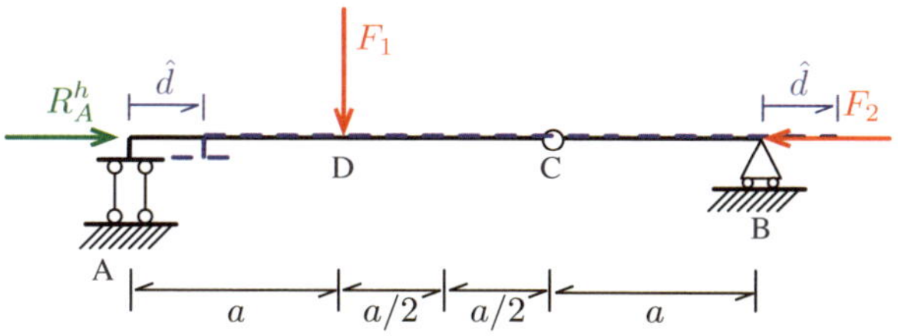

Travail virtuel et calcul de la réaction :

$$\hat{\mathscr{W}} = R_A^h \hat{d} - F_2 \hat{d} = (R_A^h - F_2)\hat{d} = 0 \; \forall \hat{d} \;\Rightarrow\; R_A^h - F_2 = 0 \;\Rightarrow\; R_A^h = F_2.$$

Mécanisme pour le calcul de M_A et son mouvement :

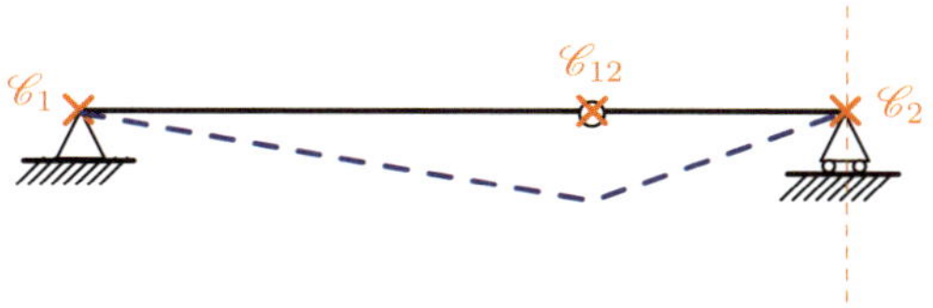

Schéma pour le calcul du travail virtuel :

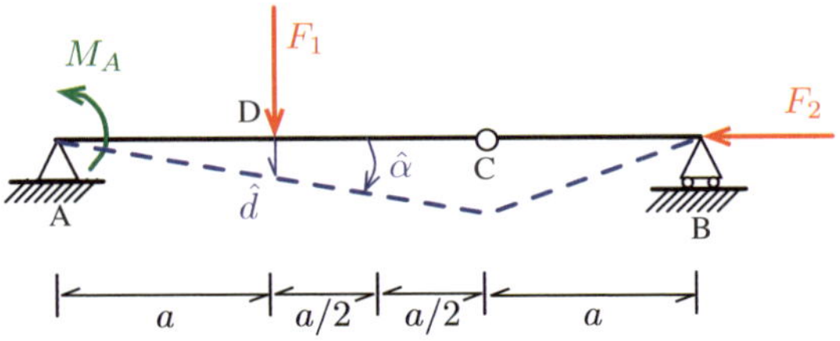

Relation entre déplacement et rotation :

$$\hat{d} = a\hat{\alpha}\,;$$

Travail virtuel et calcul de la réaction :

$$\hat{\mathscr{W}} = -M_A\hat{\alpha} + F_1\hat{d} = (-M_A + F_1 a)\hat{\alpha} = 0\ \forall\hat{\alpha} \;\Rightarrow\; -M_A + F_1 a = 0 \;\Rightarrow\; M_A = F_1 a.$$

Mécanisme pour le calcul de R_B^v et son mouvement :

Schéma pour le calcul du travail virtuel :

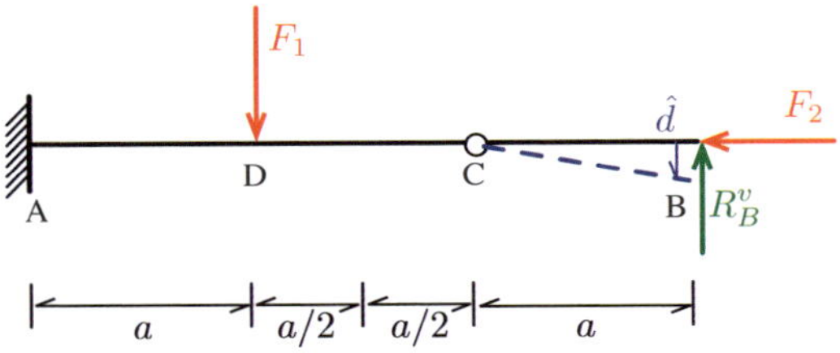

Travail virtuel et calcul de la réaction :

$$\hat{\mathscr{W}} = -R_B^v\hat{d} = 0 \quad \forall\hat{d} \quad \Rightarrow \quad R_B^v = 0.$$

En conclusion, les réactions sont dessinées dans le schéma ci-dessous :

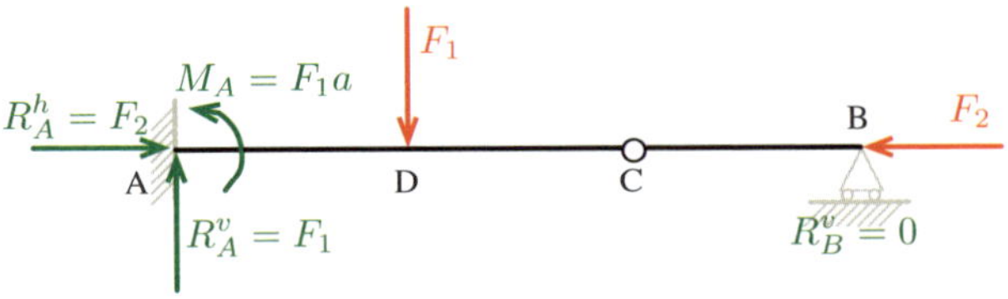

Exercice 41. On cherche les réactions extérieures éventuellement générées sur le système ci-dessous par les forces extérieures F_1 et F_2.

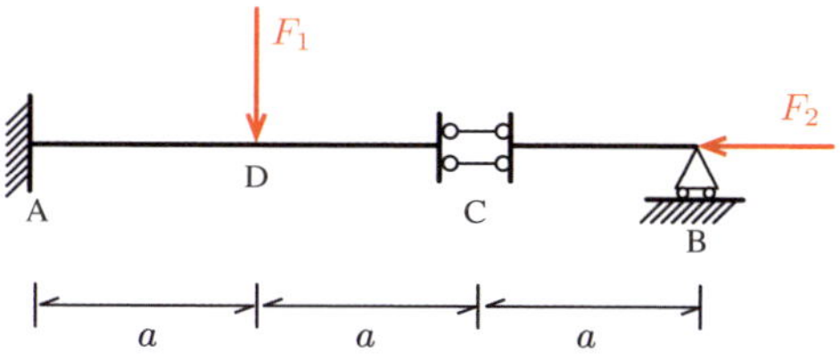

Bilan des dégrés de liberté et de blocage :

$$\begin{array}{rcl} 3p & = & 3 \cdot 2 \\ i & = & 2 \\ e & = & 3+1 \\ \hline 3p-i-e & = & 0 \end{array}$$

Il n'y a pas de mouvements possibles grâce à la disposition correcte des liaisons cinématiques (voir schéma ci-dessous) : comme dans l'exemple précédent, l'encastrement A bloque tout mouvement de la poutre 1 ; $\mathscr{C}_2$ se trouve par conséquent soumis à deux conditions incompatibles, imposées par la glissière C (être le point à l'infini des droites horizontales) et par l'appui simple B (appartenir à la droite verticale par B) ; le mouvement de la poutre 2 est donc impossible.

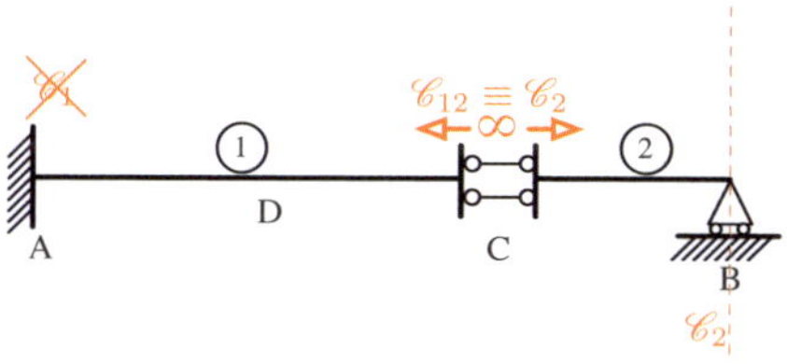

Il s'agit donc d'une structure isostatique, de type *poutre Gerber*.

Les réactions inconnues sont au nombre de 4 : une force verticale, R_A^v, une force horizontale, R_A^h, et un moment, M_A, en A et une force verticale, R_B^v, en B.

Mécanisme pour le calcul de R_A^v et son mouvement :

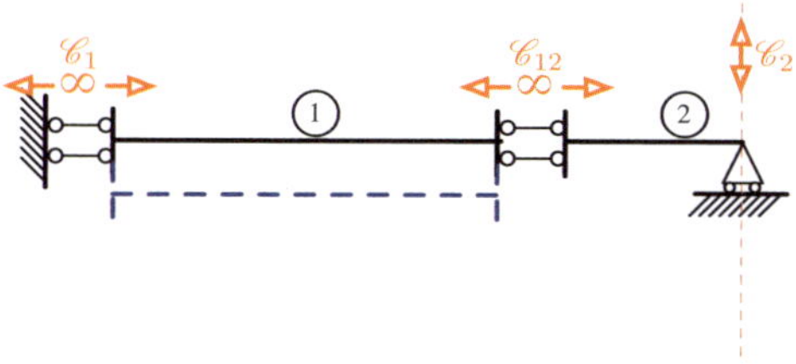

Schéma pour le calcul du travail virtuel :

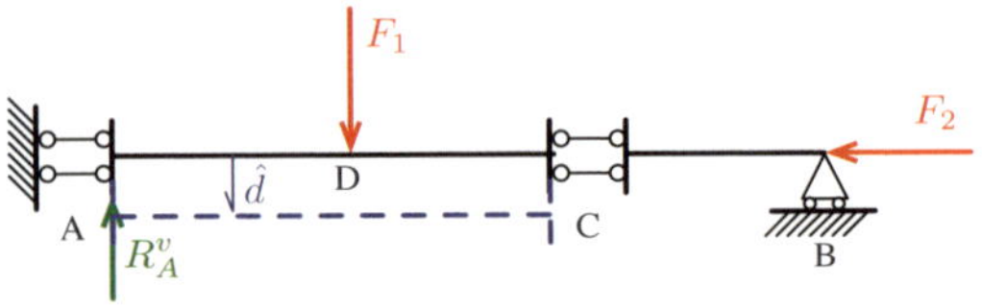

Travail virtuel et calcul de la réaction :

$$\hat{\mathscr{W}} = -R_A^v \hat{d} + F_1 \hat{d} = (-R_A^v + F_1)\hat{d} = 0 \quad \forall \hat{d}_A \quad \Rightarrow$$

$$\Rightarrow \quad -R_A^v + F_1 = 0 \quad \Rightarrow \quad R_A^v = F_1.$$

Mécanisme pour le calcul de R_A^h et son mouvement :

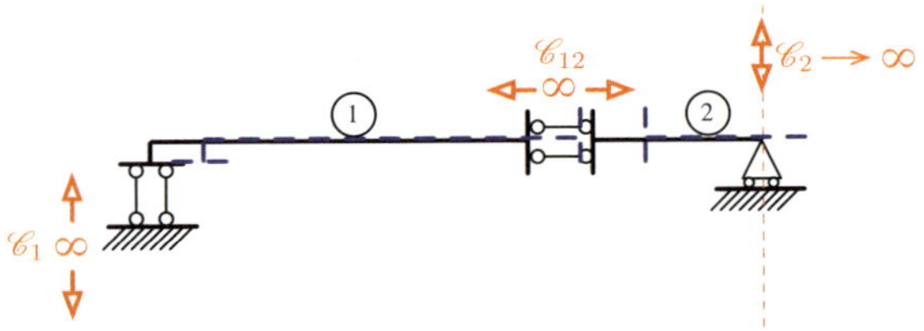

Schéma pour le calcul du travail virtuel :

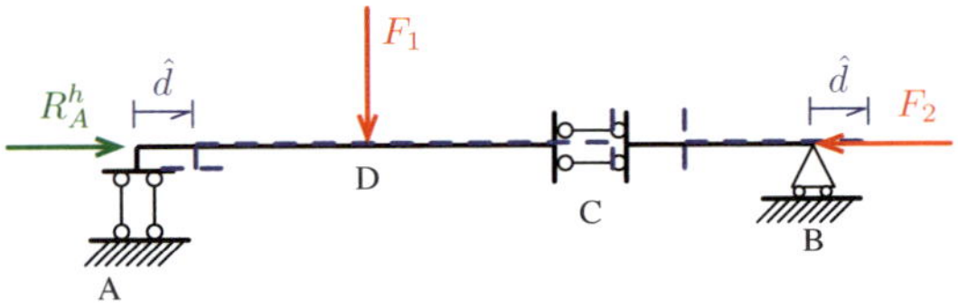

Travail virtuel et calcul de la réaction :

$$\hat{\mathscr{W}} = R_A^h \hat{d} - F_2 \hat{d} = (R_A^h - F_2)\hat{d} = 0 \quad \forall \hat{d} \quad \Rightarrow$$

$$\Rightarrow \quad R_A^h - F_2 = 0 \quad \Rightarrow \quad R_A^h = F_2.$$

Mécanisme pour le calcul de M_A et son mouvement :

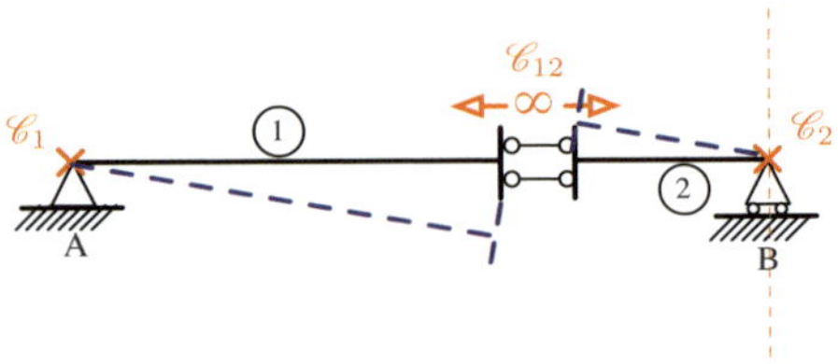

Schéma pour le calcul du travail virtuel :

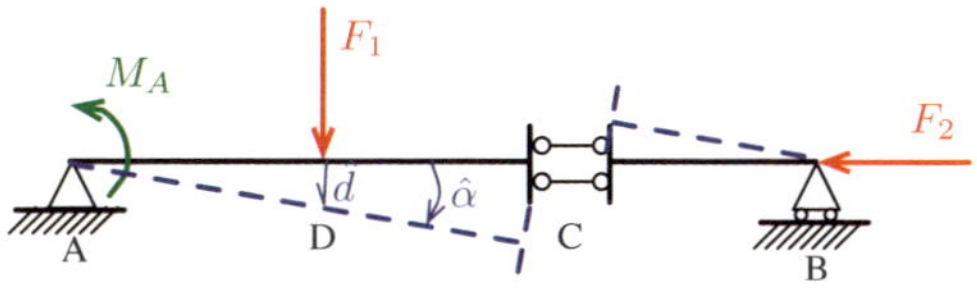

Relation entre déplacement et rotation :

$$\hat{d} = a\hat{\alpha},$$

Travail virtuel et calcul de la réaction :

$$\hat{\mathscr{W}} = -M_A\hat{\alpha} + F_1\hat{d} = (-M_A + F_1 a)\hat{\alpha} = 0 \quad \forall\hat{\alpha} \quad \Rightarrow$$

$$\Rightarrow \quad -M_A + F_1 a = 0 \quad \Rightarrow \quad M_A = F_1 a.$$

Mécanisme pour le calcul de R_B^v et son mouvement :

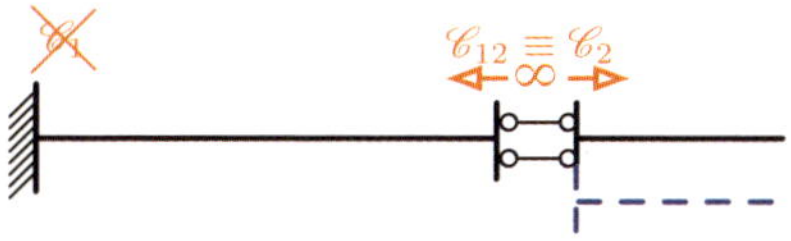

Schéma pour le calcul du travail virtuel :

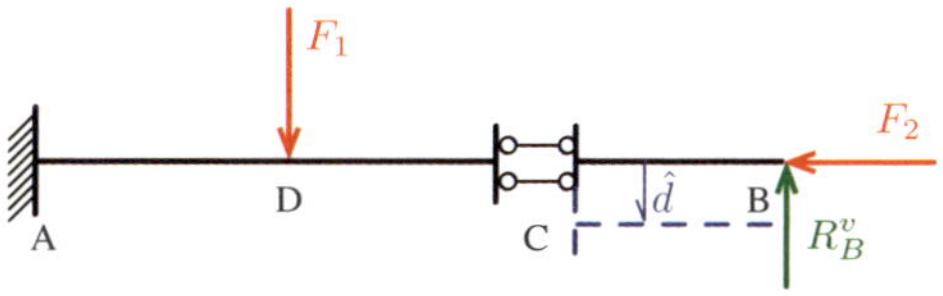

Travail virtuel et calcul de la réaction :

$$\hat{\mathscr{W}} = -R_B^v\hat{d} = 0 \quad \forall\hat{d} \quad \Rightarrow \quad R_B^v = 0.$$

En conclusion, les réactions sont dessinées dans le schéma ci-dessous :

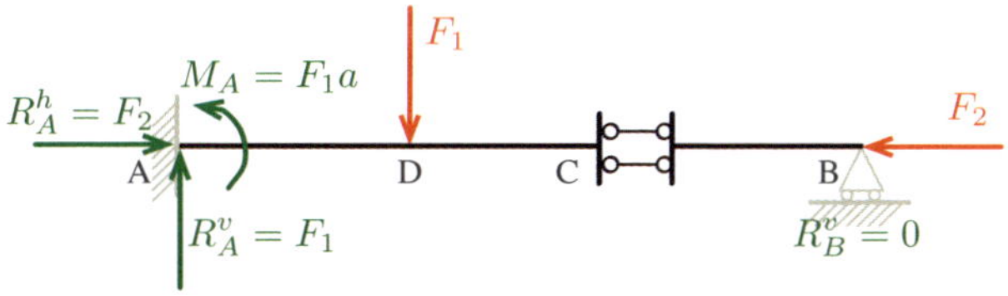

4

Sollicitations

4.1 Introduction

Dans ce chapitre on introduit le concept de sollicitation et on présente les méthodes permettant l'évaluation des sollicitations dans une structure isostatique soumise à un chargement.

Les sollicitations sont des actions qu'on imagine se présenter à l'intérieur de la structure. Jusqu'à présent nous avons utilisé le concept d'action par rapport à deux corps, une action étant une entité mathématique qui représente, dans la théorie qu'on développe, les échanges qui peuvent avoir lieu entre ces deux corps. En mécanique, ces échanges sont représentés par des forces et des moments, objets qu'on a appris à caractériser par rapport à un mouvement (qui en définit la direction et le sens) et à un travail (qui permet d'établir les conséquences du postulat d'équilibre sur des systèmes de forces et de moments).

Décrivant un échange entre deux corps, ces actions forces et moments ont été vues comme *extérieures* au corps qu'on étudie, en faisant abstraction de leur origine physique. Ainsi on étudie une structure soumise à un ensemble de forces et de moments, extérieurs, définis à priori, et non pas une structure sous l'action d'un autre corps.

Cette abstraction n'est pas toujours légitime. Par exemple dans l'impact d'une balle sur un filet, les deux corps se déforment – d'une manière qui dépend des souplesses respectives – et la force échangée dans l'impact dépend de cette déformation. Pour s'en convaincre, il suffit de se souvenir de la différence entre ce qui se produit lorsque le filet est tendu comme dans une raquette de tennis ou lâche comme dans un but de football.

Il existe néanmoins beaucoup de situations dans lesquelles la simplification du problème obtenue en imaginant les actions extérieures comme données à priori est utile et acceptable. Cette simplification implique la séparation conceptuelle entre l'idée de force et de moment et le phénomène physique dans lequel ces actions se produisent ([1]) : forces et moments sont traités comme des objets à priori, entrant en jeu dans la théorie à même titre que les corps.

1. Plus exactement, il faudrait parler du phénomène physique dont l'étude conduit à l'introduction de ces actions : les forces et les moments restent pour nous des entités fictives, utiles pour les calculs.

Bien que la phrase de Leonard de Vinci présentée en début du chapitre 2 témoigne du fait que la vision des forces comme entités corrélées à la déformation ou à la rupture des corps soit bien plus ancienne, l'idée que la modélisation mécanique des milieux continus peut s'appuyer sur l'introduction du concept d'effort intérieur date du début du XIXe siècle. Sa systématisation et exploitation théorique sont attribuées à Louis-Augustin Cauchy (1789-1857), qui introduisit l'idée de *coupure* fictive du milieu continu (1820).

On considère un corps (une structure) en équilibre sous un ensemble d'actions extérieures ; si on divise ce corps en deux et on enlève l'une des deux parties, la partie qui reste ne sera plus nécessairement en équilibre sans l'introduction d'autres actions *sur la face de la coupure*. Il s'agit d'un raisonnement analogue à celui qui a permis l'introduction des réactions dans le chapitre 3, sauf qu'ici, plutôt qu'ôter idéalement une liaison extérieure, on imagine une coupure fictive du corps. Les actions introduites pour rétablir l'équilibre représentent l'effet que la partie du corps fictivement enlevée exerce normalement sur l'autre. Ce sont donc des actions *intérieures* ou sollicitations.

Il faut observer que l'hypothèse de Cauchy, que l'interaction entre parties d'un même corps puisse se réduire aux actions échangées au travers d'éventuelles coupures fictives, bien que suffisamment générale, n'est pas de portée universelle. Il suffit de penser par exemple à des corps de grande masse, comme les planètes ou les étoiles, pour se rendre compte qu'il peut exister des actions gravitationnelles entre parties d'un même corps qu'il faut modéliser différemment.

4.2 Actions, réactions, sollicitations

Dans le § 2.2.2 nous avons observé qu'une condition dérivée de la stabilité des structures s'établit en fonction du chargement : des réactions apparaissent dans les liaisons cinématiques et des sollicitations dans les poutres, en réponse aux actions extérieures et afin que la structure demeure dans sa position stable ([2]).

Les liaisons rendent la structure stable en s'opposant aux actions par des réactions. Dans les constructions réelles, les liaisons doivent donc être conçues de façon à ce qu'elles soient capables de générer toutes réactions nécessaires dans les limites des actions prévues.

Les poutres qui constituent la structure se trouvent en équilibre statique entre actions et réactions : aucun *mouvement de corps rigide* n'est possible pour elles sous l'effet combiné des actions et des réactions. Mais cet effet combiné a des conséquences observables, pouvant générer des *déformations* et des *ruptures* dans une structure réelle. Il est donc nécessaire d'étudier les conséquences, pour les poutres, de l'établissement d'un état d'équilibre de la structure sous des actions données.

2. Il faut observer que, si on sort des limites de la statique et on considère des corps déformables, une structure peut être chargée par des actions extérieures autres que des forces et des moments, comme par exemple des déplacements ou des rotations imposés, des distorsions imposées et des déformations imposées. Pour les structures composées de corps rigides et liaisons parfaites, ces actions sont soit impossibles (cas des structures hyperstatiques), soit sans conséquences (cas des structures isostatiques) et il n'a donc pas de sens de les étudier. Il n'en va pas de même pour les corps déformables, pour lesquels il faut inclure ce type d'actions extérieures parmi les chargements possibles et prévoir donc le calcul des réactions et des sollicitations qu'elles génèrent.

On appelle état de *sollicitation* l'ensemble des effets statiques générés dans les poutres d'une structure par un système d'actions et de réactions (ou, ce qui revient au même, par un système d'actions et de liaisons cinématiques assurant la stabilité de la structure). On appelle simplement sollicitations les effets pris séparément ([3]).

Comme les réactions, les sollicitations apparaissent, dans les structures, toujours en réponse à des actions extérieures. Toujours comme les réactions, elles nous permettent d'appréhender l'effet des actions extérieures sur une structure.

Les questions suivantes se posent par conséquent :

1. Quels types de sollicitations peuvent se trouver dans les poutres d'une structure ? Ce qui implique la question : comment *caractériser* l'état de sollicitation d'une poutre ?

2. Quelle intensité a une sollicitation dans une structure sous des actions données ? C'est-à-dire comment *évaluer* l'état de sollicitation d'une poutre ?

Après avoir répondu, on pourra se poser la question de comment la connaissance de l'état de sollicitation permet l'estimation de la capacité de la structure à fonctionner sous un système d'actions ([4]).

4.3 Définition : efforts intérieurs

Lorsqu'une structure est soumise à des actions extérieures, des réactions apparaissent dans ses liaisons qui permettent de conserver sa condition d'équilibre statique et des sollicitations apparaissent dans les poutres avec ce même effet.

Nature des sollicitations :

- elles dérivent de la nature des poutres et doivent donc correspondre aux *mouvements* non autorisés par celles-ci ;

- elles apparaissent en réponse aux forces extérieures de façon à annuler le mouvement que celles-ci tendent à générer et doivent donc être en *équilibre* avec celles-ci.

Comme pour les réactions on va suivre la piste suivante :

- on caractérise les sollicitations par rapport à des *mouvements* virtuels,

3. Il faut noter que cette définition qualitative est correcte seulement dans les limites de la statique des systèmes indéformables, car en dehors de ces limites il existe d'autres effets, comme par exemple les déformations, qui ne sont pas appelés sollicitations.

4. Les sollicitations apparaissent dans les poutres d'une structure en réponse à des actions extérieures. Même si nous n'avons pas encore appris à les caractériser, la définition ci-dessus établit une identification entre le concept de poutre et celui d'état de sollicitation : lorsque nous aurons caractérisé l'état de sollicitation des poutres, nous pourrons définir une poutre comme un élément capable de répondre avec des sollicitations de ce type aux actions extérieures.

Cette affirmation est analogue à celle relative aux liaisons cinématiques : l'affirmation « les réactions apparaissent dans les liaisons d'une structure par effet d'actions extérieures » est analogue à « une liaison extérieure est un élément capable de générer des réactions d'un certain type sous l'effet d'actions extérieures. »

Si la structure se compose d'autres éléments que des poutres, comme par exemple des plaques, alors la caractérisation de l'état de sollicitation dans ces éléments sera – par définition – différente que pour les poutres.

- on évalue les sollicitations pour des actions données en postulant, par le biais du principe des travaux virtuels, que les sollicitations sont en *équilibre* avec les actions.

Premier passage : caractérisation

Il faut d'abord répondre à la question : que faut-il chercher ? Pour cela il faut comprendre quelle est l'origine des sollicitations et pour quelle raison doit-on les inclure dans l'étude des structures.

Une poutre dans une structure est un élément capable de transmettre l'effet des actions extérieures aux autres éléments jusqu'aux liaisons cinématiques. Elle est bloquée à sa place dans la structure par ces liaisons et on a appris à l'imaginer comme s'il s'agissait d'un corps rigide : ses mouvements ont été complètement décrits par la donnée d'une translation et d'une rotation (ou d'une rotation dont l'axe se trouve éventuellement à distance infinie de la poutre).

Par définition, un corps rigide est un ensemble de points dont les distances relatives ne changent pas au cours du mouvement.

La poutre a un état de sollicitation sous des actions extérieures parce qu'elle doit garder ses parties à distance relative égale. Les sollicitations apparaissent afin de conserver ces distances : tout mouvement relatif entre parties de la poutre, qui pourrait se produire à cause des actions extérieures, est interdit par l'apparition des sollicitations. Celles-ci dépendent donc des actions appliquées et se caractérisent par les mouvements qu'elles empêchent.

Si on autorise des mouvements relatifs entre parties d'une poutre, certaines sollicitations disparaissent. En particulier, si on autorise un type de mouvement relatif, on fait disparaître la sollicitations qui normalement apparaît afin de l'éviter.

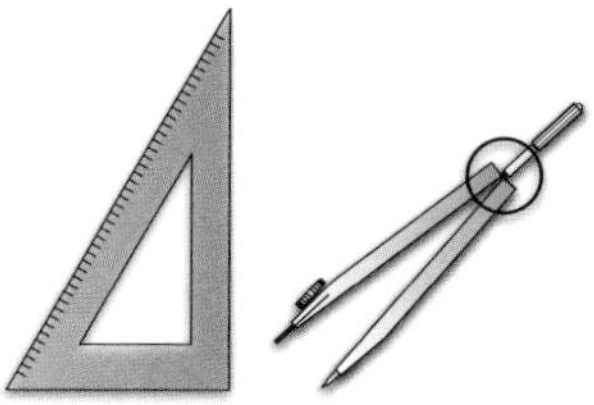

FIGURE 4.1 – L'équerre est un corps rigide : un état de sollicitation apparaît si on essaye de changer l'un de ses angles, ce qui empêche un tel mouvement. Le compas n'est pas un corps rigide : grâce à la charnière, ses bras s'écartent et se resserrent (idéalement) sans demander d'effort, donc sans la naissance d'un état de sollicitation.

Autrement dit, on peut imaginer des ruptures de continuité dans la poutre qui permettent certains mouvements relatifs ; chaque type de rupture annule la sollicitation qui correspond au mouvement relatif qu'elle autorise : sans sollicitation le mouvement relatif devient possible.

Le point courant d'une poutre peut être vu comme le point de contact entre deux poutres reliées par une liaison cinématique intérieure de type encastrement.

Pour fixer les idées, sans nuire à la généralité des concepts, on se restreint dans la suite aux systèmes à deux dimensions ; le cas général à trois dimensions sera présenté par la suite.

En décomposant le mouvement relatif de translation sur les deux directions orthogonales identifiées par l'axe de la poutre et par sa normale, on peut dire que l'encastrement bloque les mouvements relatifs de translation axiale, les mouvements relatifs de cisaillement (translation relative dans la direction normale à l'axe de la poutre) et les rotations relatives (voir figure 4.2).

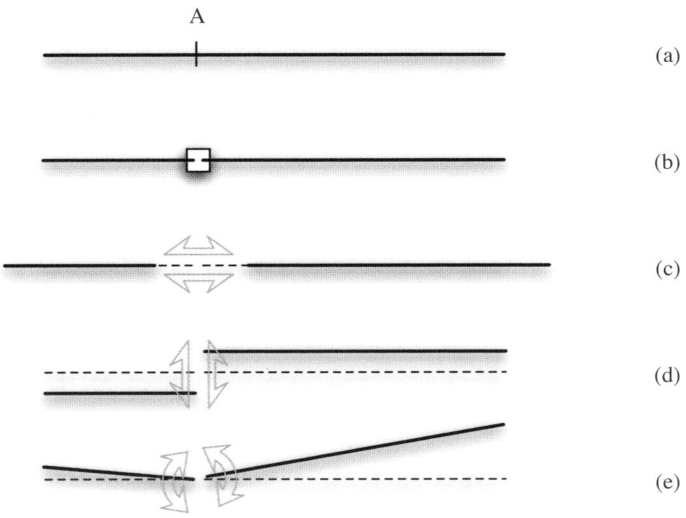

FIGURE 4.2 – Le point A d'une poutre vu en (b) comme un point où deux poutres sont encastrées l'une dans l'autre ; les mouvements relatifs montrés en (c), (d) et (e) sont normalement bloqués par un tel encastrement intérieur.

On définit ainsi le concept de *coupure* ou *rupture de continuité* dans une poutre :

- tout point d'une poutre peut être vu comme le lieu d'un encastrement entre les deux parties de la poutre séparées par ce point ;
- un encastrement bloque les deux translations relatives axiale et de cisaillement et la rotation relative des deux parties de poutre qu'il joint ;
- si on remplace l'encastrement par une liaison cinématique intérieure double (glissière ou rotule) l'un des trois mouvements relatifs sera autorisé.

La réduction du nombre de degrés de blocage en un point correspond à l'introduction d'une rupture de la continuité de la poutre en ce point, car des mouvements relatifs qui ne pouvaient pas avoir lieu deviennent possibles.

L'encastrement transmet une force (qu'on décompose d'habitude dans les deux directions indiquées) et un moment, qu'on appelle *efforts intérieurs* (voir figure 4.3), dont l'intensité dépendra des actions ou *efforts extérieurs* : plus les efforts extérieurs agiront dans le sens des mouvements relatifs bloqués par l'encastrement, plus celui-ci réagira en mettant en place des efforts intérieurs qui bloqueront ces mouvements.

En décomposant la force intérieure sur l'axe de la poutre et sur l'axe orthogonal à celui-ci, on obtient deux composantes, qu'on appelle respectivement *effort normal* et *effort tranchant*. L'effort normal est dit aussi *traction* ou *compression* en fonction de sa direction. L'effort tranchant est dit aussi *cisaillement*. Le moment est appelé *moment fléchissant*.

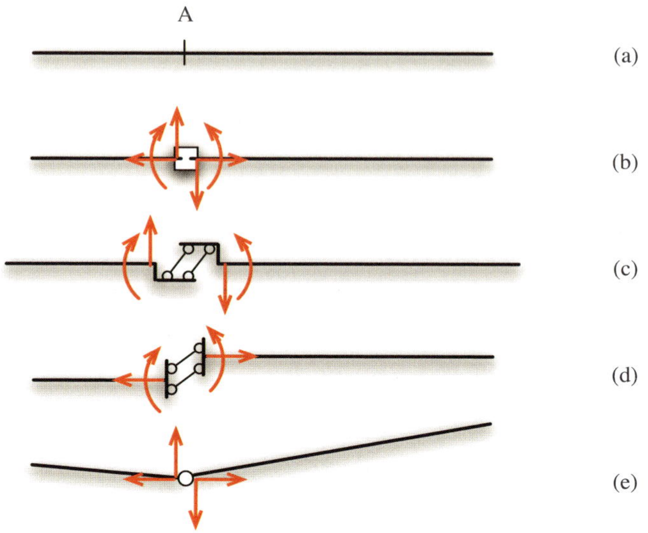

FIGURE 4.3 – (a, b) L'encastrement transmet trois *efforts intérieurs*. Chaque coupure génère un ensemble de sollicitations réduit : (c, d) avec une glissière il n'y aura plus d'effort transmis au travers de A dans la direction de glissement autorisé ; (e) une rotule au point A ne permet pas la transmission du moment.

En conclusion, en tout point d'une poutre, il existe un état de sollicitation, fonction du chargement, caractérisé par trois types d'efforts intérieurs (voir figure 4.4 et 4.5) :

- l'*effort normal* N, force dirigée suivant l'axe de la poutre et donc normale à la section droite de la poutre ;
- l'*effort tranchant* V, force orthogonale à l'axe et donc dans le plan de la section droite de la poutre ;
- le *moment fléchissant* M.

On observe les relations suivantes entre sollicitations et ruptures de continuité :

- N apparaît en raison de la liaison entre sections voisines de la poutre dans la direction axiale. Une glissière placée à l'intérieur d'une poutre et parallèle à son axe ne transmet aucun *effort normal*, alors que le mouvement relatif de translation suivant l'axe de la poutre est libre ;
- V apparaît en raison de la liaison entre sections voisines dans le sens orthogonal à l'axe de la poutre. Une glissière orthogonale à l'axe de la poutre ne transmet aucun *effort tranchant*, alors que les mouvements relatifs de cisaillement des sections de part et d'autre de la glissière sont possibles ;

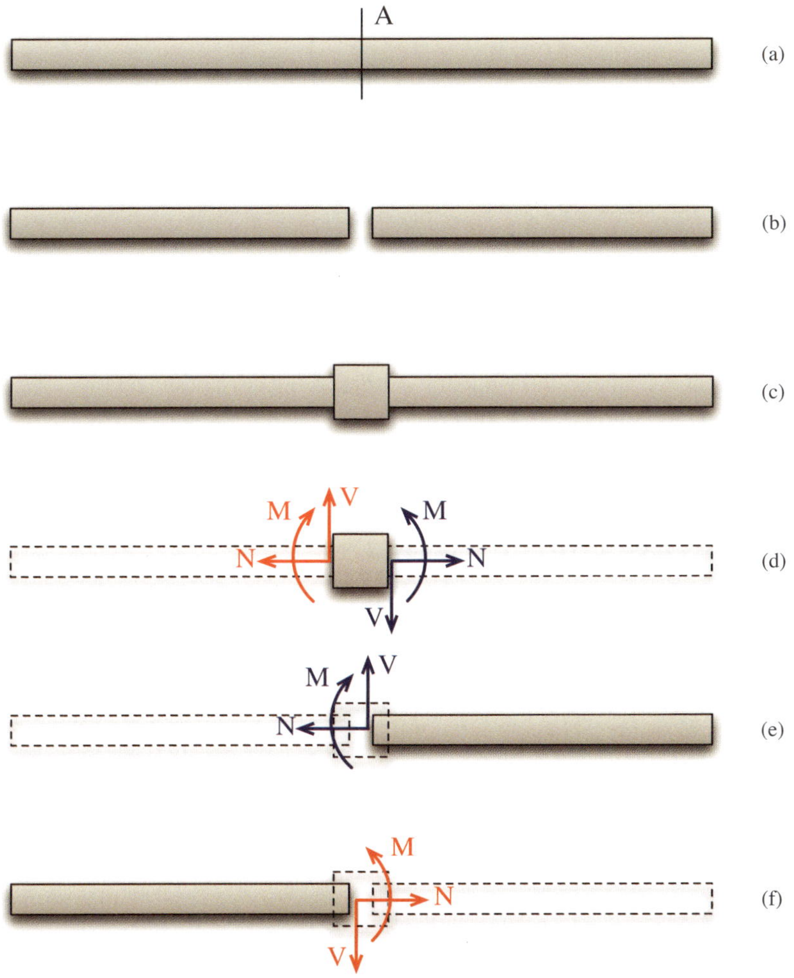

FIGURE 4.4 – Efforts intérieurs dans une poutre selon la convention des signes le plus souvent acceptée (les flèches indiquent la direction considérée positive des efforts) : (a, b, c) on imagine la section A de la poutre comme la liaison entre les deux parties à gauche et à droite ; (d) actions que les deux parties de la poutre exercent sur la pièce qui les relie ; (e) actions que le joint exerce sur la partie de droite ; (f) action du joint sur la partie à gauche.

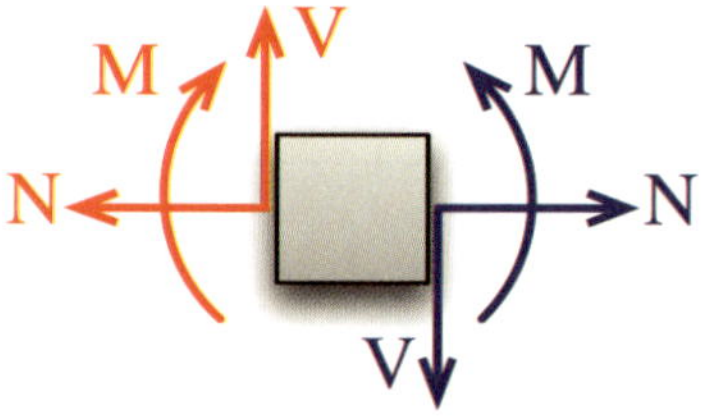

FIGURE 4.5 – *N effort normal, V effort tranchant, M moment fléchissant* ; *N* est dit aussi *traction* s'il agit avec le sens indiqué, *compression* si le sens est opposé ; *V* est dit aussi *cisaillement*. Le schéma montre les efforts, conventionnellement positifs, agissants *sur* l'élément de poutre.

- M apparaît en raison de la liaison qui empêche la rotation relative des sections voisines de la poutre. Une rotule ne transmet aucun *moment fléchissant* et permet une rotation relative arbitraire entre les deux parties de la poutre.

4.4 Calcul des efforts intérieurs

Deuxième passage : évaluation

Après avoir caractérisé les sollicitations, nous devons les quantifier. Chaque sollicitation étant associée au blocage d'un type de mouvement, cette quantification pourra s'appuyer sur le travail d'un mouvement virtuel de ce type.

Dans une structure, il est propre aux sollicitations d'être en équilibre avec les actions. Pour les évaluer, alors qu'elles sont inconnues, nous devons donc, tout d'abord, imposer à ces inconnues le respect des conditions d'équilibre.

Nous avons résolu un problème similaire dans l'étude des réactions ; il suffit de suivre la même démarche.

On revient sur le concept de *coupure* dans une poutre :

- toute section d'une poutre peut être vue comme le lieu d'un encastrement entre les deux parties de la poutre séparées par cette section ;
- un encastrement bloque les deux translations relatives axiale et orthogonale à l'axe et la rotation relative des deux parties de poutre qu'il joint ;
- *sous l'effet d'actions extérieures, l'encastrement est le lieu de deux efforts, l'un normal l'autre tranchant, et d'un moment fléchissant que les deux parties de poutre exercent mutuellement l'une sur l'autre au travers de l'encastrement ;*
- si on remplace l'encastrement par une liaison cinématique intérieure double (glissière ou rotule) l'un des trois mouvements relatifs est autorisé, *l'un des trois efforts intérieurs est annulé.*

L'introduction d'une coupure dans une section d'une poutre permet des mouvements relatifs qui ne peuvent normalement pas avoir lieu à cause de l'effort intérieur qui a été annulé lorsque la continuité a été rompue.

Si on ajoute un effort extérieur fictif qui agit sur la coupure et qui est de même nature et intensité que l'effort intérieur supprimé, le mouvement relatif, bien qu'autorisé par la coupure, n'a pas lieu car le système se trouve dans la même condition d'équilibre statique qu'avant rupture de sa continuité.

Les dessins ci-dessous montrent les ruptures de continuité possibles d'un poutre au point A.

le point A est idéalement le lieu d'un encastrement, pour libérer des mouvements relatifs on introduit :

— coupure *glissière axiale* ;

— coupure *glissière transversale* ;

— coupure *rotule*.

À cause de ces ruptures, le système perd un degré de blocage et devient un mécanisme si, comme dans la figure, il était isostatique. Des mouvements du mécanisme sont alors possibles (voir figure 4.6 (a)).

En présence d'efforts extérieurs, on peut introduire en même temps une coupure de la poutre et des efforts extérieurs fictifs agissants sur la coupure, qui évitent les mouvements relatifs au travers de celle-ci :

le point A est idéalement le lieu d'un encastrement, pour rétablir son fonctionnement après coupure on introduit :

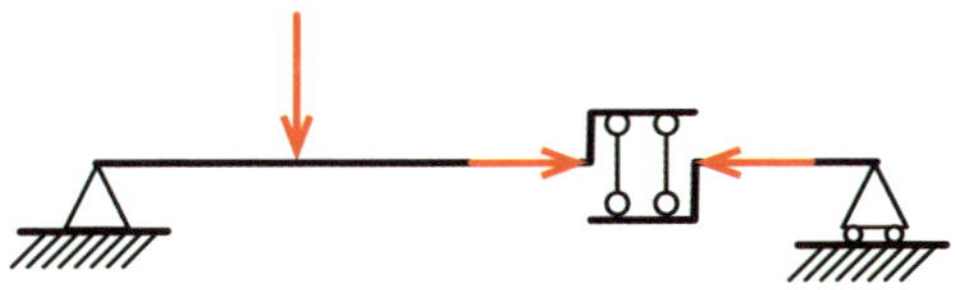

— deux forces opposées dirigées comme des efforts normaux pour bloquer la glissière axiale ;

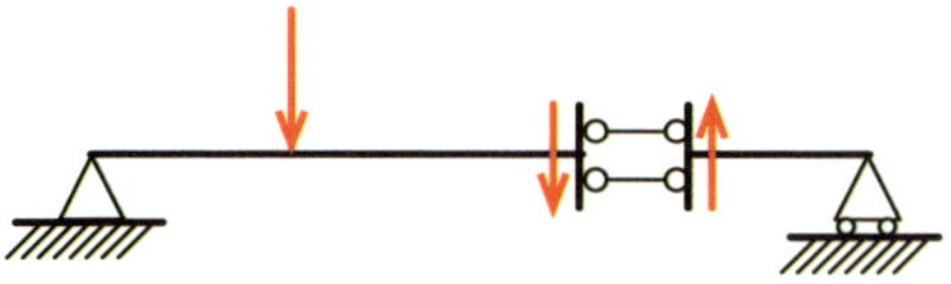

— deux forces opposées ayant la direction d'efforts tranchants pour bloquer la glissière transversale ;

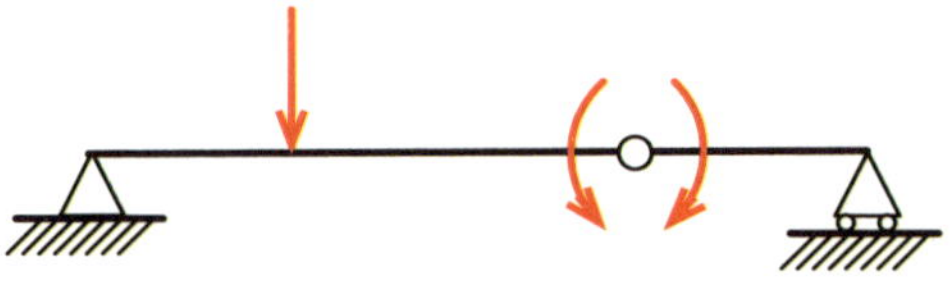

— deux moments opposés pour bloquer la rotule.

Dans les trois cas, les efforts extérieurs introduits pour rétablir l'équilibre sont égaux et opposés sur les deux faces de la liaison double qui, en remplaçant un encastrement, a rompu la continuité de la structure.

Sous des actions extérieures données, l'intensité de ces efforts intérieurs est à priori inconnue, mais leur nature et leur direction sont déterminées par le type de rupture de continuité introduite (voir figure 4.6 (b)).

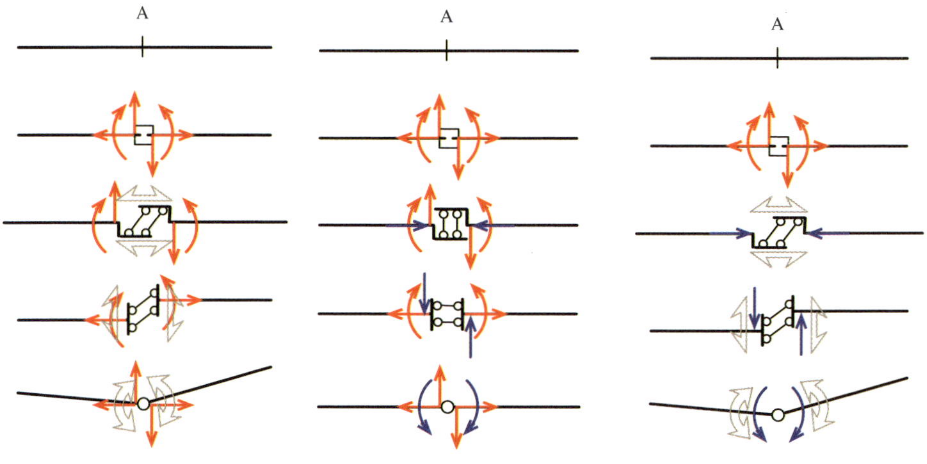

FIGURE 4.6 – Rééquilibre de la structure suite à l'introduction d'une coupure fictive. (a) La coupure autorise un type de mouvement et laisse à leur place seulement les efforts intérieurs qui ne sont pas associés à ce mouvement ; la structure est devenue un mécanisme. (b) On ajoute des efforts extérieurs fictifs (en bleu), qui prennent la place des efforts intérieurs supprimés par la coupure ; les autres efforts intérieurs (en rouge) restent à leur place. Seulement des efforts extérieurs fictifs égaux aux efforts intérieurs supprimés permettent l'équilibre statique du système et empêchent les mouvements du mécanisme. (c) Les mouvements autorisés par la coupure deviennent virtuellement possibles, les efforts extérieurs fictifs (en bleu) peuvent réaliser un travail dans ces mouvements.

Notons que les efforts intérieurs dessinés en rouge dans la figure 4.6 de part et d'autre de la section A représentent les actions exercées *sur* la section, alors que les efforts fictifs ajoutés pour compenser la coupure, dessinés en bleu dans la même figure, représentent les actions exercées *par* cette section sur les parties de la poutre à sa droite et à sa gauche. L'action fictive qu'on met en place d'un côté de la section A est donc égale et opposée à la sollicitation qu'on dessine normalement de ce même côté, car elle représente effectivement l'action opposée à celle-ci.

Si la structure étudiée est isostatique, l'introduction d'une action fictive qui rétablit l'équilibre de la structure, suite à la rupture fictive de sa continuité, ouvre la voie à l'emploi du principe des travaux virtuels (voir figure 4.6 (c)).

On rappelle l'*énoncé du principe des travaux virtuels* :

Un système se trouve en équilibre dans une configuration sous un ensemble d'actions extérieures si et seulement si le travail virtuel de toutes ces actions est nul quel que soit le déplacement virtuel du système à partir de la configuration donnée :

$$\text{équilibre} \Leftrightarrow \hat{\mathscr{W}}_{ext} = 0 \text{ quel que soit le déplacement virtuel.}$$

Il ne reste qu'à appliquer ce principe pour évaluer les actions extérieures fictives ajoutées avec la coupure : ceci nous donne la valeur des efforts intérieurs éliminés par la coupure.

On développe par exemple le calcul de l'effort tranchant au point D de la structure ci-dessous :

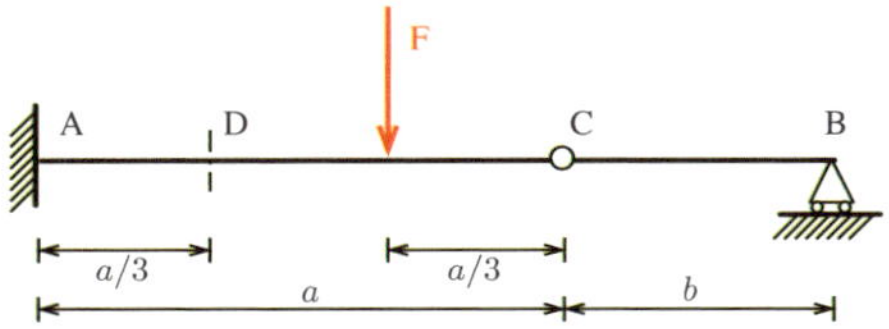

La procédure prévoit les passages suivants :

- mise en place d'une glissière transversale fictive au point D ;
- mise en place d'un effort extérieur fictif V qui remplace l'effort tranchant annulé par la glissière (notons qu'il s'agit de l'effort que la glissière transmet à la poutre, dont la direction conventionnellement positive est celle indiquée dans le schéma ci-dessous) ;
- dessin du mouvement virtuel possible pour le mécanisme obtenu en plaçant la glissère (voir figure ci-dessous).

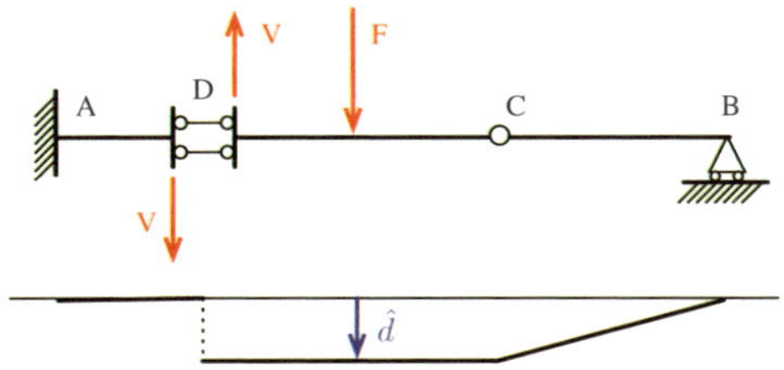

Le principe des travaux virtuels donne :

$$-V\hat{d} + F\hat{d} = 0 \quad \forall \hat{d} \quad \Rightarrow \quad V = F\,.$$

Le calcul du moment fléchissant au point D de la même structure se fait selon les étapes suivantes :

- mise en place d'une rotule fictive au point D ;
- mise en place d'un moment extérieur fictif M qui remplace le moment fléchissant annulé par la rotule ;
- dessin du mouvement virtuel (voir figure ci-dessous).

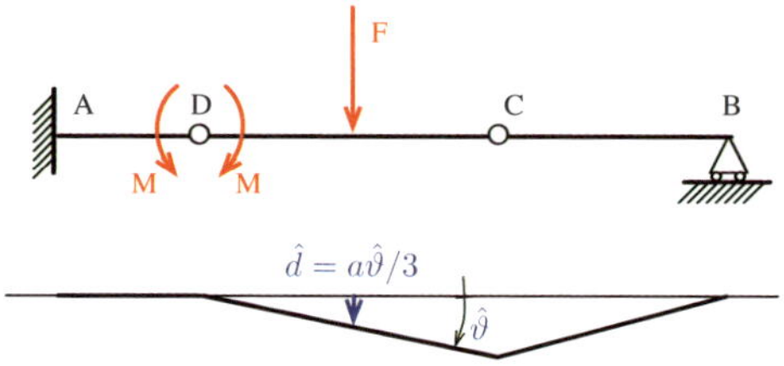

Le principe des travaux virtuels donne :

$$M\hat{\vartheta} + F\frac{a\hat{\vartheta}}{3} = 0 \quad \forall \hat{\vartheta} \quad \Rightarrow M = -\frac{Fa}{3}\,.$$

A côté de la convention des signes des efforts extérieurs, il est pratique de se rappeler des signes conventionnellement positifs pour les mouvements relatifs (voir figure 4.7) :

(a) une rotation relative est positive si l'angle en dessous de la rotule croît et celui au dessus décroît ;

(b) un déplacement relatif de type cisaillement est positif si la rotation suit les aiguilles d'une montre ;

(c) un déplacement relatif de type axial est positif s'il donne un écartement.

Sur la base de cette convention cinématique, on peut identifier les efforts intérieurs conventionnellement positifs comme ceux qui font un travail positif dans ces mouvements.

4.5 Conclusion

Ce chapitre a introduit les notions suivantes :

- le concept de sollicitation ;
- la caractérisation des composantes de la sollicitation dans les poutres ;
- le calcul des composantes de la sollicitation par le principe des travaux virtuels.

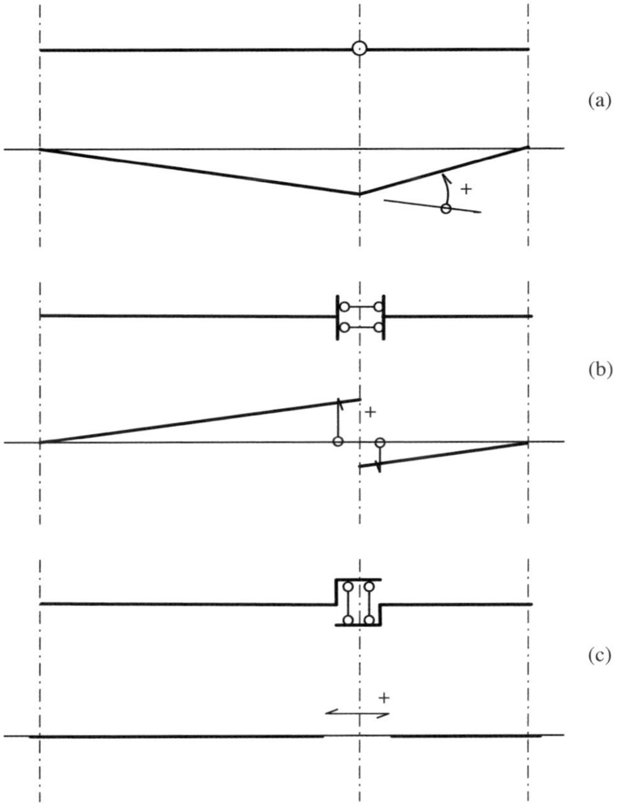

FIGURE 4.7 – Mouvements relatifs conventionnellement positifs dans les coupures : (a) une rotation relative est positive si l'angle en dessous de la rotule croît et celui au-dessus décroît ; (b) un déplacement relatif de type cisaillement est positif si la rotation suit les aiguilles d'une montre ; (c) un déplacement relatif de type axial est positif s'il donne un écartement.

4.6 Exercices

Exercice 42. En faisant référence au schéma (a) suivant, on calcule le moment fléchissant se produisant dans la section de la poutre sur l'appui C, noté M_C, par effet de la force F. Pour ce faire, on se donne un mécanisme fictif, obtenu en introduisant dans ladite section de la poutre une rotule et deux moments extérieurs, égaux et opposés (voir schéma b). Ces moments doivent empêcher le mouvement, c'est-à-dire qu'ils doivent être en équilibre avec la force extérieure F appliquée sur la structure étudiée. Dans le schéma (c) ci-dessous, on dessine le mouvement virtuel correspondant à l'introduction de la rotule fictive, dont l'amplitude est définie par l'angle $\hat{\alpha}$.

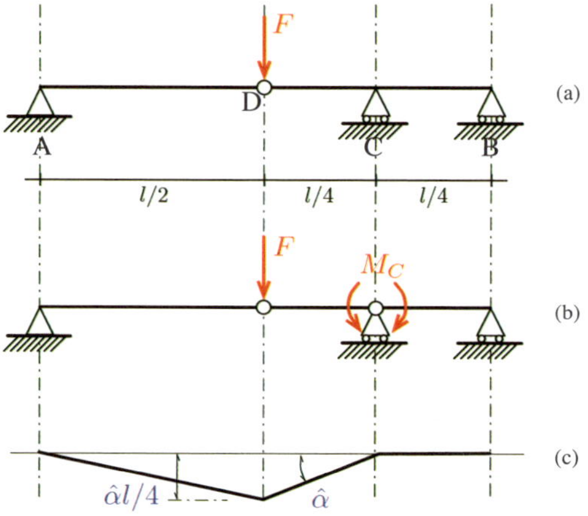

Pour que le mécanisme fictif soit en équilibre, il faut et il suffit que le travail des forces et des moments en jeu, c'est-à-dire de la force F et des moments ajoutés sur le mécanisme M_C, soit nul, quel que soit le mouvement virtuel :

$$\hat{\mathscr{W}} = F\hat{\alpha}\frac{l}{4} + M_C\hat{\alpha}$$

$$\hat{\mathscr{W}} = 0 \quad \forall\hat{\alpha} \quad \Rightarrow \left(F\frac{l}{4} + M_C\right)\hat{\alpha} = 0 \quad \forall\hat{\alpha} \quad \Rightarrow$$

$$\Rightarrow \quad \frac{Fl}{4} + M_C = 0 \quad \Leftrightarrow \quad M_C = -\frac{Fl}{4}.$$

Le signe négatif dans ce résultat indique que le moment fléchissant dans la section C a un signe opposé à celui indiqué dans la figure, par rapport auquel on a défini le signe du travail de M_C dans le mouvement virtuel dessiné.

On note que les moments extérieurs, introduits dans le schéma (c) précédent, représentent l'action de l'élément, remplacé par la rotule, sur les parties de la poutre à ses cotés. Compte tenu de la convention des signes de la figure 4.5 (où on montre les actions opposées), ces moments sont positifs. Le résultat obtenu indique donc que le moment fléchissant en C dû à la force F est négatif dans le sens de la convention adoptée.

Exercice 43. On fait référence au schéma (a) suivant et on calcule le moment fléchissant se produisant dans la section de la poutre à l'encastrement A, noté M_A, par effet de la force F. Pour ce faire, on se donne un mécanisme fictif, obtenu en introduisant dans ladite section de la poutre une rotule. Sur cette rotule, on imagine l'action d'un moment extérieur tel qu'il empêche le mouvement, c'est-à-dire en équilibre avec la force extérieure F appliquée sur la structure étudiée. Dans le schéma (b) ci-dessous, on dessine le mouvement virtuel correspondant à l'introduction de cette rotule fictive, dont l'amplitude est définie par l'angle $\hat{\alpha}$.

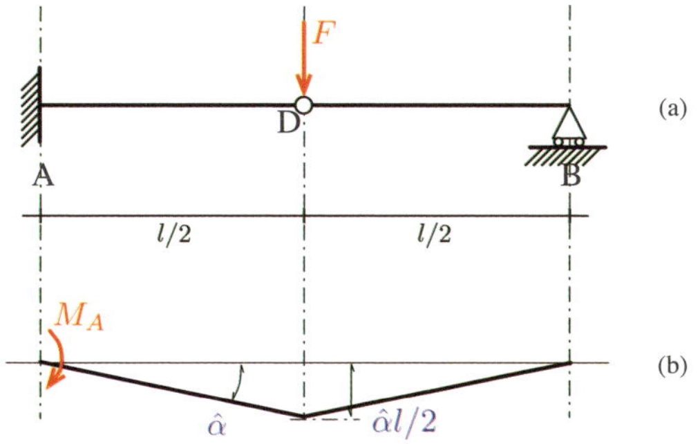

Pour que le mécanisme fictif soit en équilibre, il faut et il suffit que le travail des forces et des moments en jeu, c'est-à-dire de la force F et du moment fictivement ajouté sur le mécanisme M_A, soit nul, quel que soit le mouvement virtuel :

$$\hat{\mathscr{W}} = F\hat{\alpha}\frac{l}{2} + M_A\hat{\alpha}$$

$$\hat{\mathscr{W}} = 0 \quad \forall\hat{\alpha} \quad \Rightarrow \left(F\frac{l}{2} + M_A\right)\hat{\alpha} = 0 \quad \forall\hat{\alpha} \quad \Rightarrow$$

$$\Rightarrow \quad \frac{Fl}{2} + M_A = 0 \quad \Leftrightarrow \quad M_A = -\frac{Fl}{2}.$$

Exercice 44. On fait référence au schéma (a) suivant et on calcule le moment fléchissant, noté M_D, se produisant dans la section de la poutre D où est appliquée la force F, par effet de cette force. La procédure est identique à celle des exercices précédents. Dans le schéma (b) ci-dessous, on dessine le mouvement virtuel, dont l'amplitude est définie par l'angle $\hat{\alpha}$, correspondant à l'introduction d'une rotule fictive dans la section où on cherche le moment fléchissant.

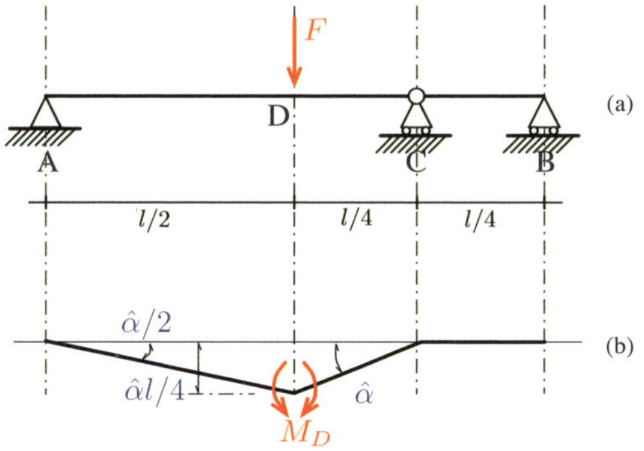

Le travail virtuel et la condition d'équilibre sont :

$$\hat{\mathscr{W}} = F\hat{\alpha}\frac{l}{4} - M_D\hat{\alpha} - M_D\frac{\hat{\alpha}}{2}$$

$$\hat{\mathscr{W}} = 0 \quad \forall\hat{\alpha} \quad \Rightarrow \left(F\frac{l}{4} - \frac{3}{2}M_D\right)\hat{\alpha} = 0 \quad \forall\hat{\alpha} \quad \Rightarrow \quad M_D = \frac{Fl}{6}.$$

Exercice 45. On fait référence au schéma (a) suivant et on calcule le moment fléchissant, noté M_D, se produisant dans la section D où est appliquée la force F, par effet de cette force. La procédure est similaire à celle des exercices précédents. Dans le schéma (b) ci-dessous, on dessine le mouvement virtuel, dont l'amplitude est définie par l'angle $\hat{\alpha}$, correspondant à l'introduction d'une rotule fictive dans la section où on cherche le moment fléchissant.

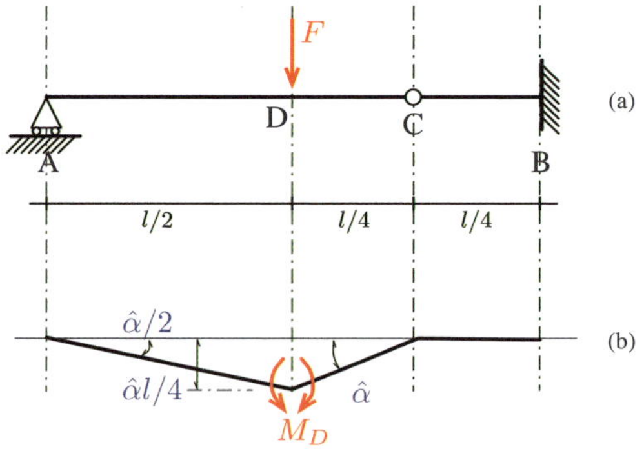

Le travail virtuel et la condition d'équilibre sont :

$$\hat{\mathscr{W}} = F\hat{\alpha}\frac{l}{4} - M_D\hat{\alpha} - M_D\frac{\hat{\alpha}}{2}$$

$$\hat{\mathscr{W}} = 0 \quad \forall\hat{\alpha} \quad \Rightarrow \left(F\frac{l}{4} - \frac{3}{2}M_D\right)\hat{\alpha} = 0 \quad \forall\hat{\alpha} \quad \Rightarrow \quad M_D = \frac{Fl}{6}.$$

Exercice 46. On fait référence au schéma (a) suivant et on calcule le moment fléchissant, noté M_B, se produisant par effet de la force F dans la section encastrée B. La procédure est similaire à celle des exercices précédents. Dans le schéma (b) ci-dessous, on dessine le mouvement virtuel, dont l'amplitude est définie par l'angle $\hat{\alpha}$, correspondant à l'introduction d'une rotule fictive dans la section où on cherche le moment fléchissant.

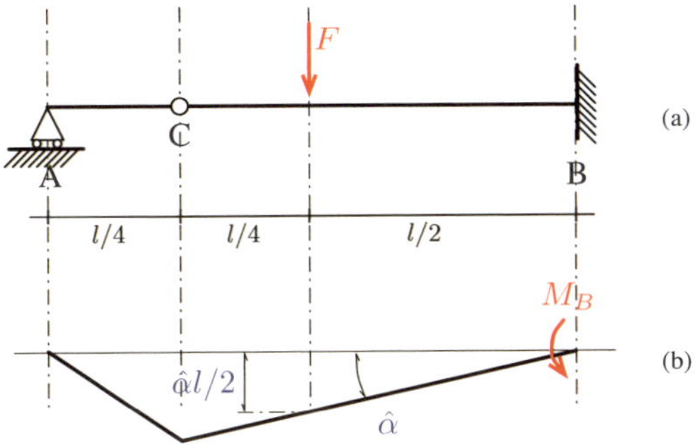

Le travail virtuel et la condition d'équilibre sont :

$$\hat{\mathscr{W}} = F\hat{\alpha}\frac{l}{2} + M_B\hat{\alpha}$$

$$\hat{\mathscr{W}} = 0 \quad \forall\hat{\alpha} \quad \Rightarrow \left(F\frac{l}{2} + M_B\right)\hat{\alpha} = 0 \quad \forall\hat{\alpha} \quad \Rightarrow \quad M_B = -\frac{Fl}{2}.$$

Exercice 47. On fait référence au schéma (a) suivant et on calcule le moment fléchissant, noté M_E, se produisant par effet de la force F dans la section E où agit cette force. La procédure est identique à celle des exercices précédents. Dans le schéma (b) ci-dessous, on dessine le mouvement virtuel, dont l'amplitude est définie par l'angle $\hat{\alpha}$, correspondant à l'introduction d'une rotule fictive dans la section où on cherche le moment fléchissant.

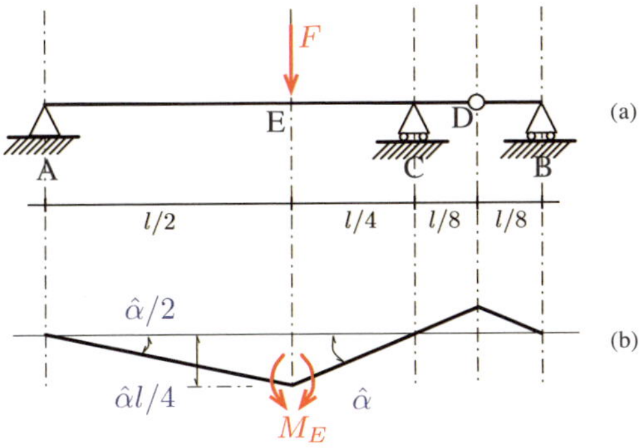

Le travail virtuel et la condition d'équilibre sont :

$$\hat{\mathscr{W}} = F\hat{\alpha}\frac{l}{4} - M_E\frac{\hat{\alpha}}{2} - M_E\hat{\alpha} = 0\,\forall\hat{\alpha} \Rightarrow \left(\frac{Fl}{4} - \frac{3}{2}M_E\right)\hat{\alpha} = 0\,\forall\hat{\alpha} \Rightarrow M_E = \frac{Fl}{6}.$$

Exercice 48. On fait référence au schéma (a) suivant et on calcule le moment fléchissant, noté M_E, se produisant par effet de la force F dans la section E où agit cette force. La procédure est identique à celle des exercices précédents. Dans le schéma (b) ci-dessous, on dessine le mouvement virtuel, dont l'amplitude est définie par l'angle $\hat{\alpha}$, correspondant à l'introduction d'une rotule fictive dans la section où on cherche le moment fléchissant.

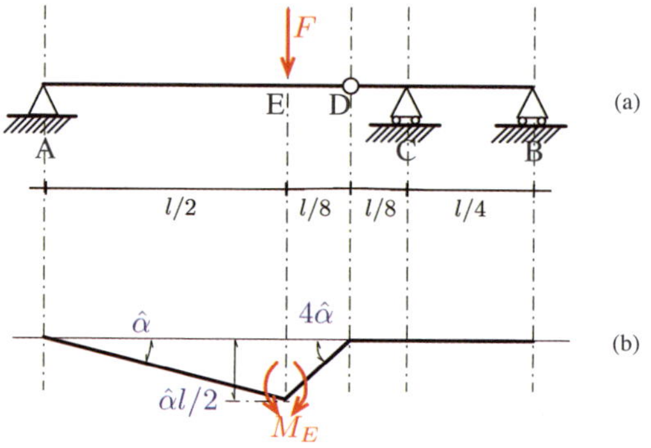

Le travail virtuel et la condition d'équilibre sont :

$$\hat{\mathscr{W}} = F\hat{\alpha}\frac{l}{2} - M_E\hat{\alpha} - M_E 4\hat{\alpha} = 0 \; \forall\hat{\alpha} \;\Rightarrow\; \left(F\frac{l}{2} - 5M_E\right)\hat{\alpha} = 0 \; \forall\hat{\alpha} \;\Rightarrow\; M_E = \frac{Fl}{10}.$$

Exercice 49. On fait référence au schéma (a) suivant et on calcule le moment fléchissant, noté M_C, se produisant par effet de la force F dans la section C où agit un appui simple. La procédure est identique à celle des exercices précédents. Dans le schéma (b) ci-dessous, on dessine le mouvement virtuel, dont l'amplitude est définie par l'angle $\hat{\alpha}$, correspondant à l'introduction d'une rotule fictive dans la section où on cherche le moment fléchissant.

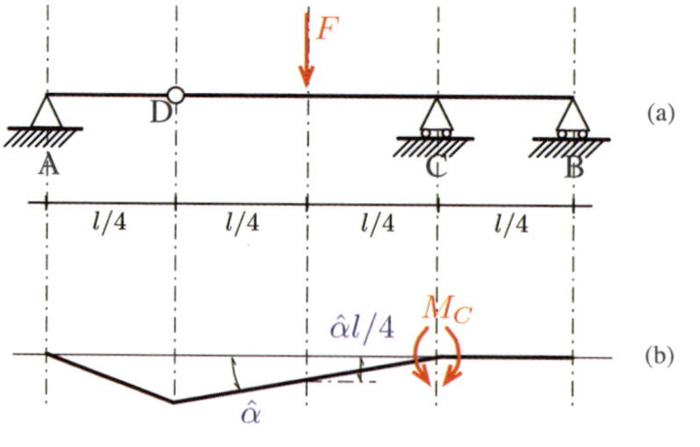

Le travail virtuel et la condition d'équilibre sont :

$$\hat{\mathscr{W}} = F\hat{\alpha}\frac{l}{4} + M_C\hat{\alpha} = 0 \; \forall\hat{\alpha} \quad\Rightarrow \left(F\frac{l}{4} + M_C\right)\hat{\alpha} = 0 \; \forall\hat{\alpha} \quad\Rightarrow M_C = -\frac{Fl}{4}.$$

5

Lignes d'influence et diagrammes

« *Quello che ricerca più sottile specolazione è quando, astraendo dalla gravità di tali solidi, ci fusse proposto di dovere investigare se quella forza o peso che, applicato al mezo d'un cilindro sostenuto nelle estremità, basterebbe a romperlo, potrebbe far l'istesso effetto applicato in qualsivoglia altro luogo, più vicino all'una che all'altra estremità* ([a]). »
[Galilée, Discours et démonstrations mathématiques concernant deux sciences nouvelles]

a. Ce qui requiert un raisonnement plus fin est si, en faisant abstraction de la gravité de ces solides, on nous proposait d'enquêter si la force, ou le poids, qui, appliqué au milieu d'un cylindre supporté à ses extrémités, suffirait à le rompre, pourrait avoir le même effet en étant appliqué dans n'importe quel autre lieu, plus près à l'une qu'à l'autre extrémité.

5.1 Introduction

L'état de sollicitation a été introduit comme une information propre à la section d'une poutre dans une structure chargée et en relation d'équilibre avec le chargement. La connaissance de cet état en tout point et pour tout chargement est fondamentale pour l'étude mécanique de la structure.

Le passage des *Discours* de Galilée cité en ouverture du chapitre introduit le problème de la détermination des divers effets qu'une force donnée peut avoir sur une structure, en fonction de l'endroit où cette force s'applique.

Une première question qui se pose est alors celle de la dépendance de l'état de sollicitation dans un point, du chargement appliqué. L'information utile à la connaissance de ces rapport est contenue dans des fonctions qu'on appelle *lignes d'influence*.

Une deuxième question est celle de la connaissance de la sollicitation en toute section des poutres de la structure, sous un chargement donné. Il s'agit dans ce cas de tracer les *diagrammes* des sollicitations.

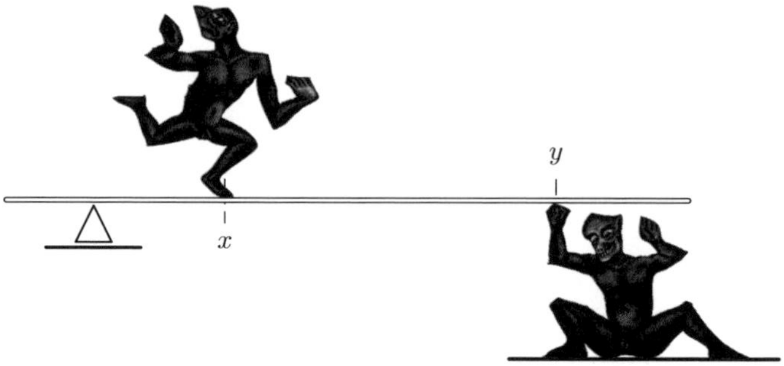

FIGURE 5.1 – Définition de ligne d'influence : l'information sur la réaction en y pour une force verticale qui se trouve en un point x variable est donnée par la ligne d'influence de cette réaction.

5.2 Lignes d'influence

Une force ou un moment qui se déplace sur une structure génère des sollicitations et des réactions qui dépendent de la position et de l'intensité de l'action qui les a générées.

Une *ligne d'influence* est le graphe d'une fonction qui lie une cause à un effet. La cause est un effort extérieur unitaire appliqué en un point variable de la structure (une force ou un moment) ; l'effet est l'amplitude d'une sollicitation dans un point donné de la structure ou l'amplitude de la réaction d'une liaison donnée ([1]). La ligne d'influence d'un effet donné est le graphe qui donne cet effet en ordonnée en correspondance de l'abscisse où se trouve la cause qui le génère.

Les causes qui nous intéressent sont des forces horizontales ou des forces verticales ou, plus rarement, des moments. On peut se donner, par rapport à l'un de ces efforts extérieurs :

- la ligne d'influence d'une réaction, force ou moment, dans l'une des liaisons de la structure ;
- la ligne d'influence de l'effort normal dans un point y ;
- la ligne d'influence de l'effort tranchant dans un point y ;
- la ligne d'influence de du moment fléchissant dans un point y.

Par exemple la ligne d'influence du moment fléchissant au point y d'une poutre générée par une force verticale est le graphe qui donne en tout point x de la poutre la valeur $M(y)$ qu'on obtient si la poutre est chargée par une force verticale d'intensité 1 placée au point x.

1. Pour les structures déformables les lignes d'influence d'autres effets que les réactions et les sollicitations peuvent être introduites.

5.2.1 Réactions

On reprend un exemple de calcul de réaction comme la figure 3.14 : on constate que la solution trouvée dépend du paramètre a, qu'on peut renommer x et utiliser comme une variable :

$$R_B = \frac{x}{l}$$

est alors l'expression d'une fonction qui donne, pour chaque valeur x de la variable, la réaction générée par une force verticale d'amplitude 1 placée en x. Cette fonction est la ligne d'influence de la réaction au point B générée par une force verticale. Son graphe est identique à celui du déplacement virtuel de la poutre qui a permis le calcul de la réaction, à condition de lire celui-ci dans une échelle telle que $\hat{d}_B = (B' - B) = 1$.

En règle générale : *Dans une structure isostatique, la ligne d'influence d'une réaction générée par une action de type force est donnée par le diagramme du déplacement qui se produit dans la direction de la force lors d'un mouvement compatible avec un déplacement virtuel d'amplitude unitaire du degré de liberté bloqué par la réaction.*

De façon analogue, la ligne d'influence d'une réaction générée par une action de type moment est donnée par un diagramme des rotations, mais cette information est rarement utilisée.

5.2.2 Sollicitations

Pour la même structure de la figure 3.14 on considère le processus de détermination d'une sollicitation dans un point y de la poutre, lorsqu'une force verticale unitaire est appliquée dans un point x (voir figure 5.2).

Le moment fléchissant $M(y)$ est donné par l'expression du principe des travaux virtuels en tenant compte des conditions de compatibilité cinématique du mouvement virtuel :

$$\hat{d}(x) = \frac{x}{l}\hat{\alpha} \,;\; \hat{\alpha} + \hat{\beta} = \frac{l}{l-x}\hat{\alpha}$$

qui permettent l'exploitation du postulat d'équilibre :

$$\hat{\mathscr{W}} = \hat{d}(x) - M(y)(\hat{\alpha} + \hat{\beta}) = \left(\frac{x}{l} - M(y)\frac{l}{l-y}\right)\hat{\alpha} = 0 \; \forall \hat{\alpha}$$

$$\Rightarrow \quad M(y) = \frac{x(l-y)}{l}\,.$$

Cette expression, pour y donné, représente la valeur du moment fléchissant au point y en fonction de la position x dans laquelle se trouve la force verticale unitaire. Il s'agit donc de la ligne d'influence du moment fléchissant dans le point y générée par une force verticale (placée dans le point x variable). y apparaît comme un paramètre, la ligne exprimant une fonction de x.

On constate que, si on prend un déplacement virtuel tel que la rotation relative au point y est $\hat{\alpha} + \hat{\beta} = 1$, le déplacement lu à l'abscisse x a exactement la valeur du moment, indiquée ci-dessus. Il suffit pour cela de calculer la valeur de $\hat{\alpha}$ à partir des deux conditions :

$$\begin{cases} \hat{\alpha} + \hat{\beta} = 1 \\ \hat{\alpha} y = \hat{\beta}(l-y) \end{cases} \Rightarrow \quad \hat{\alpha} = \frac{l-y}{l} \quad \Rightarrow \quad \hat{d}(x) = \hat{\alpha} x = \frac{x(l-y)}{l}.$$

En règle générale : *Dans une structure isostatique, la ligne d'influence d'une sollicitation générée par une action de type force est donnée par le diagramme du déplacement qui se produit dans la direction de la force lors d'un mouvement compatible avec un déplacement virtuel d'amplitude unitaire du degré de liberté interne bloqué par la sollicitation.*

Comme pour les réactions, la définition de lignes d'influence sous des actions de type moment, bien que tout à fait accessible, n'est pas d'intérêt pratique.

Les énoncés précédents dérivent d'un corollaire du théorème de Land-Colonnetti (ou second théorème de réciprocité), valable plus en général pour les systèmes élastiques.

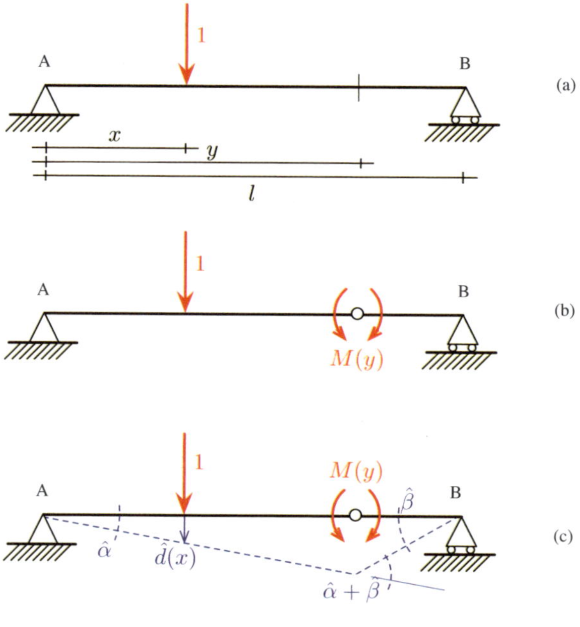

FIGURE 5.2 – Calcul du moment en y pour une force unitaire en x.

5.2.3 Superposition des effets

Dans les limites de validité de la procédure mise en place pour appliquer le principe des travaux virtuels (dérivant de l'hypothèse que la configuration de référence ne change pas sensiblement à cause du chargement), les effets dépendent linéairement des causes. La règle qui en découle, dite de superposition des effets, sera démontrée dans la suite.

Une conséquence de la superposition des effets est que l'analyse des effets d'un chargement quelconque peut être ramenée à celle de la superposition des effets de plusieurs chargements élémentaires. L'application qui à chaque chargement fait correspondre un état de sollicitation dans un point de la structure est linéaire ; si on se donne une base pour décrire les chargements, on peut prendre l'image de cette base par l'application pour décrire les sollicitations.

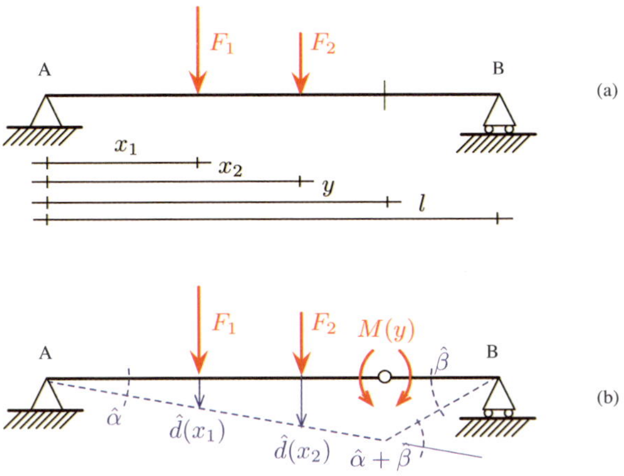

FIGURE 5.3 – Calcul du moment fléchissant dans le point y dû à deux forces F_1 et F_2 placées aux points x_1 et x_2 respectivement. Si $\hat{\alpha}+\hat{\beta}=1$, alors $\hat{d}(x)=s(x;y)$, ligne d'influence du moment en y générée par une force verticale et on a $M(y)=F_1s(x_1;y)+F_2s(x_2;y)$: les effets des deux forces se superposent.

Du fait de l'indéformabilité de la configuration initiale, le principe des travaux virtuels génère des solutions ayant la propriété additive.

Pour deux efforts extérieures F_1 et F_2 et une sollicitation ou réaction X, en indiquant par $\hat{d}_i$ $(i=1,2,X)$ les déplacements virtuels généralisés, associés à ces efforts ou réactions dans un petit mouvement virtuel d'amplitude $\hat{d}$ compatible avec les liaisons, on peut montrer que :

$$F_1\hat{d}_1+X^{(1)}\hat{d}_X=0\;\forall\hat{d}\quad\&\quad F_2\hat{d}_2+X^{(2)}\hat{d}_X=0\;\forall\hat{d}$$

$$\Downarrow$$

$$\alpha F_1\hat{d}_1+\beta F_2\hat{d}_2+(\alpha X^{(1)}+\beta X^{(2)})\hat{d}_X=0\;\forall\hat{d}\quad\forall\alpha,\beta$$

résultat qui correspond à la superposition des effets.

Une conséquence est que les lignes d'influence permettent le calcul de l'amplitude d'une sollicitation ou d'une réaction sous n'importe quel système d'efforts extérieurs. Si $s(x;y)$ est la ligne d'influence de la sollicitation S $(S=N,V,N)$ générée dans le point y par une force verticale, la sollicitation dans ce point sous l'effet des forces verticales F_i $(i=1,...,n)$ placées aux points x_i est (voir figure 5.3) :

$$S(y)=\sum_{i=1}^{n}F_is(x_i;y)\,. \tag{5.1}$$

5.3 Diagrammes des efforts intérieurs

Comment un certain effort intérieur varie-t-il le long de la ligne d'axe des poutres de la structure ? La connaissance de cette variation permet l'identification des sections les plus chargées de la structure et, par conséquent, est nécessaire pour le dimensionnement des poutres.

On appelle *diagramme* d'un effort intérieur (soit de l'effort normal, soit de l'effort tranchant ou du moment fléchissant) la courbe qui donne la valeur de cet effort en chaque point de la structure.

Pour tracer un tel diagramme, il suffit de suivre la même procédure que pour le calcul d'un effort intérieur dans un point, mais en prenant la côte du point comme une variable plutôt que comme une donnée. Par exemple dans l'équation (5.1), la sollicitation est une fonction de y qu'on peut expliciter. Pour ce faire, on peut voir que la ligne d'influence $s(x; y)$ – qui n'est que le diagramme d'un mouvement virtuel particulier – est une fonction de y qui peut être explicitée dans toute partie de la structure.

On considère par exemple la structure représentée ci-dessous et on se pose la question de la détermination du moment fléchissant dans deux points, C et D, de la poutre.

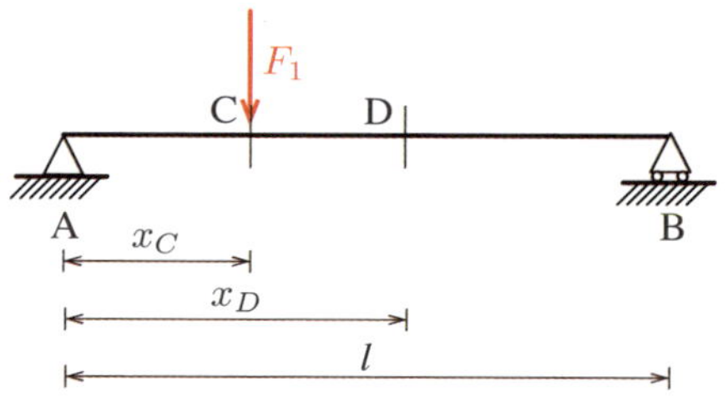

L'introduction d'une rotule fictive dans C ou dans D conduit au tracement des mouvements virtuels nécessaires :

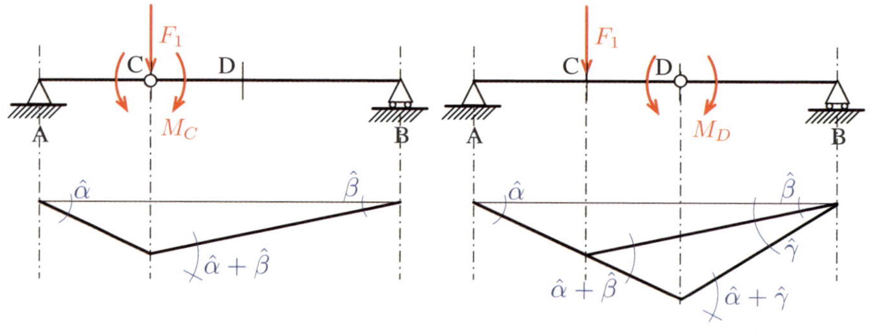

En les comparant on constate :

$$F_1 x_C \hat{\alpha} = M_C(\hat{\alpha} + \hat{\beta})\,;\; F_1 x_C \hat{\alpha} = M_D(\hat{\alpha} + \hat{\gamma})\,;\; \hat{\gamma} > \hat{\beta} \;\Rightarrow\; M_D < M_C \qquad (5.2)$$

avec une variation continue du moment entre C et B, car il en est ainsi de la variation de la rotation virtuelle dans B obtenue pour une même rotation virtuelle dans A quand on déplace le point de coupure D de C à B.

Pour le montrer, on tient compte des relations cinématiques :

$$\hat{\alpha} x_C = \hat{\beta}(l - x_C)\,; \quad \hat{\alpha} x_D = \hat{\gamma}(l - x_D)\,;$$

et de la condition d'équilibre obtenue de l'équation (5.2) :

$$M_C(\hat{\alpha} + \hat{\beta}) = M_D(\hat{\alpha} + \hat{\gamma})\ \forall \hat{\alpha}\,;$$

on obtient

$$M_D = M_C \frac{l - x_D}{l - x_C}\,;$$

ce qui correspond à une variation linéaire du moment fléchissant entre C et B, avec valeur maximale dans C (c'est-à-dire pour $x_D = x_C$) et valeur nulle dans B (pour $x_D = l$). Pour obtenir ce résultat, nous avons introduit une coupure entre les deux points indiqués.

Le type de mouvement virtuel nécessaire pour ce calcul sera en règle générale différent chaque fois que la section intéressée par la coupure traverse une liaison, intérieure ou extérieure. Par conséquent, il faudra se donner, en général, autant de mécanismes auxiliaires pour le calcul que de tronçons de poutre compris entre deux liaisons dans la structure.

La procédure est donc la suivante :

1. on considère la structure idéalement séparée en éléments par les points d'application des liaisons cinématiques ;

2. pour chaque élément, on se place dans une section A quelconque, définie en fonction de sa côte x par rapport à une extrémité de l'élément, on introduit dans A la coupure nécessaire au calcul de l'effort intérieur recherché et on calcule cet effort comme une fonction de x : le résultat obtenu permet de tracer le diagramme recherché pour toute valeur de x dans l'élément ;

3. une fois le calcul élément par élément accompli, on obtient le diagramme voulu.

En alternative, on peut procéder comme suit (voir figures 5.4 et 5.5) :

1. on considère la structure idéalement séparée en éléments par les points d'application des forces extérieures et des liaisons cinématiques ;

2. les liaisons cinématiques étant les lieux de forces et moments réactifs, si on calcule ces réactions, chaque élément peut être vu comme séparé du reste de la structure et chargé seulement à ses deux extrémités, soit par une réaction soit par une action extérieure ;

3. pour chaque élément, on se place dans une section A quelconque, définie en fonction de sa côte x par rapport à une extrémité de l'élément, et on calcule l'effort intérieur souhaité comme une fonction de x en écrivant directement les équations d'équilibre de l'élément : le résultat obtenu permet de tracer le diagramme recherché pour toute valeur de x dans l'élément ;

4. une fois le calcul élément par élément accompli, on obtient le diagramme voulu.

Notez que la première procédure ne nécessite pas le calcul préalable des réactions et est donc plus économique.

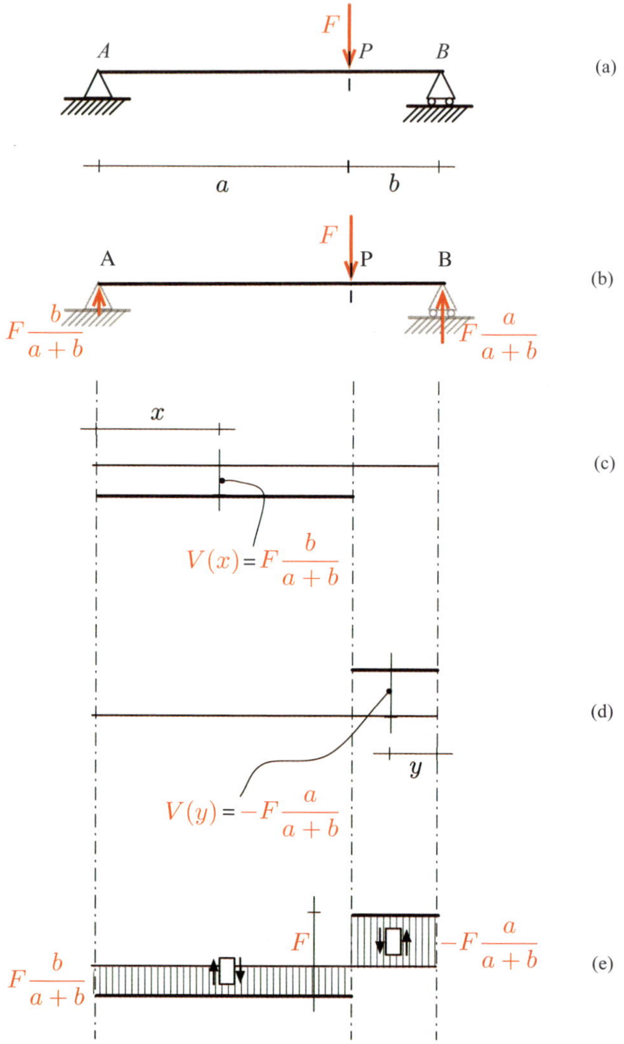

FIGURE 5.4 – Diagramme de l'effort tranchant sous un chargement donné : (a) structure et chargement, (b) structure avec forces extérieures actives et réactives, (c) calcul de V pour une section x entre A et P, (d) calcul de V pour y entre P et B, (e) diagramme de l'effort tranchant ; les pictogrammes montrent la direction des efforts.

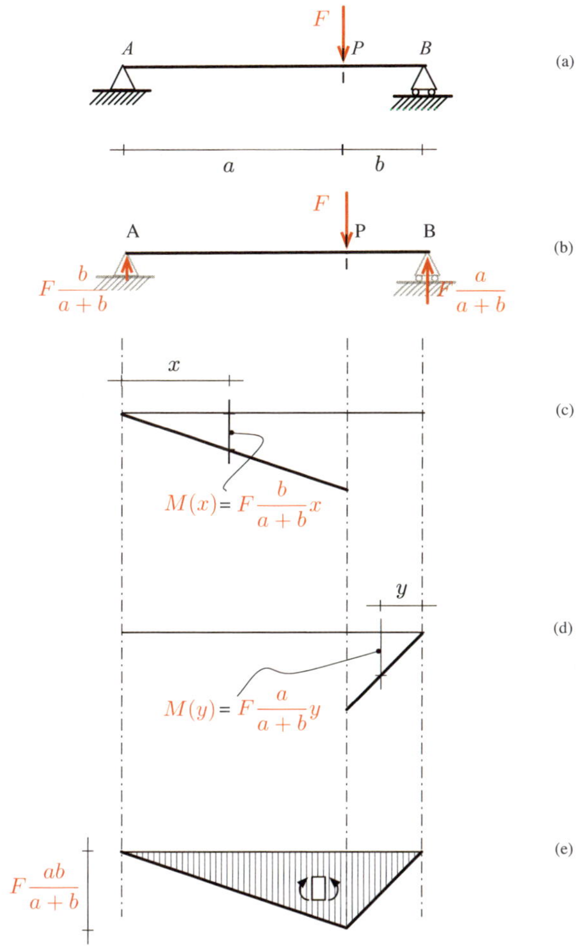

FIGURE 5.5 – Diagramme du moment fléchissant sous un chargement donné : (a) structure et chargement, (b) structure avec forces extérieures actives et réactives, (c) calcul de M pour une section x entre A et P, (d) calcul de M pour y entre P et B, (e) diagramme du moment fléchissant ; le pictogramme indique le sens du moment.

5.4 Diagrammes sous charges extérieures distribuées

5.4.1 Charges extérieures distribuées

Nous avons jusqu'à présent raisonné sur la base d'actions extérieures appliquées ponctuellement sur la structure : des forces ou des moments *concentrés*. Mais la plupart des actions extérieures, prises en compte dans le calcul des structures pour l'architecture, sont des charges dites *distribuées* : il s'agit de forces qui agissent sur des surfaces ou (et en tout cas en 2D) sur des lignes, plutôt que sur un point. (Le cas des moments distribués étant moins fréquent, mais pas exclu, dans les applications).

En deux dimensions, une charge distribuée est une force par unité de longueur et se mesure en N/m.

En trois dimensions, on doit distinguer les forces linéiques, distribuées sur un segment et donc mesurées en N/m, des forces surfaciques, distribuées sur une surface et mesurées en N/m^2. Puisque, même dans l'espace, une poutre est assimilée à un segment, ce sont les forces distribuées linéiques qui nous intéressent ici d'avantage.

Le travail d'une charge distribuée de type force linéique dans un mouvement d'une poutre est donné par le produit de la charge par la surface balayée par la poutre dans ce mouvement.

Pour expliquer ce concept, on va étudier une poutre simplement appuyée chargée par une force linéique q également distribuée sur sa longueur. Le calcul du moment en un point C de la poutre se fait par la mise en place d'une rotule fictive en C chargée par le moment inconnu M_C. En imaginant un mouvement virtuel du mécanisme ainsi créé et en imposant que le travail virtuel de toutes les forces et tous les moments en jeu soit nul, on trouve l'inconnue.

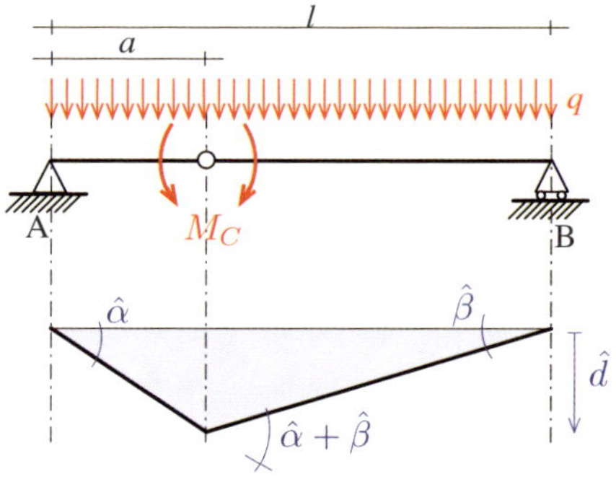

FIGURE 5.6 – Calcul du moment dans un point d'une poutre simplement appuyée sous charge uniforme.

D'après l'énoncé précédent, le travail de la charge distribuée q est proportionnel à la surface colorée en figure 5.6, ce qui conduit à l'expression du travail virtuel (notez que dans cette expression $\hat{\alpha}$ et $\hat{\beta}$ n'ont pas été écrits l'un en fonction de l'autre, ce qui peut se faire par une simple proportion géométrique basée sur la position du point C) :

$$\hat{\mathscr{W}} = q\frac{al}{2}\hat{\alpha} - M_C(\hat{\alpha}+\hat{\beta}) \tag{5.3}$$

La démonstration peut se faire à partir du schéma de figure 5.7, dans lequel on montre n forces concentrées F_1, F_2, ..., F_n, qui agissent sur des points écartés de l/n le long d'un segment de longueur l. On imagine un mouvement virtuel de ce segment décrit par l'angle de rotation $\hat{\alpha}$.

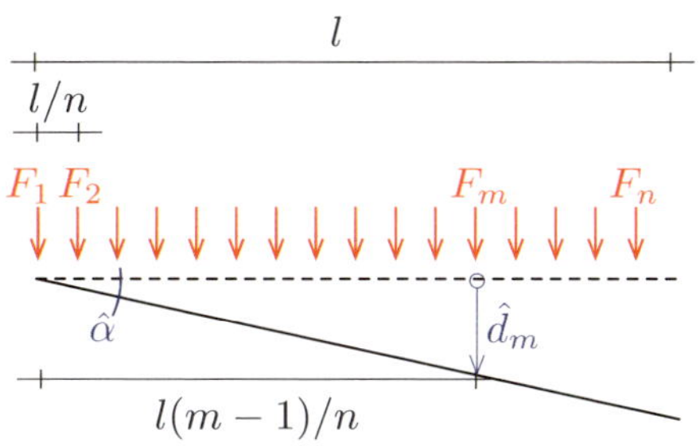

FIGURE 5.7 – Calcul du travail d'une force distribuée normale à l'axe de la poutre.

Le travail virtuel extérieur est donné par la somme des travaux des différentes forces, chacune en fonction de son déplacement :

$$\hat{\mathscr{W}}_{ext} = (0F_1 + 1F_2 + ... + (m-1)F_m + ... + (n-1)F_n)\frac{l}{n}\hat{\alpha}\,.$$

On imagine maintenant que :

$$F_1 = F_2 = ... = F_n = \frac{ql}{n}$$

([2]) et on écrit le travail en conséquence :

$$\hat{\mathscr{W}}_{ext} = (1+2+...+(n-1))\frac{ql^2}{n^2}\hat{\alpha} = \frac{ql^2}{2}\frac{n-1}{n}\hat{\alpha} = \frac{ql^2}{2}(1-\frac{1}{n})\hat{\alpha}$$

On voit que, si n est grand par rapport à 1 :

$$n \gg 1 \quad \Rightarrow \quad \hat{\mathscr{W}}_{ext} \approx \frac{ql^2}{2}\hat{\alpha}\,. \tag{5.4}$$

Cela montre que la formule (5.3) est correcte à une erreur près qui est d'autant plus petite que le cas dessiné dans la figure précédente s'approche, en faisant croître n, d'une distribution continue de forces sur le segment.

En général, pour une force $q(x)$ distribuée entre les points x_1 et x_2 de manière éventuellement non uniforme, on aura le travail virtuel extérieur :

$$\hat{\mathscr{W}}_{ext} = \int_{x_1}^{x_2} q(x)\hat{d}(x)\,dx\,,$$

où $\hat{d}(x)$ est la fonction qui décrit le mouvement virtuel. La formule (5.4) est un cas particulier de la formule précédente avec $x_1 = 0$, $x_2 = l$ et q constant.

En revenant sur la formule (5.3) et en rappelant l'équation (5.1), qui montre le calcul d'une sollicitation moyennant sa ligne d'influence, on obtient la règle générale pour le calcul d'une sollicitation S au point y en fonction d'une charge distribuée q

$$S(y) = \int_{x_1}^{x_2} q(x)s(x;y)\,dy$$

si la force distribuée q est appliquée sur le tronçon de la structure entre x_1 et x_2 et quel que soit l'allure de la fonction $q(x)$.

2. Notons que, lorsque n devient plus grand, chaque force $F_i = ql/n$ devient plus petite et se rapproche des autres, de sorte que la somme des toutes les forces appliquées sur le segment reste constante :

$$\sum_{i=1}^{n} F_i = ql\,.$$

5.4.2 Diagramme du moment sous charges distribuées

Pour compléter l'étude de la poutre simplement appuyée uniformément chargée, on évalue le moment fléchissant dans un point qui se trouve à une distance x de l'appui A, x étant pris comme une variable (voir figure 5.8).

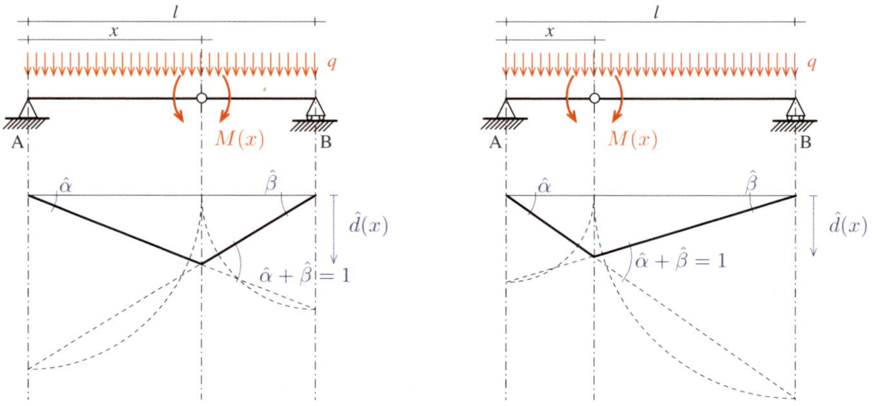

FIGURE 5.8 – Calcul du moment fléchissant en deux points d'une poutre simplement appuyée sous charge uniformément distribuée.

En faisant varier x, on se donne des mouvements virtuels de même type, qui diffèrent par le rapport entre les angles $\hat{\alpha}$ et $\hat{\beta}$; pour comparer ces mouvements on peut prendre des angles tels que $\hat{\alpha} + \hat{\beta}$ est constant.

Avec référence à la figure 5.8, on peut écrire :

$$\hat{\mathscr{W}} = \frac{ql}{2}\hat{d}(x) - M(x)(\hat{\alpha} + \hat{\beta})\,;$$

où $\hat{d}(x)$ est la hauteur du triangle donnant le mouvement virtuel, obtenu en plaçant la rotule en x, et $M(x)$ le moment inconnu ($\hat{\alpha} + \hat{\beta}$ étant indépendant de x par construction). En calculant $\hat{d}(x)$ sur la base de raisonnements géométriques, on pourra trouver $M(x)$.

Pour ce faire, on considère l'un des schémas de figure 5.8, dans lesquels $\hat{\alpha} + \hat{\beta} = 1$; on peut s'en assurer par le calcul qui suit :

$$l - x = l\hat{\alpha} \;\&\; x = l\hat{\beta} \;\Rightarrow\; l - x + x = l(\hat{\alpha} + \hat{\beta}) \;\Rightarrow\; \hat{\alpha} + \hat{\beta} = 1\,.$$

Dans ces dessins, on a :

$$\hat{d}(x)l = x(l - x)$$

et on obtient l'expression du travail virtuel et la condition d'équilibre

$$\hat{\mathscr{W}} = \frac{qx(l-x)}{2} - M(x)\,;\; \hat{\mathscr{W}} = 0 \quad (\forall\hat{\alpha}) \Rightarrow M(x) = \frac{qx(l-x)}{2}\,.$$

D'après ce résultat, le diagramme du moment de la poutre simplement appuyée sous charge uniformément distribuée est une parabole dont les zéros sont en $x = 0$ et $x = l$ (voir figure 5.9).

On dessine le diagramme du moment *du côté des fibres tendues* de la poutre. Pour les conventions introduites, un moment positif tend les fibres inférieures de la poutre ; par conséquent des valeurs positives du moment fléchissant correspondent à des parties du diagramme qui se trouvent en dessous de l'axe des moments nuls, vice versa des valeurs négatives se trouvent au-dessus. Pour ôter toute ambiguïté, le pictogramme dessiné au centre du diagramme de la figure 5.9 montre le sens du moment fléchissant.

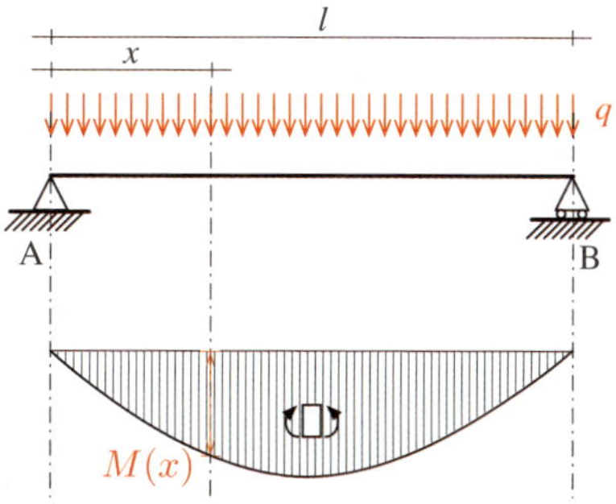

FIGURE 5.9 – Diagramme du moment dans la poutre simplement appuyée sous charge uniforme.

5.4.3 Diagramme de l'effort tranchant sous charges distribuées

Pour tracer le diagramme de l'effort tranchant dans la même structure, on procède de manière similaire : on place une glissière au point x variable le long de l'axe de la poutre et on étudie le résultat en fonction de x (voir figure 5.10). L'expression du travail virtuel est immédiate :

$$\hat{\mathscr{W}} = q\frac{x^2}{2}\hat{\alpha} - q\frac{(l-x)^2}{2}\hat{\alpha} + $$
$$+ V(x)x\hat{\alpha} + V(x)(l-x)\hat{\alpha}\,.$$

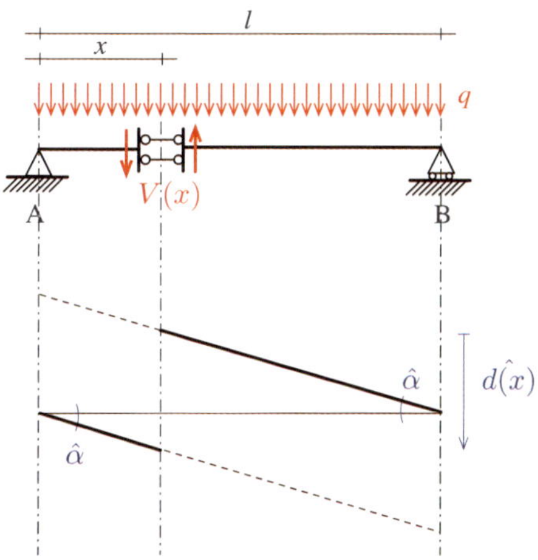

FIGURE 5.10 – Calcul de l'effort tranchant dans la poutre simplement appuyée sous charge uniforme.

Avec un simple passage algébrique et en imposant que le travail soit nul quel que soit le mouvement virtuel, on trouve l'effort recherché :

$$\hat{\mathscr{W}} = \left(-q\left(\frac{l}{2} - x\right) + V(x)\right) l\hat{\alpha} = 0 \;\forall\hat{\alpha}$$

$$\Rightarrow\; V(x) = q\left(\frac{l}{2} - x\right).$$

Pour expliquer graphiquement ce résultat, il suffit de regarder le schéma de figure 5.11. En prenant $\hat{d}(x) = 1$, on écrit la surface nette S (verte - orange) :

$$S = \frac{l \cdot 1}{2} - x \cdot 1 \;\Rightarrow\; \hat{\mathscr{W}} = -q \cdot S + V(x) \cdot 1 = 0 \;\Rightarrow\; V(x) = q\left(\frac{l}{2} - x\right)$$

Le diagramme de l'effort tranchant de la poutre simplement appuyée sous charge uniformément distribuée est une droite qui passe par les valeurs $ql/2$ en $x = 0$ et $-ql/2$ en $x = l$ (voir figure 5.12).

Pour le dessin des diagrammes de l'effort tranchant il n'y a pas une convention aussi importante que celle du moment. Afin d'éviter toute confusion, il convient de reporter à côté des courbes un pictogramme qui indique le sens des efforts, comme dans la figure 5.12.

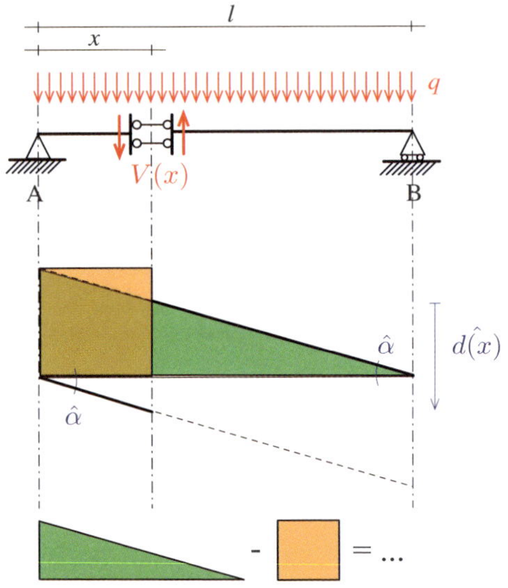

FIGURE 5.11 – Explication graphique du calcul de l'effort tranchant dans la poutre simplement appuyée sous charge uniforme.

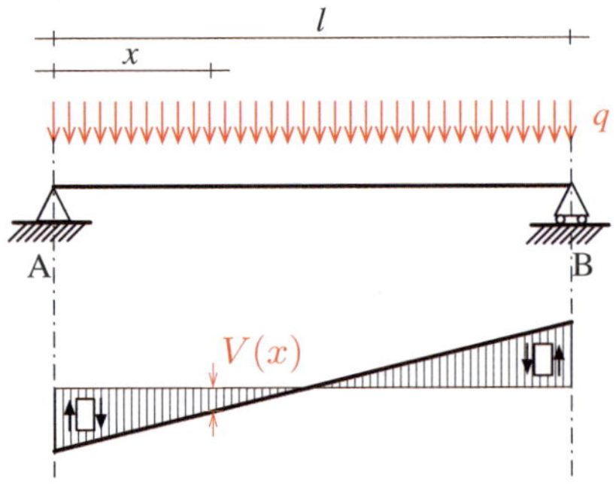

FIGURE 5.12 – Diagramme de l'effort tranchant dans la poutre simplement appuyée sous charge uniforme.

5.4.4 Diagramme de l'effort normal sous charges distribuées

Il est intéressant de tracer le diagramme de l'effort normal sous une charge axiale uniformément distribuée. Si la poutre est droite, la mise en place d'une glissière autorisant les translations suivant son axe ne permet pas de visualiser une surface balayée par le mouvement virtuel, mais le calcul du travail virtuel reste aisé, car toutes les forces avancent, ou reculent, également.

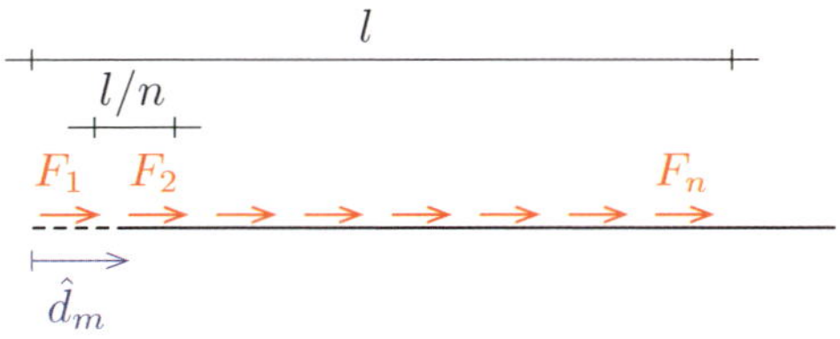

FIGURE 5.13 – Calcul du travail d'une force distribuée parallèle à l'axe de la poutre.

En faisant référence à la figure 5.13, le travail virtuel extérieur est donné par la somme :

$$\hat{\mathscr{W}}_{ext} = (F_1 + F_2 + ... + F_n)\hat{d}_m$$

et, en prenant $F_1 = F_2 = ... = F_n = pl/n$, on obtient (quel que soit n)

$$\hat{\mathscr{W}}_{ext} = pl\hat{d}_m\,.$$

Le concept de surface balayée dans le mouvement est donc à prendre dans le sens du produit des dimensions l et $\hat{d}_m$, respectivement, longueur de la partie de poutre déplacée et amplitude du déplacement.

5.4.5 Rapport entre diagrammes

Les diagrammes sont des courbes continues par morceaux ; ils changent continuement le long de la poutre à l'exception d'un nombre fini de points, où il peuvent faire des sauts.

Si on déplace le point x d'un petit Δx, par exemple vers la droite, on aura de nouvelles valeurs du moment et de l'effort tranchant. On se pose la question de connaître la relation entre ces nouvelles valeurs et les valeurs en x ; plus exactement on veut savoir quel est l'incrément de $M(x)$ et $V(x)$ par rapport à l'incrément de x lorsque celui-ci est infiniment petit, dans un point de la poutre où les diagrammes ne sautent pas.

On appelle ce rapport la *dérivée*, respectivement de $M(x)$ et de $V(x)$ par rapport à x ; on les note $M'(x)$ et $V'(x)$:

$$V'(x) = \lim_{\Delta x \to 0} \frac{V(x + \Delta x) - V(x)}{\Delta x}$$

et expression similaire pour $M'(x)$.

On démontre de suite la proposition suivante :

Dérivée de l'effort tranchant = - charge distribuée appliquée

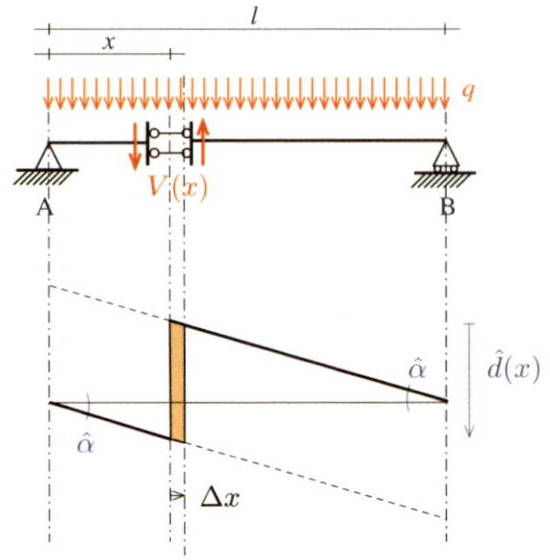

FIGURE 5.14 – Représentation graphique du rapport entre effort tranchant et charge distribuée.

Il suffit d'observer dans la figure 5.14 la surface orange, qui correspond à l'aire gagnée dans la contribution des efforts extérieurs au travail virtuel total lorsqu'on calcule l'effort tranchant au point $x + \Delta x$ par rapport au même calcul fait en x. En prenant toujours $\hat{d}(x) = 1$, on voit que :

$$V(x + \Delta x) - V(x) = -q\Delta x \quad \Rightarrow \quad V'(x) = -q\,.$$

On démontre aussi que :

Dérivée du moment fléchissant = effort tranchant

Dans ce cas il convient de considérer la figure 5.15, où on représente en orange la surface par rapport à laquelle on écrit le travail virtuel de la charge distribuée. Ayant pris $\hat{\alpha} + \hat{\beta} = 1$, il s'ensuit que $l\hat{\alpha} = l - x$ et donc que la surface du triangle orange s'écrit :

$$\frac{1}{2}lx\hat{\alpha} = \frac{1}{2}x(l - x)$$

qui est la moitié de celle du rectangle vert.

En passant de x à $x + \Delta x$ on doit tenir compte des changements de la surface utile dans le calcul du travail virtuel montrés en figure 5.16, avec une surface gagnée (en rouge) et une perdue (en vert).

Leur différence s'écrit :

$$A' - A = (l - x - x)\Delta x = (l - 2x)\Delta x$$

et on a donc :

$$M(x + \Delta x) - M(x) = q(\frac{l}{2} - x)\Delta x \quad \Rightarrow \quad M'(x) = q(\frac{l}{2} - x) = V(x)$$

qui est la proposition qu'on voulait démontrer.

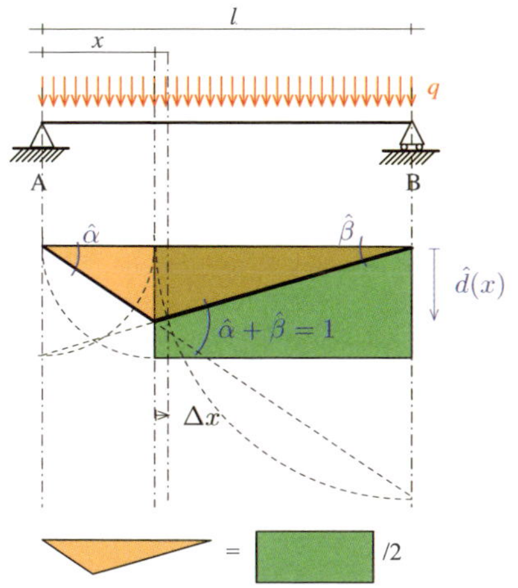

FIGURE 5.15 – Représentation graphique du rapport entre moment fléchissant et effort tranchant.

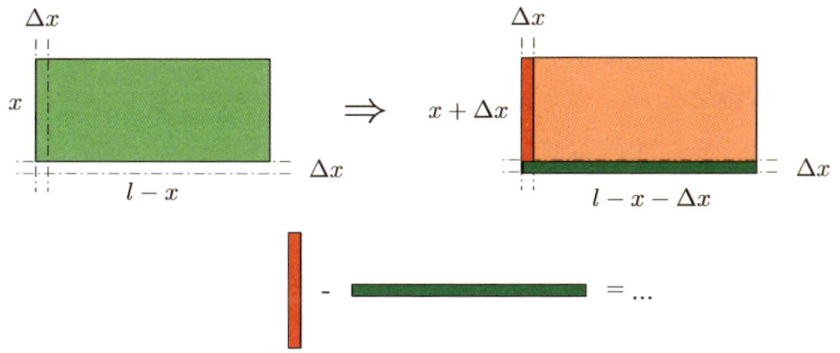

FIGURE 5.16 – Surfaces en jeu dans le calcul de figure 5.15.

On a, en conclusion :

$$V'(x) = -q\,;\ M'(x) = V(x)\,;$$

la dérivée de l'effort tranchant est la charge appliquée changée de signe, la dérivée du moment fléchissant est l'effort tranchant.

Autrement dit :

- la charge appliquée, prise conventionnellement positive si dirigée vers le bas, fait diminuer l'effort tranchant (conventionnellement positif si la partie à gauche de la section tend à se soulever par rapport à la partie à droite) quand on se déplace de gauche à droite sur la poutre ;
- toujours quand on se déplace de gauche à droite, un effort tranchant positif fait augmenter le moment fléchissant, dans le sens qu'il génère une plus grande extension des fibres inférieures de la poutre.

5.4.6 Continuité et discontinuités

Les paragraphes précédents montrent que les diagrammes des composantes de la sollicitation sont continus dans toute partie de la structure qui n'est pas interrompue par une action extérieure, une liaison cinématique ou un coude. Dans le deux premiers cas, une discontinuité peut se présenter dans les diagrammes à cause de la différence du travail virtuel pouvant se produire lorsque la coupure traverse le lieu d'application d'une action extérieure ou d'une liaison cinématique. Dans le troisième, si les moments fléchissants restent continus, c'est la définition même de l'effort tranchant et de l'effort normal qui engendre une discontinuité dans ces deux composantes de la sollicitation.

En respectant la convention des signes des efforts intérieurs (figure 4.5), on peut se trouver dans des conditions différentes lors du franchissement d'un coude (des exemples sont donnés en figure 5.17). Dans tous les cas, le moment fléchissant ne subit pas de discontinuité ; dans les coudes à angle droit, les efforts tranchants et les efforts normaux permutent, en conservant le signe ou en l'inversant, selon les circonstances. L'observation des conditions géométriques, comme par exemple à la figure 5.17, permet de contrôler à posteriori le résultat d'un calcul.

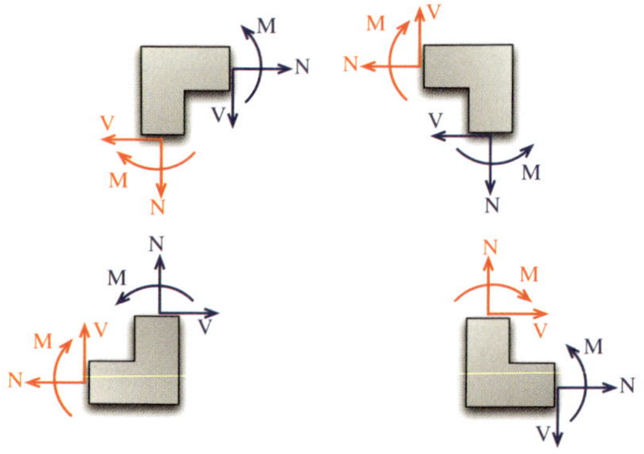

FIGURE 5.17 – Sollicitation dans des coudes.

5.4.7 Symétrie et anti-symétrie

La figure 4.5, donnant la définition graphique et la convention des signes des composantes de la sollicitation, a des caractéristiques importantes de symétrie et anti-symétrie. Dans la figure 5.18, on montre l'image initiale et sa reflexion par rapport à l'axe **n** (normal à l'axe de la poutre par le centre de l'élément) ; on observe que, dans l'image au miroir, les efforts normaux et les moments fléchissants ont le même sens que dans l'image initiale, alors que les effort tranchants ont le sens opposé.

Les deux composantes de la sollicitation qui ne changent pas suite à la reflexion jouissent de la propriété de la *symétrie*, l'effort tranchant de l'*anti-symétrie*. Lorsque le problème posé admet un axe de symétrie, l'effort tranchant sera nécessairement nul sur cet axe ; vice versa, lorsque le problème admet un axe d'anti-symétrie, l'effort normal et le moment fléchissant seront nuls sur cet axe.

Un problème admet un axe de symétrie si tant la structure que le chargement ne changent pas suite à une reflexion sur cet axe. Un problème admet un axe d'anti-symétrie si la structure est symétrique par rapport à cet axe alors que le chargement est anti-symétrique, c'est-à-dire que, suite à une reflexion sur l'axe d'anti-symétrie, la structure ne change pas et le chargement change de sens.

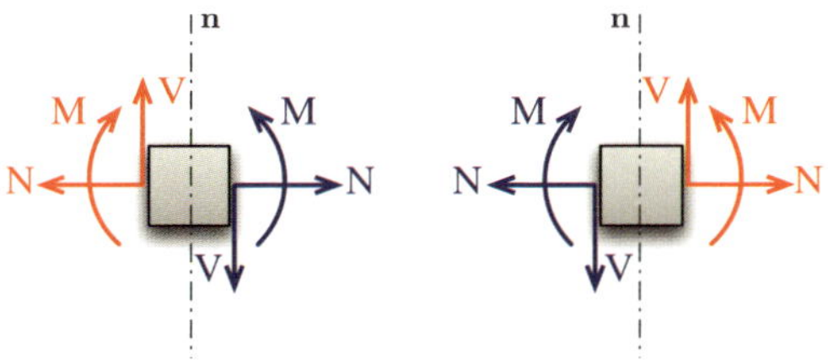

FIGURE 5.18 – Symétrie et anti-symétrie des efforts intérieurs : image conventionnelle à gauche et image miroir à droite.

5.5 Approfondissement : les équations indéfinies d'équilibre des poutres

Les propositions du paragraphe précédent dérivent de la nature des objets d'étude que nous avons appelés poutres. Les sollicitations se présentent pour garder la continuité des poutres sous efforts extérieurs ; elles apparaissent, par conséquent, par la mise en place d'une rupture fictive de continuité et sont duales des ruptures possibles.

C'est ainsi, par le principe des travaux virtuels, qu'on a introduit les relations du paragraphe précédent.

On peut également imaginer un tronçon de poutre entièrement séparé du reste de la structure, chargé par les actions extérieures qui normalement s'exercent sur lui et par les sollicitations que, normalement, les parties enlevées de la structure exercent sur ledit tronçon, et établir ses conditions d'équilibre.

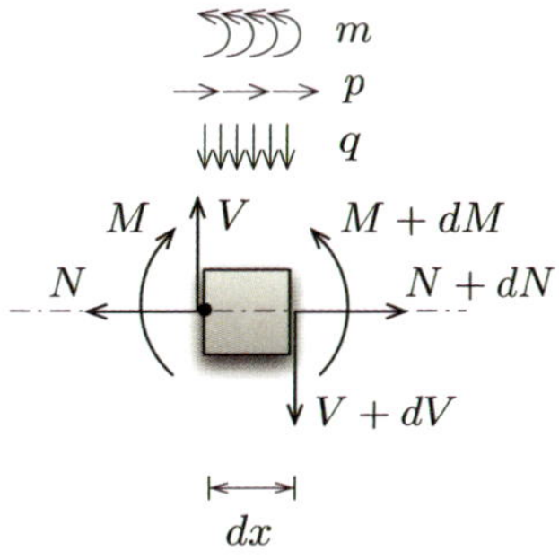

FIGURE 5.19 – Schéma pour l'écriture des équations indéfinies d'équilibre des poutres droites.

En figure 5.19 on montre un tel tronçon, chargé par des forces distribuées axiale p et orthogonale à l'axe q et par de moments distribués m, sur lequel on imagine s'appliquer les sollicitations qu'il échange normalement avec les parties de la poutre à sa droite et à sa gauche.

Les sollicitations, prises avec le signe conventionnellement positif, sont considérées avoir un incrément en passant de la section à gauche à celle à droite du tronçon d'épaisseur dx (on adopte la notation dx, à la place de la notation Δx du paragraphe précédent, car elle est la plus courante dans les circonstances de l'étude). On souhaite écrire la relation entre ces incréments et les forces extérieures appliquées sur le tronçon. Ces dernières sont prises comme des forces et des moments distribués, notamment :

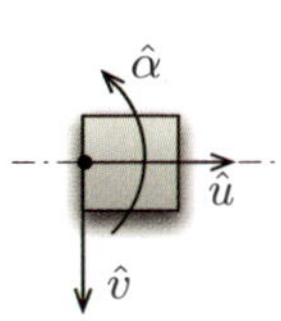

FIGURE 5.20 – Mouvements virtuels pour l'écriture des équations indéfinies d'équilibre des poutres droites.

- *m est un moment distribué appliqué en tout point de l'axe de la poutre, conventionnellement positif s'il a le signe indiqué dans la figure ;*
- *p est une force distribuée ayant la direction de l'axe de la poutre et appliquée en tout point de cet axe ;*
- *q est une force distribuée orthogonale à l'axe de la poutre et appliquée comme la précédente.*

Pour écrire les équations d'équilibre du tronçon de poutre d'épaisseur infinitésimale dx on considère trois mouvements virtuels : une translation d'ensemble $\hat{u}$ dans le sens de $N + dN$, une translation d'ensemble $\hat{v}$ dans le sens de $V + dV$ et une rotation d'ensemble $\hat{\alpha}$ dans le sens de $M + dM$ et autour du point indiqué sur la face à gauche dans le dessin (voir figure 5.20). L'écriture du principe des travaux virtuels pour ces trois mouvements conduit aux trois équations générales d'équilibre (équilibres de translation dans les deux directions indiquées et équilibre de rotation autour du pôle indiqué).

La translation horizontale donne :

$$(-N + N + dN + pdx)\hat{u} = 0 \; \forall \hat{u} \quad \Rightarrow \quad \frac{dN}{dx} + p = 0\,; \tag{5.5}$$

la translation verticale :

$$(-V + V + dV + qdx)\hat{v} = 0 \; \forall \hat{v} \quad \Rightarrow \quad \frac{dV}{dx} + q = 0\,; \tag{5.6}$$

et la rotation :

$$(-M + M + dM - (V + dV)dx - \frac{1}{2}q(dx)^2 + mdx)\hat{\alpha} = 0 \; \forall \hat{\alpha}$$

$$\Rightarrow \quad \frac{dM}{dx} - V + m = 0\,. \tag{5.7}$$

Notons que pour l'écriture de la dernière équation nous avons négligé les termes en $dVdx$ et $(dx)^2$, ce qui est légitime à la limite de $dx \to 0$.

Ce résultat montre que le problème de l'équilibre d'une poutre dont l'axe est droit s'écrit comme deux problèmes, l'un pour le champ N, qui doit être solution de l'équation différentielle (5.5), et l'autre pour les deux champs V et M avec le système d'équations différentielles (5.6) et (5.7).

Ces équations représentent de conditions indéfinies *d'équilibre qui doivent avoir lieu en tout point de la poutre droite. La détermination des champs N, V et M requiert l'introduction de conditions aux extrémités de l'intervalle de définition des fonctions. S'agissant d'équations aux dérivées premières, elles nécessitent l'introduction d'une condition à une extrémité de l'intervalle, disons $x \in [0, l]$ d'intégration. Sans réduire la généralité de l'énoncé, on peut écrire donc le problème de l'équilibre statique des poutres droites comme suit :*

$$\begin{cases} \frac{dN}{dx} + p = 0 & x \in [0, l] \\ N|_{x=0} = N_0 \end{cases} \qquad \begin{cases} \frac{dV}{dx} + q = 0 & x \in [0, l] \\ \frac{dM}{dx} - V + m = 0 & x \in [0, l] \\ V|_{x=0} = V_0 \\ M|_{x=0} = M_0 \end{cases}$$

où N_0, V_0 *et* M_0 *sont des données du problème ainsi posé.*

Un exemple d'application de ce système d'équations est donné par la poutre-console de la figure 5.21. Les données du problème sont les charges distribuées et les conditions

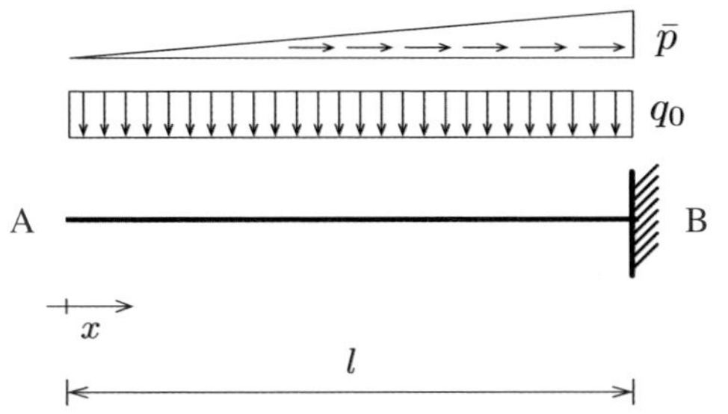

FIGURE 5.21 – Poutre console chargée par des forces distribuées.

à l'extrémité libre de la poutre :

$$p = \bar{p}\frac{x}{l}\ ;\ q = q_0\ ;\ m = 0\ ;\ N|_{x=0} = 0\ ;\ V|_{x=0} = 0\ ;\ M|_{x=0} = 0\,.$$

En intégrant les équations indéfinies d'équilibre on obtient :

$$N(x) = N|_{x=0} - \int_0^x \frac{\bar{p}\xi}{l} d\xi = -\frac{\bar{p}x^2}{2l}\ ;$$

$$V(x) = V|_{x=0} - \int_0^x q_0 d\xi = -q_0 x\ ;$$

$$M(x) = M|_{x=0} + \int_0^x V(\xi) d\xi = -\frac{q_0 x^2}{2}\,.$$

Les signes obtenus montrent que les sollicitations sont opposées aux conventionnelles ; les diagrammes ont l'allure dessinée figure 5.22.

5.6 Conclusion

Dans ce chapitre on a traité les questions suivantes :

- les lignes d'influence des réactions et des composantes de la sollicitation dans les structures isostatiques ;
- les diagrammes de la sollicitation dans ces structures, sous forces concentrés ou distribuées ;
- la relation entre effort tranchant et moment fléchissant et entre force extérieure distribuée et effort tranchant dans une poutre.

La troisième question a conduit à l'étude plus approfondie des équations différentielles d'équilibre des poutres.

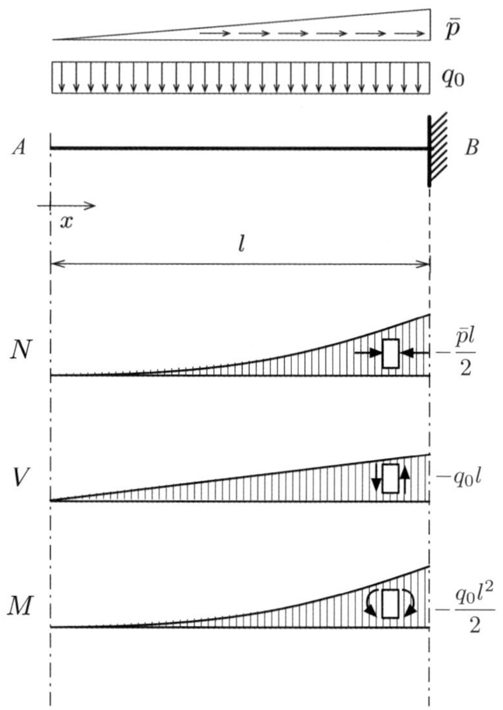

FIGURE 5.22 – Sollicitations dans une console chargée par des forces distribuées. Les pictogrammes montent la direction des efforts et du moment dont le signe conventionnel est négatif. Le diagramme du moment est dessiné du côté des fibres tendues (le recours systématique à cette convention rend le pictogramme superflu).

5.7 Exercices

Exercice 50. On trace les diagrammes du moment fléchissant et de l'effort tranchant de la structure dessinée ci-dessous, chargée par la force F sur la rotule D.

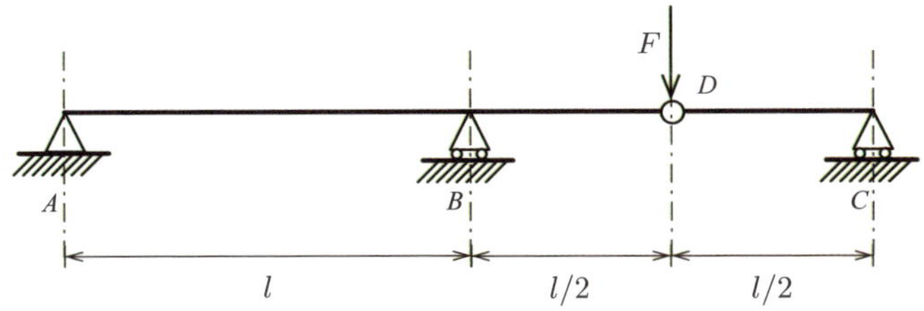

La structure est isostatique et soumise à une force concentrée. Le diagramme de l'effort tranchant se compose d'autant de morceaux constants que de parties de la structure comprises entre liaisons cinématiques (trois). Pour le déterminer, il suffit de se donner trois mouvements virtuels, chacun obtenu en plaçant une glissière dans un point arbitraire de l'une des trois parties. Le schéma suivant montre ces trois mouvements et les efforts tranchants inconnus de chaque problème.

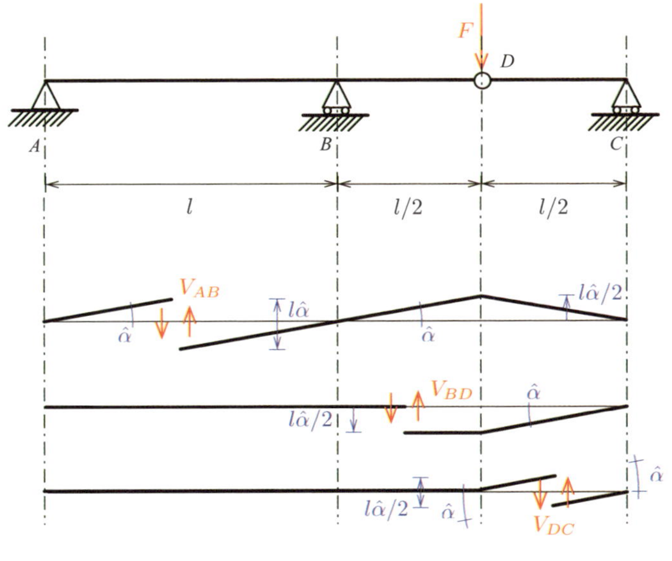

Le travail virtuel s'écrit, dans l'ordre, dans les trois cas :

$$\hat{\mathscr{W}} = -F\frac{l}{2}\hat{\alpha} - V_{AB}l\hat{\alpha} = 0 \;\forall\hat{\alpha} \;\Rightarrow\; V_{AB} = -\frac{F}{2}\,;$$

$$\hat{\mathscr{W}} = F\frac{l}{2}\hat{\alpha} - V_{BD}\frac{l}{2}\hat{\alpha} = 0 \;\forall\hat{\alpha} \;\Rightarrow\; V_{BD} = F\,;$$

$$\hat{\mathscr{W}} = -V_{DC}\frac{l}{2}\hat{\alpha} = 0 \;\forall\hat{\alpha} \;\Rightarrow\; V_{DC} = 0\,.$$

Le diagramme du moment se compose d'autant de morceaux linéaires que de parties de la structure où l'effort tranchant est constant, et d'autant de morceaux constants que de parties à effort tranchant nul. Pour le déterminer, il suffit de se donner un mouvement virtuel, obtenu en plaçant une rotule en B, pour calculer la valeur maximale du moment, commune aux deux morceaux linéaires du diagramme. Le schéma ci-dessous montre ce passage.

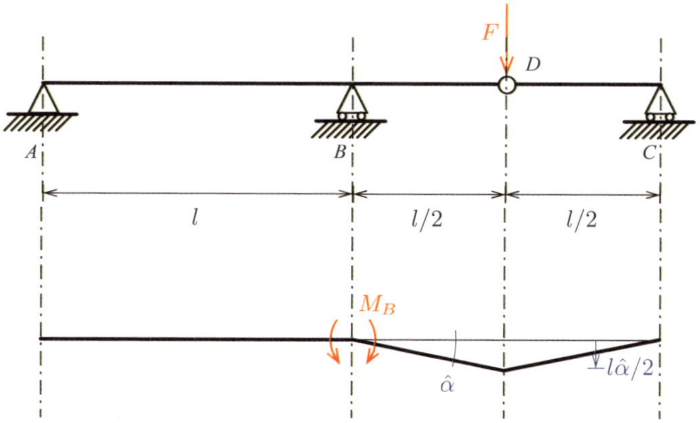

Le travail virtuel est :

$$\hat{\mathscr{W}} = M_B\hat{\alpha} + F\frac{l}{2}\hat{\alpha} = 0 \ \forall\hat{\alpha} \ \Rightarrow \ M_B = - - \frac{Fl}{2}.$$

En conclusion, on obtient les diagrammes :

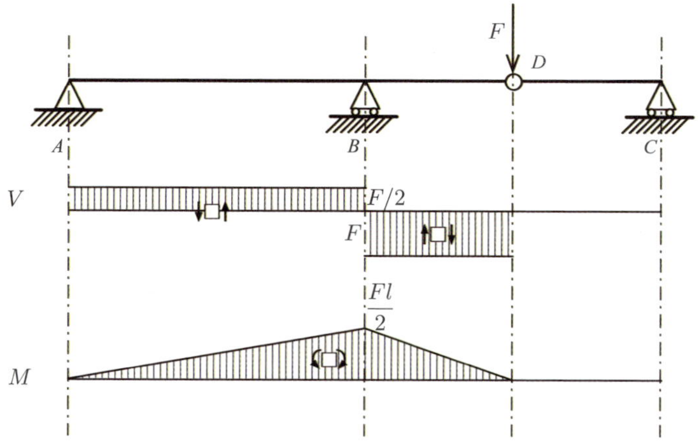

Notez que la convention de dessiner le diagramme du moment du coté des fibres tendues rend la présence du pictogramme, indiquant le sens du moment, superflue.

Exercice 51. On trace les diagrammes du moment fléchissant et de l'effort tranchant de la structure de l'exercice précédent, mais chargée par une force distribuée sur sa partie BC.

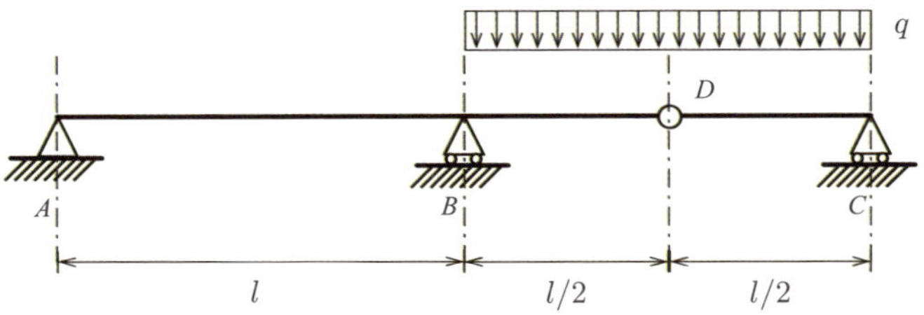

L'effort tranchant est uniforme sur la partie AB de la structure et varie linéairement, avec pente uniforme donnée par q, sur la partie BC. Pour déterminer ce diagramme sur AB, on peut se donner un mouvement virtuel compatible avec la mise en place d'une glissière dans un point quelconque entre A et B. Pour la partie à variation linéaire, on peut calculer les valeurs extrêmes, d'abord en plaçant une glissière dans B et ensuite dans C.

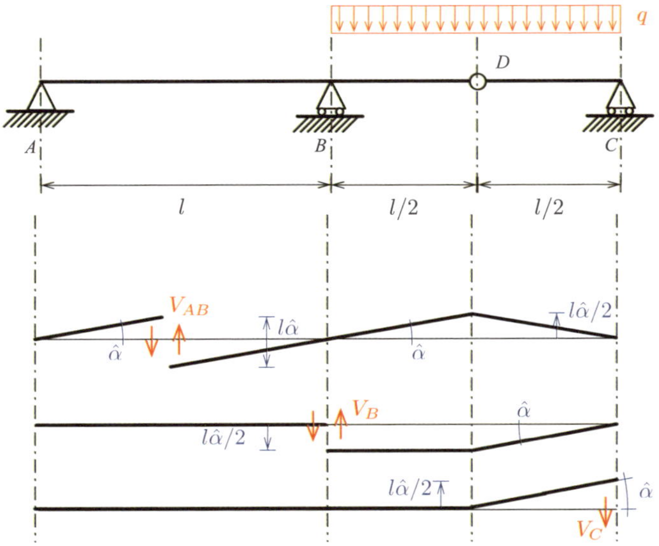

Notez que les mouvements virtuels ci-dessus sont très proches de ceux de l'exercice précédent : représentant les lignes d'influence de l'effort tranchant dans les divers points de la structure, ils ne dépendent pas du chargement.

Les travaux virtuels, dans les trois cas, sont :

$$\hat{\mathscr{W}} = -q\frac{l^2}{4}\hat{\alpha} - V_{AB} l\hat{\alpha} = 0\ \forall\hat{\alpha} \ \Rightarrow\ V_{AB} = -\frac{ql}{4}\,;$$

$$\hat{\mathscr{W}} = q\left(\frac{l^2}{4} + \frac{l^2}{8}\right)\hat{\alpha} - V_B\frac{l}{2}\hat{\alpha} = 0\ \forall\hat{\alpha} \ \Rightarrow\ V_B = \frac{3ql}{4}\,;$$

$$\hat{\mathscr{W}} = q\frac{l^2}{8}\hat{\alpha} - V_C\frac{l}{2}\hat{\alpha} = 0\ \forall\hat{\alpha} \ \Rightarrow\ V_C = \frac{ql}{4}\,.$$

Il convient de determiner le point, entre B et C, où l'effort tranchant est nul, correspondant à un maximum (ou minimum) local du moment fléchissant. Il suffit pour cela de prendre en compte un mouvement virtuel comme le troisième utilisé, dans l'exercice précédent, pour déterminer l'effort tranchant, et chercher la position de la glissière qui égalise les surfaces balayées dans le mouvement dans les deux sens opposés. L'observation de ce mouvement montre que la position est au centre de la partie DC de la poutre.

Pour déterminer le diagramme du moment, on considère les mouvements virtuels :

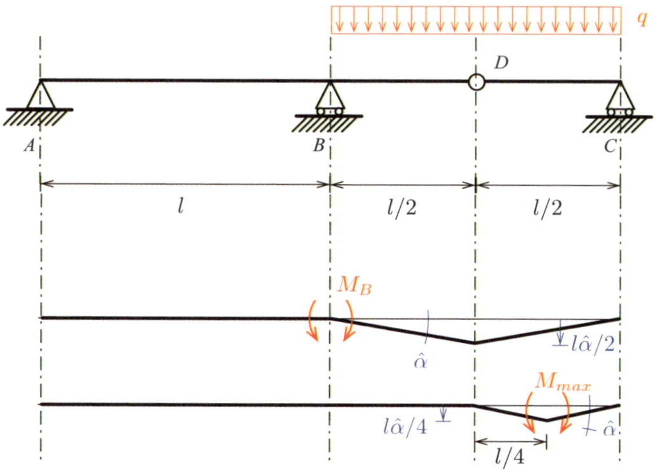

Et les travaux virtuels :

$$\hat{\mathscr{W}} = M_B\hat{\alpha} + q\frac{l^2}{4}\hat{\alpha} = 0\ \forall\hat{\alpha}\ \Rightarrow\ M_B = - - \frac{ql^2}{4}\,.$$

$$\hat{\mathscr{W}} = -2M_{max}\hat{\alpha} + q\frac{l^2}{16}\hat{\alpha} = 0\ \forall\hat{\alpha}\ \Rightarrow\ M_B = -\frac{ql^2}{32}\,.$$

En conclusion, on peut tracer les diagrammes :

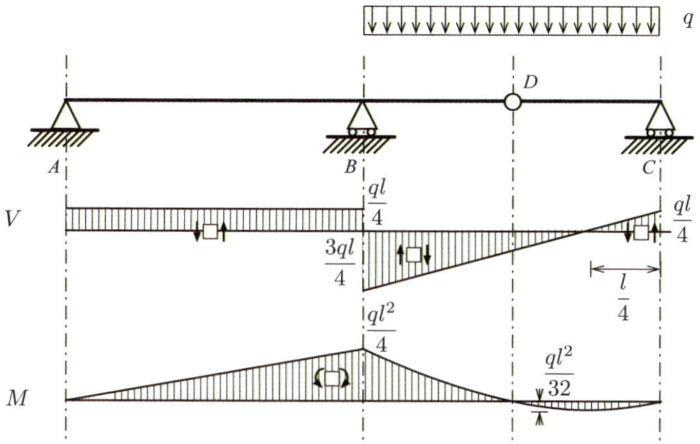

Exercice 52. On étudie la structure dessinée ci-dessous, chargée par la force distribuée q et par le moment $\bar{M}$:

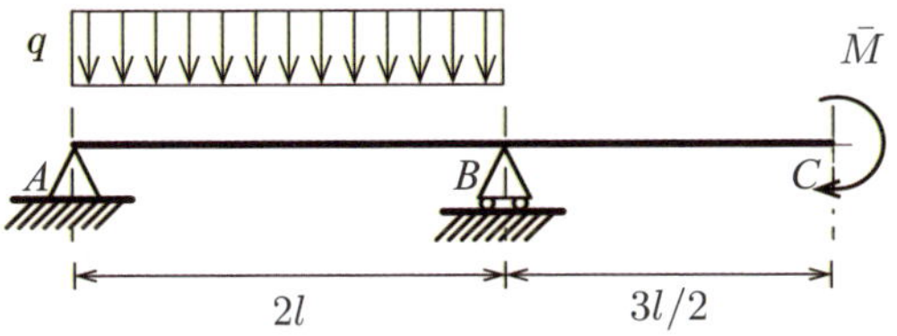

On tracera les diagrammes du moment fléchissant et de l'effort tranchant, d'abord, séparément, sous q seulement et sur $\bar{M}$ seulement, et, ensuite, en sommant les deux chargements et en prenant :

$$\bar{M} = 2ql\,(l - d)\ ;\ d < l\,.$$

Pour déterminer le diagramme du moment, il suffit de se donner deux mouvements virtuels, l'un correspondant à la valeur extrême de ce diagramme, sur l'appui B, lorsque $\bar{M}$ agit seul, l'autre correspondant à la valeur extrême sous q seul, qui se trouve au milieu de AB :

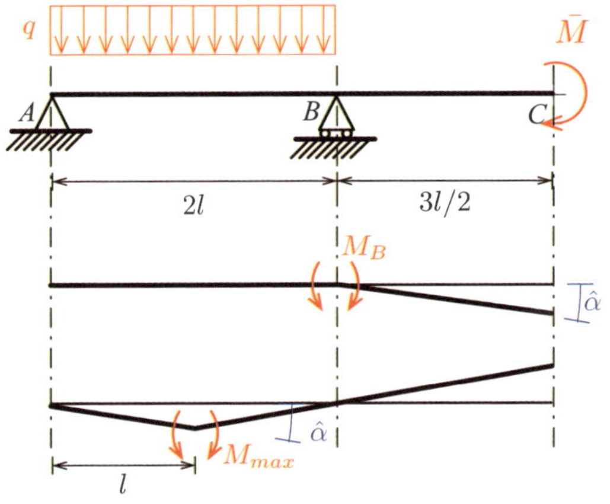

On a, dans les deux cas, les travaux virtuels :

$$\hat{\mathscr{W}} = (M_B + \bar{M})\hat{\alpha} = 0\ \forall\hat{\alpha}\ \Rightarrow\ M_B = -\bar{M}\,;$$

$$\hat{\mathscr{W}} = (ql^2 - 2M_{max})\hat{\alpha} = 0\ \forall\hat{\alpha}\ \Rightarrow\ M_{max} = \frac{ql^2}{2}\,.$$

La détermination des diagrammes de l'effort tranchant est ensuite possible par le calcul de la pente du diagramme du moment. Dans le cas avec $\bar{M}$ seul, on obtient :

$$V_{AB} = \frac{M_B}{2l} = -\frac{\bar{M}}{2l}\ ;\ V_{BC} = 0\,.$$

Dans le cas avec q seul, le diagramme de l'effort tranchant varie linéairement dans la zone où se trouve la charge uniforme. Pour calculer sa pente, sachant que le diagramme du moment est donné par une parabole, il suffit de se rappeler de la propriété des paraboles illustrée par l'image suivante :

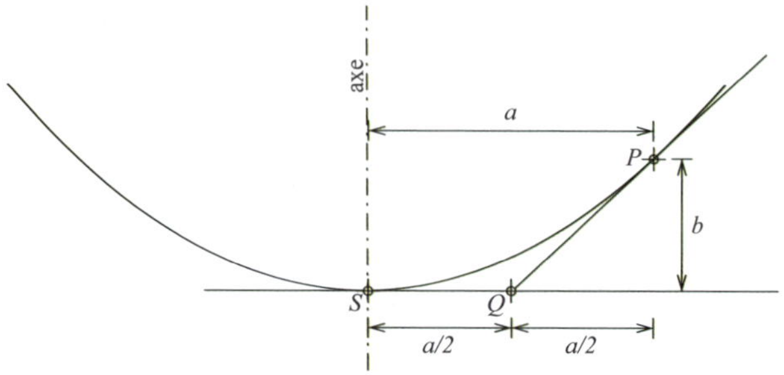

La tangente en un point P rencontre la tangente au sommet S de la parabole en un point Q dont la distance de l'axe est moitié de celle du point P. La pente de la tangente en P est donc donnée par $2b/a$, a et b étant les distances de P aux axes indiqués dans le dessin (respectivement, distance de l'axe de la parabole et distance de la tangente au sommet).

Il s'ensuit que :

$$V_A = 2\frac{ql^2/2}{l} = ql\,;\ V_{B(gauche)} = -ql\,;\ V_{BC} = 0\,.$$

Pour tracer la solution lorsque q et $\bar{M}$ interviennent en même temps, avec la valeur donnée de $\bar{M}$ en fonction de q, il faut calculer le point où se trouve le moment maximal entre A et B. L'effort tranchant étant nul dans ce point, dont on note x la distance inconnue par rapport à A, on peut écrire :

$$V(x) = -\frac{\bar{M}}{2l} + q(l-x) = -q(l-d) + q(l-x) = 0 \ \Rightarrow\ x = d\,.$$

Le moment maximal se calcule par les mouvements virtuels obtenus en plaçant une rotule dans ce point :

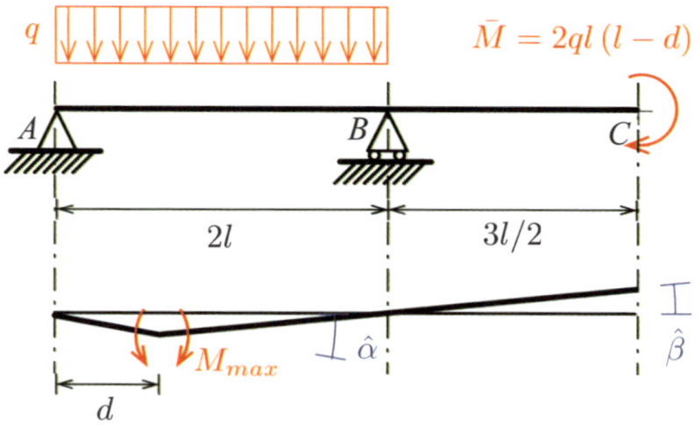

$$\hat{\mathscr{W}} = qld\hat{\alpha} - M_{max}\frac{2l}{2l-d}\hat{\alpha} - 2ql(l-d)\frac{d}{2l-d}\hat{\alpha} = 0\ \forall\hat{\alpha} \ \Rightarrow\ M_{max} = \frac{qd^2}{2}\,.$$

Ce résultat est de portée générale : lorsque, en présence d'une charge uniformément distribuée q orthogonale à l'axe de la poutre, le diagramme du moment est une parabole dont le sommet se trouve à la distance d des points à moment nul, la valeur absolue du diagramme au sommet est $qd^2/2$.

En conclusion, pour l'exercice donné, en prenant $d = 7l/8$, soit $\bar{M} = ql^2/4$, les diagrammes sont les suivants :

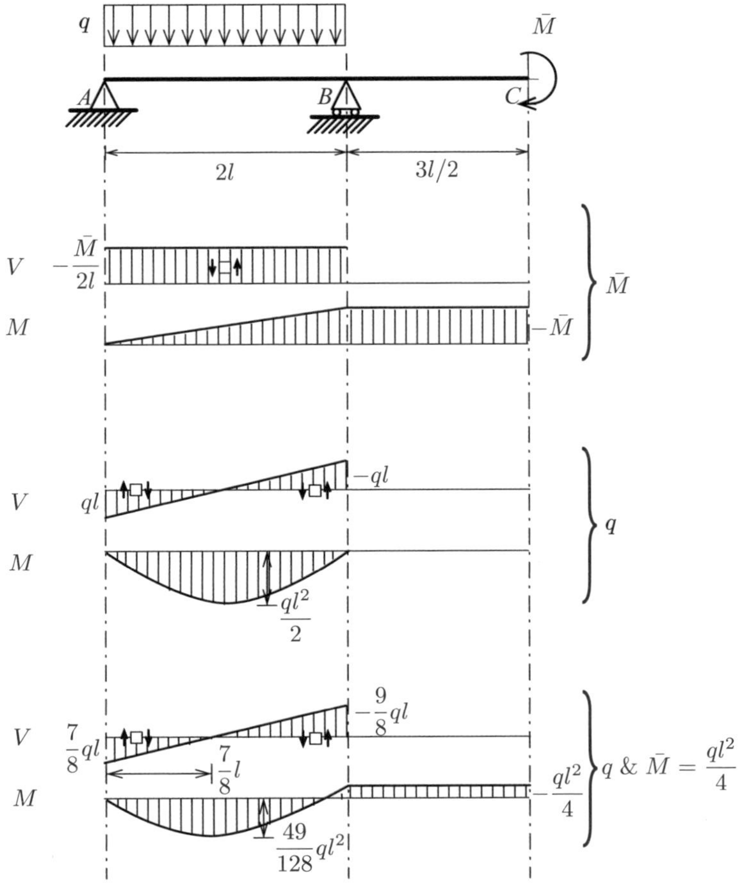

Exercice 53. On trace les diagrammes du moment fléchissant et de l'effort tranchant de la structure dessinée ci-dessous, chargée par les forces F_1 et F_2. L'emplacement des forces sur la structure est défini par les paramètres a et b, avec le point H toujours compris entre A et E et J compris entre C et G.

Dans le même schéma, on représente les quatre mouvements virtuels qu'il faut se donner pour calculer le moment fléchissant aux points H, B, C et J, qui, compte tenu des liaisons et du chargement, sont les lieux des extrêmes du diagramme. La connaissance de ces valeurs permet de tracer le diagramme du moment fléchissant dans toute la structure.

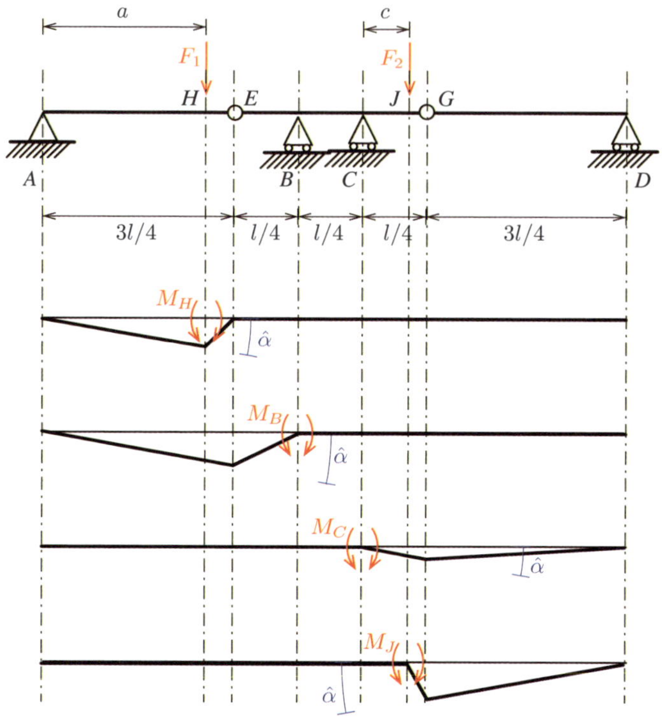

Les conditions d'équilibre associées à ces mouvements virtuels sont :

$$\hat{\mathscr{W}} = -M_H\left(1 + \frac{a}{3l/4 - a}\right)\hat{\alpha} + F_1 a\hat{\alpha} = 0\ \forall\hat{\alpha} \Rightarrow M_H = F_1 a\left(1 - \frac{4a}{3l}\right);$$

$$\hat{\mathscr{W}} = M_B 3\hat{\alpha} + F_1 a\hat{\alpha} = 0\ \forall\hat{\alpha} \Rightarrow M_B = -\frac{F_1 a}{3};$$

$$\hat{\mathscr{W}} = M_C\hat{\alpha} + F_2 c\hat{\alpha} = 0\ \forall\hat{\alpha} \Rightarrow M_C = -F_2 c;$$

$$\hat{\mathscr{W}} = M_J\frac{3l/4}{l/4 - c}\hat{\alpha} = 0\ \forall\hat{\alpha} \Rightarrow M_J = 0;$$

Pour calculer le diagramme de l'effort tranchant, on peut simplement évaluer les pentes du diagramme du moment :

$$V_{AH} = \frac{M_H}{a} = F_1\left(1 - \frac{4a}{3l}\right);\ V_{HB} = \frac{M_B}{l/4} = -\frac{M_H}{3l/4 - a} = \frac{M_B - M_H}{l - a} = -F_1\frac{4a}{3l};$$

$$V_{BC} = \frac{M_C - M_B}{l/4} = F_1\frac{4a}{3l} - F_2\frac{4c}{l};\ V_{CJ} = \frac{M_J - M_C}{c} = F_2;\ V_{JG} = 0\,.$$

On observe que les sauts du diagramme de l'effort tranchant sont les charges ponctuelles appliquées sur la structure, soit par le chargement, soit par les liaisons cinématiques. On parvient ainsi à la détermination des réactions (prises positives vers le haut) :

$$R_A^v = V_{AH} = F_1\left(1 - \frac{4a}{3l}\right);\ R_B = V_{BC} - V_{HB} = F_1\frac{8a}{3l} - F_2\frac{4c}{l};$$

$$R_C = V_{CJ} - V_{BC} = -F_1 \frac{4a}{3l} + F_2 \left(1 + \frac{4c}{l}\right) \; ; \; R_D = 0\,.$$

En conclusion, on obtient les diagrammes :

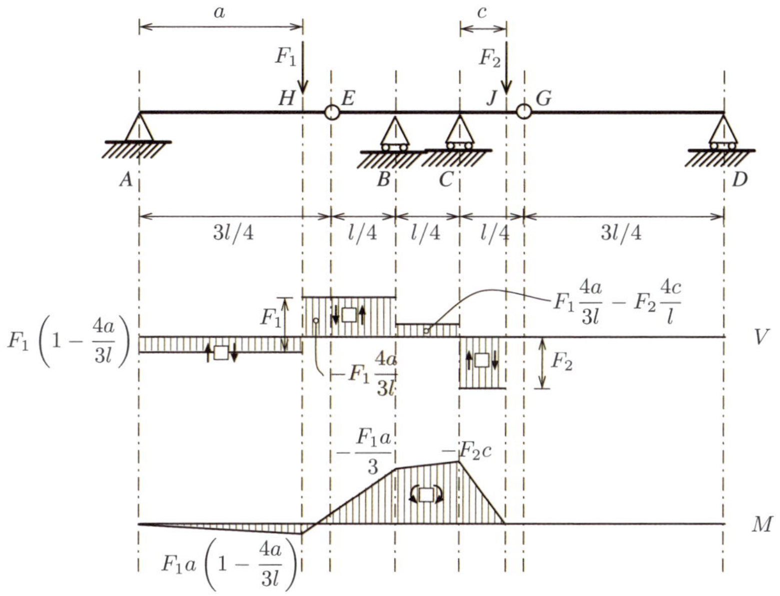

Exercice 54. On étudie un cadre fermé soumis à une force dirigée suivant une diagonale, en faisant appel aux propriétés de symétrie et anti-symétrie du problème. La structure et le chargement sont représentés ci-dessous :

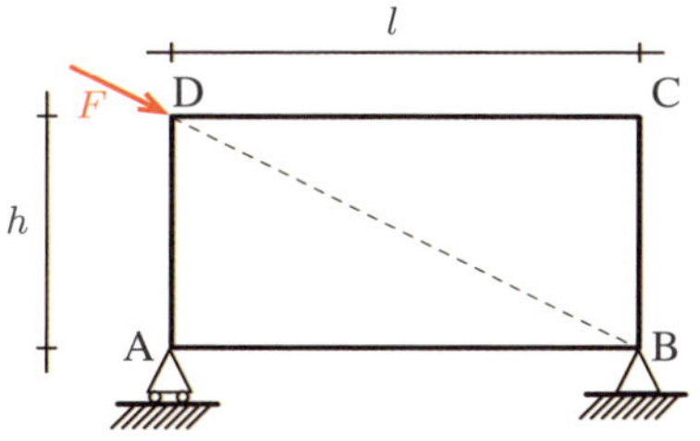

La structure est isostatique extérieurement et trois fois hyperstatique intérieurement ; étant isostatique extérieurement, il est possible de calculer les réactions par les méthodes du chapitre 3. Le résultât est présenté dans le schéma suivant :

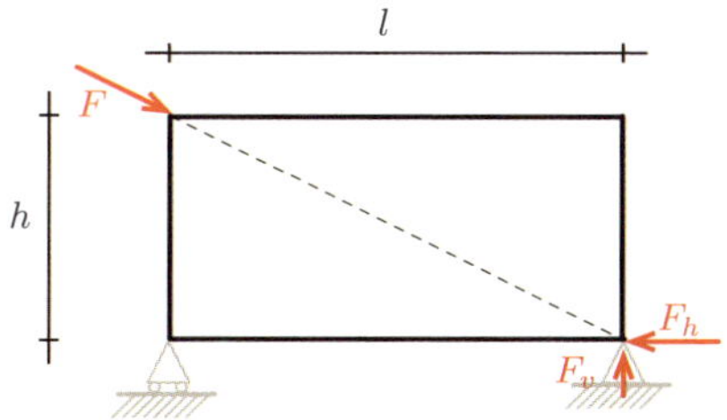

où on a introduit les composantes horizontale et verticale de la force F :

$$F_h = \frac{Fl}{\sqrt{l^2 + h^2}}\ ;\ F_v = \frac{Fh}{\sqrt{l^2 + h^2}}\,.$$

Le problème de la détermination de la sollicitation peut maintenant s'appuyer sur les propriétés de symétrie ou anti-symétrie, grâce à la géométrie symétrique du cadre. En effet, lorsque la structure est symétrique, il est toujours possible de lire le chargement comme la somme de certains efforts disposés symétriquement et d'autres dont la disposition est anti-symétriques. Par exemple, pour le cadre de la figure précédente, on peut suivre la décomposition :

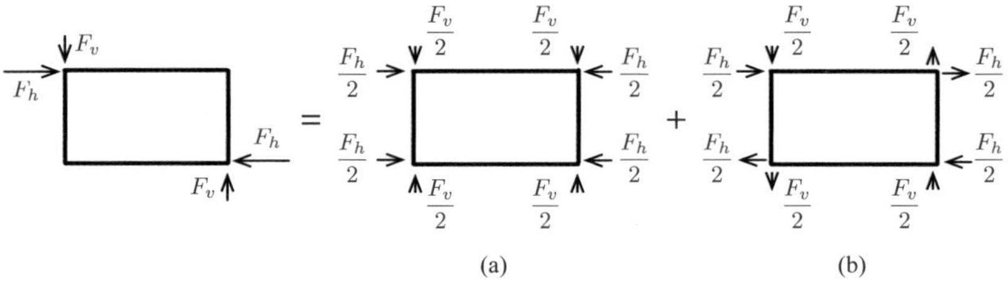

qui conduit à la position d'un premier problème (a), ayant deux axes de symétrie, et d'un deuxième problème (b), ayant deux axes d'anti-symétrie. Le premier peut se transformer comme il suit :

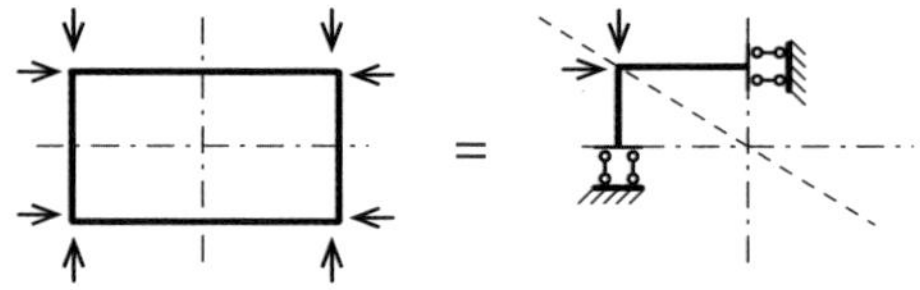

donnant lieu une structure une fois hyperstatique. Le deuxième peut se réduire au problème suivant :

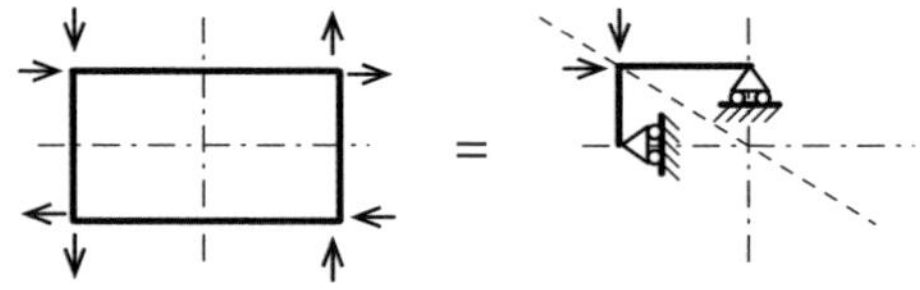

demandant la recherche de la sollicitation dans un mécanisme, soumis à un chargement qui, ne produisant pas de travail dans les mouvements possibles du mécanisme, peut se trouver en équilibre statique avec les réactions.

(a) Le premier problème auxiliaire concerne une structure hyperstatique, dont l'analyse par les seuls outils de la statique ne peut que être limitée. Dans le cas présent, il est possible de déterminer les efforts normaux et les efforts tranchants, mais il ne sera pas possible de déterminer les moments fléchissants.

En remplaçant l'une ou l'autre glissière par une double glissière, comme dans les schémas ci-dessous, on détermine les forces réactives, qui représentent les efforts normaux. Par ailleurs, tant les efforts normaux que les efforts tranchants sont constants sur les quatre côtés du cadre, car aucune force extérieure n'intervient dans ces parties de la structure, ce qui implique que les deuxièmes sont nuls partout et, par conséquent, que les moments fléchissant sont partout égaux.

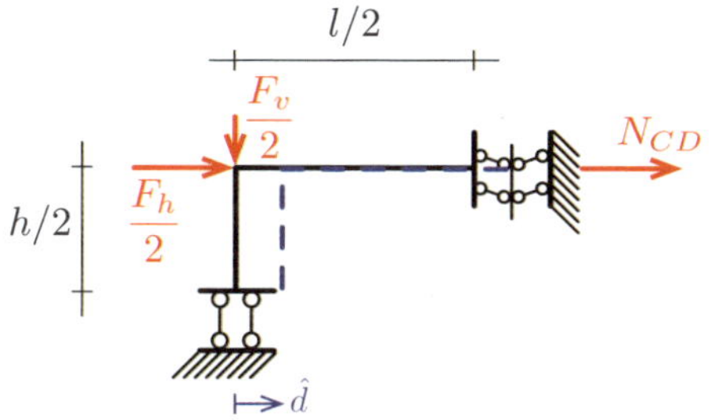

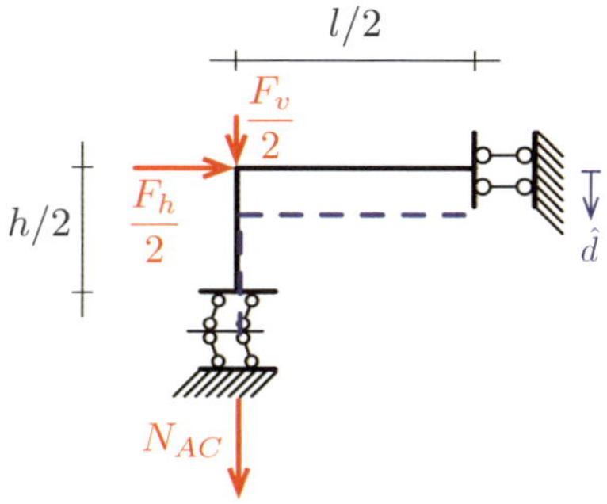

$$\hat{\mathscr{W}} = (F_h/2 + N_{CD})\hat{d} = 0 \;\forall \hat{d} \;\Rightarrow\; N_{CD} = -F_h/2\,;$$

$$\hat{\mathscr{W}} = (F_v/2 + N_{AC})\hat{d} = 0 \;\forall \hat{d} \;\Rightarrow\; N_{AC} = -F_v/2\,.$$

Pour ce qui concerne ce moment fléchissant uniforme, on peut constater que l'équilibre est satisfait quel que soit sa valeur, indépendamment des efforts extérieurs appliqués. Il suffit pour cela de placer deux rotules sur la structure, pour créer un mécanisme, comme, par exemple, dans les deux cas ci-dessous :

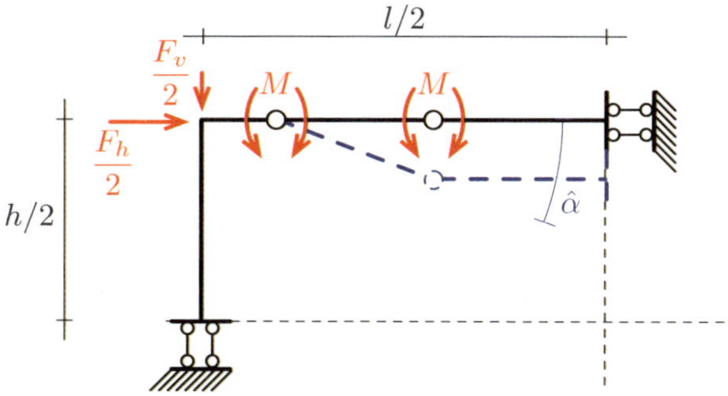

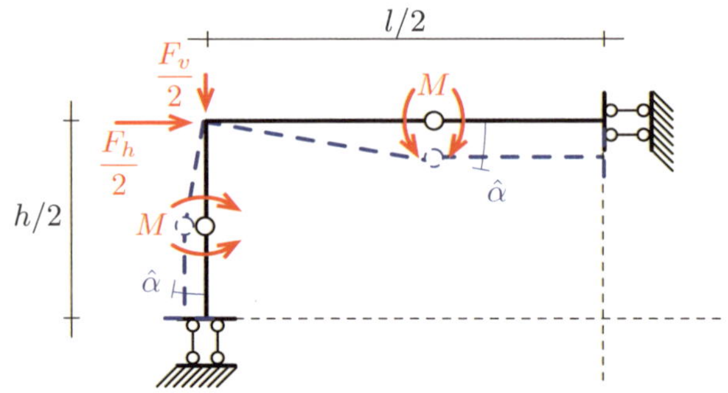

Quelle que soit la position des deux rotules, on obtient un travail virtuel identiquement nul :

$$\mathscr{W} = (M - M)\hat{\alpha} = 0 \;\forall M\,.$$

Le moment fléchissant est donc uniforme, mais indéterminé par la statique.

(b) Le deuxième problème auxiliaire comporte l'analyse d'un mécanisme, qui se fait suivant la démarche habituelle, sauf que, à la différence que pour une structure isostatique, en introduisant une coupure, on peut obtenir un mécanisme virtuel ayant plus d'un degré de liberté. Pour la détermination de l'effort tranchant sur le côté CD, par exemple, on place une glissière intérieure et on obtient le mécanisme à deux paramètres que voici :

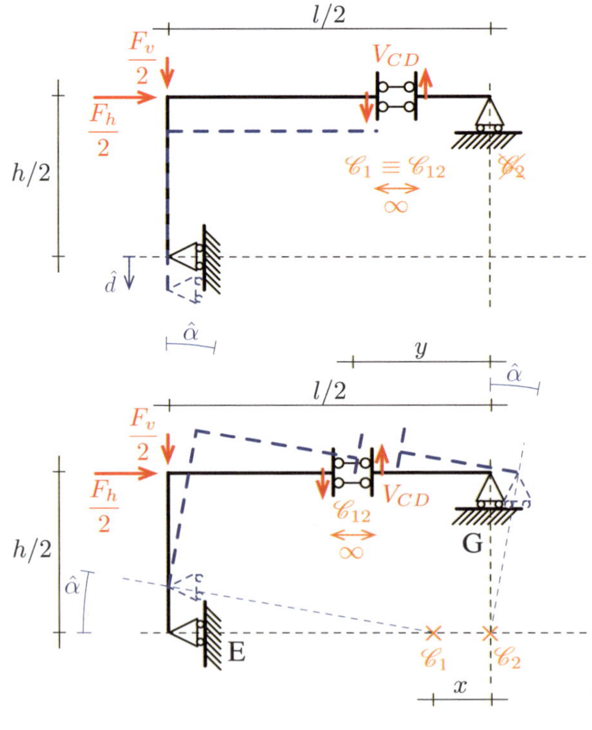

La première famille de mouvements, obtenue par des translations verticales de la partie de la structure à gauche de la glissière, sans mouvement de la partie à droite, donne le travail virtuel :

$$\hat{\mathscr{W}} = (F_v/2 + V_{CD})\hat{d} = 0\ \forall \hat{d}\ \Rightarrow\ V_{CD} = -F_v/2\,.$$

La deuxième, obtenue en prenant $\mathscr{C}_2$ sur l'axe horizontal identifié par l'appui E, et $\mathscr{C}_1$ sur le même axe, doit être décrite en se donnant deux paramètres arbitraires : la position de la glissière, identifiée par sa distance y de l'axe vertical mené par G, et la position du centre $\mathscr{C}_1$, identifiée par la distance x du même axe. Le travail virtuel ainsi obtenu est (on rappelle que $F_v l = F_h h$) :

$$\hat{\mathscr{W}} = \left(\frac{F_h}{2}\frac{h}{2} - \frac{F_v}{2}(\frac{l}{2} - x) - V_{CD}(y - x) + V_{CD}y\right)\hat{\alpha}$$
$$= (F_v/2 + V_{CD})x\hat{\alpha} = 0\ \forall \hat{\alpha}\ \Rightarrow\ V_{CD} = -F_v/2\,;$$

résultat identique au précédent et valable donc quel que soit le mouvement virtuel dans les deux familles.

Par des passages similaires, on obtient l'effort tranchant sur le côté vertical du cadre :

$$V_{AD} = F_h/2\,.$$

Le calcul des efforts normaux se fait en introduisant des glissières axiales. Comme dans le cas précédent, on obtient un mécanisme à deux paramètres :

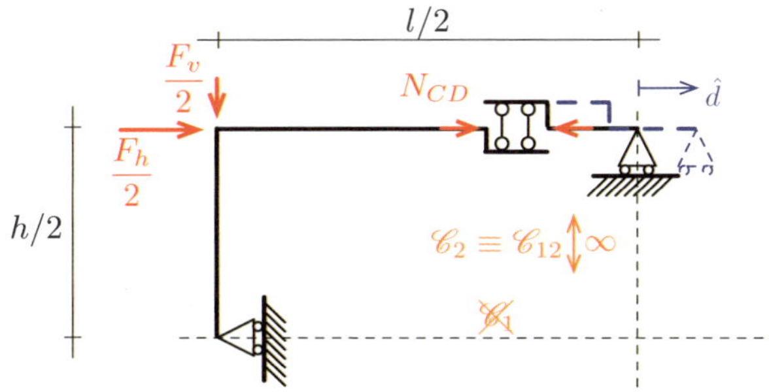

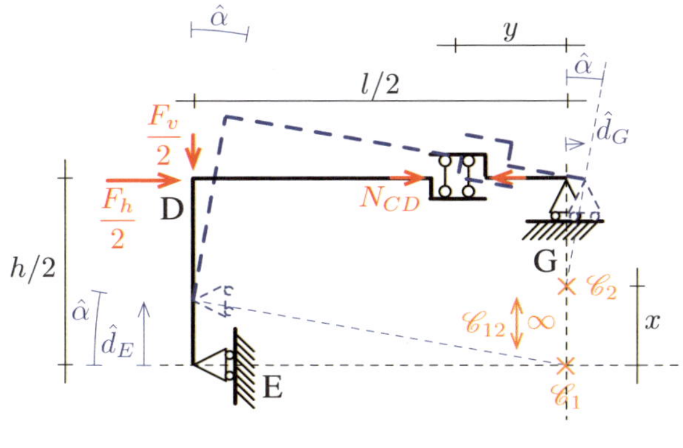

et les conditions d'équilibre :

$$\hat{\mathscr{W}} = N_{CD}\hat{d} = 0\ \forall \hat{d} \ \Rightarrow\ N_{CD} = 0\,.$$

$$\hat{\mathscr{W}} = \left(\frac{F_h}{2}\frac{h}{2} - \frac{F_v}{2}\frac{l}{2} + N_{CD}\frac{h}{2} + N_{CD}(\frac{h}{2} - x)\right)\hat{\alpha}$$

$$= -N_{CD}x\hat{\alpha} = 0\ \forall \hat{\alpha} \ \Rightarrow\ N_{CD} = 0\,(\forall x \neq 0).$$

Similairement on obtient

$$N_{AD} = 0\,.$$

Le calcul du moment fléchissant se fait en introduisant une rotule sur le nœud D, où se trouve le maximum de cette composante de la sollicitation. Encore une fois, le mécanisme ainsi obtenu est à deux paramètres, mais l'écriture du principe des travaux virtuels conduit à un résultat unique (sous la condition $F_v l = F_h h$) :

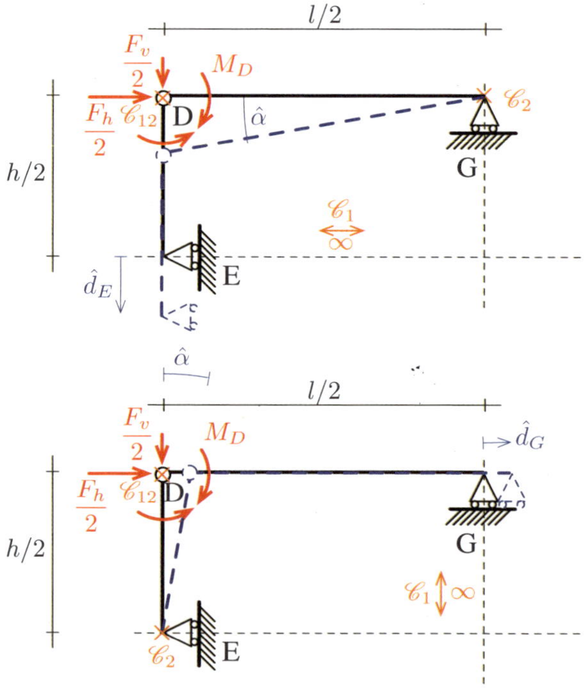

$$\hat{\mathscr{W}} = \left(\frac{F_v l}{4} - M_D\right)\hat{\alpha} = \left(\frac{F_h h}{4} - M_D\right)\hat{\alpha} = 0\ \forall \hat{\alpha} \ \Rightarrow\ M_D = \frac{F_h h}{4} = \frac{F_v l}{4}\,.$$

En conclusion, pour le cadre fermé soumis à une force dirigée suivant une diagonale, on obtient, en sommant les résultats des problèmes (a) et (b), les diagrammes suivants :

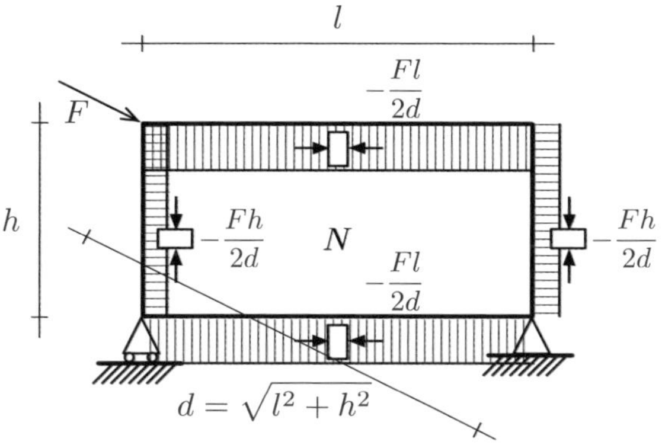

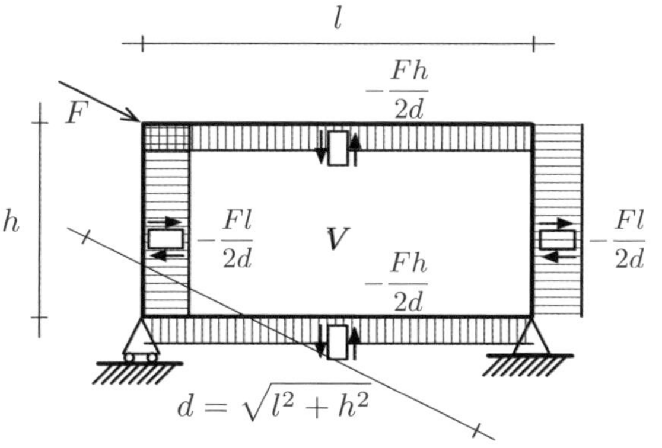

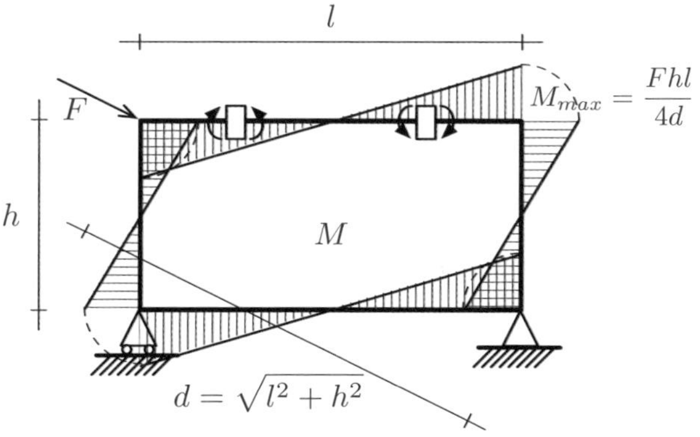

On rappelle que la structure pourra être sollicitée, outre que par ces efforts intérieurs, par un moment fléchissant uniforme, dont l'amplitude, indépendante du chargement appliqué, ne peut pas être déterminée par la statique.

6

Treillis

6.1 Introduction

Dans les chapitres précédents nous avons introduit le concept d'état de sollicitation dans les poutres en partant de l'idée de corps rigide et en introduisant l'hypothèse qu'il existe des efforts intérieurs qui apparaissent par effet de l'impossibilité du mouvement entre sections voisines de la poutre. Suivant l'hypothèse des coupures de Cauchy et son application par le principe des travaux virtuels, les sollicitations dans un point sont apparues suite à l'introduction fictive, dans ce point, de ruptures de continuité de la poutre.

L'objet poutre se trouve ainsi caractérisé par sa capacité de générer, dans tout point, un état de sollicitation qui se compose éventuellement d'un effort normal, d'un effort tranchant et d'un moment fléchissant. Ayant admis que toute rupture de continuité fictive doit être compensée par l'introduction d'un effort afin de conserver l'équilibre du système, l'état de sollicitation imaginé pour les poutres est le plus riche qui peut se présenter dans un élément unidimensionnel contenu dans un plan.

Il est alors possible d'imaginer des objets capables d'exprimer des états de sollicitation plus simples. C'est le cas des *barres*, éléments unidimensionnels comme les poutres, mais pouvant être sollicités exclusivement par un effort normal. Dans l'analyse des systèmes contenant de barres, on ne considère donc pas de ruptures de continuité virtuelles de celles-ci de type rotule ou glissière permettant des translations de cisaillement. Autrement dit, aucun effort intérieur ne doit être introduit pour rétablir l'équilibre d'une barre lorsqu'on introduit dans celle-ci une rotule fictive ou une glissière permettant des translations de cisaillement.

Cette affirmation peut être vue comme une propriété des barres (elles sont incapables de générer d'autres efforts que les efforts normaux) ou du système dans lequel elles se trouvent (aucun effort n'est transmis aux barres tel à engendrer des sollicitations autres que l'effort normal), ce qui ne fait aucune différence du point de vue des définitions et des méthodes qu'on va introduire.

En pratique, une barre est une poutre particulière, montée dans une structure de manière à éviter ou réduire le plus possible les sollicitations de flexion et de cisaillement et – par conséquent – réalisée avec une résistance minimale vis-à-vis de ces efforts.

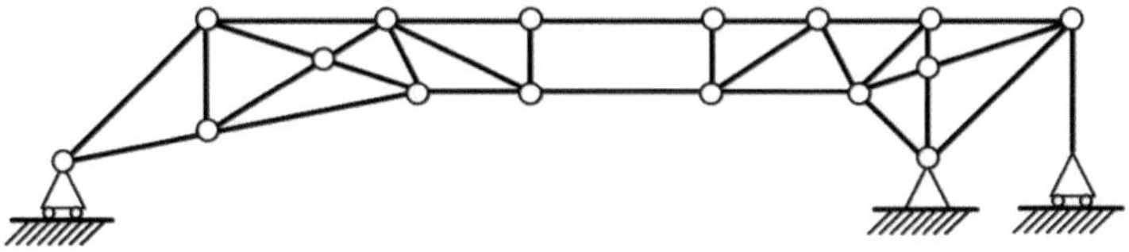

FIGURE 6.1 – Un treillis est une structure composée exclusivement de barres qui ne sont connectées entre elles ou au sol que par les rotules qui se trouvent à leurs extrémités. Seul ces extrémités, ou nœuds, peuvent être chargées par des forces.

Le montage nécessaire à cet effet peut être schématisé comme suit :

- une barre est un élément unidimensionnel droit ;
- à chaque extrémité d'une barre se trouve une rotule ;
- les barres ne sont connectées au reste de la structure ou au sol que par ces rotules à leurs extrémités ;
- les chargements sont donnés par des forces qui ne sont pas appliquées sur les barres, mais seulement sur leurs extrémités.

Un *treillis* est une structure composée exclusivement de barres. On appelle *nœud* une connexion entre barres et on imagine toujours ce nœud comme le lieu d'une rotule (voir figure 6.1).

Comme plus généralement pour les structures, les questions suivantes se posent pour les treillis :

- Quelles sont les conditions pour que le système soit stable dans sa configuration initiale ?
- Comment calculer les sollicitations sous chargement ?

Au cours du XIXe siècle, ces questions ont intéressé une suite remarquable d'hommes scientifiques, tels que Möbius (1833 [1]), Rankine (1857), Menabrea (1858), Clebsh (1862), Maxwell (1864), Culmann (1866), Cremona (1867), Ritter (1870), Castigliano (1873) et Mohr (1874), en même temps que des ingénieurs, comme Polonceau (1837), Howe (1840), Pratt père et fils (1844), Warren (1848) et Schwedler (1864), donnaient leurs noms aux premières réalisations de ces structures.

Une nomenclature de base permet de se repérer dans l'étude d'une poutre en treillis : on appelle *membrure* les ensembles de barres du treillis qui composent les côtés supérieurs et inférieurs de son périmètre, dit respectivement extrados et intrados de la poutre lorsque celle-ci est l'élément horizontal d'un bâtiment. On appelle *montant* toute barre verticale, ou, plus généralement, orthogonale aux membrures, et *diagonale* toute barre inclinée par rapport aux montants.

1. Les dates indiquées sont celles des premiers travaux cités sur le sujet.

On présentera d'abord les conditions de stabilité des treillis en état non déformé, tant comme cas particulier des conditions présentées en général pour les structures dans le chapitre 1 que par une approche spécifique due à Maxwell. Ensuite, on traitera la question du calcul des efforts normaux dans les barres d'un treillis isostatique.

Avant d'aborder cette question, et pour procéder en respectant l'ordre temporel historique par lequel les diverses méthodes ont été introduites, il est utile de présenter la formulation dite *générale* des conditions d'équilibre. Cette formulation permet une application directe à l'équilibre des treillis connue sous le nom de méthode de Cremona (d'après Luigi Cremona (1830-1903)) ou méthode des nœuds.

On présentera ensuite la méthode de Ritter (publiée par August Ritter (1826-1908) en 1862), ou des coupures, en l'expliquant comme une application du principe des travaux virtuels.

6.2 Conditions de stabilité des treillis

6.2.1 Bilan des degrés de liberté et de blocage

On pose la question de savoir si un système de type treillis, considéré indépendamment de ses liaisons au sol, soit tel qu'il se comporte comme un seul corps rigide.

Le bilan des degrés de liberté et des degrés de blocage intérieurs pour un système de poutres s'écrit :

$$3p - i\,;$$

si le résultat est 3, et les liaisons sont toutes efficaces, le système a 3 degrés de liberté comme un corps rigide : il est isostatique intérieurement. En ajoutant 3 degrés de blocage efficaces extérieurs, on obtient une structure isostatique.

Dans le cas d'un treillis, il n'existe que des liaisons intérieures de type rotule, pouvant éventuellement lier plusieurs barres. Une telle rotule introduit autant de blocages intérieurs dans le système que le nombre des barres qu'elle relie, diminué d'une unité et multiplié par deux (en prenant une barre comme repère on voit chacune des autres avoir un seul degré de liberté de rotation par rapport à celle-ci). Comme règle générale, une rotule qui lie b barres introduit donc $2(b-1)$ blocages dans le système.

Dans la poutre Howe dessinée ci-dessous, certaines rotules relient 2 barres, d'autres 3, 4 ou 5, avec un nombre de degrés de blocage introduits par les rotules qui varie donc entre 2 (2 barres liées par une rotule subissent 2(2-1) = 2 blocages) et 8 (5 barres liées par une rotule subissent 2(5-1) = 8 blocages).

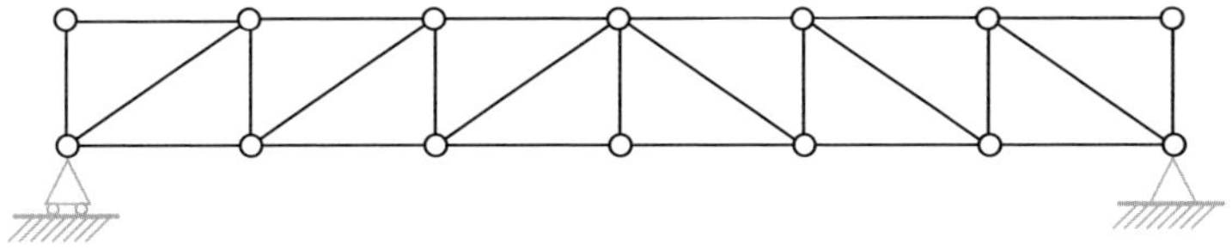

$$\begin{aligned}3p - i &= 3\cdot 25 - 2\cdot(2-1)\cdot 2 - 2\cdot(3-1)\cdot 3 - 2\cdot(4-1)\cdot 8 - 2\cdot(5-1)\cdot 1 = \\ &= 75 - 72 = \\ &= 3\,.\end{aligned}$$

Ce calcul est peu aisé. On constate que, dans un treillis composé par un simple triangle, on réalise la condition d'isostaticité intérieure avec $p = 3$ et $i = 2 \cdot 3$:

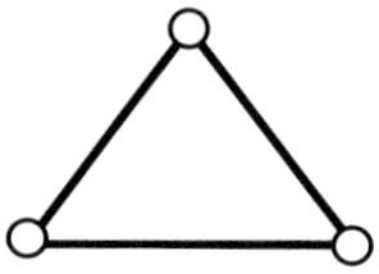

$$3p - i = 3 \cdot 3 - 2 \cdot 3 = 9 - 6 = 3\,.$$

Dans ce calcul on tient compte des degrés de libertés des barres (3 par barre) diminués des degrés de blocages introduits par les nœuds (2 par nœud).

Ce même triangle peut être vu comme un système de 3 points, identifiant les axes des 3 rotules, reliés par 3 liaisons simples de type bielle, chaque liaison simple n'étant qu'une des barres avec ses extrémités rotulées. Le comptage des degrés de liberté et de blocage dans le plan se fait alors en comptant 2 degrés de liberté par point et 1 degré de blocage par bielle :

$$2n - b = 2 \cdot 3 - 3 = 3\,.$$

Pour la poutre Howe de l'image précédente on obtient :

$$2n - b = 2 \cdot 14 - 25 = 28 - 25 = 3\,,$$

avec un calcul plus rapide.

La condition $2n - b \leq 3$ est dite condition de Maxwell pour la stabilité des treillis. Elle est, avec égalité stricte, nécessaire pour qu'un treillis soit isostatique.

6.2.2 Méthodes d'analyse simplifiées

Pour l'analyse des mouvements possibles d'un système en treillis on procède comme pour les systèmes de poutres, en cherchant les centres de rotation des parties du système.

Pratiquement, on simplifie le problème en groupant toute partie du système entièrement *triangulée* (composée de triangles liés l'un à l'autre par deux sommets) comme un seul corps rigide, et on se réduit à la recherche des mouvements des blocs rigides ainsi identifiés (voir figure 6.2).

6.3 Approfondissement : analyse cinématique d'un système de barres

Le problème de la nature cinématique d'un système de barres peut être affronté analytiquement.

Si on considère une barre entre deux nœuds i et j d'un tel système, on note $\mathbf{b}^{(ij)}$ le verseur de la direction $j - i$ (c.à.d. $\mathbf{b}^{(ij)} = (\mathbf{x}^{(j)} - \mathbf{x}^{(i)}) / \left|\mathbf{x}^{(j)} - \mathbf{x}^{(i)}\right|$), les déplacements $\mathbf{d}^{(i)}$ et $\mathbf{d}^{(j)}$ des deux nœuds engendrent un changement de longueur, inadmissible pour une barre rigide, dont l'expression est :

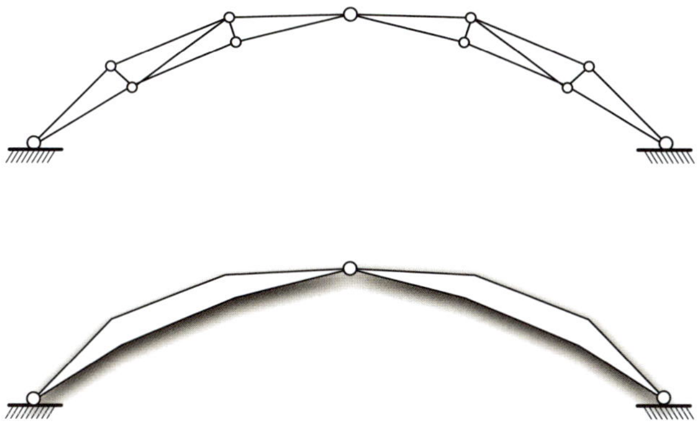

FIGURE 6.2 – Pour l'identification des mouvements possibles d'un système en treillis, on suit la démarche habituelle en remplaçant, pour simplifier, les parties entièrement triangulées du système par des corps rigides. Dans l'exemple ci-dessus, les ddl des nœuds intérieurs aux deux parties indiquées de la structure peuvent s'écrire en fonction des déplacements de l'articulation centrale, réduisant ainsi le système qui initialement compte $n = 11$, $e = 4$ et $b = 18$ (ou $n = 9$ et $b = 18$ en éliminant les ddl bloquées par les liaisons extérieures) à un système 2×2 dans les seuls déplacements de l'articulation centrale.

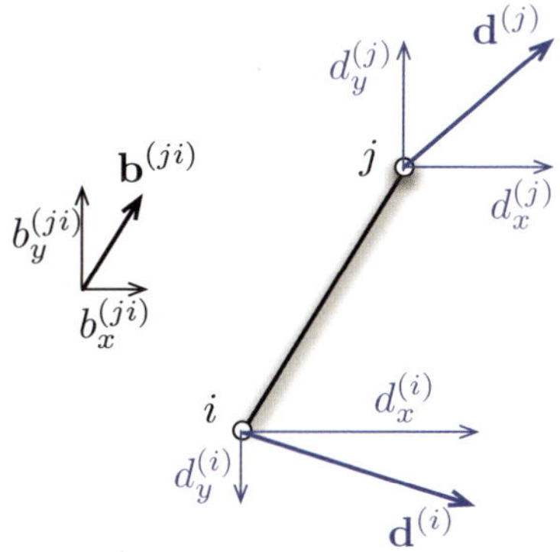

$$\begin{aligned}(\mathbf{d}^{(j)} - \mathbf{d}^{(i)}) \cdot \mathbf{b}^{(ij)} &= \\ \mathbf{b}^{(ji)} \cdot \mathbf{d}^{(i)} + \mathbf{b}^{(ij)} \cdot \mathbf{d}^{(j)} &= 0\end{aligned}$$

Cette expression peut s'écrire en composantes scalaires pour toutes les barres d'un treillis :

$$b_x^{(ji)} d_x^{(i)} + b_y^{(ji)} d_y^{(i)} + b_x^{(ij)} d_x^{(j)} + b_y^{(ij)} d_y^{(j)} = 0\,.$$

On peut alors organiser les déplacements des n nœuds du treillis dans une liste de $2n$ scalaires :

$$\mathbb{d} = \begin{bmatrix} \cdots \\ d_x^{(i)} \\ d_y^{(i)} \\ \cdots \\ d_x^{(j)} \\ d_y^{(j)} \\ \cdots \end{bmatrix}_{(2n\times 1)}$$

où l'indice dénote le nombre de lignes fois le nombre de colonnes de la matrice ainsi définie.

Les conditions de rigidité de toutes les barres du treillis s'écrivent à l'aide de la matrice de compatibilité cinématique, *ayant b lignes et $2n$ colonnes et contenant à la ligne associée à la h-ème barre les composantes du verseurs donnant l'alignement de la barre :*

$$\mathbb{C}_b = \begin{bmatrix} & & & \cdots & & & \\ \cdots & b_x^{(ji)} & b_y^{(ji)} & \cdots & b_x^{(ij)} & b_y^{(ij)} & \cdots \\ & & & \cdots & & & \end{bmatrix}_{(b\times 2n)}$$

Les conditions cinématiques s'écrivent :

$$\mathbb{C}_b\, \mathbb{d} = \mathbb{0}$$

le membre de droite étant une colonne de b zéros.

Les liaisons cinématiques extérieures correspondent à un deuxième ensemble de conditions sur les déplacements des nœuds, qui peut s'écrire sous la forme :

$$\mathbb{C}_e \mathbb{d} = \mathbb{0}$$

où la matrice $\mathbb{C}_e$ a e colonnes, $e \geq 3$ étant le nombre de degrés de blocage introduits par ces liaisons, et $2n$ lignes et le membre de droite est une colonne de e zéros..

Notons que la présence de l'un ou de l'autre des deux types de liaison possibles dans un nœud h du treillis donne lieu à des équations du type

$$\begin{aligned} \textit{rotule} \quad &\Rightarrow \quad \mathbf{d}_h = \mathbf{0} \\ \textit{appui simple sur le plan de normale } \mathbf{n} \quad &\Rightarrow \quad \mathbf{d}_h \cdot \mathbf{n} = \mathbf{0} \end{aligned}$$

qui se traduisent en une élimination des déplacements concernés.

Soit $\mathbb{C}$ la matrice obtenue de $\mathbb{C}_b$ par ce processus et $\bar{\mathbb{d}}$ la liste des degrés de liberté restants. (Il s'agit d'un processus d'élimination des colonnes correspondantes aux degrés de liberté bloqués par les liaisons cinématiques extérieures, si celles-ci agissent sur des directions du repère).

Dans les hypothèses :

$$\text{rang}\mathbb{C}_e = e < 2n$$

on peut considérer que la compatibilité cinématique de la structure soit exprimée par le système linéaire homogène condensé

$$\mathbb{C}\bar{\mathbb{d}} = \mathbb{0}$$

où $\mathbb{C}$ *a* b *lignes et* $2n - e$ *colonnes,* $\bar{\mathbb{d}}$ *est une colonne de* $2n - e$ *éléments et le membre de droite se compose de* b *zéros.*

Pour que le treillis soit déterminé du point de vue cinématique, il faut et il suffit que ce système n'admette que la solution banale $\bar{\mathbb{d}} = \mathbb{0}$*, et donc que l'espace des solutions engendrées par* $\mathbb{C}$ *soit de dimension nulle, ce qui, pour le théorème du rang, correspond à la condition nécessaire et suffisante*

$$\text{rang}\mathbb{C} = 2n - e\,.$$

Pour avoir cette condition, vu que le rang d'une matrice n'est pas supérieur à sa dimension minimale, il est nécessaire que (le nombre d'équations ne soit pas inférieur au nombre d'inconnues) :

$$2n - b - e \leq 0\,.$$

Exemple. *Par exemple on peut considérer un treillis composé d'un seul nœud libre lié à deux barres, comme dans la figure ci-dessous :*

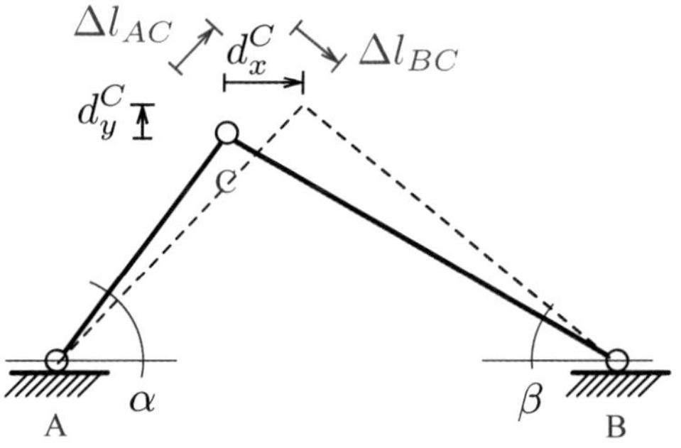

La compatibilité cinématique s'exprime par l'équation matricielle :

$$\begin{bmatrix} \cos\alpha & \sin\alpha \\ -\cos\beta & \sin\beta \end{bmatrix} \begin{bmatrix} d_x^C \\ d_y^C \end{bmatrix} = \begin{bmatrix} 0 \\ 0 \end{bmatrix}$$

c'est-à-dire :

$$\mathbb{C}\mathbb{d} = \mathbb{0}$$

La condition nécessaire et suffisante pour que le système admette l'unique solution banale est :

$$\text{rang}\mathbb{C} = 2\,;$$

vice versa si

$$\det \mathbb{C} = \sin(\alpha + \beta) = 0 \text{ ssi } \alpha, \beta = 0, \pi$$

la géométrie est indéterminée : il existe des déplacements non nuls pour des déformations nulles au premier ordre.

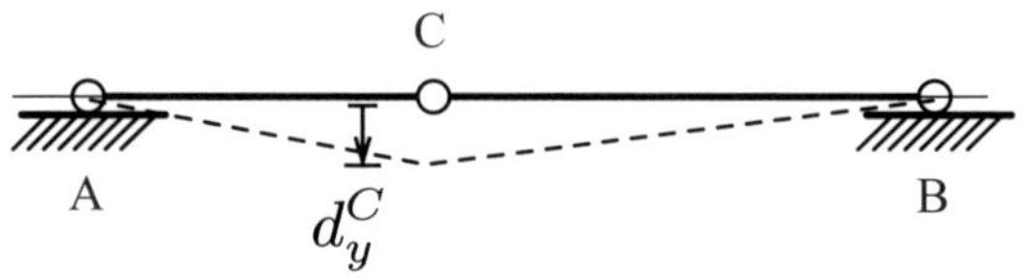

(On observe qu'il existe d'autres géométries cinématiquement indéterminées outre celle dessinée ci-dessus, notamment lorsque la rotule C se trouve à droite de B ou à gauche de A tout en étant alignée avec ces deux points).

Plus généralement, sans parvenir directement à la condensation de la matrice $\mathbb{C}_b$ lors de l'écriture des conditions de liaison extérieures, on pourra écrire le système d'équations homogènes de compatibilité cinématique :

$$\begin{bmatrix} \mathbb{C}_b \\ \mathbb{C}_e \end{bmatrix} \mathbb{d} = \mathbb{0}$$

où on peut nommer $\mathbb{C}'$ la matrice de $b + e$ lignes et $2n$ colonnes qui contient toute l'information sur les liaisons, intérieures et extérieures,

$$\mathbb{C}' = \begin{bmatrix} \mathbb{C}_b \\ \mathbb{C}_e \end{bmatrix} \; ; \quad \mathbb{C}' \, \mathbb{d} = \mathbb{0} \, .$$

L'étude de la matrice $\mathbb{C}'$ permet de s'assurer de la détermination cinématique du treillis.

Pour que le treillis soit cinématiquement déterminé, il faut et il suffit que le système homogène $(b + e) \times 2n$:

$$\mathbb{C}' \, \mathbb{d} = \mathbb{0}$$

n'admette que la solution banale $\mathbb{d} = \mathbb{0}$, ce qui requiert :

$$\text{rang}\mathbb{C}' = 2n$$

et donc la condition nécessaire pour l'autre dimension $(b + e)$ de la matrice

$$2n - b - e \leq 0 \, .$$

Pour que le treillis soit isostatique intérieurement, il faut, par ailleurs, que le système homogène

$$\mathbb{C}_b \, \mathbb{d} = \mathbb{0}$$

n'admette qu'une famille de solutions à 3 paramètres, représentant les mouvements de corps rigide du treillis. Toujours pour le théorème du rang, cela est possible si et seulement si

$$\text{rang}\mathbb{C}_b = 2n - 3$$

et donc la condition nécessaire

$$2n - b \leq 3\,.$$

La procédure du §6.2.2 correspond, du point de vue algébrique, à la condensation des degrés de liberté du système conduisant à l'étude du rang d'une matrice de plus petite taille.

6.4 Théorèmes généraux de la statique

6.4.1 Équilibre de translation

On considère un corps rigide dans un espace à deux dimensions soumis à un ensemble de forces et de moments. Le principe des travaux virtuels permet de savoir si ce corps rigide est en équilibre sous ces actions.

D'après l'énoncé de ce principe, un corps rigide est en équilibre, sous un système de forces et de moments, si le travail de ces actions est nul pour n'importe quel mouvement virtuel du corps.

Prenons l'exemple d'une équerre sur laquelle on applique trois forces (image ci-contre).

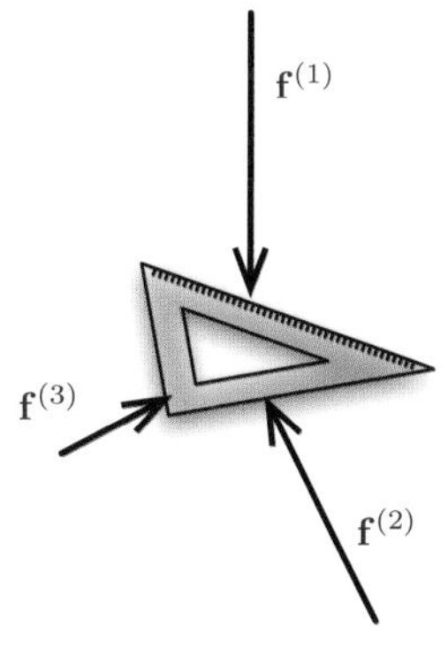

La mise en place d'un mouvement virtuel dans une direction arbitraire génère le travail de ces trois forces ; le travail d'une force par un déplacement est, par définition, le produit de l'intensité de l'un par la projection de l'autre sur sa direction, c'est-à-dire la surface du rectangle dont les côtés sont le déplacement et la projection de la force sur la direction du déplacement (ou vice versa). On peut donc représenter les trois travaux des forces de l'exemple comme trois rectangles ; les rectangles rouges représentent un travail négatif (la projection de la force sur la direction du déplacement pointe en direction opposée à celle du déplacement), le rectangle bleu un travail positif.

D'après le principe des travaux virtuels, l'équerre est en équilibre sous les forces données si et seulement si les surfaces bleus et rouges s'équivalent quelle que soit la direction du déplacement virtuel. Dans l'image qui suit on indique par $f_d^{(i)}$ la projection de la force $\mathbf{f}^{(i)}$ $(i = 1, 2, 3)$ sur la direction du déplacement $\hat{d}$:

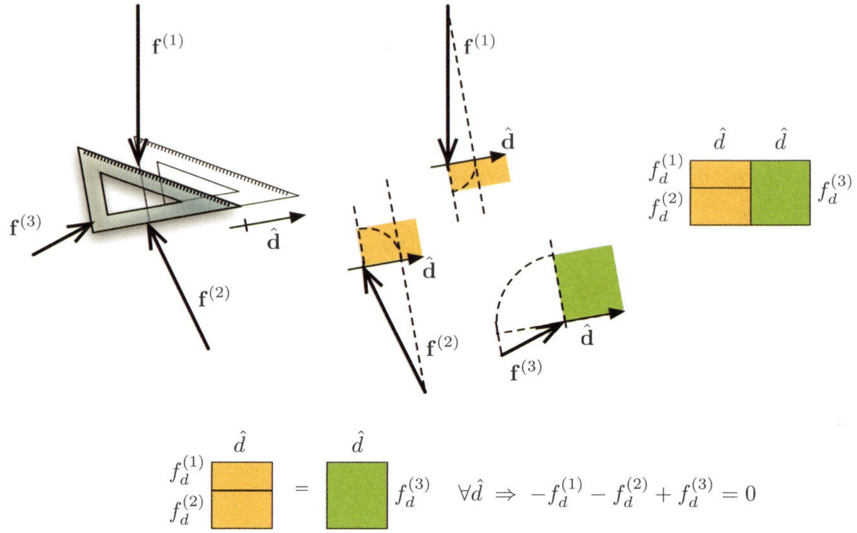

Par conséquent on observe que pour qu'un corps rigide soit en équilibre sous un système de forces, il est nécessaire que la somme des composantes de ces forces dans n'importe quelle direction soit nulle.

En termes algébriques cela s'écrit par l'affirmation que l'expression du principe des travaux virtuels :

$$\sum_{i=1}^{n} \mathbf{f}^{(i)} \cdot \mathbf{d} = 0 \quad \forall \mathbf{d}$$

implique la condition, dite *générale*, d'équilibre *de translation* :

$$\sum_{i=1}^{n} \mathbf{f}^{(i)} = \mathbf{0} \quad \text{ou} \quad \sum_{i=1}^{n} f_d^{(i)} = 0 \quad \forall \mathbf{d},$$

où n est le nombre total des forces agissantes sur le corps ($n = 3$ dans l'exemple) et l'exposant (d) indique les composantes des forces dans la direction $\mathbf{d}$.

En effet, l'équivalence des surfaces des rectangles dont les hauteurs sont égales à d implique l'énoncé précédent, ce qui est montré par les dessins suivants. On considère les trois rectangles construits sur le déplacement et les projections des forces sur sa direction ; on constate que ces constructions peuvent être associées au polygone construit en plaçant les forces l'une après l'autre avec la règle que la queue de la suivante doit s'attacher à la tête de la précédente (un triangle dans le cas traité comme exemple) :

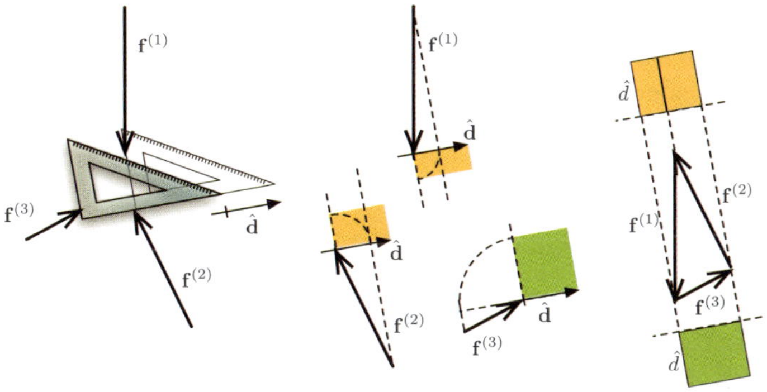

On constate, par conséquent, que cette association est indépendante de l'amplitude de d, étant fonction seulement de la direction choisie pour ce déplacement virtuel ; il suffit pour contrôler la condition d'équilibre de comparer la longueur des projections du polygone des forces sur cette direction :

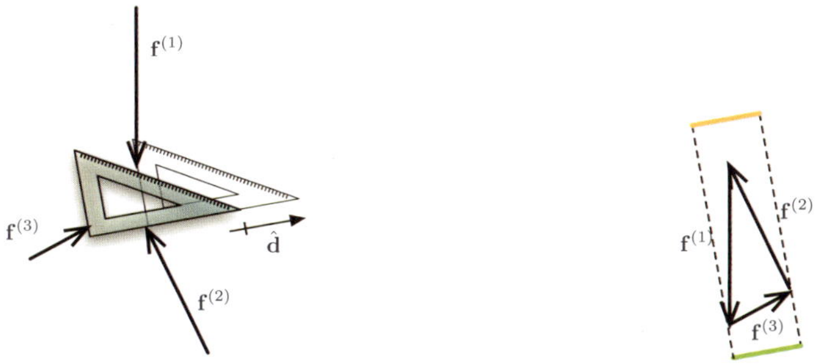

Les deux projections (orange et vert dans le dessin ci-dessus) du polygone des forces diffèrent, en général, car l'une est obtenue par toutes les forces dont le travail est négatif dans le mouvement virtuel choisi, l'autre par celles dont le travail est positif. Si les deux projections sont égales, le travail virtuel total est nul.

Si on imagine plusieurs directions du déplacement virtuel, on voit que la condition nécessaire énoncée coïncide avec une condition géométrique sur le polygone formé par les forces en jeu :

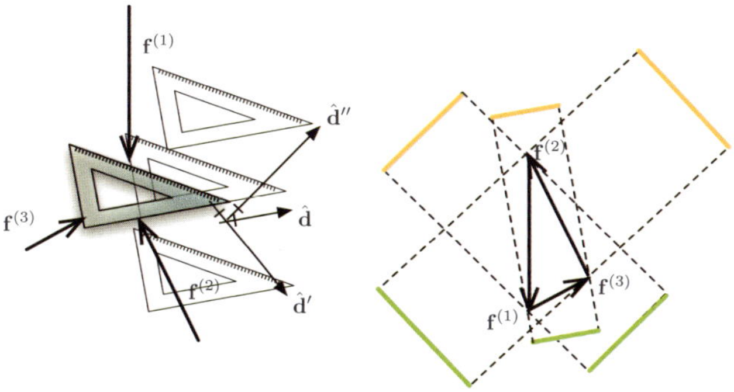

Il faut que le polygone des forces soit fermé pour que sa projection représentant le travail négatif soit égale à celle représentant le travail positif quelle que soit la direction choisie.

On peut donc énoncer la conséquence suivante du principe des travaux virtuels : pour qu'un corps rigide soit en équilibre sous un système de forces, il est nécessaire que :

> la somme des composantes de ces forces dans n'importe quelle direction soit nulle.
>
> $\Leftrightarrow$
>
> le polygone formé par les vecteurs qui représentent ces forces soit fermé.

Ces deux conditions sont équivalentes ; notez qu'elles sont nécessaires, car elles dérivent directement de l'énoncé du principe des travaux virtuels, mais qu'elles ne sont pas suffisantes pour l'équilibre.

Un exemple de corps rigide qui n'est pas en équilibre sous un système de force qui respecte le critère précédent est donné ci-dessous : il existe des mouvements dans lesquels le travail des forces n'est pas nul.

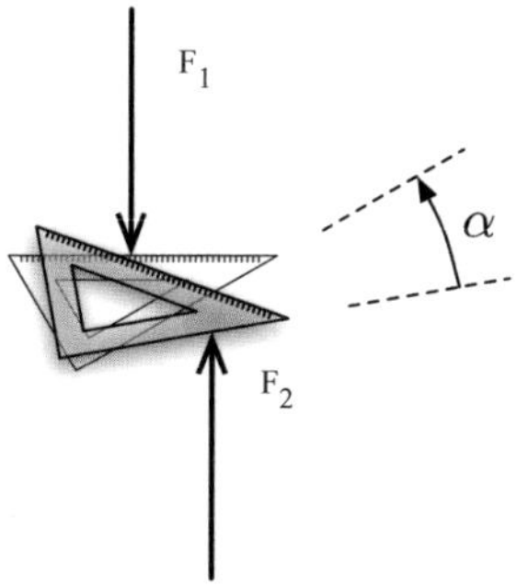

Il s'agit de mouvements de rotation autour d'un centre réel, qui sont les seuls à ne pas avoir été pris en compte dans la démonstration précédente.

Si le corps rigide qu'on étudie est réduit à un point ou – ce qui revient au même – toutes les forces convergent vers un seul point, la condition nécessaire énoncée est aussi suffisante, car il n'y aura pas de mouvements de corps rigide significatifs qui ne soient pas des translations pures.

On peut donc énoncer la condition nécessaire et suffisante pour l'équilibre d'un point :

> *Un point est en équilibre sous un ensemble de forces si et seulement si la somme des composantes des forces dans n'importe quelle direction est nulle.*

Pour que la somme des composantes d'un ensemble de vecteurs soit nulle dans n'importe quelle direction, il suffit qu'elle le soit dans trois directions non coplanaires. Pour s'en rendre compte, il suffit de considérer un repère cartésien et la décomposition des vecteurs sur les axes du repère.

Par conséquent la condition précédente se simplifie, en deux dimensions : *Un point est en équilibre dans le plan sous un ensemble de forces si et seulement si la somme des composantes des forces dans deux directions distinctes (par exemple dans la direction horizontale et verticale) est nulle.* Et en trois dimensions : *Un point est en équilibre sous un ensemble de forces si et seulement si la somme des composantes des forces dans trois directions distinctes est nulle.* Cet énoncé correspond à l'écriture algébrique des *équations générales de l'équilibre de translation*

$$\sum_{i=1}^{n} f_i^{(x)} = 0\,; \quad \sum_{i=1}^{n} f_i^{(y)} = 0\,; \quad \sum_{i=1}^{n} f_i^{(z)} = 0\,,$$

ou à la condition vectorielle

$$\sum_{i=1}^{n} \mathbf{f}_i = \mathbf{0}\,,$$

qui se traduit dans l'énoncé que la résultante du système de forces, somme vectorielle de toutes les forces en jeu, doit être un vecteur nul.

On rappelle que ces énoncés sont aussi équivalents à l'énoncé suivant : *Un point est en équilibre dans le plan sous un ensemble de forces si et seulement si le polygone formé par les vecteurs qui représentent toutes ces forces est fermé.*

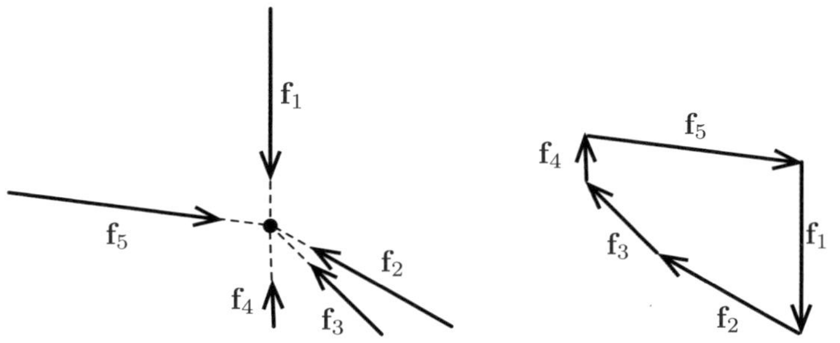

Notons que cela ne dépend pas de l'ordre dans lequel on prend les forces, ce qui est une conséquence de la propriété commutative de la somme des vecteurs, le polygone des forces représentant leur résultante.

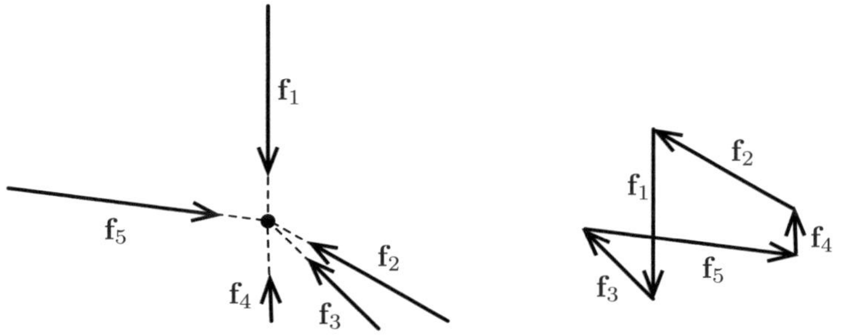

6.4.2 Équilibre de rotation

Dans le paragraphe précédent nous n'avons considéré que des mouvements de translation ; par conséquent, nous n'avons obtenu que des conditions nécessaires d'équilibre, qui ne sont suffisantes que dans le cas particulier de l'équilibre du point.

Pour obtenir un ensemble de conditions d'équilibre nécessaires et suffisantes dans tous les cas des corps rigides, il faut compléter l'analyse des conséquences des mouvements possibles en tenant compte des rotations.

Pour un système plan, dans un mouvement virtuel de rotation autour d'un centre arbitraire, la condition imposée par le principe des travaux virtuels s'écrit :

$$(\sum m_i + \sum f_i^{\perp b} b_i)\alpha = 0 \quad \forall \alpha$$

où l'exposant $(\perp b)$ indique les composantes des forces orthogonales à la direction $\mathbf{b}$ qui joignent leur point d'application au centre de la rotation d'angle α. Le terme entre parenthèses représente la somme de tous les moments agissant sur le corps, pris par rapport au centre choisi pour la rotation virtuelle d'amplitude α. On obtient donc l'énoncé des conditions d'équilibre des corps rigides : *Pour qu'un corps rigide soit en équilibre sous un ensemble de forces et de moments, il faut et il suffit que la somme de toutes les forces dans n'importe quelle direction soit nulle et que la somme de tous les moments, pris par rapport à n'importe quel axe de rotation, soit nulle.*

En deux dimensions l'énoncé se simplifie : *Pour qu'un corps rigide soit en équilibre dans le plan sous un ensemble de forces et de moments, il faut et il suffit que la somme des composantes des forces en direction verticale et celle en direction horizontale soient nulles et que la somme des moments calculés par rapport à n'importe quel pôle soit nulle.*

Ces énoncés, connus sous le nom d'équations générales de l'équilibre coïncident avec celui du principe des travaux virtuels. Le choix de l'un ou de l'autre comme méthode de calcul ne doit donc se faire que pour des raisons de convenance.

6.5 Calcul des efforts dans les barres

6.5.1 Analyse du problème de l'équilibre des nœuds

On a appris à voir un treillis comme un ensemble de nœuds sous l'action de liaisons ponctuelles, c'est-à-dire de forces dirigées suivant les axes des barres qui relient les nœuds entre eux (une liaison ponctuelle exerce une force de réaction qui est dirigée suivant l'axe qu'elle identifie et laisse libre tout mouvement qui ne soit pas une translation le long de cet axe). Sous l'action de forces extérieures, ces barres ne pourront que *pousser* ou *tirer* sur le nœud, dans le premier cas elles exercent la fonction de *poinçon*, dans le deuxième celle de *tirant*.

S'agissant de la réaction d'une liaison cinématique intérieure, l'action d'une barre sur les nœuds qu'elle relie dépend des actions extérieures. Une barre est donc un poinçon ou un tirant seulement sous un ensemble défini d'actions extérieures.

En tant que corps composé de nœuds, un treillis est en équilibre si et seulement si tous ses nœuds sont en équilibre. Par conséquent de la condition énoncée pour l'équilibre d'un point, on peut donc affirmer les trois énoncés équivalents :

- un treillis est en équilibre si et seulement si la somme vectorielle des forces agissantes sur chaque nœud du treillis est nulle ;

- un treillis est en équilibre si et seulement si la somme des composantes horizontales et la somme des composantes verticales des forces agissantes sur chaque nœud du treillis sont nulles ;

- un treillis est en équilibre si et seulement si le polygone des forces agissantes sur chaque nœud du treillis est fermé.

Un treillis composé de b barres présente, sous chargement, b efforts normaux inconnus, alors que les énoncés précédents montrent qu'il existe, pour n nœuds, $2n$ équations d'équilibre liant ces inconnues aux efforts extérieurs et aux réactions.

Si on considère la formule de Maxwell :

$$2n - b \leq 3\,,$$

on voit qu'elle représente un bilan entre équations et inconnues :

- si $2n - b < 3$, l'introduction des conditions d'équilibre faisant apparaître les réactions extérieures – qui sont forcement en nombre non inférieur à 3 pour que le système soit stable – génère un système surdéterminé, dans lequel le nombre d'équations indépendantes excède celui des inconnues ;

- si $2n - b = 3$ et les conditions de liaison extérieures sont supérieures à 3, on a encore un système surdéterminé ;

- si $2n - b = 3$ et il y a 3 degrés de blocage introduits par les liaisons extérieures, alors le système est déterminé

(il est inutile de tenir compte des cas dans lesquels les degrés de blocage extérieurs sont inférieurs à 3, car il s'agit forcement de mécanismes).

6.5.2 *Approfondissement : écriture matricielle*

Les efforts dans les b barres d'un treillis isostatique peuvent donc, plus généralement, être déterminés en écrivant les $2n$ équations d'équilibre des nœuds du treillis, plus les e équations d'équilibre global de la structure.

On considère un nœud, d'indice i dans un treillis et on écrit l'équilibre de ce nœud, qui fait apparaître les efforts $N^{(ji)}$ dans les barres (on rappelle la définition introduite lors de l'analyse cinématique : $\mathbf{b}^{(ij)} = (\mathbf{x}^{(j)} - \mathbf{x}^{(i)})/\left|\mathbf{x}^{(j)} - \mathbf{x}^{(i)}\right|$) :

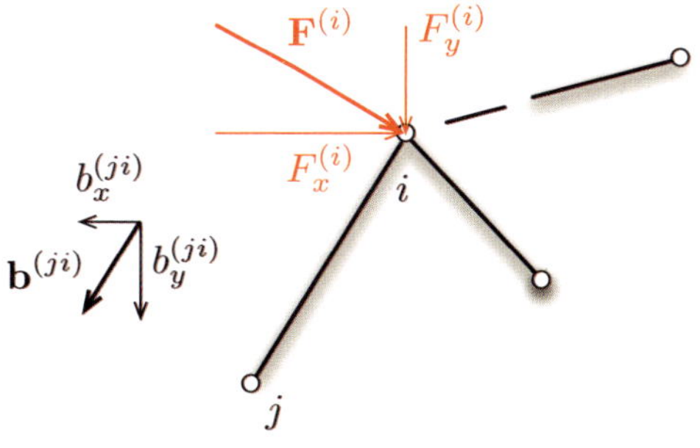

$$\sum_j \mathbf{b}^{(ji)} N^{(ji)} + \mathbf{F}^{(i)} = \mathbf{0}$$

(où la sommation est à prendre sur tout les j connectés à i par une barre).

Par conséquent on peut écrire en variables scalaires :

$$\sum_j b_x^{(ji)} N^{(ji)} + F_x^{(i)} = 0\,; \sum_j b_y^{(ji)} N^{(ji)} + F_y^{(i)} = 0$$

et en forme matricielle, si on considère toutes les translations des nœuds qui ne sont pas bloquées par une liaison cinématique extérieure (celles-ci étant en nombre de e) :

$$\mathbb{S}_F \mathbb{N} + \mathbb{F} = \mathbb{0}$$

où $\mathbb{S}_F$ est une matrice de $2n - e$ lignes et b colonnes, $\mathbb{N}$ est la liste des b forces normales dans les barres du treillis, $\mathbb{F}$ est la liste des $2n - e$ forces nodales et le membre de droite est une liste de $2n - e$ zéros.

En plus des précédentes, il y a les équations d'équilibre associées aux translations bloquées par les liaisons cinématiques extérieures, faisant entrer en jeu les $e \geq 3$ réactions inconnues :

$$\mathbb{S}_R \mathbb{N} + \mathbb{R} = \mathbb{0}$$

$\mathbb{S}_R$ étant une matrice de e lignes et b colonnes, ce qui conduit au système $2n \times (b + e)$:

$$\begin{bmatrix} \mathbb{S}_F & \mathbb{0} \\ \mathbb{S}_R & \mathbb{I} \end{bmatrix} \begin{bmatrix} \mathbb{N} \\ \mathbb{R} \end{bmatrix} + \begin{bmatrix} \mathbb{I} \\ \mathbb{0} \end{bmatrix} \mathbb{F} = \mathbb{0}\,.$$

Soit :

$$\mathbb{S} = \begin{bmatrix} \mathbb{S}_F & \mathbb{0} \\ \mathbb{S}_R & \mathbb{I} \end{bmatrix},$$

la matrice qui décrit entièrement la statique du système ; la condition nécessaire et suffisante qui permet de s'assurer de la détermination statique du treillis est :

$$\text{rang}\mathbb{S} = b + e$$

ce qui implique la condition nécessaire :

$$2n - b - e \geq 0$$

(le nombre d'inconnues ne doit pas dépasser celui des équations).

On voit que les conditions nécessaires de détermination cinématique et statique du treillis se combinent dans :

$$0 \leq 2n - b - e \leq 0 \quad \Rightarrow \quad 2n - b - e = 0$$

condition nécessaire pour que le treillis soit déterminé du point de vue cinématique et statique, c'est-à-dire pour qu'il soit isostatique.

Exemple. *On reprend l'exemple traité pour l'analyse cinématique et on contrôle la nature du problème de l'équilibre. Pour ce faire, on considère un chargement sur le nœud* C *:*

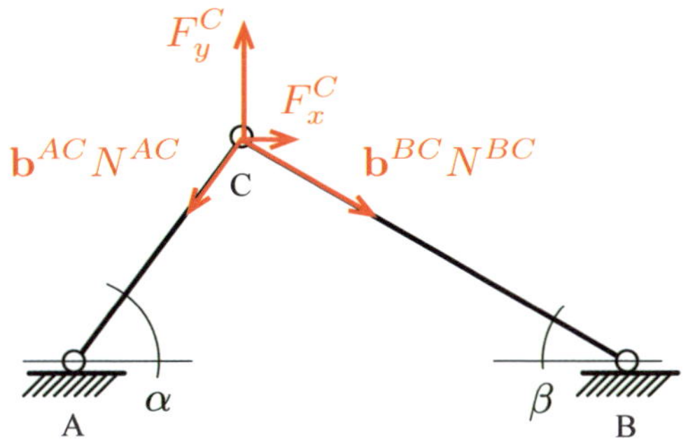

L'équilibre de ce nœud s'écrit en forme matricielle :

$$\begin{bmatrix} -\cos\alpha & \cos\beta \\ -\sin\alpha & -\sin\beta \end{bmatrix} \begin{bmatrix} N^{AC} \\ N^{BC} \end{bmatrix} + \begin{bmatrix} F_x^C \\ F_y^C \end{bmatrix} = 0$$

ou

$$\mathbb{S}_F \mathbb{N} + \mathbb{F} = \mathbb{0}\,.$$

Ce système n'admet que la solution banale si et seulement si $\mathrm{rang}\mathbb{S}_F = 2$. *Vice versa si*

$$\det \mathbb{S}_F = \sin(\alpha + \beta) = 0 \text{ ssi } \alpha, \beta = 0, \pi$$

la solution est indéterminée : il existe de sollicitations non nulles en équilibre avec des forces extérieures nulles :

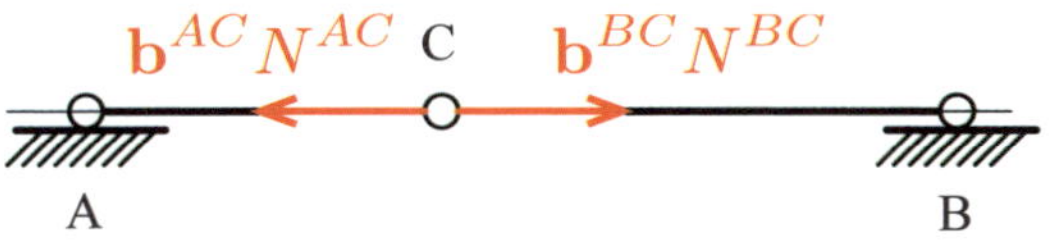

On appelle ces sollicitations auto-équilibrées, *car elles se présentent en absence d'efforts extérieurs. (Notons que si, dans l'exemple, la rotule* C *se situe à l'extérieur de l'intervalle* A, B *sur la droite identifiée par ces deux points, les sollicitations auto-équilibrées seront de signe opposé).*

6.5.3 Méthode de Cremona ou des nœuds

Comme les paragraphes précédents le montrent, les efforts dans les barres d'un treillis isostatique peuvent être calculés en même temps que les réactions, en imposant l'équilibre de translation dans deux directions quelconques de chaque nœud du treillis.

S'il est possible de résoudre le système de manière non simultanée, en se donnant une suite de calculs qui permet de déterminer complètement les efforts autour d'un nœud avant de passer au nœud suivant, alors le treillis est dit à nœuds canoniques. Pour cela il faut que chaque nœud de la suite se présente avec deux efforts normaux inconnus au plus.

La méthode s'applique simplement, à condition d'avoir préalablement déterminé les réactions.

Par exemple, en observant le treillis de figure 6.3, on peut, après avoir déterminé les réactions, prendre en compte les deux conditions d'équilibre du nœud sur l'appui à gauche pour déterminer les efforts normaux dans les deux barres qui convergent sur ce nœud. Ensuite, il est possible de répéter l'opération pour le nœud en haut à gauche, dans lequel on trouve deux barres dont l'effort normal est inconnu et une (la barre verticale) dans laquelle cet effort a été déterminé. Il est ainsi possible de passer à l'exploitation des conditions d'équilibre du premier nœud en bas après l'appui, et ainsi de suite pour tous les nœuds du treillis.

La méthode de Cremona, en particulier, est un développement de la définition géométrique de l'équilibre du point, associé à la fermeture du polygone des forces agissantes sur ce point, alors que la méthode dite *des nœuds* traite la même question du point de vue algébrique, en regardant les sommes des composantes scalaires des forces.

L'exemple de figure 6.4 permet de présenter la méthode.

Le premier passage est la détermination des réactions, qui peut se faire par l'une des méthodes connues si la structure est isostatique. En particulier dans le cas de l'exemple, la structure est isostatique extérieurement et intérieurement, et les réactions peuvent être déterminées par les conditions d'équilibre d'ensemble de la structure ou par trois applications du principe des travaux virtuels. Le résultat est montré en figure 6.5.

Il est ensuite possible de choisir un nœud dans lequel il n'y a que deux efforts normaux inconnus, les autres actions ou réactions agissant sur le nœud étant connues. C'est par exemple le cas du nœud A, où la donné de la réaction R et le tracé du triangle des forces dont les deux autres côtés sont parallèles aux segments AC et AE, permet la détermination des efforts normaux N_{AC} et N_{AE} (voir figure 6.6 (a)) :

$$N_{AE} = -\frac{\overline{AE}}{\overline{\overline{EG}}}\frac{3}{2}F\,;\; N_{AC} = \frac{\overline{AG}}{\overline{\overline{EG}}}\frac{3}{2}F\,.$$

N_{AC} étant connu, on peut en déduire N_{CA} (qui lui est opposé) et par conséquent dessiner le polygone d'équilibre du nœud C, où seulement les deux forces N_{CG} et N_{CE} sont

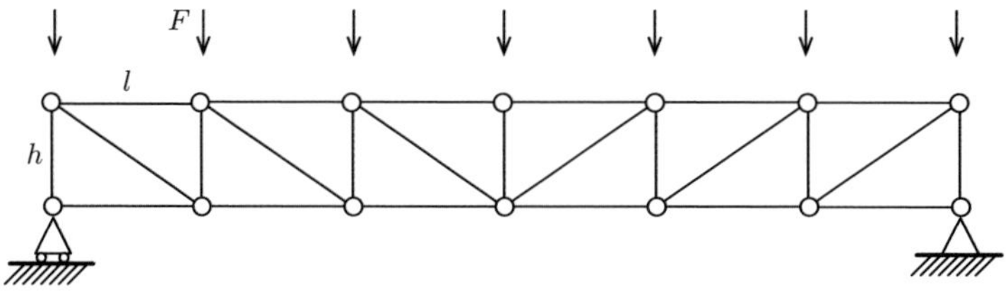

FIGURE 6.3 – Poutre Pratt en double appui sous charge.

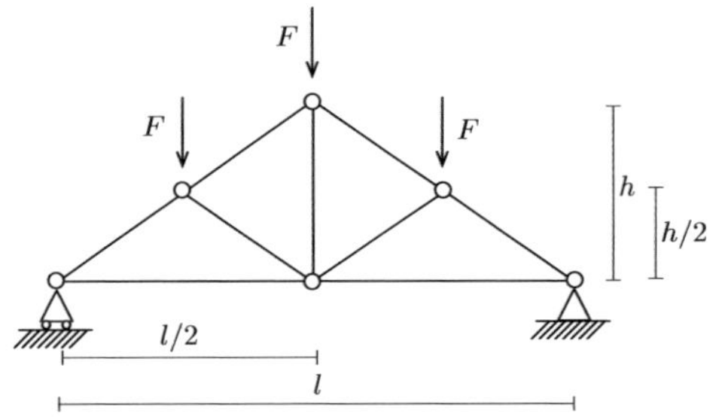

FIGURE 6.4 – Structure pour la présentation de la méthode de Cremona.

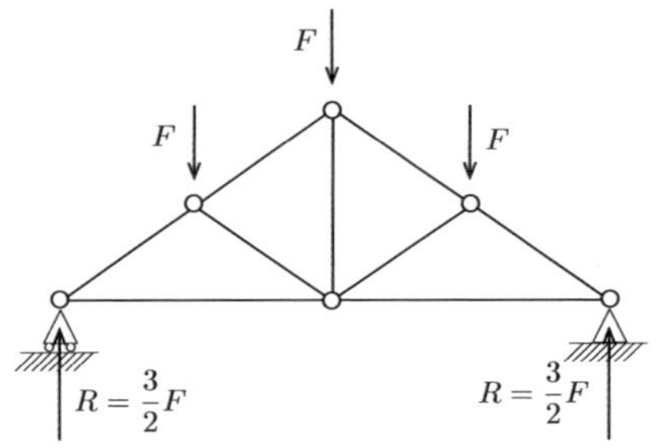

FIGURE 6.5 – Réactions dans la structure de figure 6.4.

désormais inconnues (figure 6.6 (b)) :

$$N_{CE} = -\frac{\overline{CE}}{\overline{EG}}F\,;\; N_{CA} + N_{CG} = \frac{\overline{CG}}{\overline{EG}}F\,.$$

Suivant cette procédure, on détermine les efforts inconnus en parcourant le treillis de telle manière qu'il soit possible de dessiner le polygone d'équilibre de tous ses nœuds en ayant, à chaque passage, seulement deux forces d'intensité inconnue, mais de direction connue (figure 6.6 (c) à (f)) :

$$N_{GD} = N_{GC}\,;\; (N_{GD} + N_{GC})_v = N_{GE} + F\,;$$

$$N_{EC} = N_{ED}\,;\; (N_{EC} + N_{ED})_v = -N_{EG}\,.$$

Pour chaque nœud du treillis il y aura un polygone de forces décrivant son équilibre de translation, l'équilibre de rotation étant vérifié grâce à la propriété géométrique qui fait que les barres convergent sur les nœuds. Pour des raisons qui seront claires dans la suite, on se donne la convention de dessiner les polygones des forces suivant les barres qui convergent sur le nœud toujours dans le même sens, par exemple celui des aiguilles d'une montre dans les dessins de figure 6.6. On constate alors que tous les polygones peuvent être tracés dans un unique graphe, dit diagramme ou épure de Cremona, décrivant entièrement l'équilibre du treillis (voir figure 6.7).

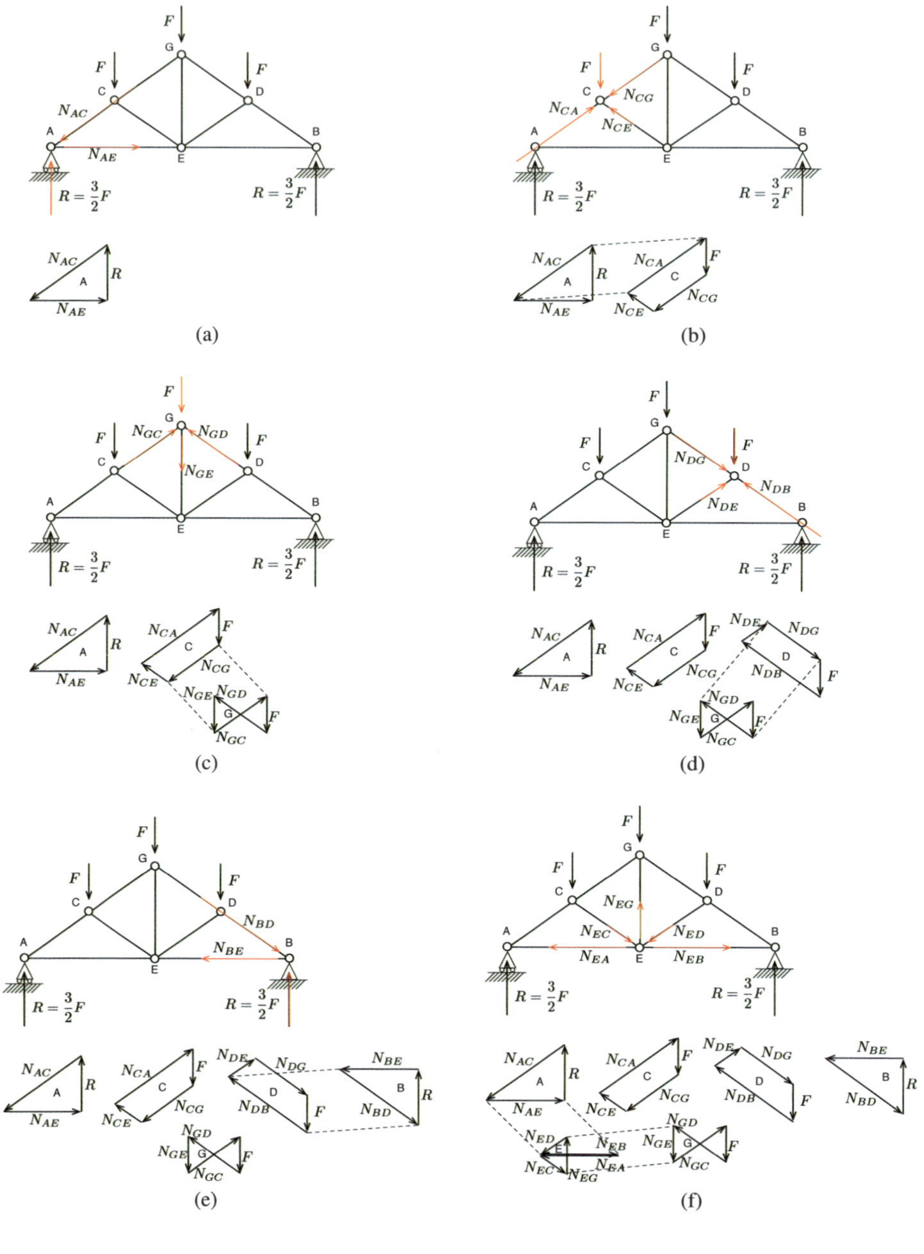

FIGURE 6.6 – Calcul de l'équilibre des nœuds par la méthode de Cremona.

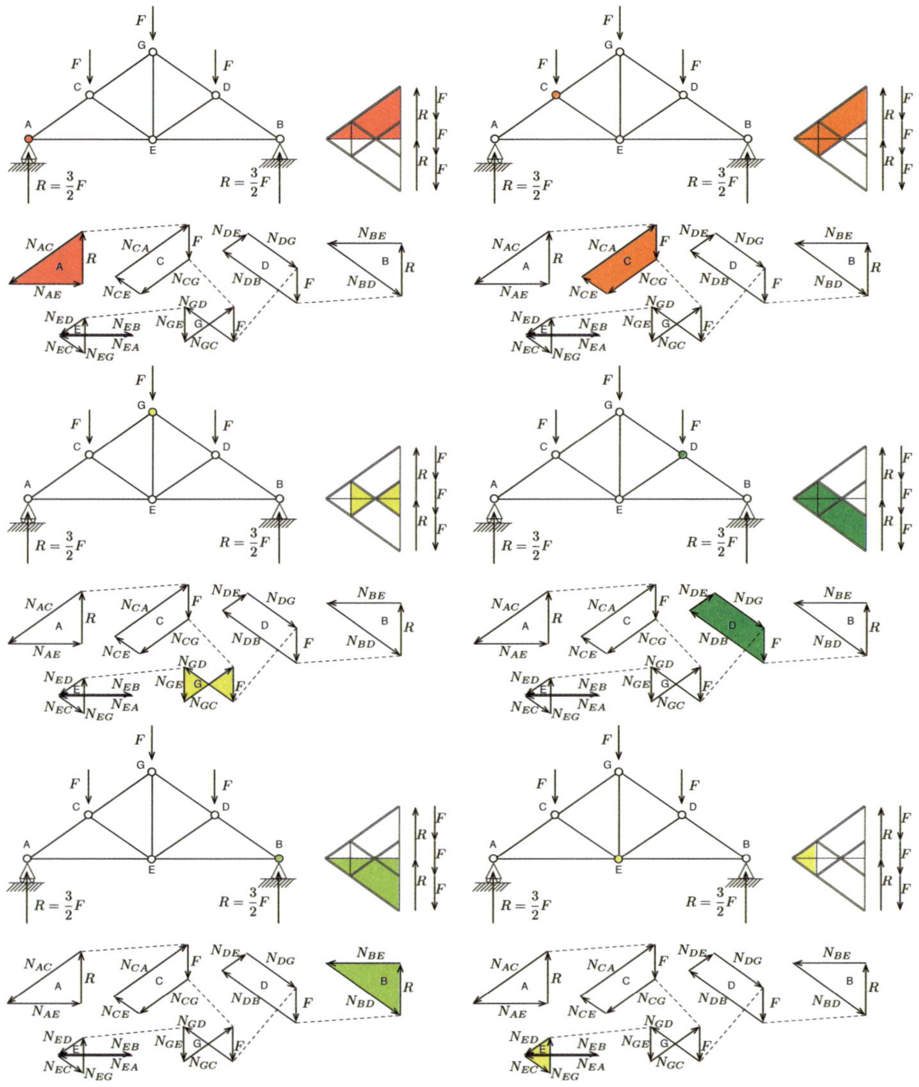

FIGURE 6.7 – Calcul de l'équilibre des nœuds par la méthode de Cremona : le diagramme de Cremona, représenté à droite des schémas statiques, contient toute information sur le calcul. Les couleurs montrent la correspondance entre nœuds de la structure et polygones du diagramme.

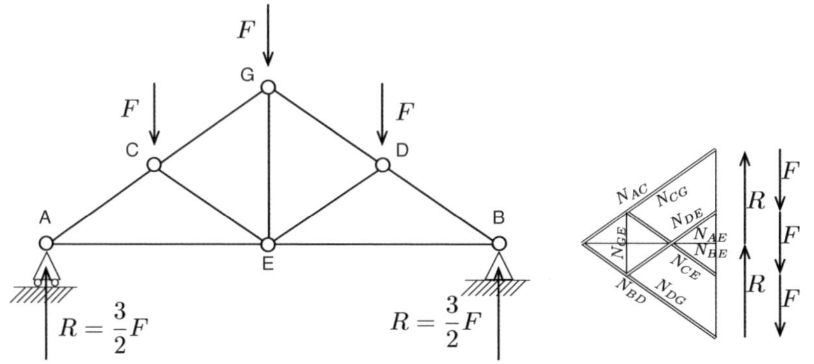

FIGURE 6.8 – Schéma statique de la structure et diagramme de Cremona.

L'indication de la direction des efforts normaux peut se simplifier en considérant la condition, propre à chaque barre, d'être tendue ou d'être comprimée : sur le diagramme de Cremona on indique par une ligne simple les tirants et par une ligne double les poinçons, en éliminant toute ambiguïté. Les dénominations des efforts pourront suivre la convention d'indiquer les lettres dans l'ordre alphabétique (voir figure 6.8).

Une approche similaire à celui de Cremona, proposée précédemment par James Clerk Maxwell (1831-1879), permet de traiter la même information et d'obtenir le même résultat (à la rotation d'un angle droit près du polygone des forces) en représentant les forces comme des segments orthogonaux aux barres correspondantes du treillis.

C'est à Maxwell qu'on doit l'observation que la relation entre la figure du treillis et celle du diagramme des forces est une *réciprocité*. Tout d'abord on peut resumer les propriétés de la construction du diagramme :

- chaque côté du diagramme est associé (parallèle) à une barre du treillis, sa longueur représente l'intensité de l'effort normal sur la barre ;
- chaque nœud du treillis, étant en équilibre, est associé à un polygone fermé dans le diagramme ;
- chaque force dans le diagramme est le côté de deux différents polygones, étant que chaque barre du treillis agit sur ses deux extrémités et seulement sur celles-ci.

Si la construction du diagramme est telle que tous polygones sont adjacents et séparés par le côté correspondant à la même force, alors les propriétés topologiques mentionnées supérieurement sont interchangeables et la réciprocité apparait : « *If either of these figures be taken to represent the pieces of a frame, the other will represent a system of forces such that, these forces being applied as tensions or pressures along the corresponding pieces of the frame, every point of the frame will be in equilibrium* ([2]). ».

2. Si on prend l'une de ces figures pour représenter les parties d'une structure, l'autre représentera un système de forces tel que, si ces forces sont appliquées comme de tensions ou de compressions aux parties correspondantes de la structure, chaque point de celle-ci sera en équilibre (J.-C. Maxwell. On Reciprocal Figures, Frames, and Diagrams of Forces. Transactions of the Royal Society of Edinburgh, Vol. XXVI, 1870).

Il faut noter que l'écriture, graphique ou algébrique, des équations d'équilibre demande la connaissance de la géométrie de la structure, qui doit donc être déterminée grâce aux conditions cinématiques de compatibilité. Celles-ci dérivent de l'hypothèse de rigidité des barres : pour que le modèle puisse s'appliquer aux cas réels, il faut que cette hypothèse adhère suffisamment à la réalité de la structure, c'est-à-dire que les déformations des barres restent négligeables vis-à-vis des informations géométriques nécessaires pour l'écriture des équations d'équilibre.

6.5.4 Méthode de Ritter ou des sections

La méthode de Ritter ou des sections consiste dans le calcul des efforts dans les barres par coupures successives de la structure, qui permettent l'écriture d'équations d'équilibre dans lesquelles apparaît un nombre réduit d'inconnues. Le choix d'une succession appropriée de coupures permet la solution du problème. La méthode est surtout intéressante car elle permet de parvenir à la détermination de l'effort normal dans des barres ciblées en minimisant le nombre de calculs nécessaires.

Par exemple on peut considérer la structure :

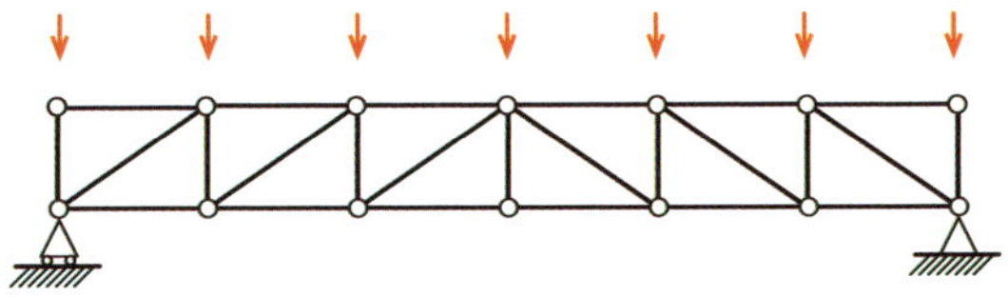

Après avoir calculé les réactions (ce qui n'est possible, sans calculer les efforts dans les barres des parties triangulées de la structure, que si la structure est isostatique extérieurement) :

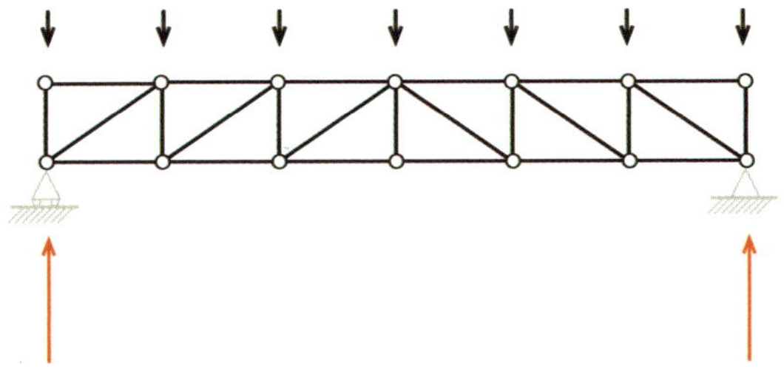

On peut imaginer l'introduction d'une coupure fictive associée avec la mise en place de forces extérieures fictives qui sont de même nature que les efforts intérieurs annulés par la coupure et d'amplitude à priori inconnue, mais telle à garantir l'équilibre du système :

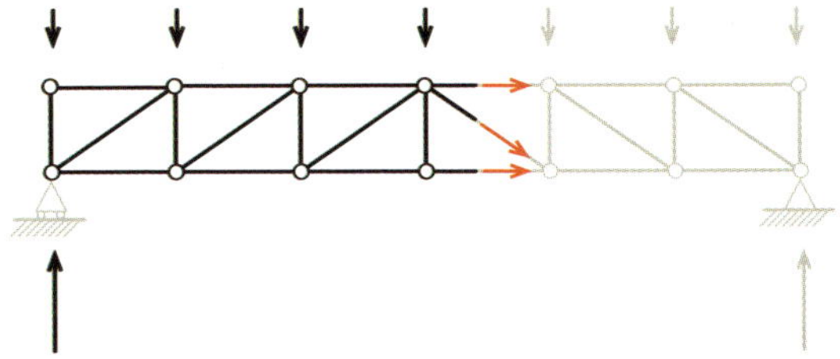

On observe qu'il est souvent commode d'imposer trois conditions d'équilibre de rotation autour de trois pôles différents (plutôt que deux équations d'équilibre de translation et une de rotation autour d'un pôle arbitraire), notamment en prenant ces pôles aux points dans lesquels les directions des barres coupées se croisent.

On montrera ces types de calcul par application directe du principe des travaux virtuels dans trois conditions typiques :

- calcul de l'effort normal dans la membrure d'un treillis ;
- calcul de l'effort normal dans le montant d'un treillis ;
- calcul de l'effort normal dans la diagonale d'un treillis.

Calcul de l'effort normal dans une barre de la membrure

On considère la poutre Pratt ci-dessous et on se pose le problème du calcul de l'effort normal dans la barre 6-8, qu'on note N_{68} sous les forces indiquées.

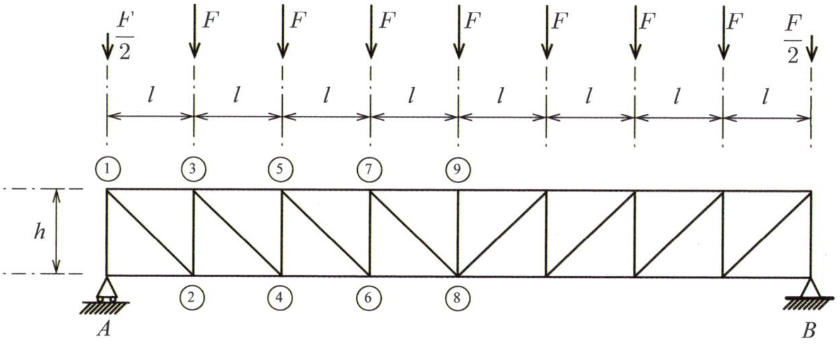

Pour faire ce calcul suivant la méthode introduite dans le chapitre 4, on considère le système obtenu par la suppression fictive de la barre 6-8, maintenu en équilibre, grâce à l'introduction de la force extérieure inconnue N_{68} :

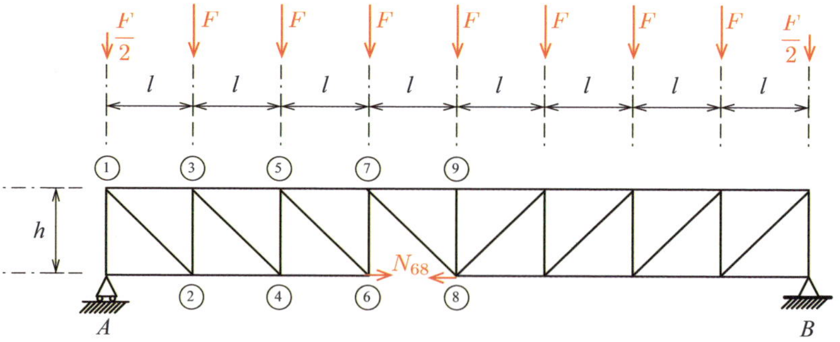

Le mécanisme ainsi obtenu peut avoir les mouvements dont les composantes horizontales et verticales sont représentées dans le dessin qui suit :

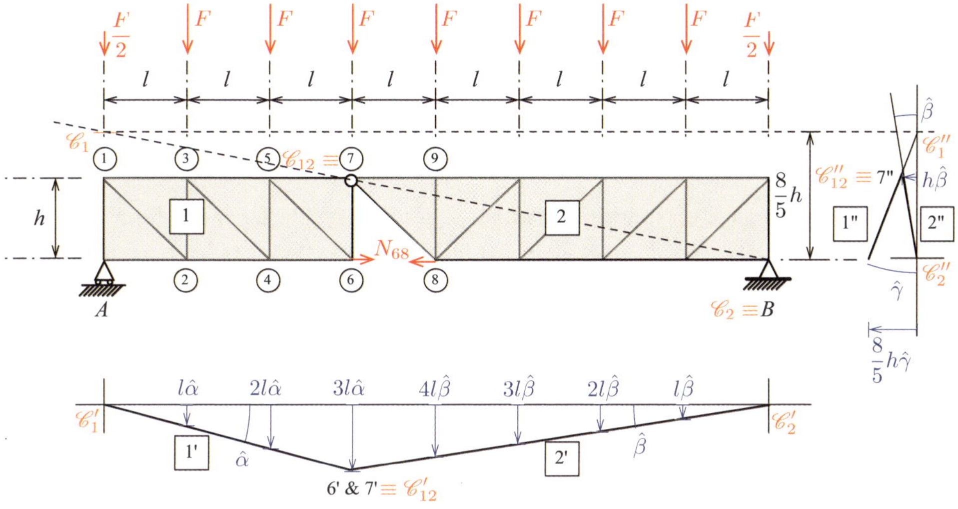

En bleu dans la figure on indique les déplacements des points d'applications des forces, utiles pour le calcul du travail virtuel. Notons que la compatibilité cinématique engendre les relations entre angles :

$$\hat{\beta} = \frac{3}{5}\hat{\alpha}\,;\ \hat{\gamma} = \frac{5}{3}\hat{\beta} = \hat{\alpha}\,.$$

Le travail virtuel de toutes les forces en jeu s'écrit comme indiqué ci-dessous ; le postulat d'équilibre ainsi exprimé par la nullité du travail quelle que soit l'amplitude de l'angle α, donne la valeur recherchée de N_{68} :

$$\hat{\mathscr{W}} = (6 + 10\frac{3}{5})Fl\hat{\alpha} - N_{68}\frac{8}{5}h\hat{\alpha} = 0\ \forall\hat{\alpha}\ \Rightarrow\ N_{68} = \frac{\frac{15}{2}Fl}{h}\,.$$

Si on considère une poutre sous le même chargement et liaisons extérieures que le treillis, on note que la section de la poutre correspondante au nœud 7 (centre de rotation relative entre les deux parties du treillis après suppression de la barre N_{68}) est sollicitée par le moment fléchissant M tel que (on rappelle que dans ce cas $\hat{\alpha} + \hat{\beta} = \frac{8}{5}\hat{\alpha}$) :

$$\hat{\mathscr{W}} = (6 + 10\frac{3}{5})Fl\hat{\alpha} - M\frac{8}{5}\hat{\alpha} = 0\ \forall\hat{\alpha}\ \Rightarrow\ M = \frac{15}{2}Fl\,.$$

Ceci montre que :

$$N_{68} = \frac{M}{h}\,.$$

On remarque aussi que, conformément à sa définition de moment fléchissant dans la section d'une poutre, M est aussi le moment résultant de tous les efforts extérieurs et réactions extérieures qui se trouvent à droite ou à gauche de la section.

Pour calculer l'effort normal dans une barre d'une membrure d'une poutre treillis on peut donc procéder au calcul du moment résultant des efforts extérieurs et de réactions d'un côté de la barre et diviser ensuite ce résultat par la distance entre membrures. Notons plus exactement que le moment résultant doit être calculé en se référant à la rotule virtuellement activée en supprimant la barre dont on veut calculer l'effort et que la distance à prendre en compte est celle entre la barre et la rotule, mesurée en direction orthogonale à la barre.

Calcul de l'effort normal dans un montant

Pour faire ce calcul on supprime le montant et on le remplace par une force inconnue. Par exemple, on considère le montant 6-7 et on introduit la force N_{67}.

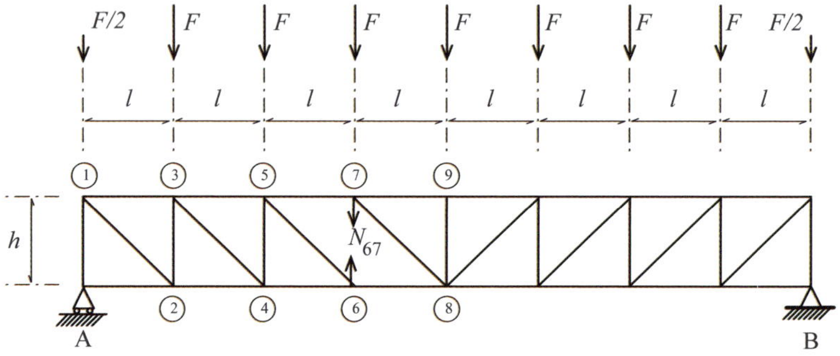

Pour le mouvement virtuel qui en résulte,

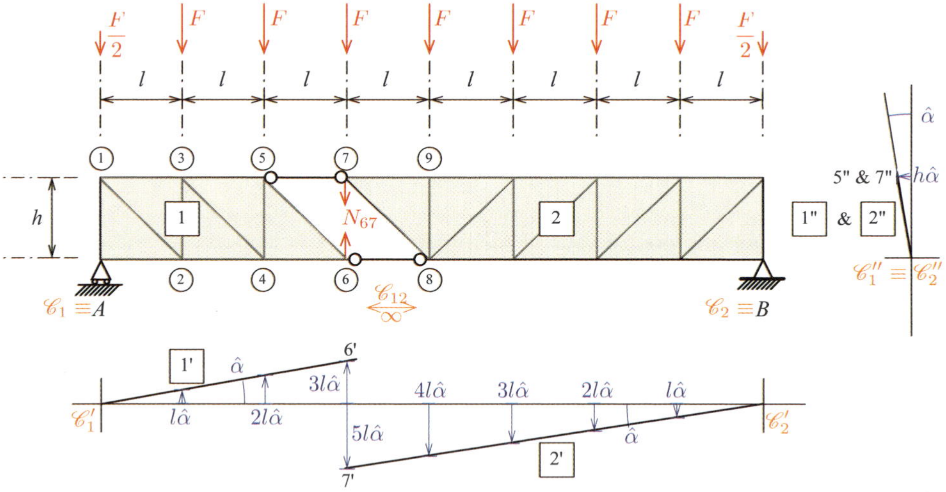

on obtient le travail virtuel et la valeur de N_{67} :

$$\hat{\mathscr{W}} = 12Fl\hat{\alpha} + N_{67}(3+5)l\hat{\alpha} = 0 \; \forall\hat{\alpha} \;\Rightarrow\; N_{67} = \frac{3}{2}F = V$$

Pour une poutre sous le même chargement et liaisons extérieures on obtient la valeur de l'effort tranchant sur la section correspondante au montant supprimé dans le treillis :

$$\hat{\mathscr{W}} = 12Fl\hat{\alpha} + V(3+5)l\hat{\alpha} = 0 \; \forall\hat{\alpha} \;\Rightarrow\; V = \frac{3}{2}F\,,$$

et donc

$$N_{67} = V \, .$$

L'effort normal dans un montant est identique à l'effort tranchant sur la section correspondante dans la poutre équivalente. Cet effort est égal à la résultante de toutes les forces et les réactions extérieures qui se trouvent d'un côté ou de l'autre de la section.

Calcul de l'effort normal dans une diagonale

On procède comme dans les cas précédent en supprimant cette fois une diagonale, par exemple la barre 5-6, et en plaçant à sa place la force inconnue N_{56} :

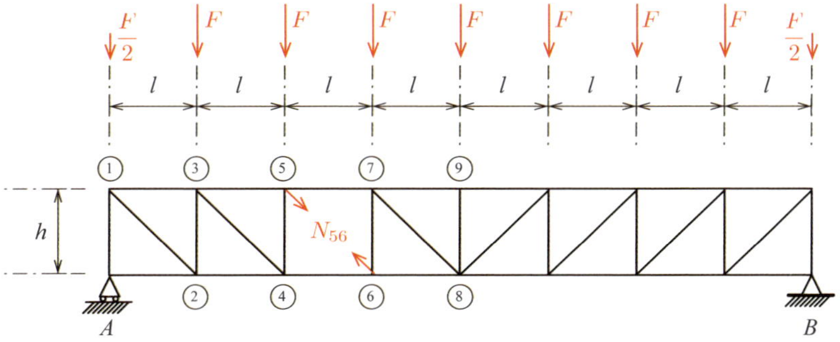

Le mouvement virtuel qui en résulte est illustré ci-dessous

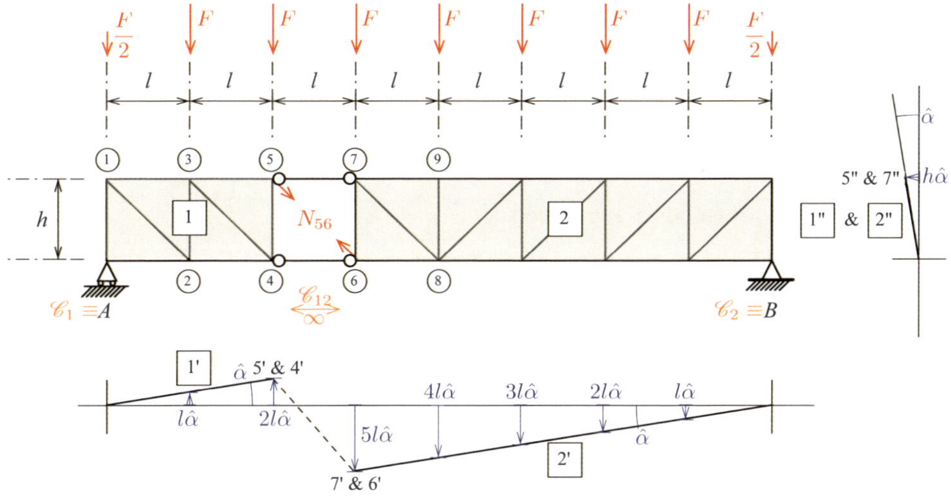

Pour compléter l'information nécessaire aux calculs, il faut obtenir la valeur approchée, valable en hypothèse de petits déplacements, de l'allongement d'une diagonale en connaissant les déplacement de ses extrémités. En faisant référence à la figure ci-dessous, on peut exploiter la similitude des triangles indiqués en orange pour se donner cet allongement :

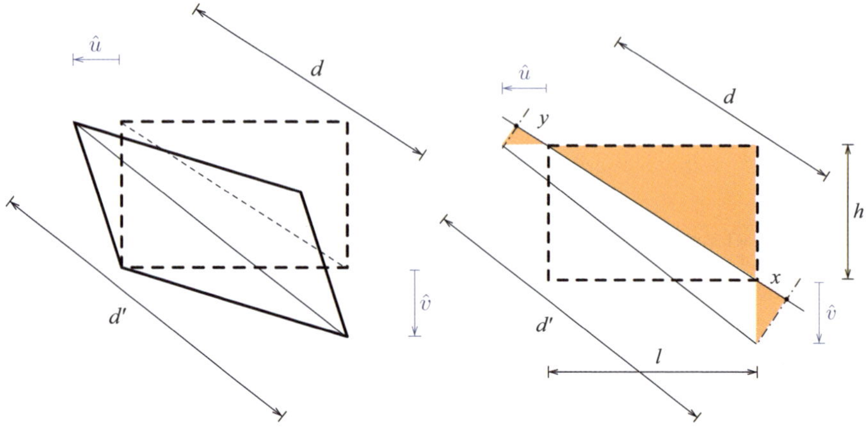

$$\left\{\begin{array}{lll}\frac{x}{\hat{v}}=\frac{h}{d} & \Rightarrow & x=\frac{h}{d}\hat{v}\\ \frac{y}{\hat{u}}=\frac{l}{d} & \Rightarrow & y=\frac{l}{d}\hat{u}\end{array}\right. \quad \Rightarrow \quad d'-d\approx\frac{h\hat{v}+l\hat{u}}{d}$$

Pour le cas de l'exemple, comme montré par le dessin suivant :

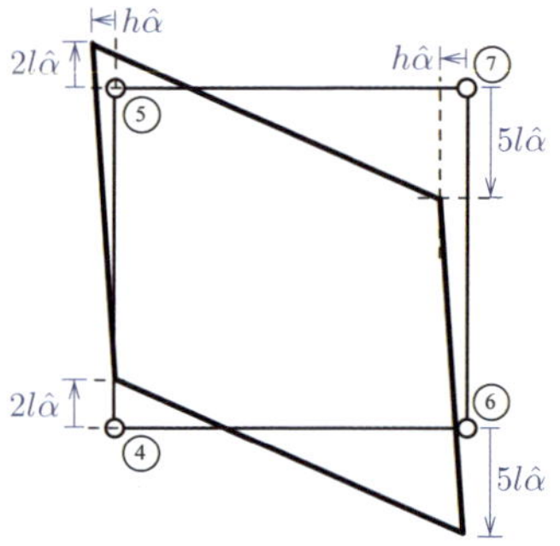

les déplacements des nœuds d'extrémité sont :

$$\hat{u}=h\hat{\alpha}\,;\ \hat{v}=5l\hat{\alpha}+2l\hat{\alpha}\,,$$

d'où :

$$d'-d\approx\frac{8lh}{d}\hat{\alpha}\,.$$

Le travail virtuel de tous les efforts en jeu s'écrit alors :

$$\hat{\mathscr{W}}=12Fl\hat{\alpha}-N_{56}\frac{8lh}{d}\hat{\alpha}=0\ \forall\hat{\alpha}\ \Rightarrow\ N_{56}=\frac{3}{2}F\frac{d}{h}=V\frac{d}{h}\,.$$

Il apparaît que l'effort normal dans la diagonale est lié à l'effort tranchant dans la poutre équivalente par le facteur de proportionnalité d/h.

En conclusion, ces calculs montrent qu'il est possible d'associer à une poutre en treillis une poutre équivalente, soumise au même chargement et dans les mêmes conditions de liaison, avec les propriétés :

1. *les membrures reprennent le moment fléchissant* : l'effort normal dans les membrures est donné par le moment fléchissant dans la poutre équivalente divisé par la hauteur de la poutre treillis ;

2. *les montants reprennent l'effort tranchant* : l'effort normal dans les montants est égal à l'effort tranchant dans la poutre équivalente ;

3. *les diagonales reprennent aussi l'effort tranchant*, mais l'effort normal est d'autant plus important qu'elles sont inclinées, seulement la projection verticale de cet effort étant égale à l'effort tranchant dans la poutre équivalente.

On remarque que l'application du principe des travaux virtuels permet l'évaluation qualitative de l'état de sollicitation dans les barres d'un treillis isostatique chargé sans nécessairement passer par le calcul. Il suffit de comparer, qualitativement, le travail des efforts extérieurs avec celui fait par la force fictive remplaçant l'effort intérieur dans un mécanisme virtuel donné, pour connaître le signe de cet effort. On constate qu'il s'agit d'observer le mouvement virtuel et de vérifier si, dans un mouvement virtuel qui produit une augmentation de la distance entre les nœuds normalement reliés par la barre virtuellement supprimée, les forces extérieures font un travail positif ou négatif. Dans le premier cas nous sommes en présence d'un tirant, dans le deuxième d'un poinçon.

6.6 Approfondissement : dualité

Si on retire une barre d'un treillis isostatique on obtient un mécanisme. Dans le système de matrice $\mathbb{C}$ une des distances entre barres change, le terme de droite n'est plus nul et on peut écrire :

$$\mathbb{C}\hat{\hat{\mathbb{d}}} = \hat{\mathbb{a}} \quad \Rightarrow \quad \hat{\hat{\mathbb{d}}} = \mathbb{C}^{-1}\hat{\mathbb{a}}$$

où un seul élément de la liste $\hat{\mathbb{a}}$ est $\neq 0$, l'inversion étant possible car $\operatorname{rang}\mathbb{C} = b = 2n - e$.

On écrit le PTV pour un treillis isostatique dans lequel on enlève virtuellement la barre ij ($\hat{\mathbb{a}}$ est un vecteur ayant seulement la composante correspondante à ij non nulle) :

$$\hat{\mathscr{W}} = \mathbb{F} \cdot \hat{\hat{\mathbb{d}}} - N^{(ij)}\hat{a}^{(ij)} .$$

On tient compte de la relation entre $\mathbb{F}$ et $\mathbb{N}$ et entre $\hat{\mathbb{d}}$ et $\hat{\mathbb{a}}$:

$$\hat{\mathscr{W}} = -\mathbb{N} \cdot \mathbb{S}_F^T \mathbb{C}^{-1}\hat{\mathbb{a}} - \mathbb{N} \cdot \hat{\mathbb{a}} = 0 \, \forall \hat{\mathbb{a}}$$

et on en déduit :

$$-\mathbb{S}_F^T = \mathbb{C} \quad \text{ou} \quad \mathbb{S}_F = -\mathbb{C}^T .$$

Les matrices de compatibilité cinématique et d'équilibre statique ont le même contenu d'information.

6.7 Conclusion

L'étude de ce chapitre permet la compréhension des concepts et la connaissance des méthodes suivantes :

- définition de treillis ;
- formule de Maxwell pour une condition nécessaire d'isostaticité ;
- équations générales de l'équilibre d'un point et équivalence des trois formulations : par le principe des travaux virtuels, par la somme des composantes des forces et par le polygone des forces ;
- calcul des efforts normaux dans les barres par trois méthodes : de Cremona, de Ritter et par le principe des travaux virtuels.

Un approfondissement de l'étude cinématique et statique des treillis par analyse matricielle est aussi proposé.

6.8 Exercices

Exercice 55. Identifier si le système ci-dessous est hypo-, iso- ou hyperstatique. S'il s'agit d'une structure isostatique, déterminer les efforts normaux dans les barres sous les charges indiquées.

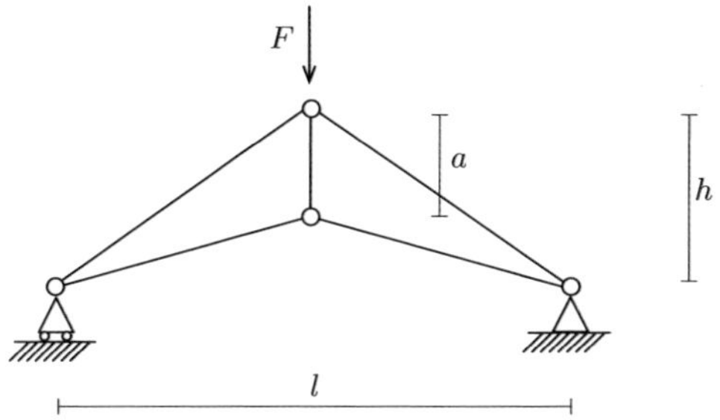

Le système se compose de triangles et

$$2n - b = 2 \cdot 4 - 5 = 3\,,$$

les liaisons extérieures sont au nombre de 3 et placées de manière à éviter tout mouvement. Il s'agit donc d'une structure isostatique.

Le calcul des réactions se fait, par exemple, en écrivant l'équilibre de rotation autour de l'appui et de la rotule et l'équilibre de translation horizontale (les réactions sont prises positives vers le haut et vers la droite) :

$$R_A^{(v)} = F/2\,;\ R_B^{(v)} = F/2\,;\ R_B^{(h)} = 0\,.$$

Après avoir calculé les réactions, on trace le diagramme de Cremona : on peut partir du nœud A et parcourir les forces qui convergent vers ce nœud en partant de la réaction et en tournant dans le sens des aiguilles d'une montre (N_{AD} d'abord et ensuite N_{AC}). Le sens de rotation indiqué par la réaction dans le triangle des forces équilibrées autour de A montre que N_{AD} est une compression – le vecteur pointe vers le nœud – et N_{AC} une traction – le vecteur s'éloigne du nœud –. On peut ensuite tracer les polygones d'équilibre de C ou de D (les deux ne contenant désormais que deux forces inconnues) et, finalement, vérifier que l'équilibre de B est correctement représenté par la réaction connue.

Pour l'identification du signe de l'effort normal dans les barres, on indique la compression par un cercle rouge et la traction par une croix bleue (des éventuelles barres déchargées seront marquées dans les autres exercices par le signe $=$; le diagramme de Cremona à droite est dessiné à une échelle double de celle adoptée pour la représentation des forces sur la structure à gauche) :

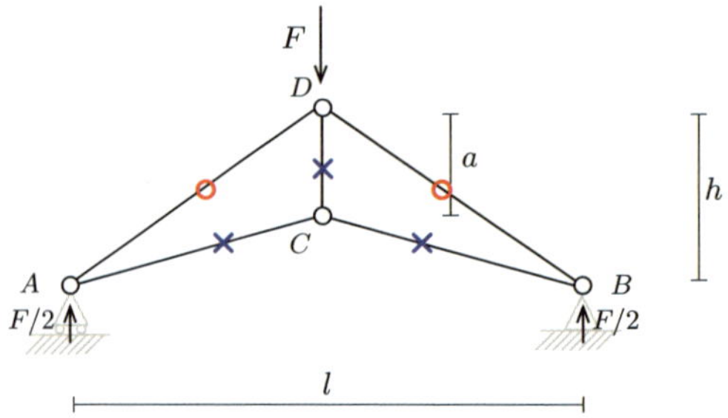

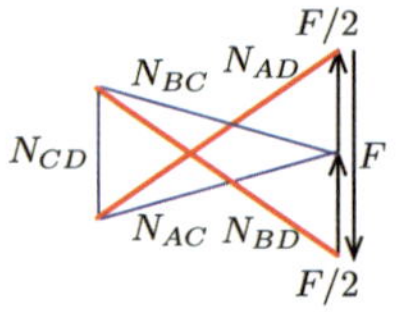

Pour le calcul analytique, on appelle :

$$\alpha = \widehat{BAC} \,;\; \beta = \widehat{BAD}$$

et donc :

$$c = \cos\alpha = \frac{l/2}{\sqrt{l^2/4 + (h-a)^2}} \,;\; s = \sin\alpha = \frac{h-a}{\sqrt{l^2/4 + (h-a)^2}} \,;$$

$$C = \cos\beta = \frac{l/2}{\sqrt{l^2/4 + h^2}} \,;\; S = \sin\beta = \frac{h}{\sqrt{l^2/4 + h^2}} \,.$$

L'équilibre du nœud A s'écrit (il convient de supposer toutes les barres des tirants pour le signe des efforts normaux inconnus) :

$$\begin{bmatrix} c & C \\ s & S \end{bmatrix} \begin{bmatrix} N_{AC} \\ N_{AD} \end{bmatrix} = \begin{bmatrix} 0 \\ -\frac{F}{2} \end{bmatrix} \Rightarrow (^3)$$

$$N_{AC} = \frac{C}{Sc - Cs}\frac{F}{2} \,;\; N_{AD} = -\frac{c}{Sc - Cs}\frac{F}{2} \,.$$

Ce résultat confirme que N_{AC} (> 0) est un tirant (car $Sc - Cs = \sin(\beta - \alpha) > 0$) et N_{AD} (< 0) est un poinçon. La symétrie du système fait qu'il ne reste à calculer que N_{CD} par l'équilibre de translation verticale du nœud D :

$$N_{CD} = -2SN_{AD} - F = \frac{Cs}{Sc - Cs}F \,,$$

ou par l'équilibre de translation verticale du nœud C :

$$N_{CD} = 2sN_{AC} = \frac{Cs}{Sc - Cs}F \,.$$

Exercice 56. Identifier si le système ci-dessous est hypo-, iso- ou hyperstatique. S'il s'agit d'une structure isostatique, déterminer les efforts normaux dans les barres sous les charges indiquées.

3. Inversion de la matrice 2×2 :

$$\begin{bmatrix} c & C \\ s & S \end{bmatrix}^{-1} = \frac{1}{Sc - Cs}\begin{bmatrix} S & -C \\ -s & c \end{bmatrix}$$

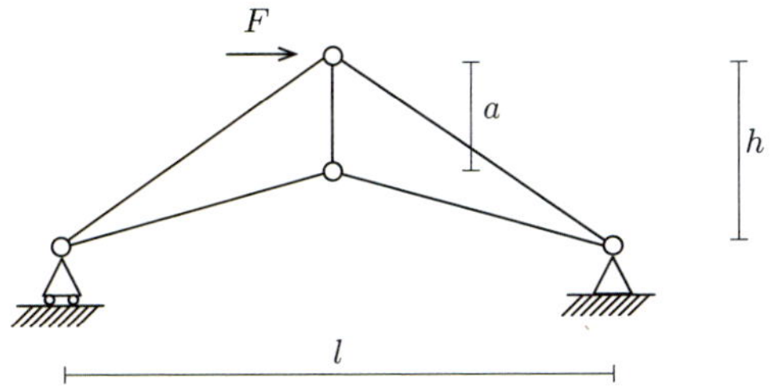

Le système étant le même que dans l'exercice précédent, il s'agit d'une structure isostatique.

Le calcul des réactions donne :

$$R_A^{(v)} = -F/2 \, ; \; R_B^{(v)} = F/2 \, ; \; R_B^{(h)} = -F \, .$$

Le diagramme de Cremona et l'identification du signe de l'effort normal dans les barres sont présentés ci-dessous (le diagramme est dessiné à une échelle 3 fois plus grande que l'échelle des forces indiquées sur la structure) :

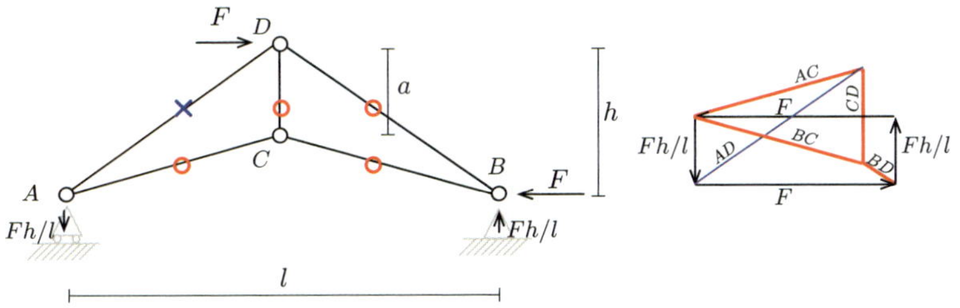

L'équilibre du nœud A s'écrit par la même matrice que dans l'exercice précédent, seul le terme connu des équations étant différent :

$$\begin{bmatrix} c & C \\ s & S \end{bmatrix} \begin{bmatrix} N_{AC} \\ N_{AD} \end{bmatrix} = \begin{bmatrix} 0 \\ \frac{hF}{l} \end{bmatrix} \Rightarrow$$

$$N_{AC} = -\frac{C}{Sc - Cs}\frac{hF}{l} \, ; \; N_{AD} = \frac{c}{Sc - Cs}\frac{hF}{l} \, ;$$

ce qui confirme que N_{AC} est maintenant un poinçon, N_{AD} un tirant. L'équilibre du nœud C donne :

$$\begin{cases} N_{AC}c - N_{BC}c = 0 \\ N_{AC}s + N_{BC}s - N_{CD} = 0 \end{cases} \Rightarrow \; N_{CD} = 2sN_{AC}$$

(donc N_{CD} est un poinçon comme N_{AC}).

Exercice 57. Identifier si le système ci-dessous est hypo-, iso- ou hyperstatique. S'il s'agit d'une structure isostatique, déterminer les efforts normaux dans les barres sous les charges indiquées.

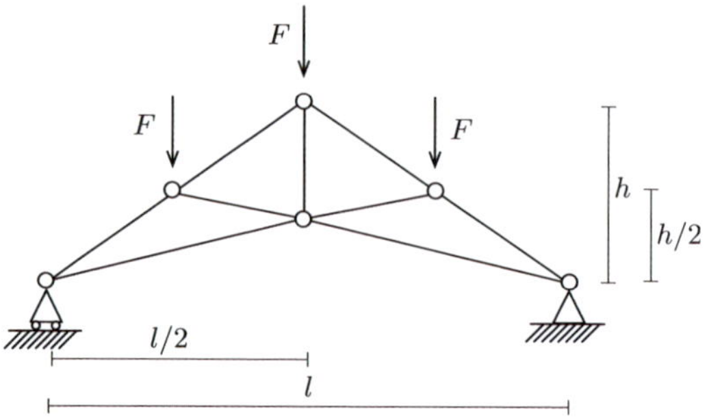

Le calcul des réactions donne :

$$R_A^{(v)} = 3F/2\,;\ R_B^{(v)} = 3F/2\,;\ R_B^{(h)} = 0\,.$$

Diagramme de Cremona et identification du signe de l'effort normal dans les barres :

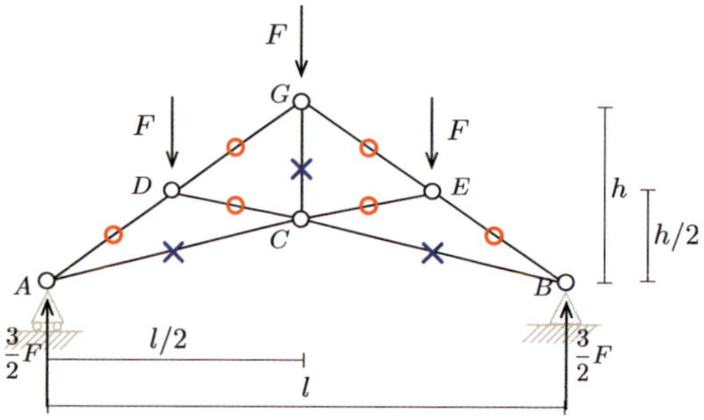

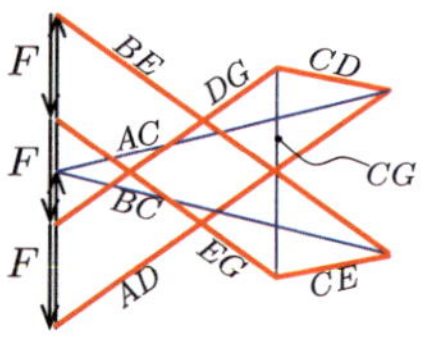

Calcul analytique : on appelle :

$$\alpha = \widehat{BAC}\,;\ \beta = \widehat{BAD}$$

et

$$c = \cos\alpha = \frac{l}{\sqrt{l^2+h^2}}\,;\ s = \sin\alpha = \frac{h}{\sqrt{l^2+h^2}}\,;$$

$$C = \cos\beta = \frac{l/2}{\sqrt{l^2/4+h^2}}\,;\ S = \sin\beta = \frac{h}{\sqrt{l^2/4+h^2}}\,.$$

Les équations d'équilibre des nœuds sont exprimées comme suit sous forme matricielle (les lignes de ce système représentent respectivement les équations d'équilibre : horizontal A, vertical A, horizontal D, vertical D, horizontal G, vertical G, horizontal C, vertical C, horizontal E, vertical E, horizontal B, vertical B) :

$$\begin{bmatrix} c & C & \cdot & \cdot & \cdot & \cdot & \cdot & \cdot & \cdot \\ s & S & \cdot & \cdot & \cdot & \cdot & \cdot & \cdot & \cdot \\ \cdot & -C & C & c & \cdot & \cdot & \cdot & \cdot & \cdot \\ \cdot & -S & S & -s & \cdot & \cdot & \cdot & \cdot & \cdot \\ \cdot & \cdot & -C & \cdot & C & 0 & \cdot & \cdot & \cdot \\ \cdot & \cdot & -S & \cdot & -S & -1 & \cdot & \cdot & \cdot \\ -c & \cdot & \cdot & -c & \cdot & 0 & c & c & \cdot \\ -s & \cdot & \cdot & s & \cdot & 1 & s & -s & \cdot \\ \cdot & \cdot & \cdot & \cdot & -C & \cdot & -c & \cdot & C \\ \cdot & \cdot & \cdot & \cdot & S & \cdot & -s & \cdot & -S \\ \cdot & \cdot & \cdot & \cdot & \cdot & \cdot & \cdot & -c & -C \\ \cdot & \cdot & \cdot & \cdot & \cdot & \cdot & \cdot & s & S \end{bmatrix} \begin{bmatrix} N_{AC} \\ N_{AD} \\ N_{DG} \\ N_{CD} \\ N_{GE} \\ N_{CG} \\ N_{CE} \\ N_{BC} \\ N_{BE} \end{bmatrix} = \begin{bmatrix} 0 \\ -R_A^{(v)} \\ 0 \\ F \\ 0 \\ F \\ 0 \\ 0 \\ 0 \\ F \\ -R_B^{(h)} \\ -R_B^{(v)} \end{bmatrix}$$

Note : les points remplacent des zéros lorsque leur raison d'être relève d'une information topologique, c'est-à-dire de la connectivité du treillis, plutôt que géométrique (la direction des barres). Cela permet d'adapter plus facilement le résultat pour l'étude d'autres structures ayant la même topologie.

Note : le système se compose de 12 équations (2 fois 6 nœuds) pour 9 inconnues (le nombre des barres), mais 3 équations sont identiquement satisfaites par le choix des 3 réactions en équilibre avec les forces extérieures.

On observe que, grâce à la structure de la matrice et si on se donne les réactions par un calcul préalable, le problème peut être résolu en procédant nœud par nœud, ce qui correspond à la possibilité d'application de la méthode de Cremona (treillis à nœuds canoniques).

La solution s'écrit :

$$\begin{bmatrix} N_{AC} \\ N_{AD} \end{bmatrix} = \frac{1}{Sc - sC} \begin{bmatrix} S & -C \\ -s & c \end{bmatrix} \begin{bmatrix} 0 \\ -R_A^{(v)} \end{bmatrix} =$$

$$= \frac{1}{Sc - sC} \begin{bmatrix} C \\ -c \end{bmatrix} R_A^{(v)} = \frac{3/2}{Sc - sC} \begin{bmatrix} C \\ -c \end{bmatrix} F\,;$$

$$\begin{bmatrix} N_{DG} \\ N_{CD} \end{bmatrix} = \frac{1}{-sC - Sc} \begin{bmatrix} -s & -c \\ -S & C \end{bmatrix} \left[\begin{bmatrix} 0 \\ F \end{bmatrix} + \begin{bmatrix} C \\ S \end{bmatrix} N_{AD} \right] =$$

$$\frac{1}{-sC - Sc} \begin{bmatrix} -c \\ C \end{bmatrix} F - \frac{c}{Sc - sC} \begin{bmatrix} C \\ S \end{bmatrix} R_A^{(v)}\,;$$

$$N_{GE} = N_{DG}\,; \; N_{CG} = -F - 2SN_{GE}\,;$$

et pour la symétrie du système :

$$N_{CE} = N_{CD}\,; \; N_{BC} = N_{AC}\,; \; N_{BE} = N_{AD}\,.$$

Exercice 58. Identifier si le système ci-dessous est hypo-, iso- ou hyperstatique. S'il s'agit d'une structure isostatique, déterminer les efforts normaux dans les barres sous les charges indiquées.

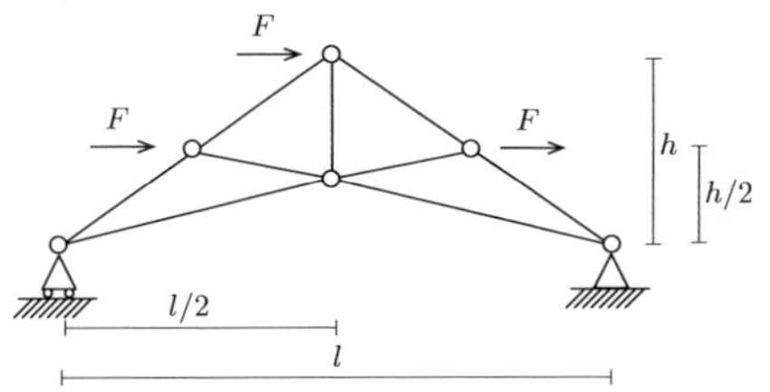

Diagramme de Cremona et identification du signe de l'effort normal dans les barres (l'échelle des forces pour tracer le diagramme de Cremona est double de celle utilisée pour dessiner les forces sur la structure) :

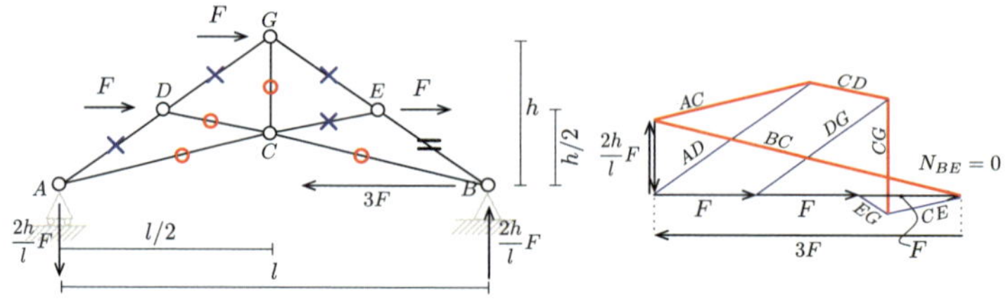

Pour la solution analytique du problème on constate que la matrice est la même que dans le cas précédent, seuls les termes connus sont changés :

$$\begin{bmatrix} 0 & -R_A^{(v)} & -F & 0 & -F & 0 & 0 & 0 & -F & 0 & -R_B^{(h)} & -R_B^{(v)} \end{bmatrix}$$

avec les réactions :

$$R_A^{(v)} = -2\frac{h}{l}F\,;\; R_B^{(v)} = 2\frac{h}{l}F\,;\; R_B^{(h)} = -3F\,.$$

La solution est :

$$\begin{bmatrix} N_{AC} \\ N_{AD} \end{bmatrix} = \frac{1}{Sc - sC}\begin{bmatrix} C \\ -c \end{bmatrix} R_A^{(v)} = \frac{2h/l}{Sc - sC}\begin{bmatrix} -C \\ c \end{bmatrix} F\,;$$

$$\begin{bmatrix} N_{DG} \\ N_{CD} \end{bmatrix} = \frac{1}{-sC - Sc}\begin{bmatrix} -s & -c \\ -S & C \end{bmatrix}\begin{bmatrix} -F \\ 0 \end{bmatrix} + \begin{bmatrix} C \\ S \end{bmatrix} N_{AD} =$$

$$\left(\frac{1}{-sC - Sc}\begin{bmatrix} s \\ S \end{bmatrix} + \frac{2c\,h/l}{Sc - sC}\begin{bmatrix} C \\ S \end{bmatrix}\right) F\,;$$

etc.

Le principe des travaux virtuels permet le calcul direct de l'effort normal dans n'importe quelle barre sans passer par les équilibres des nœuds, ni par l'équilibre global de la structure. Par exemple, pour la barre CG on considère le mécanisme :

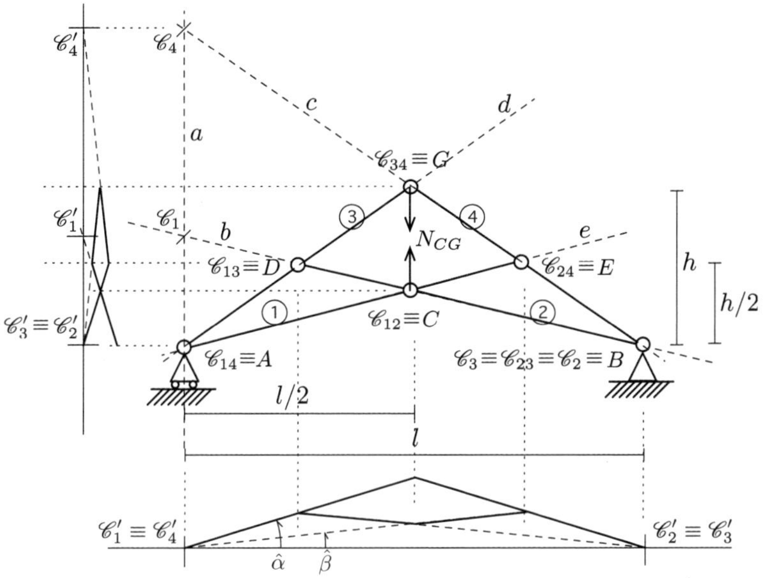

où seul N_{CG} travaille parmi les efforts intérieurs. Le mouvement est représenté en divisant le mécanisme dans ses quatre parties rigides : le corps 1, composé des barres du triangle ACD, le corps 2, BCE, le corps 3, coïncident avec la barre DG, et le corps 4, GE.

L'identification des centres de rotation admissibles pour les liaisons se fait en appliquant à plusieurs reprises le théorème de Kennedy pour le mouvement de trois corps rigides ; on procède par les pas suivants :

1. les centres immédiatement connus sont $\mathscr{C}_2 \equiv B$, $\mathscr{C}_{12} \equiv C$, $\mathscr{C}_{13} \equiv D$, $\mathscr{C}_{24} \equiv E$ et $\mathscr{C}_{34} \equiv G$;

2. $\mathscr{C}_1 \in a$ (condition d'appui simple) & $\mathscr{C}_1 \in b$ (pour garantir l'alignement $\mathscr{C}_1$, $\mathscr{C}_{12}$, $\mathscr{C}_2$) identifie la position de $\mathscr{C}_1$ dessinée ;

3. $\mathscr{C}_{14} \equiv A$ car les corps 1 et 4 sont liés par deux bielles qui convergent en ce point (droites d et e) ;

4. $\mathscr{C}_{23} \equiv B$ pour la même raison relativement aux corps 2 et 3 (droites b et c) ;

5. $\mathscr{C}_4 \in a$ (car aligné avec $\mathscr{C}_1$ et $\mathscr{C}_{14}$) & $\mathscr{C}_4 \in c$ (car aligné avec $\mathscr{C}_{24}$ et $\mathscr{C}_2$) implique la position de ce point indiquée dans le dessin ;

6. $\mathscr{C}_3 \in b$ (car aligné avec $\mathscr{C}_1$ et $\mathscr{C}_{13}$) & $\mathscr{C}_3 \in c$ (car aligné avec $\mathscr{C}_{34}$ et $\mathscr{C}_4$) implique $\mathscr{C}_3 \equiv B$.

On dessine ensuite les projections du mouvement sur les directions verticale et horizontale par la technique habituelle.

L'observation du mouvement virtuel nous montre que à un travail positif des forces extérieures correspond un travail positif de N_{CG} (tous les points d'application des forces avancent dans le mouvement, les extrémités C et G s'approchent) : N_{CG} est donc une compression (signe opposé à celui indiqué dans le dessin).

Si on appelle $\hat{\alpha}$ la rotation du corps 1, égale et opposée à celle du corps 2, et $\hat{\beta}$ la rotation du corps 3, égale et opposée à celle du corps 4, on a l'identité (note : $\overline{A\mathscr{C}_4} = 2h$) :

$$\hat{\beta}\frac{3}{2}h = \hat{\alpha}\frac{1}{2}h \Rightarrow \hat{\beta} = \frac{1}{3}\hat{\alpha}\,.$$

Les déplacements des points d'application des forces sont :

$$\frac{h}{2}\hat{\alpha}\,;\ \frac{h}{2}\hat{\beta}\,;\ h\hat{\beta}\,;$$

ceux des points G et C :

$$\frac{l}{2}\hat{\alpha}\,;\ \frac{l}{2}\hat{\beta}\,.$$

Le travail virtuel est :

$$\hat{\mathscr{W}} = \left(\frac{1}{2} + \frac{1}{6} + \frac{1}{3}\right) hF\hat{\alpha} + \left(\frac{1}{2} - \frac{1}{6}\right) lN_{CG}\hat{\alpha} = 0\ \forall\hat{\alpha} \Rightarrow$$

$$N_{CG} = -\frac{3h}{l}F\,.$$

Exercice 59. Identifier si le système ci-dessous est hypo-, iso- ou hyperstatique. S'il s'agit d'une structure isostatique, déterminer les efforts normaux dans les barres sous les charges indiquées.

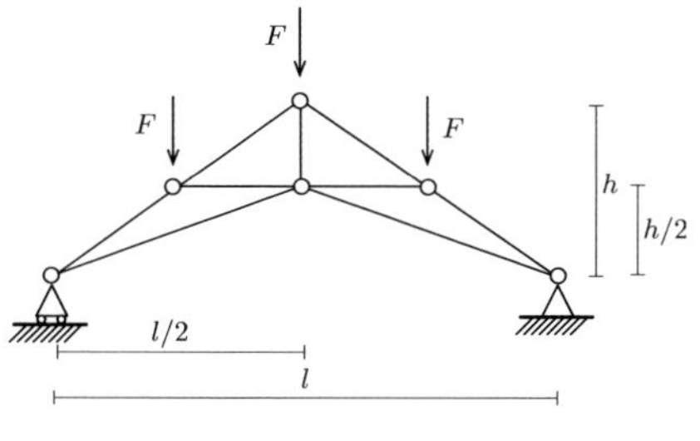

On considère la dénomination des nœuds suivante :

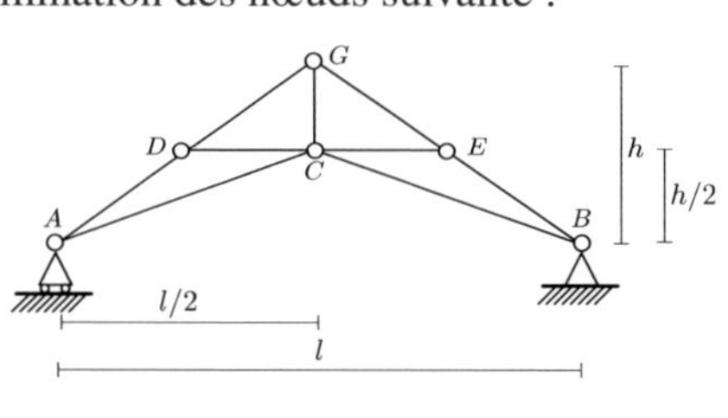

La topologie de la structure étant la même que dans l'exercice précédent, le diagramme de Cremona est similaire :

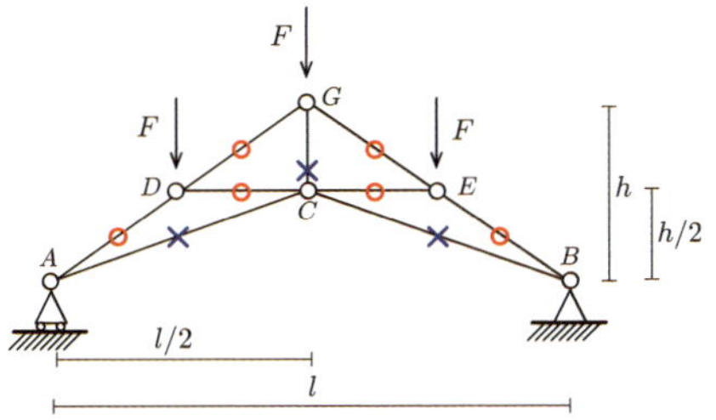

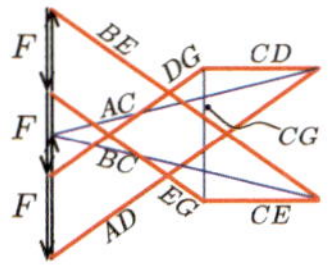

Pour les mêmes raisons, l'écriture de la matrice d'équilibre peut se faire rapidement en changeant l'angle des barres *CD* et *CE* sur l'horizontale (on rappelle l'ordre des équations prises en compte : horizontal *A*, vertical *A*, horizontal *D*, vertical *D*, horizontal *G*, vertical *G*, horizontal *C*, vertical *C*, horizontal *E*, vertical *E*, horizontal *B*, vertical *B*) :

$$\begin{bmatrix} c & C & \cdot & \cdot & \cdot & \cdot & \cdot & \cdot & \cdot \\ s & S & \cdot & \cdot & \cdot & \cdot & \cdot & \cdot & \cdot \\ \cdot & -C & C & 1 & \cdot & \cdot & \cdot & \cdot & \cdot \\ \cdot & -S & S & 0 & \cdot & \cdot & \cdot & \cdot & \cdot \\ \cdot & \cdot & -C & \cdot & C & 0 & \cdot & \cdot & \cdot \\ \cdot & \cdot & -S & \cdot & -S & -1 & \cdot & \cdot & \cdot \\ -c & \cdot & \cdot & -1 & \cdot & 0 & 1 & c & \cdot \\ -s & \cdot & \cdot & 0 & \cdot & 1 & 0 & -s & \cdot \\ \cdot & \cdot & \cdot & \cdot & -C & \cdot & -1 & \cdot & C \\ \cdot & \cdot & \cdot & \cdot & S & \cdot & 0 & \cdot & -S \\ \cdot & \cdot & \cdot & \cdot & \cdot & \cdot & \cdot & -c & -C \\ \cdot & \cdot & \cdot & \cdot & \cdot & \cdot & \cdot & s & S \end{bmatrix} \begin{bmatrix} N_{AC} \\ N_{AD} \\ N_{DG} \\ N_{CD} \\ N_{GE} \\ N_{CG} \\ N_{CE} \\ N_{BC} \\ N_{BE} \end{bmatrix} = \begin{bmatrix} 0 \\ -R_A^{(v)} \\ 0 \\ F \\ 0 \\ F \\ 0 \\ 0 \\ 0 \\ F \\ -R_B^{(h)} \\ -R_B^{(v)} \end{bmatrix}$$

Par rapport aux cas étudiés, on doit changer seulement le résultat relatif aux barres N_{DG} et N_{CD} (ce qui engendre un changement de l'effort N_{CG} sur la base de la formule précédemment obtenue) :

$$\begin{bmatrix} N_{DG} \\ N_{CD} \end{bmatrix} = \frac{1}{S} \begin{bmatrix} 0 & 1 \\ S & -C \end{bmatrix} \begin{bmatrix} 0 \\ F \end{bmatrix} + \begin{bmatrix} C \\ S \end{bmatrix} N_{AD} =$$

$$\frac{1}{S} \begin{bmatrix} 1 \\ -C \end{bmatrix} F - \frac{c}{Sc - sC} \begin{bmatrix} C \\ S \end{bmatrix} R_A^{(v)} .$$

Exercice 60. Identifier si le système ci-dessous est hypo-, iso- ou hyperstatique. S'il s'agit d'une structure isostatique, déterminer les efforts normaux dans les barres sous les charges indiquées.

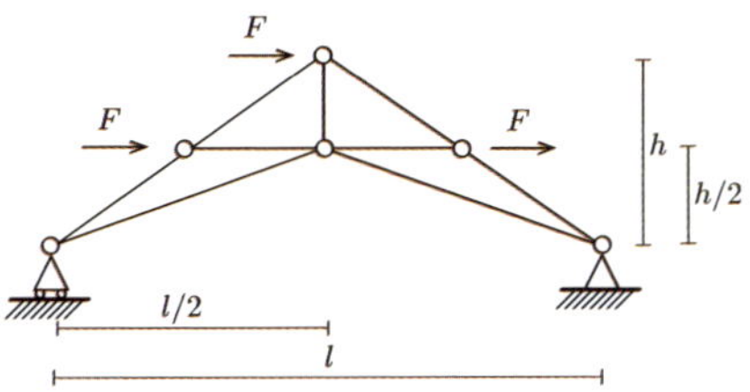

Le diagramme de Cremona peut encore être obtenu de celui de l'exercice précédent similaire :

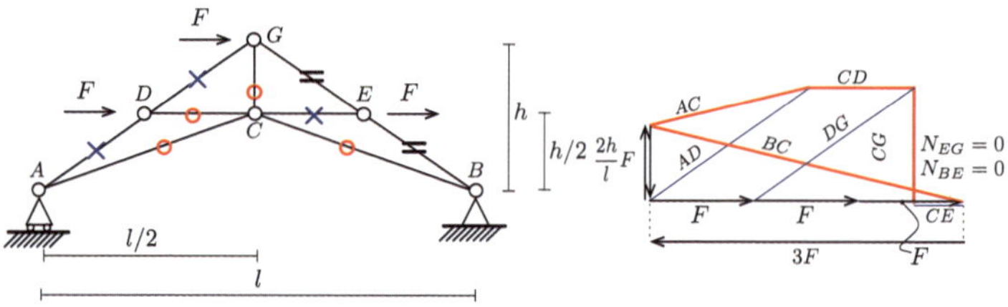

et le calcul analytique des efforts normaux se fait par la même matrice du cas précédent en changeant les forces extérieures.

Exercice 61. Identifier si le système ci-dessous est hypo-, iso- ou hyperstatique. S'il s'agit d'une structure isostatique, déterminer l'effort normal dans une des diagonales sous les charges indiquées.

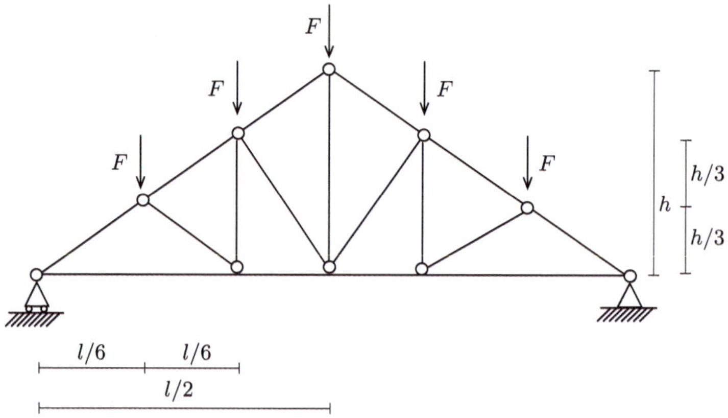

Le calcul de N_{DE} par le principe des travaux virtuels se déroule à partir de la définition du mécanisme et du mouvement représentés ci-dessous

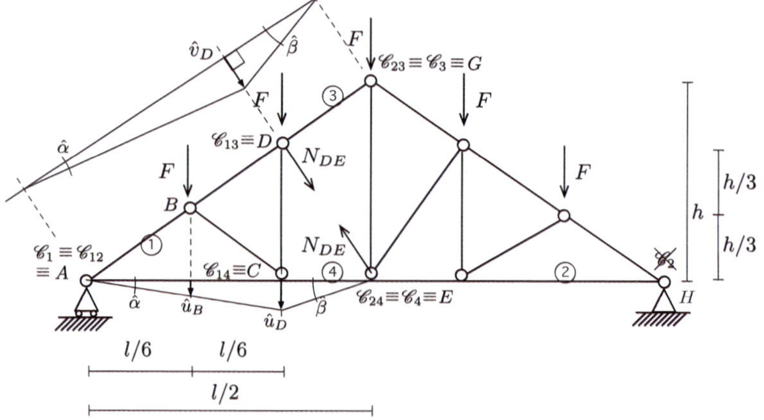

Le mécanisme obtenu après suppression virtuelle de la barre DE se compose de quatre corps rigides indiquées dans le dessin par les numéros 1 à 4 : (1) le triangle ABC, (2) le triangle EGH, donné par la moitié de droite de la structure, (3) la barre DG et (4) la barre CE. Seuls $\mathscr{C}_2$, $\mathscr{C}_{13}$, $\mathscr{C}_{23}$, $\mathscr{C}_{14}$ et $\mathscr{C}_{24}$, sont à priori connus. Pour l'identification des autres centres de rotation, on tient compte à nouveau du théorème de Kennedy :

1. $\mathscr{C}_{12}$ se trouve sur la direction de la bielle CE : $\mathscr{C}_1$ se trouve alors en A, car il doit être en même temps sur la droite identifiée par l'appui A et sur la droite $\mathscr{C}_2\mathscr{C}_{12}$;

2. $\mathscr{C}_{12}$ se trouve sur la direction de la bielle DG : avec la condition précédente cela implique $\mathscr{C}_{12} \equiv A$;

3. si $\mathscr{C}_{12} \equiv \mathscr{C}_1$, alors le corps 2 n'a pas de mouvements possibles (deux de ses points, $\mathscr{C}_2$ et $\mathscr{C}_{12}$, sont fixes) ; il s'en suit $\mathscr{C}_4 \equiv \mathscr{C}_{24}$ et $\mathscr{C}_3 \equiv \mathscr{C}_{23}$.

Si on note $\hat{\alpha}$ l'amplitude de la rotation de la partie 1 du mécanisme virtuel, le calcul de la composante en direction DE du mouvement virtuel requiert la connaissance de la longueur de la projection du segment $\overline{AD}$ sur la direction orthogonale à DE (voir image précédente).

On considère

$$\sin(\widehat{CED}) = \frac{1}{\sqrt{1 + \frac{l^2}{16h^2}}}$$

la longueur recherchée est

$$a = \frac{l}{2\sqrt{1 + \frac{l^2}{16h^2}}}$$

et le principe des travaux virtuels s'écrit

$$\hat{\mathscr{W}} = \left(\frac{1}{6} + \frac{1}{3}\right) lF\hat{\alpha} + N_{DE}a\hat{\alpha} = 0 \;\forall\hat{\alpha} \,;$$

par conséquent

$$N_{DE} = -F\sqrt{1 + \frac{l^2}{16h^2}}\,.$$

Exercice 62. Calculer les efforts normaux N_{23} et N_{24} et identifier les barres respectivement comprimées, tendues ou non chargées du treillis ci-dessous.

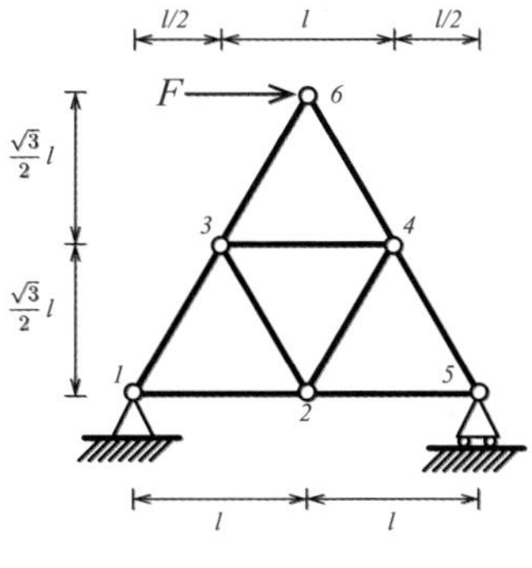

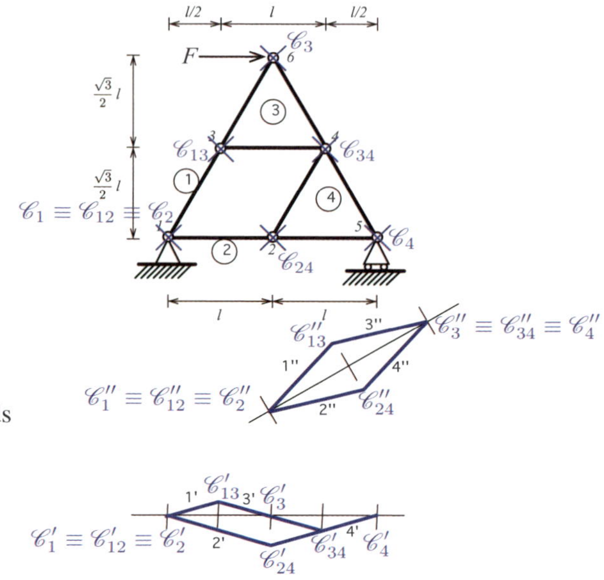

En supprimant la barre 23, on obtient un mécanisme qui n'autorise aucun mouvement du point 6. Par conséquent la force F ne fait aucun travail et l'effort normal N_{23}, qui agirait sur les points 2 et 3 dont la distance change dans le mouvement, sera nul.

Le même raisonnement s'applique pour la suppression de la barre 24, et donc $N_{24} = 0$ aussi.

Concernant la barre 34 on observe che l'équilibre des noeuds 3 et 4 se fait en absence de forces extérieures et avec trois barres dont deux alignées, ce qui implique que la barre non alignée doit être sans effort : $N_{34} = 0$. Les trois barres du triangle central 234 ne sont donc pas en jeu sous la force donnée.

L'équilibre du noeud 6 montre que 36 est tendue et 64 comprimée. Les équilibres des noeuds 3 et 4, les barres du triangle 234 étant déchargées, impliquent respectivement que ces efforts se transmettent aux barres 13 (tendue) et 45 (comprimée).

Finalement on peut observer que l'équilibre au noeud 5 voit seulement la barre 25 agir en horizontal, et donc la composante horizontale de N_{45} (dirigée vers la droite pour ce qu'on vient de dire) doit être équilibrée par une traction N_{25} qui, par ailleurs, se transmet à la barre 12, vu que 23 et 24 sont déchargées.

Ci dessous l'indication des barres tendues, comprimées et déchargées.

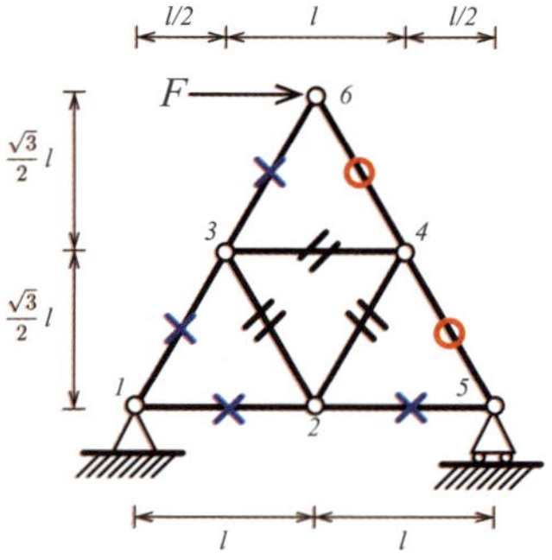

On note que l'application de la méthode de Cremona nécessite de deux points de départ car le treillis n'est pas à noeuds canoniques : il faut calculer les réactions et ensuite les équilibres en 1 et en 5 pour passer ensuite à 2, 3 et 4 (ou parcours alternatifs comme 1 et 6 pour passer ensuite à 3, 4 et 2).

On note aussi que l'application de la méthode de Ritter n'est pas immédiate non plus, car le treillis n'est pas à sections canoniques : il faut se donner un parcours commençant par une section qui coupe deux barres (comme par exemple celle qui coupe 13 et 12) pour ensuite avoir des sections qui coupent 4 barres mais avec l'un des quatre efforts connus (par exemple les barres 36, 34, 23 et 12, avec N_{12} connu grâce à la coupe précédente) ; on peut aussi se donner deux sections coupant 6 barres (par exemple la section qui coupe 36, 34, 23 et 12 et celle qui coupe 36, 34, 24 et 25).

Exercice 63. Identifier si le système ci-dessous est hypo-, iso- ou hyperstatique. S'il s'agit d'une structure isostatique, déterminer qualitativement l'état de sollicitation (traction ou compression) des barres sous charges verticales descendantes.

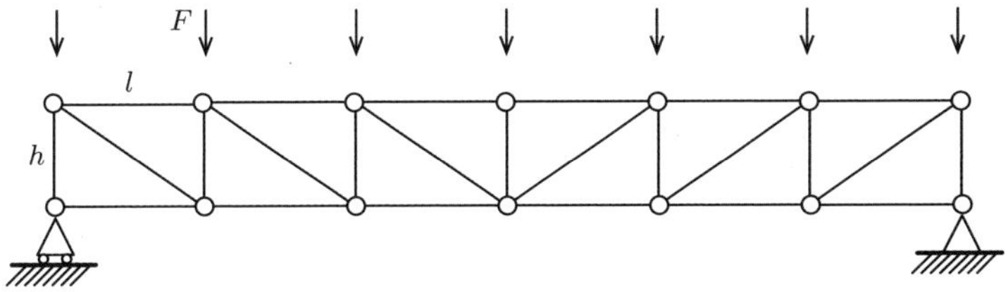

Le système a été étudié pour appuyer les demonstrations du § 6.5.4 ; il s'agit d'une structure isostatique ($2n - b = 28 - 25 = 3$, triangulé et isostatique extérieurement) qu'on appelle *poutre Pratt* ou *Mohnié*, du nom de ses inventeurs.

L'observation des mouvements virtuels donnés au § 6.5.4 montre que à un travail positif de la charge extérieure (verticale descendante) correspond un allongement des diagonales et des barres de la membrure inférieure, et un raccourcissement des montants et des barres de la membrure supérieure. Cela démontre l'établissement d'un état de traction sur les premières et de compression sur les deuxièmes.

Comme règle générale, pour déterminer le signe des efforts dans les barres, il suffit d'imaginer les mécanismes correspondants à la suppression d'une barre à la fois : en prenant un mouvement virtuel qui donne lieu à un travail positif des forces extérieures, si les extrémités de la barre supprimée s'éloignent dans ce mécanisme (c'est-à-dire que l'effort supposé de traction remplaçant la barre fait un travail négatif dans ce mécanisme), alors il s'agit d'un tirant, sinon (extrémités qui s'approchent), c'est un poinçon et si elles restent à la distance initiale (aucun travail virtuel n'est fait), c'est une barre non sollicitée.

Les couleurs dans l'image suivante indiquent l'état de sollicitation pour l'exemple proposé : rouge = compression, bleu = traction, gris = non sollicité.

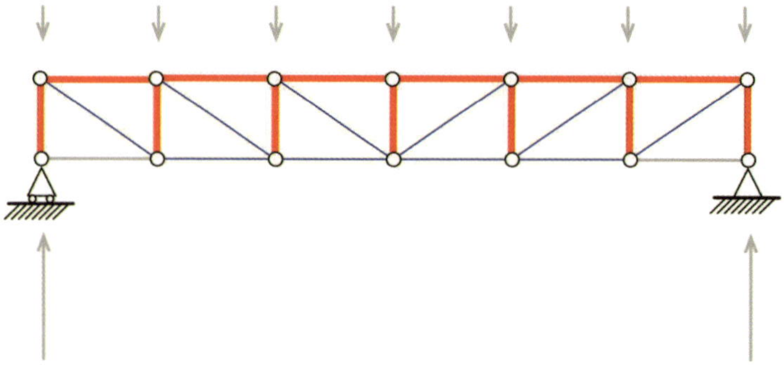

Exercice 64. Identifier si le système ci-dessous est hypo-, iso- ou hyperstatique. S'il s'agit d'une structure isostatique, déterminer qualitativement l'état de sollicitation (traction ou compression) des barres sous charges verticales descendantes.

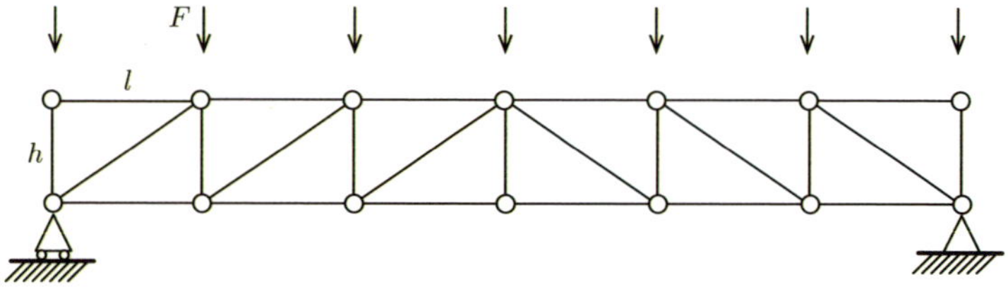

Il s'agit d'une structuree isostatique ($2n - b = 28 - 25 = 3$, triangulé et isostatique extérieurement) qu'on appelle *poutre Howe* du nom de son inventeur. Les couleurs dans l'image qui suit indiquent l'état de sollicitation : rouge = compression, bleu = traction, gris = non sollicité.

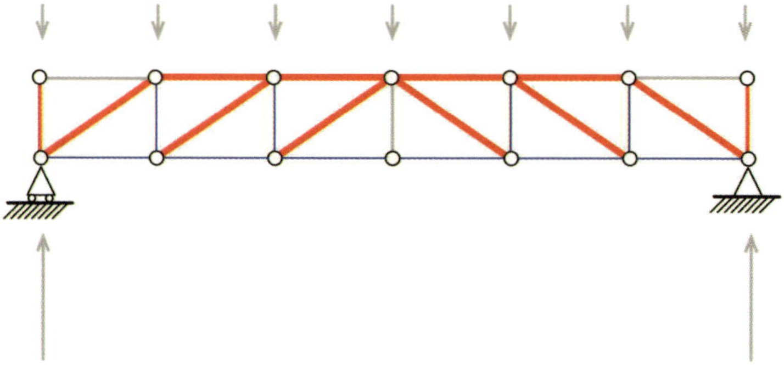

Exercice 65. Identifier si le système ci-dessous est hypo-, iso- ou hyperstatique. S'il s'agit d'une structure isostatique, déterminer qualitativement l'état de sollicitation (traction ou compression) des barres sous charges verticales descendantes.

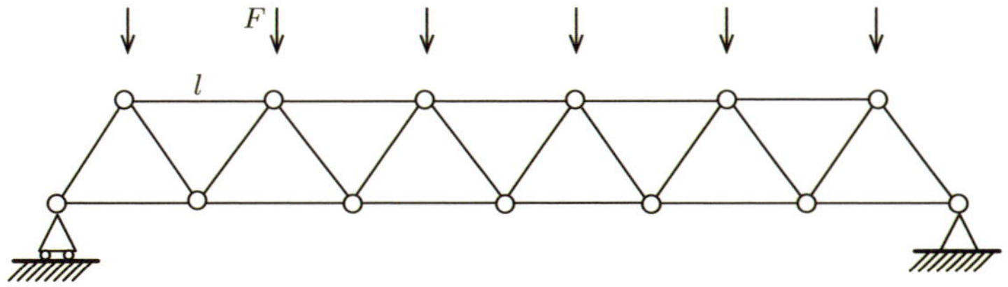

Il s'agit d'une structure isostatique ($2n - b = 26 - 23 = 3$, triangulé et isostatique extérieurement) qu'on appelle *poutre Warren*, du nom de son inventeur. Les couleurs indiquent l'état de sollicitation : rouge = compression, bleu = traction, gris = non sollicité.

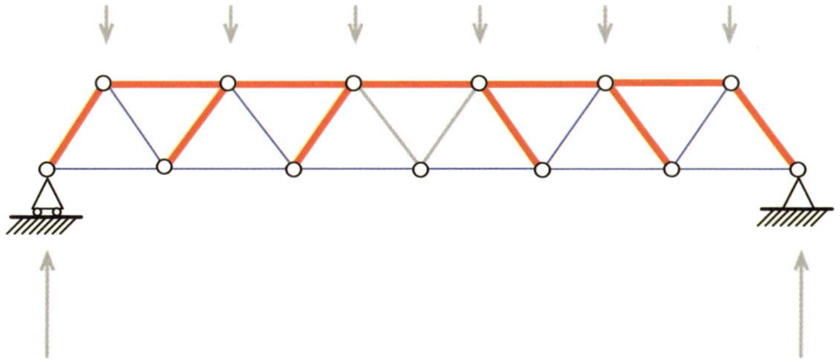

Exercice 66. Identifier si le système ci-dessous est hypo-, iso- ou hyperstatique. S'il s'agit d'une structure isostatique, déterminer qualitativement l'état de sollicitation (traction ou compression) des barres sous charges verticales descendantes.

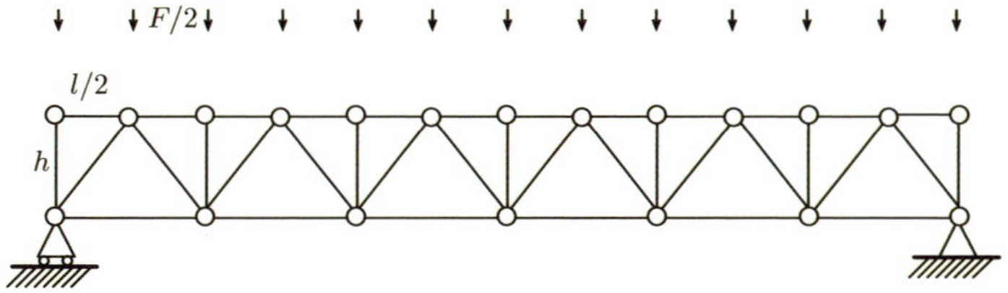

Il s'agit d'un système isostatique ($2n - b = 40 - 37 = 3$, triangulé et isostatique extérieurement) qu'on appelle *poutre avec diagonales en K*. Les couleurs indiquent l'état de sollicitation : rouge = compression, bleu = traction, gris = non chargé.

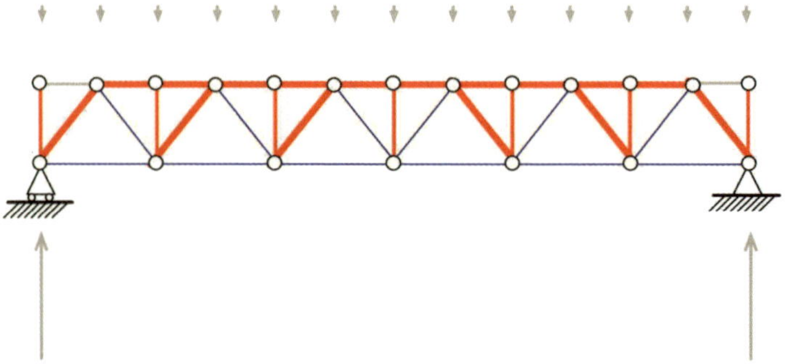

Exercice 67. Identifier si le système ci-dessous est hypo-, iso- ou hyperstatique. S'il s'agit d'une structure isostatique, déterminer qualitativement l'état de sollicitation (traction ou compression) des barres sous charges verticales descendantes.

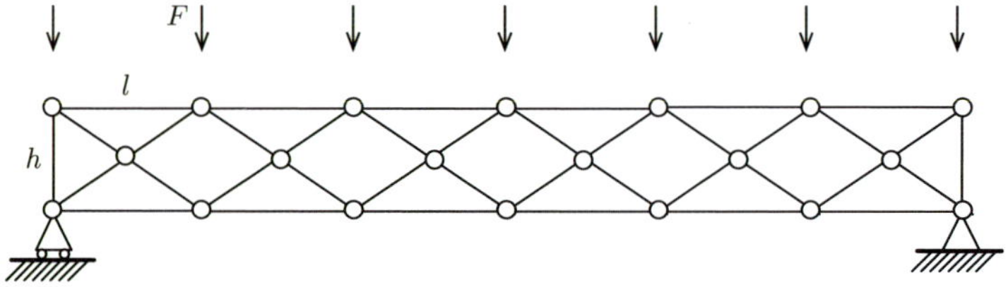

Il s'agit d'une structure hyperstatique. On note que $2n - b = 40 - 38 = 2$. Le système n'est pas entièrement triangulé, une analyse spécifique doit donc être menée : les 7 premières barres liant 5 nœuds à une extrémité de la poutre (par exemple à gauche) forment un sous-système isostatique intérieurement ($2n - b = 3$ et triangulés) ; les 6 barres suivantes lient 3 autres nœuds de manière isostatique aux précédents, et ainsi de suite des groupes de 6 barres s'ajoutent en prolongeant le sous-système de telle manière à préserver son caractère isostatique, mais, lorsque l'autre extrémité est atteinte (par exemple celle à droite), une barre de trop lie les deux derniers points de l'ensemble, donnant lieu au degré d'hyperstaticité calculé par la formule de Maxwell. Aucun mouvement intérieur n'est possible, et les liaisons extérieures sont en nombre nécessaire (3) et toutes efficaces.

Le système est donc une structure hyperstatique, apparenté de la *poutre Town*, du nom de l'architecte qui fit breveter, en 1820, une structure de pont en bois de ce type, ou de la *poutre Brown*, brevetée en 1857.

Exercice 68. Identifier si le système ci-dessous est hypo-, iso- ou hyperstatique. S'il s'agit d'une structure isostatique, déterminer qualitativement l'état de sollicitation (traction ou compression) des barres sous charges verticales descendantes.

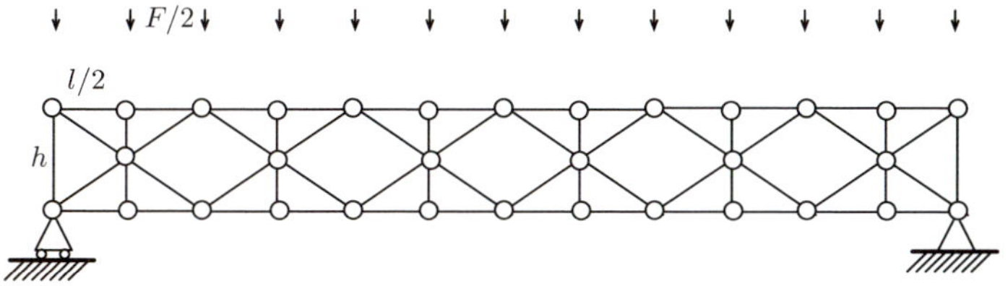

Il s'agit d'une structure hyperstatique ($2n-b = 64-62 = 2$, on peut répéter l'analyse de l'exercice précédent pour démontrer la nature statique de l'assemblage) qu'on appelle *poutre Bailey*, du nom de l'ingénieur britannique qui en proposa l'usage militaire dans les années 1940.

On constate que, comme pour la poutre de l'exercice précédent, la suppression des deux barres verticales extrêmes génère un mécanisme de ciseaux à un degré de liberté capable de réaliser des mouvements finis réduisant la longueur de la poutre.

Exercice 69. Identifier si le système ci-dessous est hypo-, iso- ou hyperstatique. S'il s'agit d'une structure isostatique, déterminer qualitativement l'état de sollicitation (traction ou compression) des barres sous charges verticales descendantes.

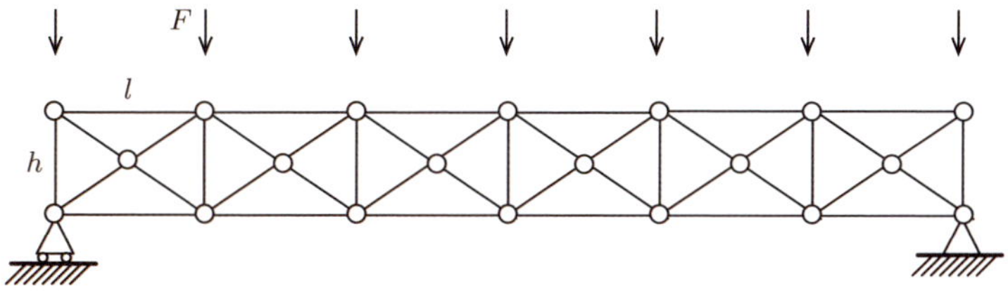

Il s'agit d'un système 6 fois hyperstatique ($2n - b = 40 - 43 = -3$; un raisonnement analogue au précédents montre que toutes les barres verticales sauf une sont surabondantes, le mouvement étant déjà impossible sans elles) qu'on appelle *poutre avec diagonales en croix de St. André* .

Exercice 70. Identifier si le système ci-dessous est hypo-, iso- ou hyperstatique. S'il s'agit d'une structure isostatique, déterminer qualitativement l'état de sollicitation (traction ou compression) des barres sous charges verticales descendantes.

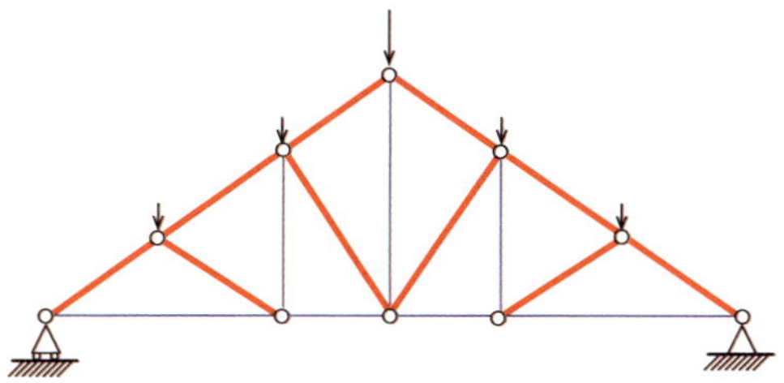

Il s'agit d'un système isostatique (dans les applications, les rotules n'interrompent pas le tirant inférieur car celui-ci est normalement réalisé par un câble). Les couleurs indiquent l'état de sollicitation : rouge compression et bleu traction.

Exercice 71. Identifier si le système ci-dessous est hypo-, iso- ou hyperstatique. S'il s'agit d'une structure isostatique déterminer qualitativement l'état de sollicitation (traction ou compression) des barres sous charges verticales descendantes.

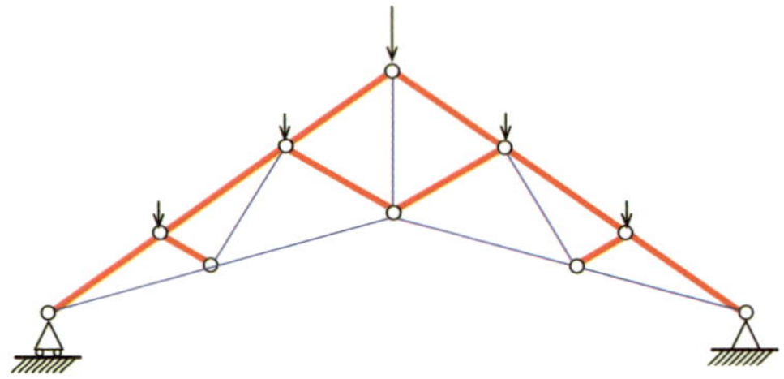

Il s'agit d'un système isostatique, variation de celui de l'exercice précédent. Les couleurs indiquent l'état de sollicitation : rouge compression et bleu traction.

Exercice 72. Identifier si le système ci-dessous est hypo-, iso- ou hyperstatique. S'il s'agit d'une structure isostatique, déterminer qualitativement l'état de sollicitation (traction ou compression) des barres sous charges verticales descendantes.

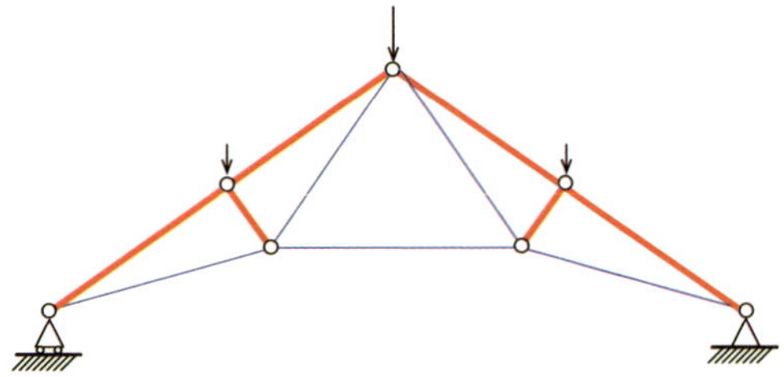

Il s'agit d'un système isostatique. Les couleurs indiquent l'état de sollicitation : rouge compression et bleu traction.

Exercice 73. Identifier si le système ci-dessous est hypo-, iso- ou hyperstatique. S'il s'agit d'une structure isostatique, déterminer qualitativement l'état de sollicitation (traction ou compression) des barres sous charges verticales descendantes.

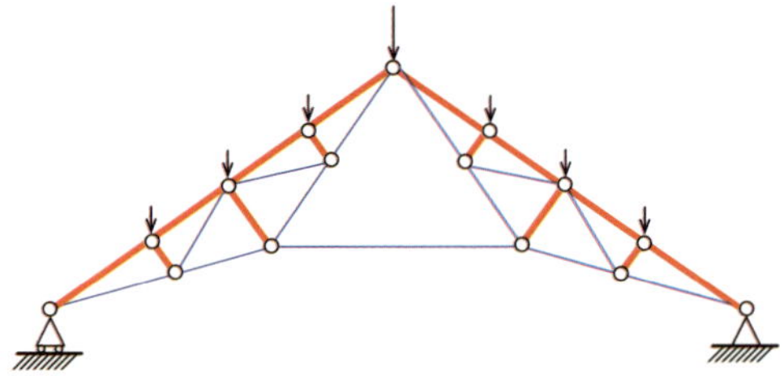

Il s'agit d'un système isostatique qu'on appelle *poutre Polonceau* comme celle de l'exercice précédent et toute autre structure obtenue par le même principe de subdivision des éléments inclinés dits *chevrons*. Les couleurs indiquent l'état de sollicitation : rouge compression et bleu traction.

Dans les applications, les chevrons ne sont pas interrompus par les rotules, ce qui génère de l'hyperstaticité, mais réduit les flèches sous charge de ces éléments.

7

Funiculaires

> « La construction de ces divers édifices offre un champ nouveau à l'art de l'ingénieur. Par l'emploi du principe de la suspension, cet art acquiert des procédés plus économiques, plus faciles et plus étendus pour l'établissement des communications. Toutes les parties de ces nouvelles constructions sont assujetties à des règles exemptes d'arbitraire, dictées par la géométrie et la mécanique : la forme même est déterminée par les lois naturelles de l'équilibre, et les caprices du goût ne pourront jamais en altérer l'élégance. »
> [Navier, Rapport à Monsieur Becquey, conseiller d'état, directeur général des ponts et chaussées et des mines ; et mémoire sur les ponts suspendus. 1823]

7.1 Introduction

Dans ce chapitre on introduit l'étude des funiculaires, objets mathématiques définis par leur géométrie unidimensionnelle et par leurs propriété constitutives d'inextensibilité parfaite et de mobilité parfaite vis-à-vis des changements de forme autres que les changements de longueur. Un funiculaire est un élément unidimensionnel décrit par la seule donnée d'une courbe, tel que la distance entre deux points du funiculaire mesurée le long de la courbe est invariante, tout autre changement de forme étant possible sans sollicitation.

Ces objets représentent idéalement des fils ou tout autre corps dont la forme s'approche d'une courbe continue sans épaisseur (comme les câbles, les cordes, les chaînes, ...) sous des charges qui ne les allongent pas sensiblement. Leur définition mathématique date du XVIIe siècle, lorsqu'ils ont été les premiers milieux continus pour lesquels la solution d'un problème de mécanique a été donnée ([1]).

1. La solution du problème du fil suspendu pesant, posé par Galilée en 1638, a été donnée en 1690 par Jean Bernoulli, Leibniz et Huygens. Leurs approches – le calcul différentiel, le calcul intégral et l'analyse géométrique – représentent trois visions complémentaires et distinctes du problème, qui apparaissent dans la présentation qu'on va en faire, même si celle-ci s'appuie sur des résultats plus récents.

L'étude du funiculaire a ensuite caractérisé les développements de la mécanique des structures pendant plusieurs décennies, permettant, au début du XIXe siècle, la naissance des premières structures suspendues, recommandées par Navier dans le texte cité au début du chapitre et, à partir des années 1840, lorsqu'il a été convoqué pour résoudre des problèmes d'équilibre et de géométrie par des méthodes graphiques.

Si les questions de mécanique associées à ce type particulier de milieu continu restent d'un grand intérêt théorique et appliqué, son intérêt pour nous réside dans la possibilité de supporter une approche intuitive au calcul des structures composées de poutres. Il existe une analogie entre la forme d'un fil suspendu sous un ensemble de charges et le diagramme du moment d'une poutre soumise au même chargement, qui permet le développement d'une capacité d'intuition autrement difficile à obtenir pour des objets abstraits comme ces diagrammes.

Par ailleurs, les funiculaires permettent l'introduction du concept de la *stabilité de l'équilibre*. Ces structures, à la différence des systèmes de poutres ou de barres qu'on a traité dans les chapitres précédents, ont une configuration qui dépend du chargement. À cause de leur nature constitutive (inextensibilité et mobilité parfaites), les funiculaires suivent de changements finis de forme suite aux changements des forces appliquées et, pour des actions extérieures données, présentent deux configurations d'équilibre, dont l'une pourra être évaluée comme *stable* – sur la base d'un critère de stabilité qu'il faudra se donner – et l'autre *instable*.

La question de la stabilité qui pourra ainsi être traitée est distincte de celle de la *staticité* de la structure, qui a été présentée au début de ce livre : la première concerne l'ensemble de la structure et de son chargement et est à voir en relation avec les changements de forme potentiels de la structure à cause du chargement, alors que la deuxième est une propriété intrinsèque de la structure (indépendante du chargement et donc associée aux objets et à leurs assemblages comme s'ils étaient indéformables).

Dans la première section du chapitre on présente le cas des funiculaires sous charges concentrées avec la construction graphique du funiculaire. On montre ensuite, dans la deuxième section, l'analogie qui lie les funiculaires aux diagrammes des moments, permettant de s'appuyer sur l'intuition physique qu'on peut avoir en matière de fils portant des charges pour la détermination des dits diagrammes. Dans la troisième section du chapitre, réservée aux lecteurs qui souhaitent approfondir le sujet, on présente les équations locales d'équilibre des poutres courbes, donnant lieu à celles des fils comme cas particulier, et on montre la solution analytique du problème du fil suspendu pesant.

7.2 Première approche au problème de l'équilibre funiculaire

On se pose la question de la condition d'équilibre d'un fil idéal, inextensible, capable de tout mouvement autre que son allongement ([2]) : cet objet est obtenu par idéalisation du comportement des chaînes ou des cordes.

2. On dit souvent qu'un tel objet est sans raideur à la flexion, mais ce concept n'est pas expliqué dans ce livre. Il suffit de se munir de la notion intuitive de fil parfaitement mobile sauf pour l'inextensibilité.

Ce fil idéal peut être vu comme une spécialisation de l'idée de poutre qu'on a introduit dans les chapitres précédents : un corps unidimensionnel qui est doté de l'inextensibilité, tout autre déformation étant possible sans sollicitation.

On introduit la question par un premier exemple : la décomposition d'une force F_1 sur deux directions données a et b comme dans le schéma de figure 7.1.

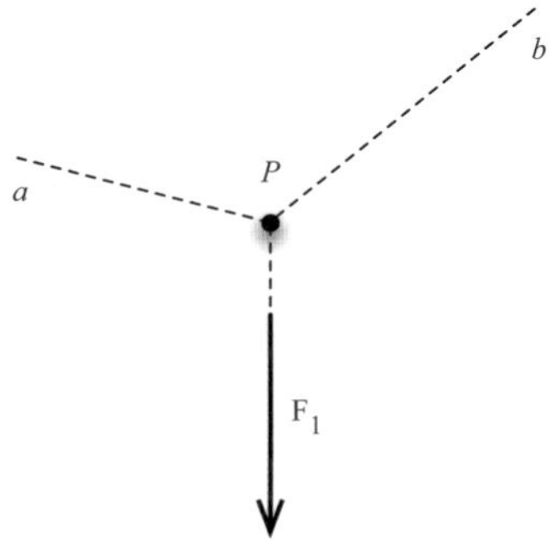

FIGURE 7.1 – Schéma pour la décomposition de F_1 sur les deux directions a et b indiquées.

On dessine un diagramme auxiliaire dans lequel on trace le vecteur force et, à ses extrémités, les deux directions a et b (voir figure 7.2). Ce diagramme auxiliaire est appelé *polygone des forces*.

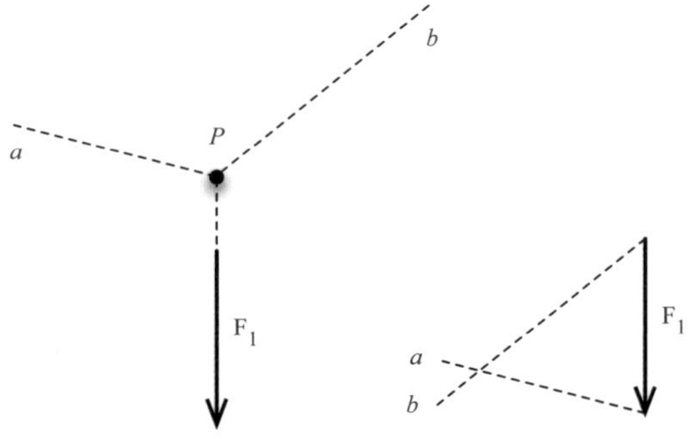

FIGURE 7.2 – Schéma pour la décomposition de F_1 sur les deux directions a et b, avec la trace du polygone des forces dessiné à droite.

Les deux vecteurs notés F_2 et F_3 dans le dessin suivant, tracés sur les directions a et b respectivement, ont la propriété de former un triangle fermé avec la force F_1 et assurent donc l'équilibre du point P en agissant dans les directions données (voir figure 7.3).

Ces deux forces répondent donc à la question de la décomposition de la force F_1 sur les deux directions a et b. La procédure qui nous a permis de les déterminer est de caractère général, indépendante des choix particuliers qui définissent l'exemple.

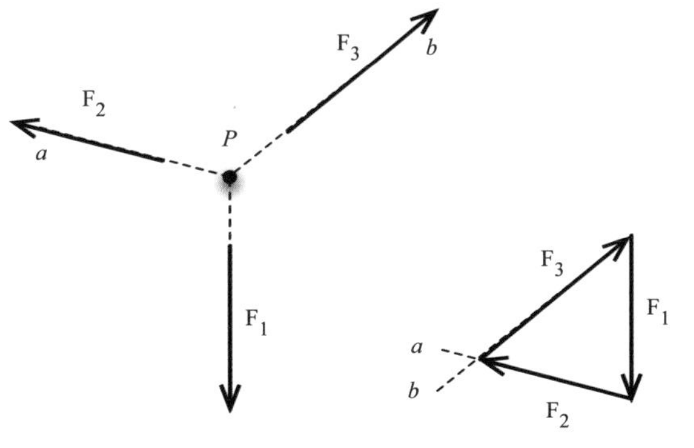

FIGURE 7.3 – Décomposition de F_1 sur les deux directions a et b (à gauche) et polygone (triangle) des forces exprimant la condition d'équilibre du point P (à droite).

Un deuxième exemple, aisément traité en partant du précédent, est donné par la question de la décomposition d'une force sur deux directions liées à deux points fixes A et B, le point P étant variable sur la droite d'action de la force F_1. On peut imaginer ces deux points sur les lignes a et b de l'exemple précédent, de sorte qu'on connaît la solution pour ce qui est de l'équilibre du point P (voir figure 7.4).

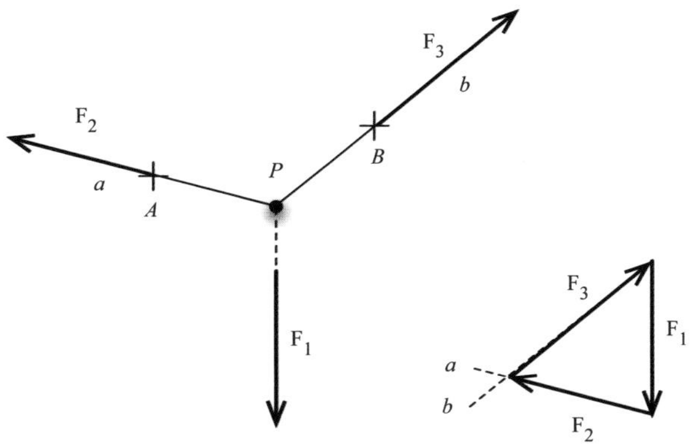

FIGURE 7.4 – Équilibre du point P lié par un funiculaire aux points A et B.

Mais on peut résoudre le même problème avec plusieurs couples de directions passant par ces deux points fixes et se croisant sur la ligne d'action de F_1.

Un théorème, dit de Culmann[3], montre que les sommets des triangles des forces ainsi identifiés se trouvent tous sur une droite parallèle à la ligne c qui joint les points A et B (voir figure 7.5).

3. D'après le nom de son auteur, l'ingénieur bavarois Karl Culmann (1821-1881), professeur au polytechnique de Zurich.

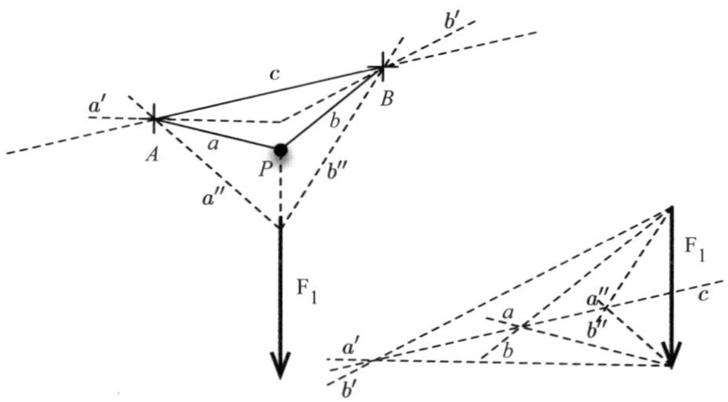

FIGURE 7.5 – Théorème de Culmann : les sommets des triangles des forces construits sur deux directions passant par A et B et se croisant sur la ligne d'action de F_1 se trouvent tous sur une droite parallèle à la ligne c qui joint les points A et B.

Un troisième exemple, qui peut toujours être dessiné à partir du cas précédent, est celui de l'équilibre d'un fil fermé sur lui-même et soumis à la force F_1 appliquée en P, et à deux autres forces : F_4 appliquée en A et F_5 appliquée en B. La ligne c qui joint les points A et B est la partie du fil des exemples précédents qu'il faut ajouter pour le fermer sur lui-même et on suppose que les forces F_4 et F_5 sont inconnues, mais que les tractions sur les parties AP et BP du fil sont les mêmes que dans le cas précédent (figure 7.6). Deux forces d'intensité F_2 et F_3 agissent donc sur les points A et B dans des directions opposées que sur P.

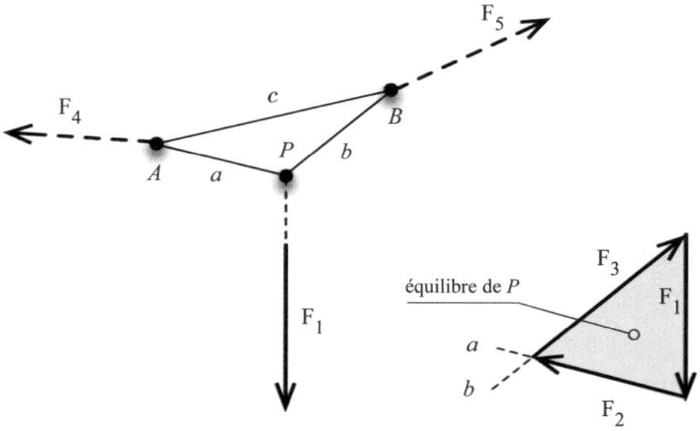

FIGURE 7.6 – Schéma du problème de la détermination des forces F_4 et F_5 qui gardent en équilibre le funiculaire fermé passant par A, B et P. L'équilibre du point P étant donné par le triangle des forces dessiné à droite, quels sont les triangles donnant les équilibres de A et B ?

Pour connaître la traction sur la partie AB, on peut tenir compte de l'équilibre de ses extrémités et décomposer les forces F_2 et F_3 qui agissent à ses extrémités sur deux directions (comme on a fait précédemment) dont une est la direction c de AB et l'autre est à priori arbitraire. On appelle d la direction autre que c sur laquelle on décompose F_2 et e celle sur laquelle on décompose F_3. L'équilibre des points A et B est assuré dès que les triangles formés par les forces appliquées dans chacun de ces points sont fermés (ce qui peut s'obtenir en choisissant deux directions d et e quelconques pour la décomposition de la force F_2 et F_3), mais l'équilibre de la partie c du fil fermé requiert que la traction soit la même à ses deux extrémités, et donc que les lignes d'action d et e découpent sur la ligne c un même segment dans le polygone des forces (figure 7.7).

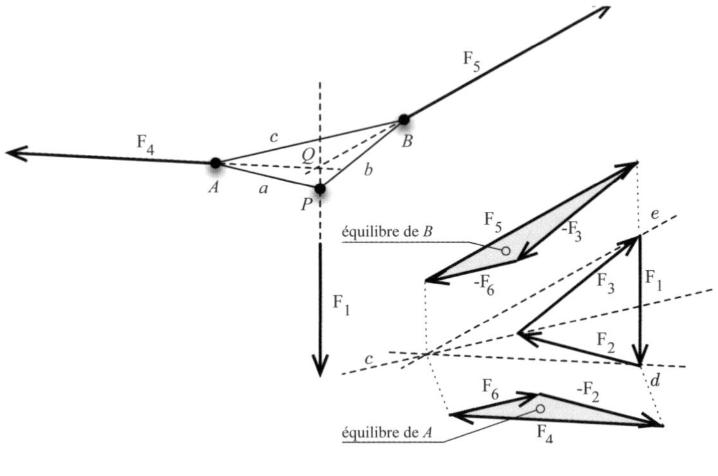

FIGURE 7.7 – Solution du problème de la détermination des forces F_4 et F_5 qui gardent en équilibre le funiculaire fermé passant par A, B et P.

Cette construction engendre que les parallèles à d et e menées de A et B respectivement croisent la ligne d'action de la force F_1 en un point commun Q (représenté en figure 7.7). Pour le démontrer, il suffit de s'appuyer sur la similitude des triangles dans les deux diagrammes.

Le quatrième exemple concerne la décomposition d'une force sur deux directions passantes par deux points fixes. On imagine, dans le premier encadré de la figure 7.8, la force F_1 donnée en terme de ligne d'action, de direction et d'intensité et les points A et B donnés. À priori on ne connaît pas les directions par lesquelles le fil reliant A et B tiendra la force.

On peut procéder comme dans le premier exemple et construire un polygone des forces. Pour ce faire, on dessine la force F_1 et on se donne un point O arbitraire, qu'on appelle le *pôle* du polygone des forces, à partir duquel on trace des rayons, a et b, jusqu'aux extrémités de F_1 (voir deuxième encadré de la figure 7.8).

On construit ce qu'on appelle le *polygone funiculaire* (ou simplement le funiculaire) relatif au pôle O avec la procédure suivante : on trace une parallèle à a partant de A et jusqu'au croisement avec la ligne d'action de F_1 ; à partir de ce croisement, on trace une parallèle à b. Cette deuxième ligne ne contient pas, en général, le point B (voir troisième encadré de la figure 7.8 ; notez que c'est le cas du premier exemple, car dans celui-ci le pôle est obtenu à partir de la connaissance des directions a et b).

La construction qui suit sert pour l'identification d'un deuxième pôle, O' ayant la propriété que le dernier côté du polygone funiculaire tracé partant de A contient le point B. Avec référence au quatrième encadré de la figure 7.8, on trace la verticale par B et on trouve le point d'intersection entre cette ligne et b ; en joignant ce point au point A on obtient la ligne f, dite *ligne de fermeture du funiculaire*.

Si maintenant on trace la parallèle à f par le pôle O, on obtient un point sur le vecteur F_1 dans le polygone des forces qui découpe F_1 en deux : R_A^v et R_B^v dans le dessin ci-dessous. Chacune de ces parties peut être décomposée suivant les directions des côtés du triangle qu'elle forme avec a et f (c'est le cas de R_A^v) ou f et b (pour R_B^v, voir le cinquième encadré de la figure 7.8).

Si on prend une ligne f' parallèle à c partant par le point de séparation de R_A^v et R_B^v et un pôle O' sur f' on peut tracer un nouveau polygone des forces et un nouveau polygone funiculaire – suivant les passages faits précédemment –, dont les côtés sont indiqués a' et b' dans le sixième encadré de la figure 7.8.

Cette construction graphique a les propriétés suivantes :

- le dernier côté du funiculaire partant de A contient B ;
- la parallèle à la ligne de fermeture menée en partant du pôle identifie deux parties de F_1 qui peuvent être décomposées suivant cette ligne et les deux côtés du funiculaire, ce qui correspond à l'équilibre des points A et B (dernier encadré de la figure 7.8).

Les tractions sur le fil idéalement tendu entre A et B par la force F_1 ont, au signe près, la même composante horizontale, dite *poussée* du funiculaire. Si on indique par $\|\cdot\|$ l'intensité d'une force (ou *norme* d'un vecteur force) :

$$H = \|R_A^h\| = \|R_B^h\| .$$

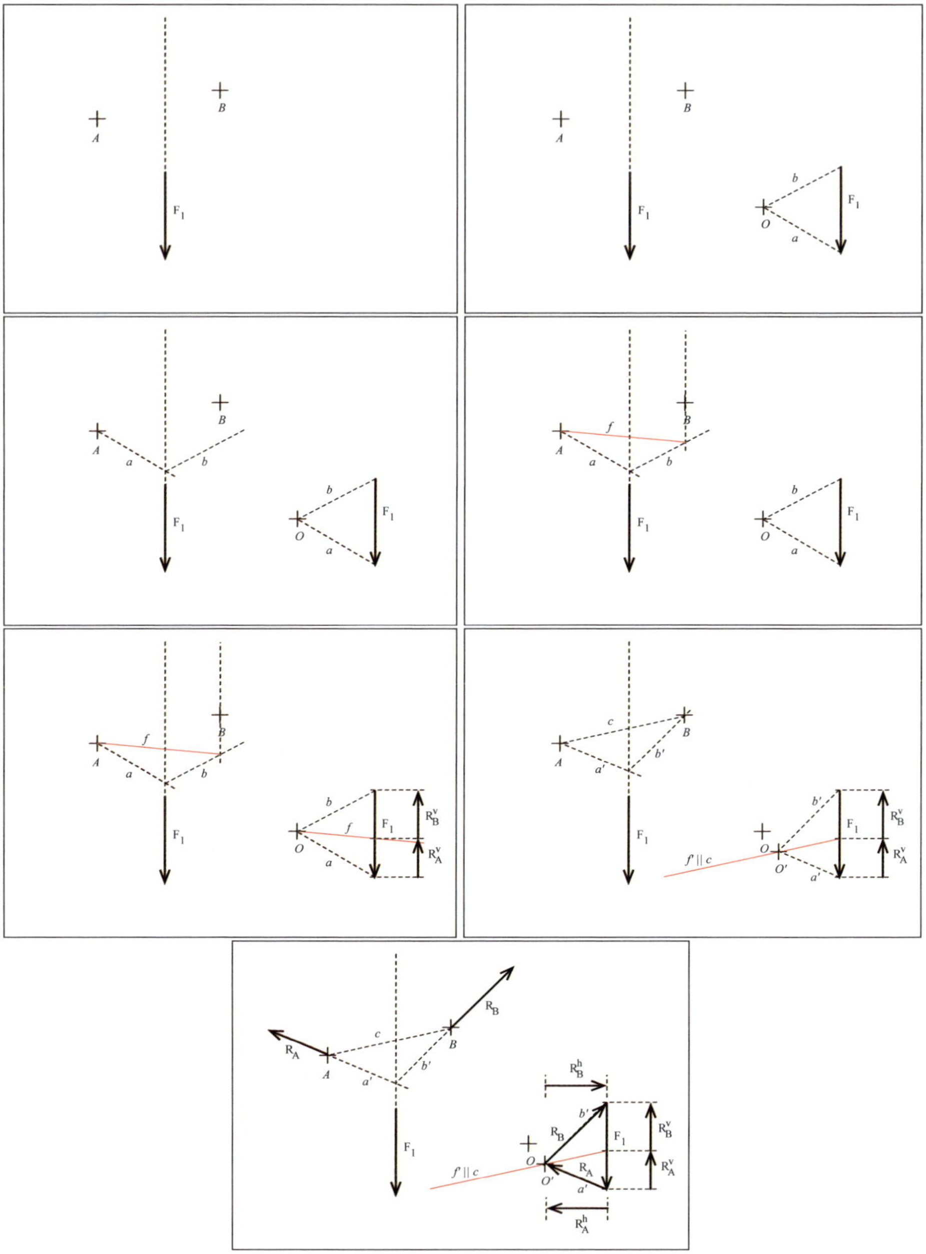

FIGURE 7.8 – Problème de l'équilibre funiculaire d'une force sur deux points fixes : (1) données ; (2) construction du polygone (triangle) des forces à l'aide d'un pôle O choisi arbitrairement ; (3) tracé du polygone funiculaire ainsi obtenu ; (4) identification de la ligne de fermeture de ce polygone funiculaire ; (5) calcul des réactions à l'aide de la parallèle à la ligne de fermeture ; (6) tracé d'un polygone funiculaire passant par A et B par le choix d'un pôle O' sur la parallèle à la ligne de fermeture souhaitée ; (7) solution.

La construction du funiculaire se généralise aisément au cas de plusieurs forces extérieures agissant sur le fil. La figure 7.9 montre un exemple de cette construction, avec un premier polygone funiculaire, obtenu par le pôle O de première tentative et un deuxième polygone funiculaire, passant par les points A et B, obtenu grâce au choix d'un deuxième pôle O'.

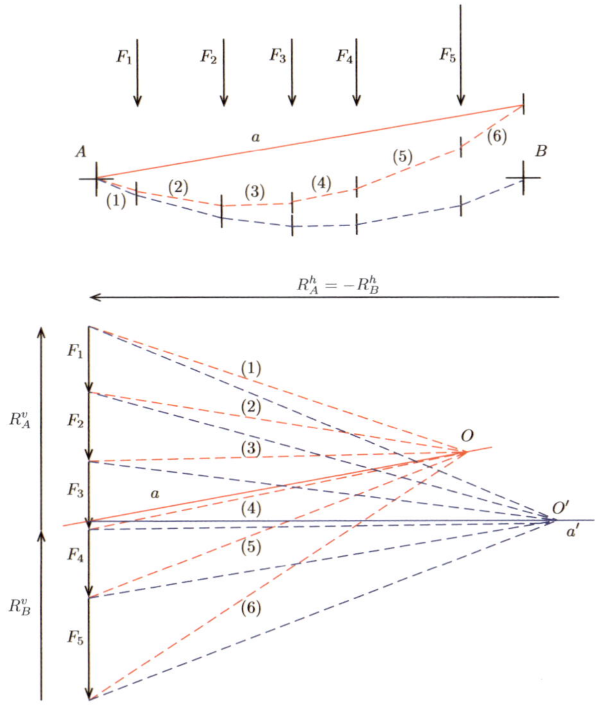

FIGURE 7.9 – Construction graphique du funiculaire. Comme dans l'exemple précédent on commence par le dessin du polygone des forces. Les droites (1), (2), ... (6) tracées entre le pôle O, choisi arbitrairement, et le polygone des forces sont parallèles à celles homonymes formant les côtés d'un funiculaire. La ligne de fermeture a de ce premier funiculaire permet l'identification des réactions verticales R_A^v et R_B^v et, par conséquent, de la ligne a', parallèle à la direction qui joint A et B. Le choix d'un pôle O' sur a' donne le funiculaire recherché.

On observe que chaque triangle du polygone des forces correspond à l'équilibre d'un point du polygone funiculaire. Dans les figures 7.10 et 7.11 on montre les forces en équilibre dans deux de ces points pour l'exemple de la figure 7.9.

Le funiculaire se révèle donc comme une construction graphique permettant de trouver une forme qui, sous les forces données, a tous ses points en équilibre. L'équilibre de translation, en particulier, est vérifié partout, car tous les triangles construits avec les trois forces agissantes en chaque point (deux tractions le long du fil et une force extérieure) sont fermés. L'équilibre en rotation correspond à la fermeture du polygone funiculaire, car celle-ci implique que les forces sont deux à deux opposées.

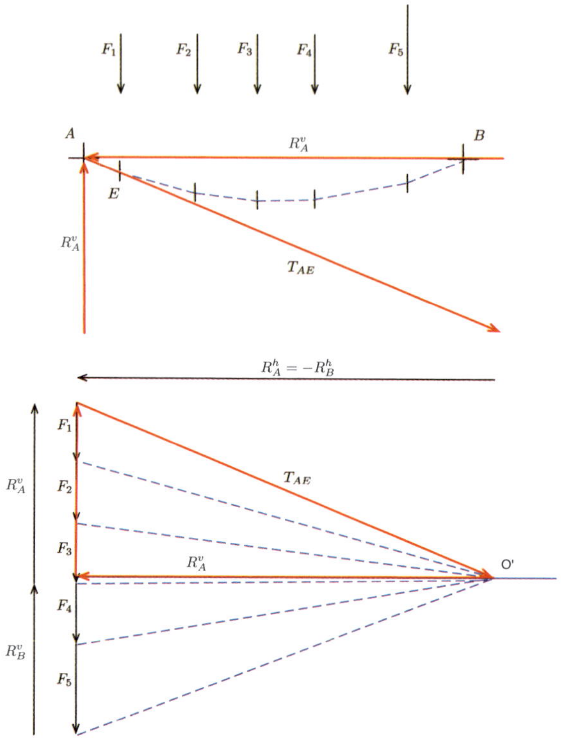

FIGURE 7.10 – Forces agissantes sur le point A du funiculaire (en haut) et le triangle qu'elles forment sur le polygone des forces (en bas).

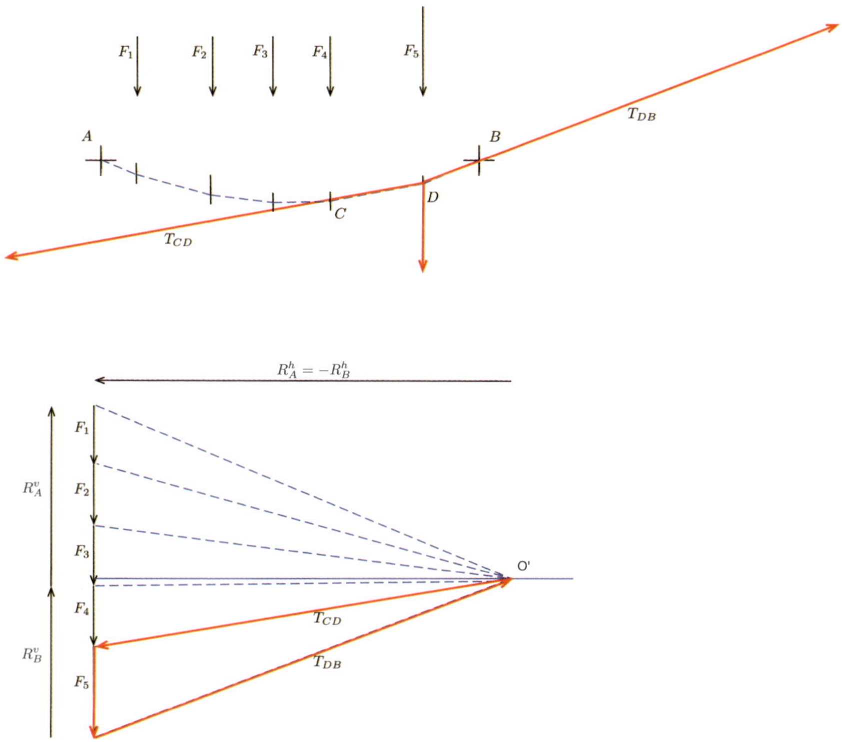

FIGURE 7.11 – Forces agissantes sur le point D du funiculaire (en haut) et le triangle qu'elles forment sur le polygone des forces (en bas).

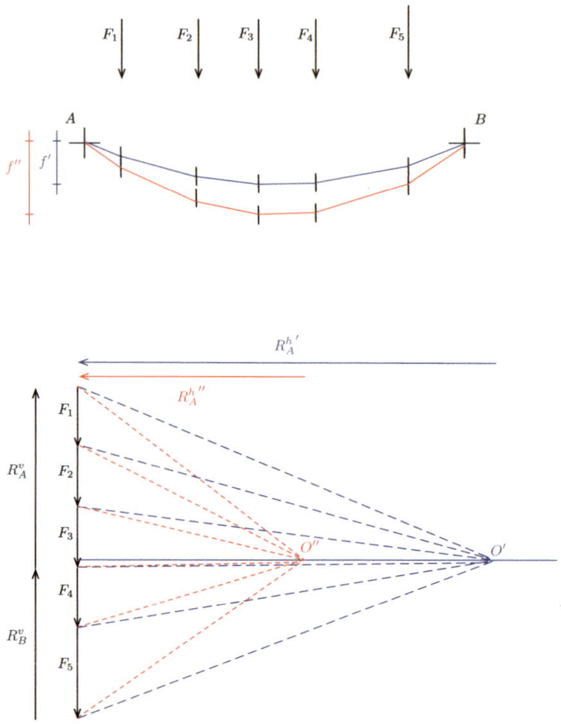

FIGURE 7.12 – Dessin de deux funiculaires ayant la même ligne de fermeture, mais deux affaissements différents.

En changeant le pôle sur la ligne a', on obtient des polygones funiculaires s'éloignant plus ou moins de leur ligne de fermeture. La distance maximale entre le funiculaire et sa ligne de fermeture s'appelle *affaissement* ; on la note habituellement f.

Dans le schéma de la figure 7.12 nous avons dessiné deux funiculaires pour l'exemple de la figure 7.9 en partant des pôles O' et O'' sur la même ligne ; ces deux funiculaires diffèrent par leur affaissement, f' ou f''.

La poussée, $H = \|R_A^h\| = \|R_B^h\|$, change par conséquent avec le choix du pôle et on peut démontrer que ces changements sont tels que le produit de la poussée par l'affaissement, f, est constant :

$$Hf = \text{const.}$$

Cette proportionnalité permet de faire appel à une construction géométrique pour défi-

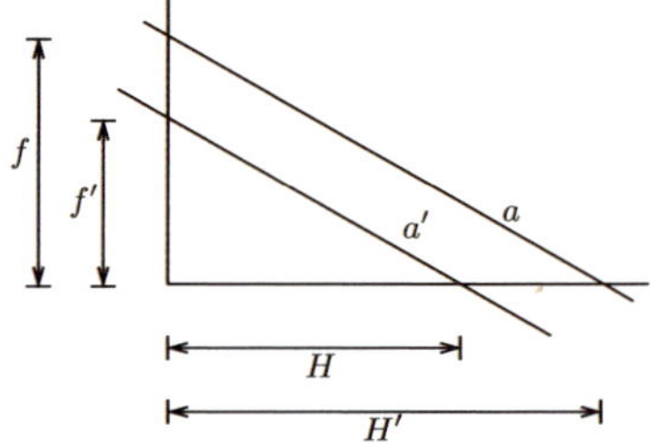

FIGURE 7.13 – Rapport entre poussée et affaissement des funiculaires d'un chargement donné.

nir, une fois un couple poussée-affaissement déterminé, la poussée nécessaire pour l'obtention d'un autre affaissement, ou vice versa l'affaissement qui sera obtenu par la mise en place d'une autre poussée. La construction s'appuie sur la similitude des triangles ; dans la figure 7.13, on a dessiné deux triangles semblables (ayant les trois côtés deux à deux parallèles) ; leur similitude implique la proportionnalité des côtés homologues :

$$\frac{H}{f'} = \frac{H'}{f} \quad \Leftrightarrow \quad Hf = H'f' .$$

Si on fixe un couple de valeurs, par exemple H et f, on peut par la construction du triangle, c'est-à-dire en dessinant les parallèles a et a', obtenir graphiquement f' pour H' donné ou vice versa.

7.3 Variations sur l'exemple de Stevin

La construction du polygone funiculaire présentée au paragraphe précédent peut être répétée en choisissant un pôle de l'autre côté (à gauche) du polygone des forces (voir figure 7.14). Le funiculaire ainsi obtenu se trouve au-dessus de la droite de fermeture ; le produit Hf reste constant, mais avec un changement de signe des deux facteurs par rapport aux cas précédents ; tout effort intérieur dans la structure change de signe, de telle sorte que tout élément du fil inextensible est comprimé plutôt que tendu, et la poussée tend à écarter les appuis plutôt qu'à les rapprocher.

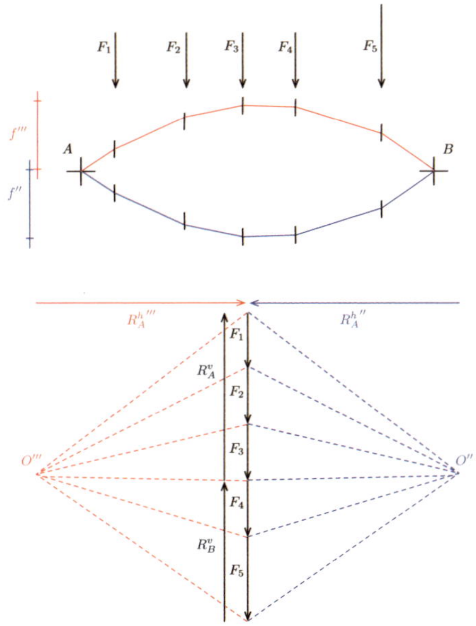

FIGURE 7.14 – Dessin de deux funiculaires opposés. Le rouge est dit *funiculaire inversé*.

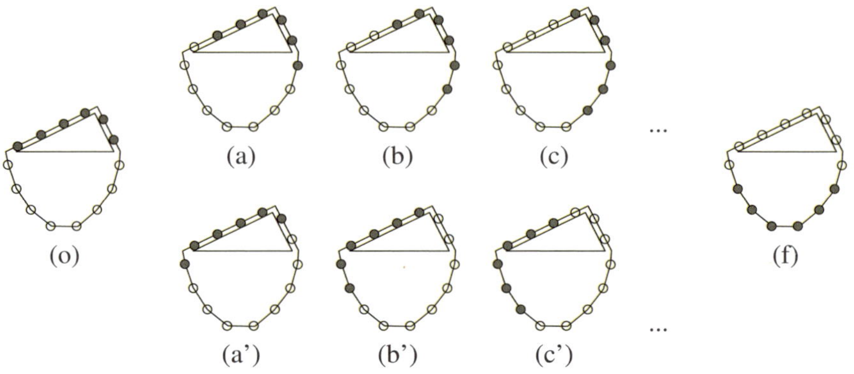

FIGURE 7.15 – Exemple de Stevin modifié.

L'expérience nous dit que les solutions de la première famille, avec funiculaire en dessous de la droite de fermeture, représentent des modèles plus fiables de la réalité que celles de la deuxième, avec funiculaire au-dessus (qu'on ne peut pas observer), mais du point de vue des conditions cinématiques et d'équilibre introduites jusqu'à présent les deux familles sont également admissibles. La question se pose alors de la définition du critère mathématique qui permet de distinguer les unes des autres.

Dans les chapitres précédents nous avons décrit et exploité des propriétés qui appartenaient au système (c'est-à-dire sa nature statique de mécanisme ou de structure, son iso- ou hyperstaticité) ou aux actions (l'équilibre). Il s'agit maintenant de statuer sur une propriété de l'équilibre qui peut s'établir, c'est-à-dire sur la *stabilité de l'équilibre*. Il faut noter dès à présent le risque de confusion entre le concept de stabilité d'un système de poutres (introduit au chapitre 1) et celui qui est étudié ici de stabilité de l'équilibre ([4]).

L'analyse de Stevin, présentée pour l'introduction du principe des travaux virtuels (voir §2.3.7), peut être adaptée à l'étude de ce problème. On considère les mêmes objets que à la figure 2.14, mais on imagine les rouleaux appuyés sur les plans inclinés plus lourds que les autres (voir figure 7.15, les rouleaux plus lourds sont en gris).

Avec référence à la première ligne de la figure 7.15, on observe que le travail virtuel total fait par la pesanteur dans un mouvement virtuel qui fait passer le système de la configuration (o) à la configuration (a) est positif (la somme des travaux positifs faits par les forces qui descendent est plus grande que celle des travaux négatifs faits par les forces qui remontent). Également tous les travaux virtuels dans les passages entre la configuration (a) et la configuration (f) sont positifs.

En faisant référence aux images de la deuxième ligne de la même figure, on observe que le travail virtuel de la pesanteur est positif en allant de (o) à (a') et ainsi de suite jusqu'à (f).

L'expérience nous dit que, si le système se trouve initialement en configuration (a) ou

4. Pour bien distinguer les deux, on peut proposer l'usage dans le premier cas du néologisme *staticité* pour indiquer le groupe des propriétés d'un système mécanique vis-à-vis de sa détermination géométrique, qui peuvent être déduites par une analyse cinématique du système.

en configuration (a') il évoluera naturellement vers la configuration (f). On peut modéliser cette expérience en postulant que le système évolue dans le sens donné par le travail virtuel positif.

Il faut noter que le travail réel fait par le système en passant d'une configuration à l'autre n'a pas été pris en compte. Sa détermination n'est pas immédiate, à cause du passage d'un rouleau par le sommet et du changement de forme de la partie suspendue, mais nous l'avons évitée en comparant deux configurations (proches).

Tout mouvement virtuel de direction opposé à celles qui viennent d'être citées se fait, par conséquent de l'inversion de signe du mouvement, avec un travail négatif.

Les deux lignes de la figure 7.15 représentent donc les passages de deux parcours alternatifs donnant une évolution du système de l'état d'équilibre (o) vers un autre état d'équilibre (f). Les deux se font par une succession d'étapes à travail positif, celui dans lequel les rouleaux lourds empruntent la pente plus grande donnant lieu à un travail plus grand. Une éventuelle évolution du système dans le sens inverse, de (f) vers (o), se fait par des étapes à travail négatif.

On peut adopter l'énoncé suivant :

(Principe de stabilité) *un état d'équilibre est stable si le travail virtuel fait par toutes les actions en jeu dans tout mouvement d'éloignement du système de cet état est négatif ; le passage vers un état stable se fait par le chemin donnant le travail maximal.*

Pour rendre cet énoncé opérationnel il faut calculer le travail dans un mouvement plus grand que ceux qui permettent l'établissement de la condition d'équilibre. Cette condition est, en effet, associée à la nullité du travail virtuel fait par toutes les actions en jeu dans tout *petit* mouvement du système. Pour detecter la stabilité de l'équilibre on ne peut donc pas se limiter aux petits mouvements.

Pour revenir au cas du funiculaire inversé, avec référence à la figure 7.14, on note que les forces en jeu font un travail positif dans le mouvement virtuel qui va du funiculaire rouge au bleu, ce qui permet d'affirmer que le premier représente un état d'équilibre instable et le deuxième un état stable.

Il faut observer que la stabilité de l'équilibre de ces structures n'est pas une propriété intrinsèque dérivant de leur état de traction ou de compression : il s'agit d'une propriété du champ des forces extérieures, qui peut s'exprimer en termes d'énergie potentielle de ce champ.

Dans l'exemple de Stevin modifié, comme dans celui du funiculaire inversé, les forces extérieures appliquées ne changent pas lorsque leur point d'application se déplace. Il s'agit d'un modèle fiable pour les actions liées à la pesanteur, auxquelles on associe une énergie potentielle comme indiqué au chapitre 2.

Le travail virtuel positif, fourni par le champ des forces lors d'un changement de configuration du système, correspond à une diminution de l'énergie potentielle du système. Si le système se trouve dans une configuration d'équilibre dans laquelle l'énergie potentielle est minimale, alors il ne sera pas possible de s'éloigner de cette configuration en produisant un travail positif. Une telle configuration est stable.

L'équilibre d'un corps rigide sous deux forces alignées, par exemple, est stable si les deux forces pointent en direction opposée et instable dans le cas contraire : une petite perturbation de la configuration initiale (dans laquelle les deux forces sont alignées) donne lieu, dans le premier cas, à un mouvement de retour vers la position initiale et, dans le deuxième, à un éloignement définitif de celle-ci (voir figure 7.16). Cela s'explique par le fait que l'énergie potentielle du système des forces est plus faible dans le premier que dans le deuxième cas et n'est pas une propriété qui dérive de l'état de sollicitation du corps qui, étant rigide, n'entraîne aucun enjeu énergétique.

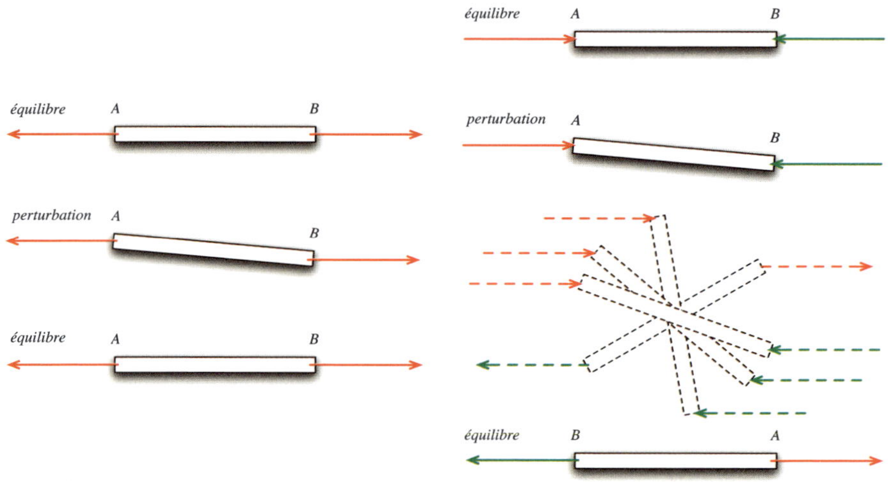

FIGURE 7.16 – Condition stable (à gauche) et instable (à droite) de l'équilibre d'un corps rigide sous deux forces égales et opposées.

7.4 Analogie entre funiculaire et diagramme du moment

Nous allons démonter la propriété suivante : *un funiculaire représente le diagramme du moment d'une poutre appuyée sur les mêmes appuis et soumise aux mêmes forces, dans l'échelle donnée par la poussée par rapport à laquelle il a été dessiné.*

Pour un pôle donné, on peut démontrer que la construction du funiculaire donne des informations sur le moment du système des forces. En faisant référence à la figure 7.17, on peut montrer que le moment de toutes les forces à gauche ou à droite du point indiqué (distant de x du point A) est donné par le produit de la poussée H par l'affaissement du funiculaire en ce point, qu'on note $f(x)$.

On construit d'abord le triangle rectangle ayant l'hypoténuse contenant le premier côté du funiculaire et une cathète de longueur x (voir figure 7.18). L'affaissement recherché est donné par la différence entre la cathète a et la longueur b indiquée sur la figure. La similitude des triangles verts (prouvée par le fait qu'ils ont les trois côtés deux à deux

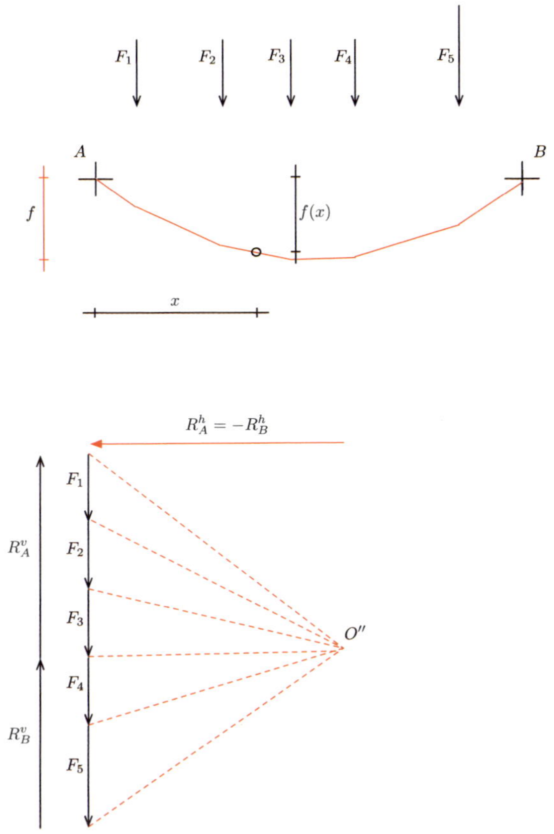

FIGURE 7.17 – Premier schéma pour la demonstration de l'analogie entre funiculaire et diagramme du moment : on dessine une solution pour l'exemple donné.

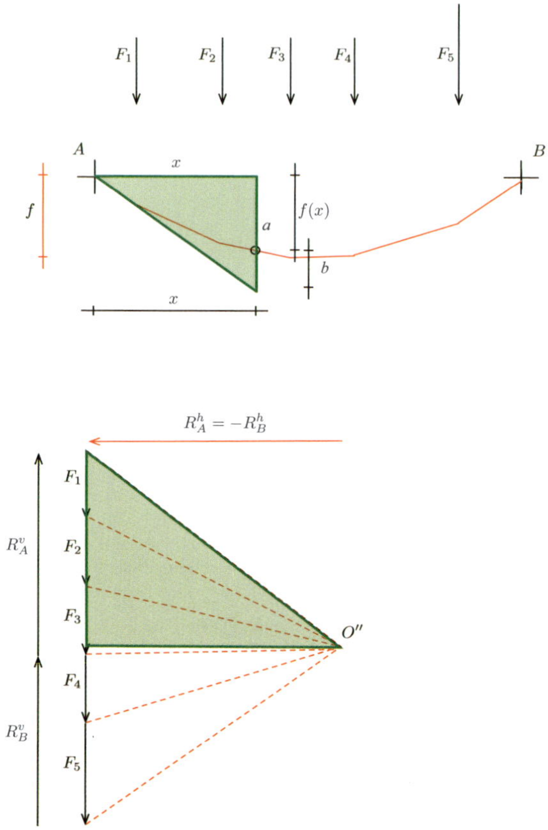

FIGURE 7.18 – Deuxième schéma pour la démonstration de l'analogie entre funiculaire et diagramme du moment : on considère un triangle donnant une première évaluation de la flèche au point x.

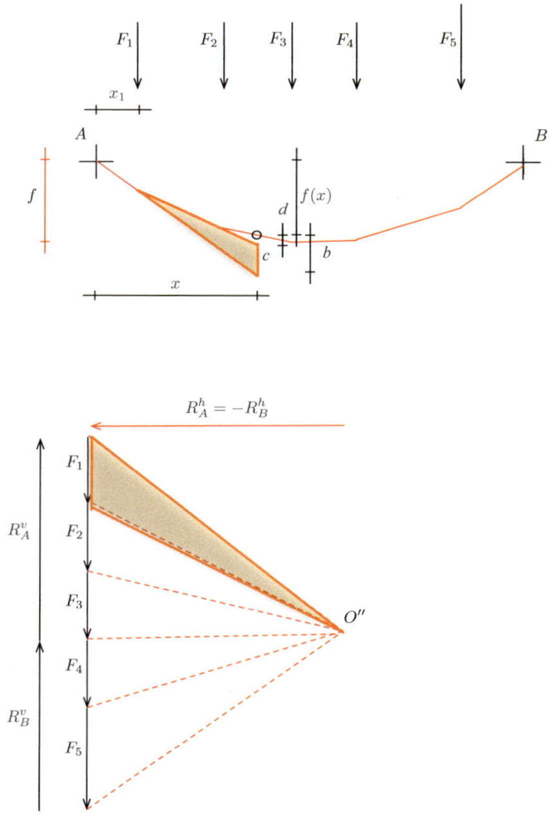

FIGURE 7.19 – Troisième schéma pour la démonstration de l'analogie entre funiculaire et diagramme du moment : on introduit un deuxième triangle pour affiner le calcul précédent.

parallèles) permet de lier a au rapport des intensités des forces R^v_A et $R^h_A = H$:

$$\left\{ \begin{array}{l} f(x) = a - b \\ \frac{a}{x} = \frac{R^v_A}{H} \end{array} \right. \Rightarrow \quad f(x) = \frac{R^v_A}{H} x - b.$$

Pour déterminer b on construit un deuxième triangle, dont deux côtés se trouvent sur les deux premiers côtés du funiculaire, le troisième étant vertical (voir figure 7.19). b peut être écrit comme la somme de deux termes ; grâce à la similitude des triangles tracés, l'un de ces termes est fonction de F_1/H

$$\left\{ \begin{array}{l} b = c + d \\ \frac{c}{x - x_1} = \frac{F_1}{H} \end{array} \right. \Rightarrow b = \frac{F_1}{H}(x - x_1) + d \quad \Rightarrow$$

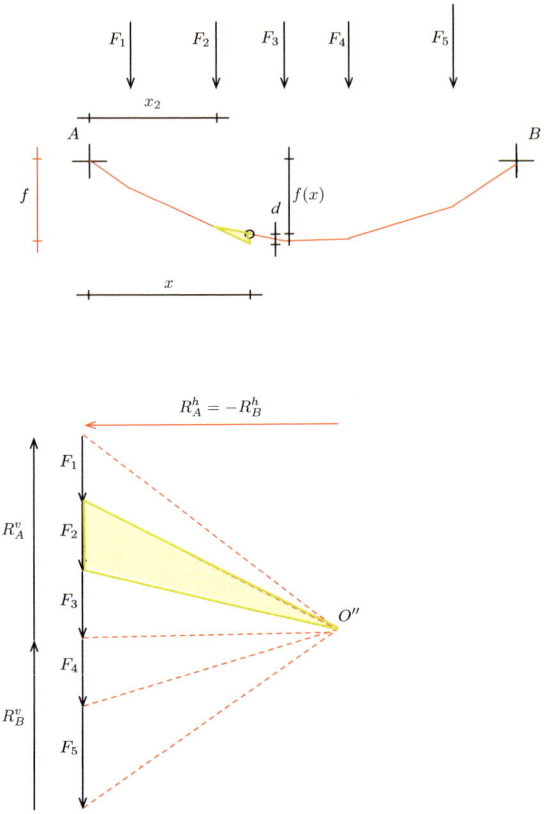

FIGURE 7.20 – Quatrième schéma pour la démonstration de l'analogie entre funiculaire et diagramme du moment : la procédure se répète jusqu'à l'obtention de $f(x)$ en fonction des rapports entre les efforts appliqués et la poussée.

d'où

$$f(x) = \frac{R_A^v}{H}x - \frac{F_1}{H}(x - x_1) - d$$

Finalement d peut être déterminé en tenant compte d'un troisième triangle (voir figure 7.20), toujours grâce aux propriétés liées à la similitude avec les triangles construits sur le polygone des forces.

$$\frac{d}{x - x_2} = \frac{F_2}{H} \quad \text{soit} \quad d = \frac{F_2}{H}(x - x_2)$$

d'où :

$$f(x) = \frac{R_A^v}{H}x - \frac{F_1}{H}(x - x_1) - \frac{F_2}{H}(x - x_2)$$

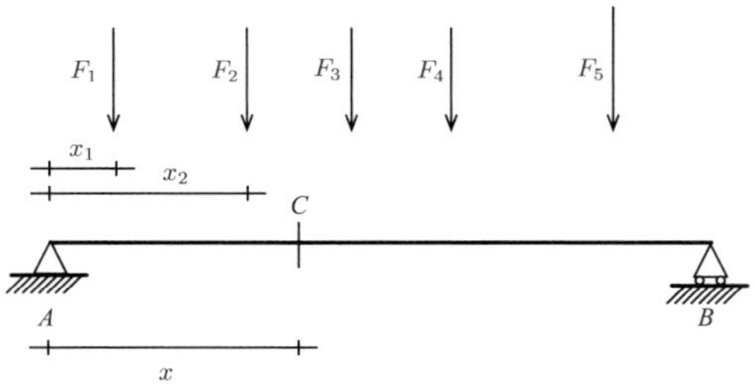

FIGURE 7.21 – Schéma statique d'une poutre posée entre les mêmes appuis que le funiculaire de la figure 7.17 et soumise au même chargement.

Ce qui s'écrit aussi :

$$Hf(x) = R_A^v x - F_1(x - x_1) - F_2(x - x_2)\,.$$

On pourra démontrer que le membre de droite de cette expression est le moment des forces extérieures et des réactions calculé par rapport au point x, ce qui prouve que, si on multiplie par H la valeur de la flèche mesurée sur le funiculaire à la côte x, on obtient le dit moment :

$$M(x) = Hf(x) = R_A^v x - F_1(x - x_1) - F_2(x - x_2)\,,$$

c'est-à-dire le moment fléchissant dans une poutre posée entre les mêmes appuis que le funiculaire et sous le même chargement.

Pour montrer que le moment calculé précédemment est bien le moment fléchissant de ladite poutre, on fait le calcul direct de celui-ci. On considère le schéma 7.21 et on pose le problème du calcul du moment au point C, distant x de l'appui A.

Plutôt que d'appliquer la démarche habituelle, en introduisant une rotule virtuelle en C, qui nous donnerait un résultat dans lequel la réaction en A n'apparaît pas explicitement, mais qui verrait toutes les forces en jeu contribuer au moment inconnu, on imagine un mouvement virtuel différent, en remplaçant l'appui A par sa réaction et en plaçant un appui fictif sous la section de calcul du moment (figure 7.22). Cette démarche est légitime car on ne réduit pas la généralité du mouvement virtuel de rotation relative qui doit avoir lieu au point de calcul du moment fléchissant ; son intérêt est en général limité, car elle fait apparaître dans l'expression du moment recherché la valeur d'une réaction (à priori inconnue) et ne conduit donc pas à la solution explicite du problème. Néanmoins, dans le cas présent, ces passages nous permettent de compléter la démonstration en cours.

Les mouvements virtuels seront du type dessiné en figure 7.22. Le travail virtuel s'écrit :

$$\hat{\mathscr{W}} = (-R_A^v x + F_1(x - x_1) + F_2(x - x_2) + M(x))\,\hat{\alpha}\,,$$

où nous avons noté $M(x)$ le moment inconnu pour indiquer sa dépendance à la variable x. L'axiome

$$\hat{\mathscr{W}} = 0 \quad \forall\,\hat{\alpha}$$

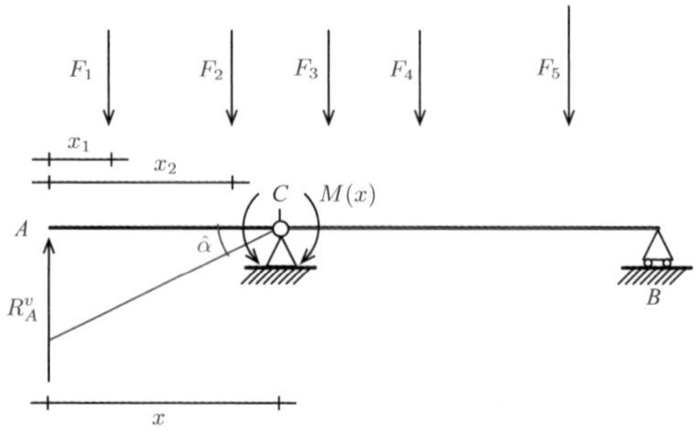

FIGURE 7.22 – Mouvement virtuel de la poutre de la figure 7.21 pour le calcul du moment en x en fonction de la réaction en A.

entraîne

$$M(x) = F_1(x_1 - x) + F_2(x_2 - x) + R_A^v x$$

qui est le moment des forces extérieures et des réactions obtenu par le funiculaire.

Notez que, dans l'application du principe des travaux virtuels, on a droit à imaginer n'importe quel mouvement virtuel, ce qui nous a permis de trouver la valeur du moment en fonction de la réaction en autorisant le déplacement de l'appui.

La formule précédente montre qu'on peut calculer le moment de flexion dans la section d'une poutre comme la somme des contributions de toutes les forces et les réactions d'un seul côté de la section par les bras de levier de ces forces et réactions vis-à-vis de la section. Si des moments extérieurs agissent sur la partie de poutre considérée, ils devront contribuer à la somme.

7.4.1 Calcul du funiculaire sous un ensemble de forces

La méthode graphique précédemment décrite se traduit aisément dans un calcul analytique. En faisant référence à la figure 7.23, il suffit d'écrire la condition d'équilibre en rotation d'un point de la courbe dans laquelle l'affaissement inconnu f apparaît :

$$R_A^v x - \sum_i F_i(x - x_i) = Hf(x)\,;$$

pour H donné on obtient l'affaissement en fonction de x. En répétant le calcul pour tous les sommets de la ligne brisée, on a une information complète pour son traçage.

D'après l'analogie présentée au paragraphe précédent, $Hf(x)$ est le diagramme du moment de la poutre simplement appuyée sous le même chargement

7.4.2 Généralisation de l'analogie

L'analogie a été établie entre une courbe funiculaire suspendue entre deux points et le diagramme du moment d'une poutre droite simplement appuyée entre les mêmes points. Le cas de poutres ayant d'autres conditions de blocage reste à étudier.

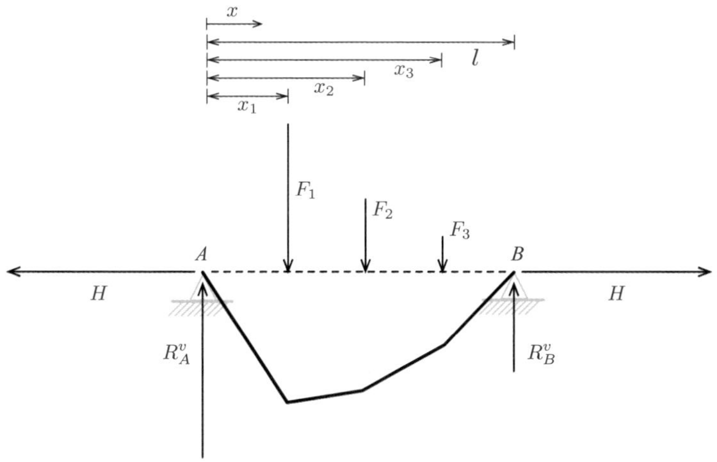

FIGURE 7.23 – Exemple pour le calcul analytique du funiculaire.

Pour compléter l'analogie on doit donc analyser, dans les poutres, l'effet des liaisons cinématiques, intérieures et extérieures, sur le moment fléchissant.

Poutre		Funiculaire	
liaison	diagramme	affaissement	condition
		liaisons intérieures	
rotule	$M = 0$ V continu	$f = 0$ f' continue	passage par 0
glissière	$V = 0$	horizontale	min ou max
		liaisons extérieures	
appui extremité	$M = 0$	$f = 0$	accroche en 0
appui interne	V discontinu	f' discontinue	accroche
glissière	$V = 0$	horizontale	plan miroir
encastrement	–	–	accroche

7.4.3 Recours pratique à l'analogie

On considère par exemple la structure et le chargement donnés à la figure 7.24, l'analogie entre le diagramme du moment et le funiculaire du même chargement permet l'identification d'un certain nombre de caractéristiques de la première courbe en imaginant la forme prise par la seconde sous la charge donnée.

Le funiculaire est une courbe concave continue, sous la charge indiquée, passant par B et C. Cette deuxième condition implique qu'il faut déplacer l'extrémité à gauche du funiculaire jusqu'au point A' tel que la courbe passe par C. La figure 7.24 montre ce résultat qualitatif, représentant effectivement le diagramme du moment de la structure sous le chargement donné si la courbe dessinée est une parabole.

Un deuxième exemple qu'on propose est celui de la structure de figure 7.25 Dans ce cas, le funiculaire analogue passe par le point B et a un minimum en correspondance de

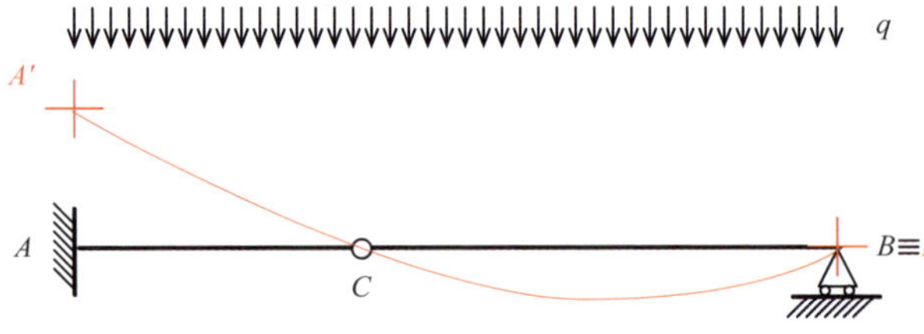

FIGURE 7.24 – Premier exemple pour l'application de l'analogie du funiculaire. Dessin qualitatif du funiculaire du chargement donné, analogue au diagramme du moment de la structure.

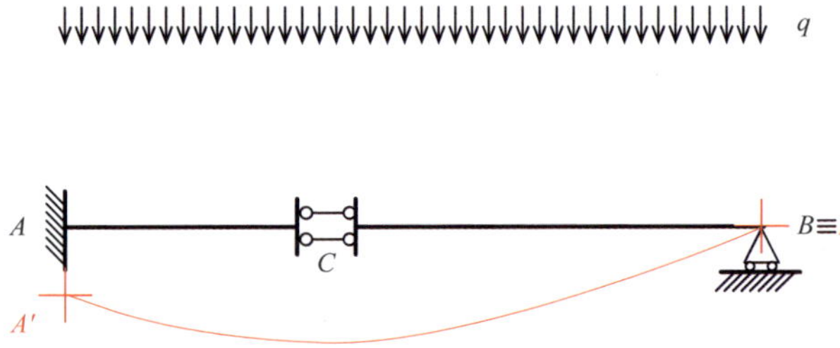

FIGURE 7.25 – Deuxième exemple pour l'application de l'analogie du funiculaire. Dessin qualitatif du funiculaire du chargement donné, analogue au diagramme du moment de la structure.

la glissière en C, ce qui fait qu'il doit descendre suffisamment en correspondance de A (dans la figure, C est à gauche du milieu de la poutre, la parabole étant symétrique par rapport à son axe, A' sera plus bas que B ; le moment en A sera positif, voir figure 7.25).

Notez que, si C se trouve au milieu de la poutre, la symétrie de la parabole dessinée par le funiculaire implique $A' \equiv A$ (c'est-à-dire moment nul à l'encastrement), et si la distance entre C et B est inférieure à celle entre A et C, A' sera plus en haut que A (moment négatif à l'encastrement).

7.5 Approfondissement : formulation analytique de l'équilibre funiculaire

7.5.1 Définition de courbure. Théorème d'or de Jacob Bernoulli

En 1694, Jacob Bernoulli (1655-1705) démontra le relation qui existe entre la fonction qui décrit une courbe et la courbure de celle-ci. Ce résultat est très important pour l'étude des milieux curvilignes.

En tout point non singulier d'une courbe il est possible de définir une tangente ; il s'agit d'une droite qui sépare deux familles, l'une réunissant les droites qui ont deux points en commun avec la courbe dans un voisinage du point donné, l'autre, les droites n'ayant pas de points en commun dans ce voisinage. La tangente est la seule droite ayant deux points coïncidant en commun avec la courbe.

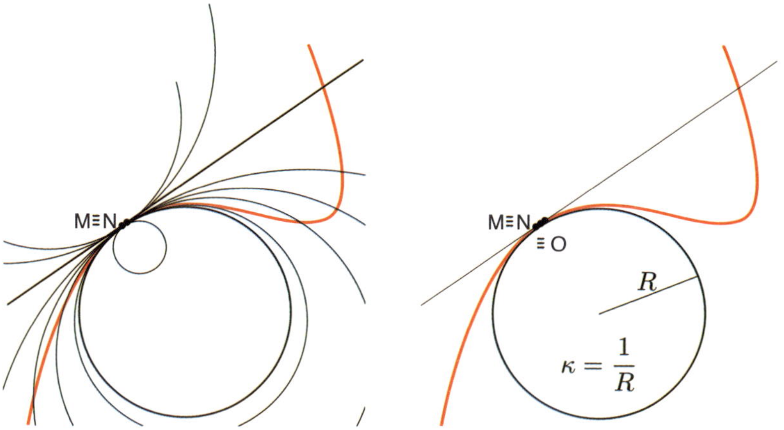

FIGURE 7.26 – Cercles avec une tangente commune (à gauche) et cercle osculateur d'une courbe en un point (à droite).

Il existe une infinité de cercles ayant une tangente commune dans un point. Une courbe ayant la même tangente aura aussi deux points coïncidant en commun avec tous les cercles de la famille, mais elle aura un troisième point – coïncidant avec les précédents – en commun avec un seul de ces cercles, qui est son cercle osculateur *(voir figure 7.26). Une courbe peut avoir plus de trois points en commun avec son cercle osculateur.*

La courbure κ d'une ligne courbe dans un point est celle de son cercle osculateur dans ce point. Si R est le rayon du cercle, la courbure est $\kappa = 1/R$.

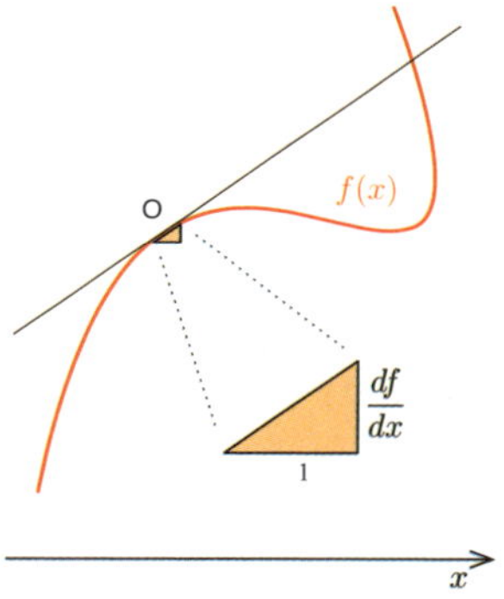

FIGURE 7.27 – Pente et dérivée d'une courbe.

La pente d'une courbe par rapport à une direction est liée à la dérivée de la fonction qui exprime la courbe par rapport au repère construit sur cette direction. Si la courbe est exprimée par la fonction $y = f(x)$ dans un repère cartésien xy donnée, df/dx au point O est une mesure de l'angle φ entre la tangente au point O et la droite x (voir figure 7.27) :

$$\tan\varphi = \frac{df}{dx}\,;\ \varphi = \arctan\frac{df}{dx}\,.$$

On considère une courbe et son cercle osculateur dans un point O et on regarde en détail le voisinage de ce point qui est commun au cercle osculateur et à la courbe ; on considère un deuxième point P très proche du précédent, à la distance dx mesurée sur l'axe x (voir figure 7.28).

O et P pouvant être confondus avec des points du cercle, l'angle entre les tangentes en O et P est égal à leur angle au centre du cercle osculateur, on le note $d\alpha$. La distance entre O et P mesurée sur la courbe (ou sur le cercle) est ds.

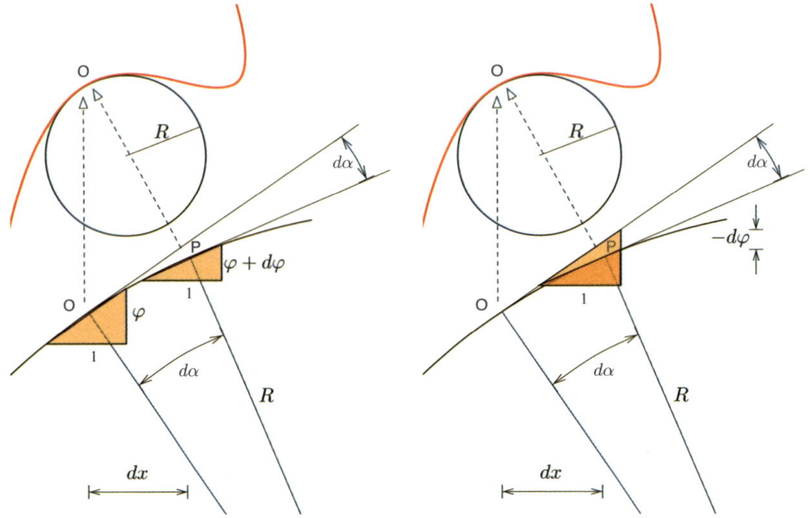

FIGURE 7.28 – La variation de la pente de la courbe en passant du point O au point P infiniment voisin est l'opposé de la distance parcourue sur le cercle osculateur, divisée par le rayon de ce cercle.

La relation entre la longueur de l'arc ds, le rayon R et l'angle $d\alpha$ est :

$$ds = R\, d\alpha \quad \Rightarrow \quad \kappa = \frac{1}{R} = \frac{d\alpha}{ds}\,.$$

La pente de la tangente à la courbe (et au cercle) au point O est φ et elle est $\varphi + d\varphi$ au point P. On a donc $d\alpha = -d\varphi$ et

$$\kappa = \frac{1}{R} = -\frac{d\varphi}{ds}\,.$$

Si on regarde le triangle rectangle de base dx et hypoténuse ds, on peut écrire ds en fonction de dx (voir figure 7.29) :

$$ds = \sqrt{1 + (\tan\varphi)^2}dx \tag{7.1}$$

et donc :

$$\kappa = -\frac{d\varphi}{ds} = -\frac{\frac{d\varphi}{dx}}{\sqrt{1+(\tan\varphi)^2}} = -\frac{\frac{d}{dx}\arctan\frac{df}{dx}}{\sqrt{1+\frac{df}{dx}^2}} = -\frac{\frac{d^2f}{dx^2}}{\left(1+\frac{df}{dx}^2\right)^{\frac{3}{2}}}\,.$$

En conclusion, la pente et la courbure d'une ligne courbe décrite par l'équation $y = f(x)$ s'écrivent de manière exacte, ou approchée si la pente est faible, par :

$$\varphi = \arctan\frac{df}{dx} \approx \frac{df}{dx} \quad ; \qquad \kappa = -\frac{\frac{d^2f}{dx^2}}{\left(1+\frac{df}{dx}^2\right)^{\frac{3}{2}}} \approx -\frac{d^2f}{dx^2}$$

(les approximations étant valables si $\varphi \ll 1$).

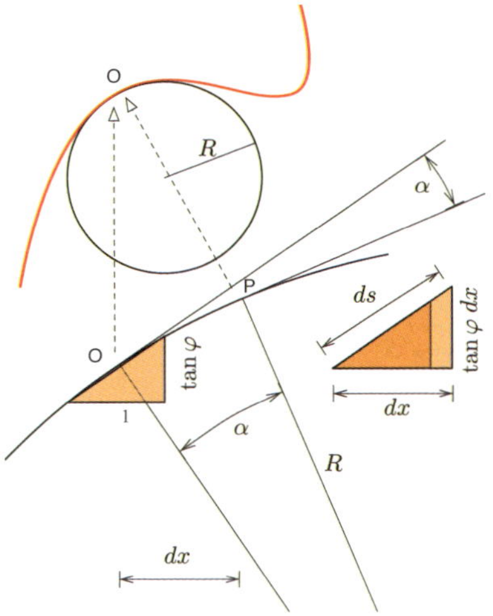

FIGURE 7.29 – Relation entre ds, longueur de l'arc, et dx, distance parcourue sur l'axe qui sert pour exprimer la fonction $y = f(x)$ décrivant la courbe.

7.5.2 *Équations indéfinies d'équilibre des poutres courbes*

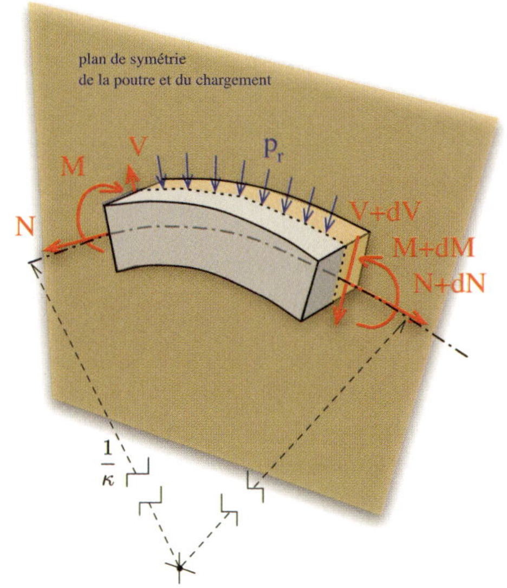

FIGURE 7.30 – Poutre courbe plane chargée dans son plan.

On considère un poutre dont l'axe suit une courbe contenue dans le plan de son chargement (comme en figure 7.30) et on se pose la question des équations d'équilibre liant localement les efforts extérieurs aux sollicitations N, V et M. Il s'agit d'un problème qui, tenant compte de la courbure de la poutre, généralise celui traité au § 5.5.

L'étude se réduit à celui d'un petit élément de la poutre, pour lequel il est possible d'identifier une courbure κ et un rayon de courbure $R = 1/\kappa$. En se donnant sur la poutre une abscisse s, on note ds la longueur de l'arc identifiant le petit élément de poutre dont on étudie l'équilibre (voir figure 7.31).

Les figures 7.32 à 7.35 montrent les résultantes des diverses actions en jeu, calculées en tenant compte de la petite longueur de l'arc de poutre considéré, qui permet d'accepter les approximations :

$$\sin\alpha \approx \alpha\,;\ \cos\alpha \approx 1\,;\ (N + dN)ds \approx Nds\,;\ (V + dV)ds \approx Vds$$

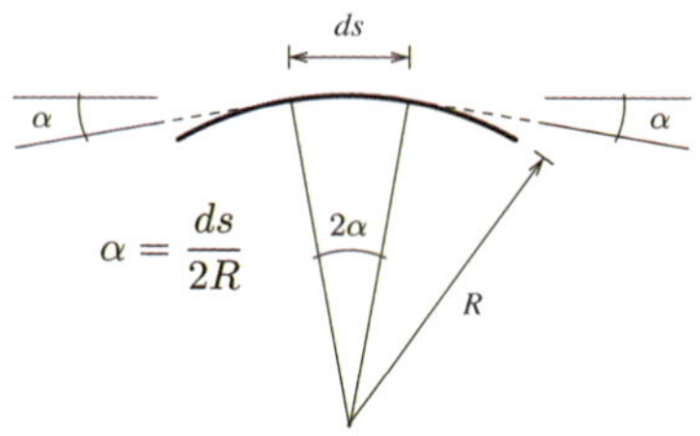

FIGURE 7.31 – Représentation d'une partie de poutre courbe sur laquelle on se donne une abscisse curviligne s. Pour un petit arc ds on peut définir un rayon de courbure R.

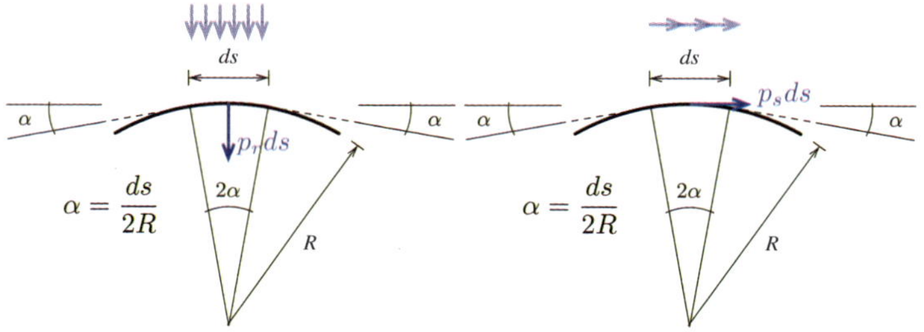

FIGURE 7.32 – Les efforts extérieurs distribués le long de la poutre entrent en jeu dans l'équilibre d'un petit élément de poutre par le biais de leurs résultantes, représentées par une force axiale, ou tangentielle, $p_s ds$ et une force transversale, ou radiale, $p_r ds$.

L'équilibre en translation tangentielle du petit élément de poutre voit intervenir les forces dessinées à la figure 7.36. La force extérieure tangentielle est reprise par un incrément de l'effort normal et, grâce à la courbure, par l'effort tranchant :

$$dN - \frac{V}{R}ds + p_s ds = 0 \quad \Rightarrow \quad \frac{dN}{ds} - \kappa V + p_s = 0\,.$$

L'équilibre en direction radiale, avec les forces indiquées à la figure 7.37, exprime le fait que la force extérieure radiale est reprise par un incrément de l'effort tranchant et, grâce à la courbure, par l'effort normal :

$$\frac{N}{R}ds + dV + p_r ds = 0 \quad \Rightarrow \quad \frac{dV}{ds} + \kappa N + p_r = 0\,.$$

Finalement, l'équilibre en rotation, écrit entre les forces et les moments représentés en figure 7.38, donne :

$$dM - V ds = 0 \quad \Rightarrow \quad \frac{dM}{ds} - V = 0\,;$$

ce qui montre que l'effort tranchant donne lieu à un incrément du moment fléchissant. Lors de l'écriture cette équation, la contribution des forces extérieures a été négligée, car elle dépend de $(ds)^2$; par ailleurs, pour simplifier, on n'a pas tenu compte d'éventuels moments extérieurs distribués sur la poutre.

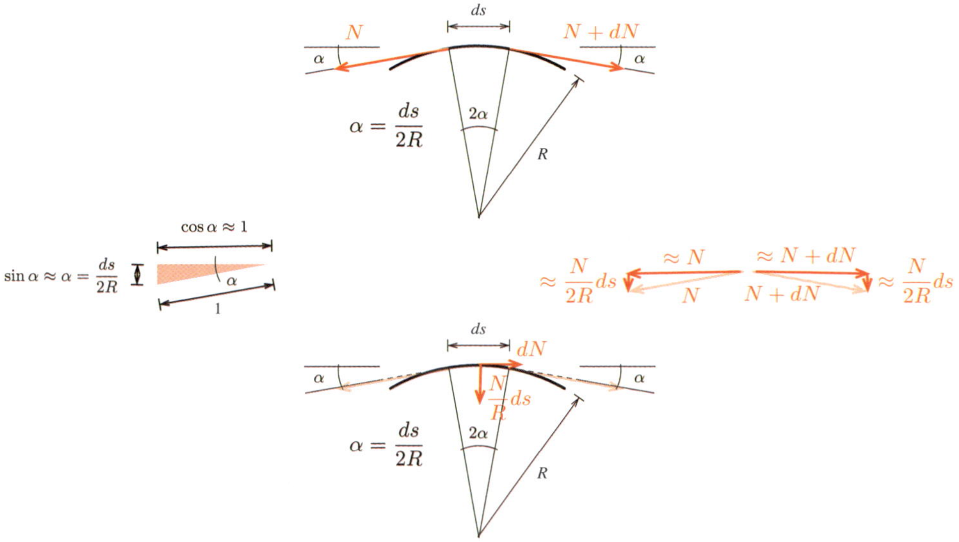

FIGURE 7.33 – Les efforts normaux agissant de part et d'autre du petit élément de poutre ds sont équivalents à une force radiale Nds/R et une force tangentielle dN.

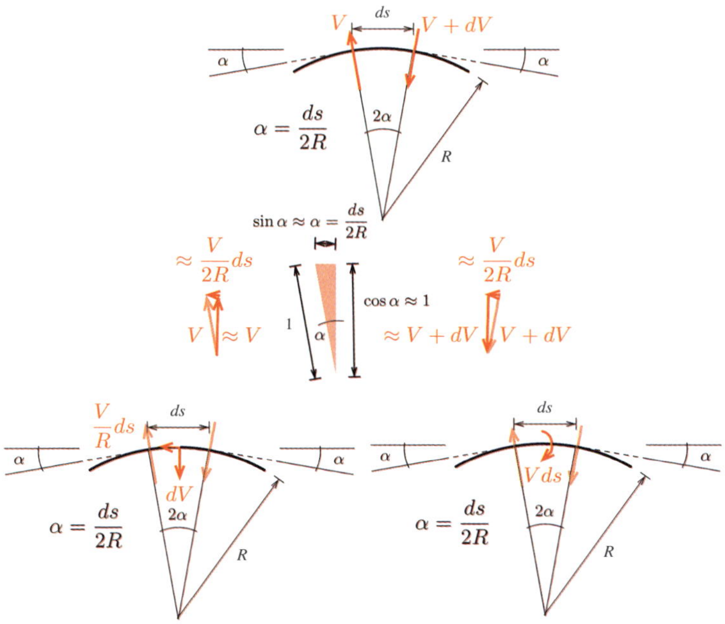

FIGURE 7.34 – Les efforts tranchants agissant de part et d'autre du petit élément de poutre ds sont équivalents à une force radiale dV, une force tangentielle $-Vds/R$ et un moment Vds.

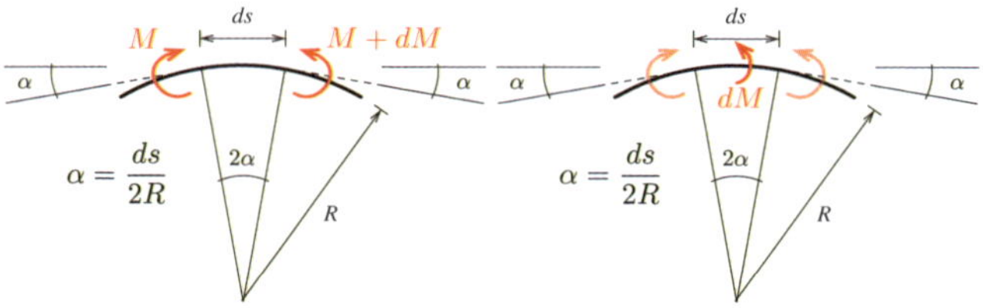

FIGURE 7.35 – Les moments fléchissants agissant de part et d'autre du petit élément de poutre ds sont équivalents à un moment dM.

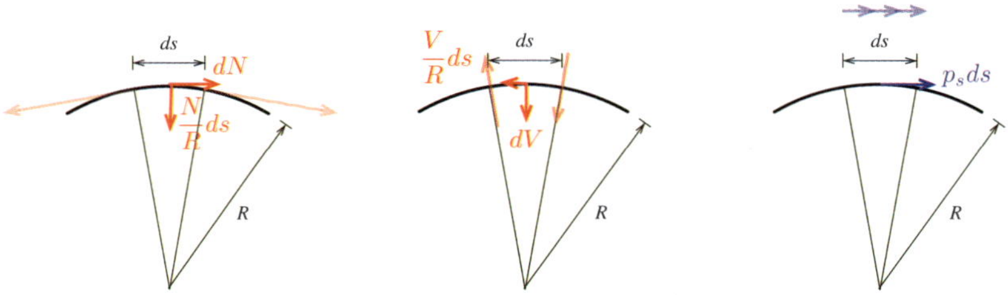

FIGURE 7.36 – Forces intervenant dans l'équilibre en translation tangentielle d'un petit élément de poutre courbe.

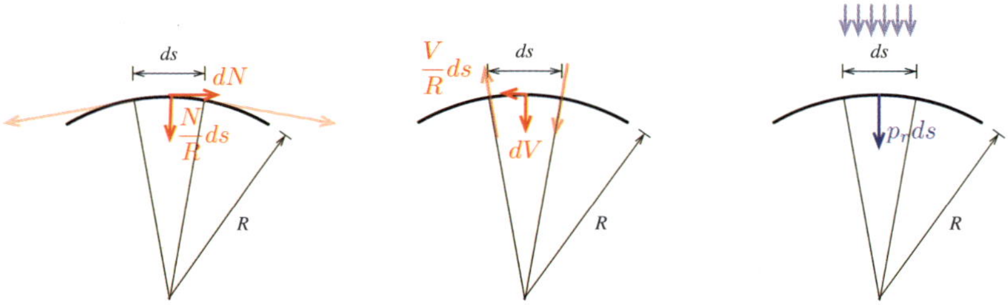

FIGURE 7.37 – Forces intervenant dans l'équilibre en translation radiale d'un petit élément de poutre courbe.

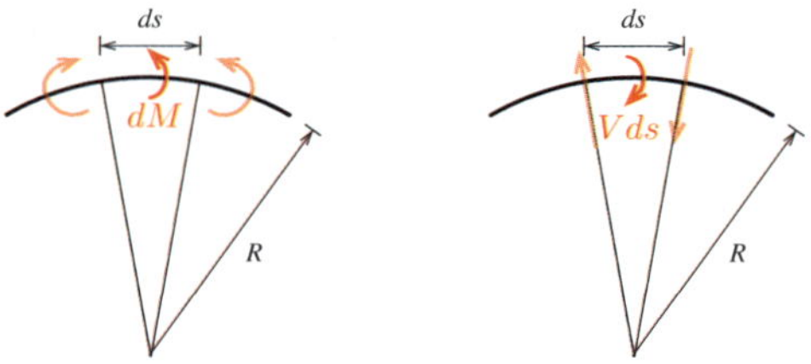

FIGURE 7.38 – Forces et moments intervenant dans l'équilibre en rotation d'un petit élément de poutre courbe.

En résumé, les équations d'équilibre en tout point d'une poutre courbe plane chargée dans son plan sont (voir figure 7.30) :

$$\begin{cases} \frac{dN}{ds} - \kappa V + p_s = 0 \\ \frac{dV}{ds} + \kappa N + p_r = 0 \\ \frac{dM}{ds} - V = 0 \end{cases}$$

Dans une partie rectiligne de la poutre, étant que $\kappa \to 0$, le couplage N–V disparaît (voir figure 7.39. L'équilibre est décrit par les équations différentielles 5.5 à 5.7 (les forces distribuées p et q étant ici représentées par p_s et p_r respectivement) :

$$\begin{cases} \frac{dN}{ds} \qquad + p_s = 0 \\ \frac{dV}{ds} \qquad + p_r = 0 \\ \frac{dM}{ds} - V = 0 \end{cases}$$

Un funiculaire peut être vu comme le cas particulier d'une poutre ne pouvant transmettre que de l'effort normal (positif). Par conséquent, on peut déduire des équations de la poutre courbe les équations d'équilibre du funiculaire pour $V \to 0$ et $M \to 0$ (voir figure 7.40) :

$$\begin{cases} \frac{dN}{ds} \qquad + p_s = 0 \\ \qquad \kappa N + p_r = 0 \end{cases}$$

Il faut observer que le signe des efforts extérieurs dans les équations précédentes est pris positif si les forces tangentielles sont concordes à l'abscisse curviligne et les forces radiales pointent vers le centre de courbure de l'élément sur lequel elles agissent.

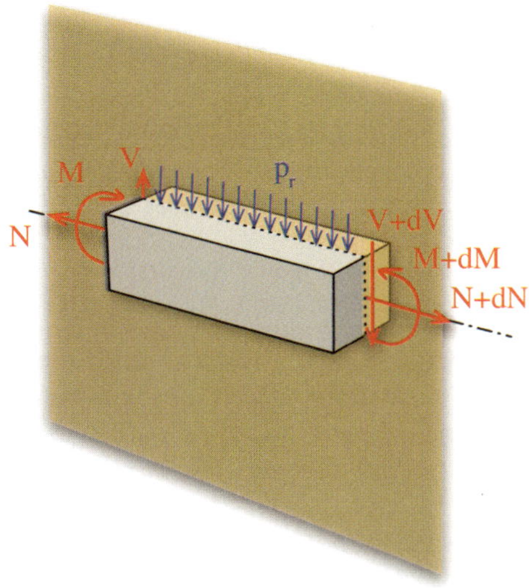

FIGURE 7.39 – Poutre droite chargée dans son plan.

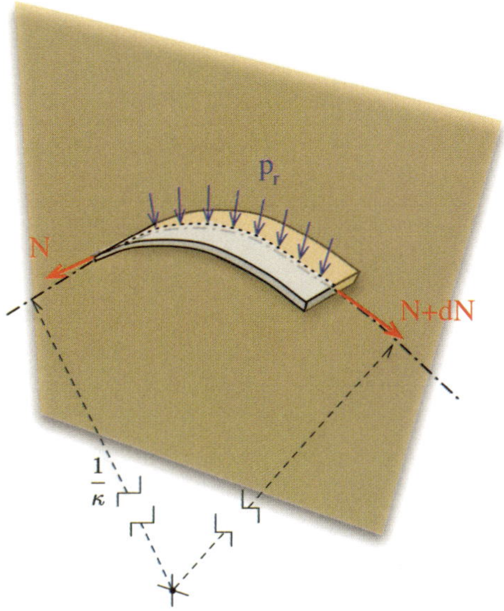

FIGURE 7.40 – Poutre courbe sans épaisseur, chargée dans son plan.

7.5.3 Solutions du problème du fil suspendu

Il est intéressant d'étudier deux conditions d'équilibre du fil inextensible sous charges distribuées :

- *forces uniformément distribuées le long de la projection du fil sur l'axe horizontal (comme pour le câble porteur d'un pont suspendu supportant un tablier de poids uniforme sur sa longueur) ;*
- *forces uniformément distribuées le long du fil (comme pour une corde de section constante sous son poids propre).*

L'équilibre peut s'écrire par les deux équations différentielles dans la variable s, abscisse curviligne, décrivant les translations radiale et tangentielle, données à la fin du paragraphe précédent. Le problème est celui de la détermination de la forme du fil assurant l'équilibre sous les charges données et respectant les conditions de blocage à ses extrémités.

On étudie d'abord le cas d'une charge q uniformément distribuée sur l'axe horizontal, dirigée vers le bas, avec le fil lié en deux points alignés horizontalement ($A \equiv (-d/2, 0)$ *et* $B \equiv (d/2, 0)$*, voir figure 7.41)*

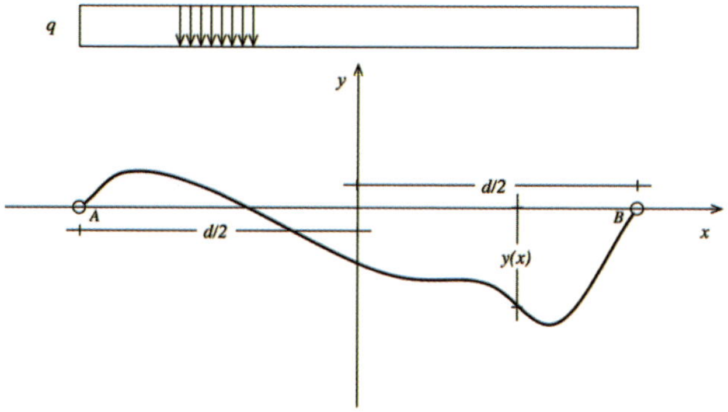

FIGURE 7.41 – Problème du fil inextensible sous une charge uniformément distribuée.

Il convient d'opérer un changement de variable, de s à x *(*$dx = \cos\varphi\, ds$*), car le chargement est tel que (voir figure 7.45) :*

$$p_r \cos\varphi\, ds - p_s \sin\varphi\, ds = q\, dx\ ;\ p_r \sin\varphi + p_s \cos\varphi = 0\,.$$

On remplace p_r *et* p_s*, obtenus des équations d'équilibre, dans les équations ci-dessus, à fin d'obtenir un problème faisant apparaître la charge imposée :*

$$\left\{\begin{array}{l} \frac{dN}{ds} + p_s = 0 \\ \\ \kappa N + p_r = 0 \end{array}\right. \Rightarrow \left\{\begin{array}{l} \frac{d}{dx}\left(-N\sin\varphi\right) + q = 0 \\ \\ \frac{d}{dx}\left(N\cos\varphi\right) = 0 \end{array}\right.$$

où on a fait appel à la définition $\kappa = -d\varphi/ds$*, donnée à page 250.*

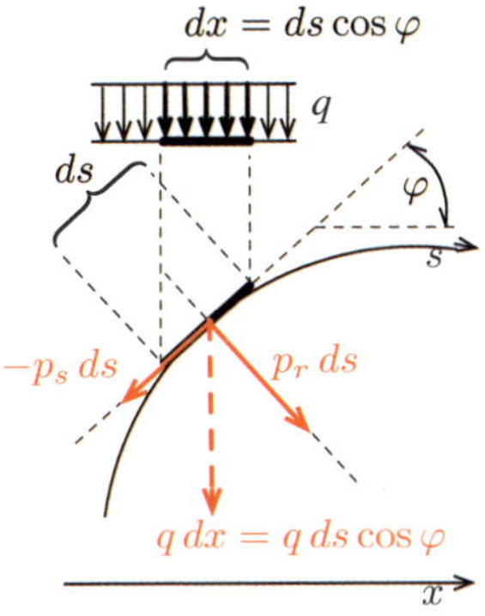

FIGURE 7.42 – Decomposition d'une charge q, horizontalement uniforme, sur les directions radiale et tangentielle.

En introduisant la poussée H*, composante horizontale de* N*, et* V*, composante verticale de* N *:*

$$H = N\cos\varphi\,;\; V = -N\sin\varphi\,;$$

on obtient une intégrale des équations d'équilibre :

$$H = H_0\,;\; V = qx + V_0\,;$$

la symétrie du problème permettant d'écrire $V_0 = 0$*, alors que* H *reste indéterminé par les conditions au bord.*

Pour obtenir $y(x)$*, on revient à l'équation d'équilibre en direction radiale, où, en rappelant que :*

$$p_r = q\cos^2\varphi\,;\; \kappa = -\frac{d^2y}{dx^2}\cos^3\varphi\,;$$

on peut écrire

$$\kappa N + p_r = 0 \;\Rightarrow\; -\frac{d^2y}{dx^2}\cos^3\varphi N + q\cos^2\varphi = 0 \;\Rightarrow\; \frac{d^2y}{dx^2} = \frac{q}{H}\,.$$

On en déduit (H *étant constant) :*

$$y = \frac{q}{2H}x^2 + c_1x + c_0\,. \tag{7.2}$$

En tenant compte des conditions au bord, $y(d/2) = y(-d/2) = 0$*, on obtient :*

$$y = \frac{q(x^2 - d^2)}{8H}\,. \tag{7.3}$$

Si on note $-f$ *l'extremum de* y *entre* A *et* B *(on dénote par* f *l'affaissement, ou flèche, du funiculaire, pris conventionnellement positif vers le bas), on a*

$$Hf = \frac{qd^2}{8}\,;$$

le signe de f *étant celui de* H*, et de* N*, et sa valeur variant en fonction inverse de la valeur de la poussée* H*, comme illustré en figure 7.43.*

On constate que la solution requiert la détermination de f*, ou de* H*, par une information autre que celle contenue dans les équations d'équilibre et dans les conditions au bord. Cela reflet la nature statiquement indéterminée du problème (*H *ne peut pas être déterminé par les seules conditions d'équilibre). Si on se donne à priori la longueur du fil,* l*, on obtient une condition supplémentaire permettant de trouver* f *:*

$$l = \int_{-d/2}^{d/2}\sqrt{1 + (y'(x))^2}dx = \frac{d}{2}\left(\sqrt{1 + \left(\frac{f}{d}\right)^2} + \frac{d}{f}\mathrm{arcsinh}\,\frac{f}{d}\right)\,;$$

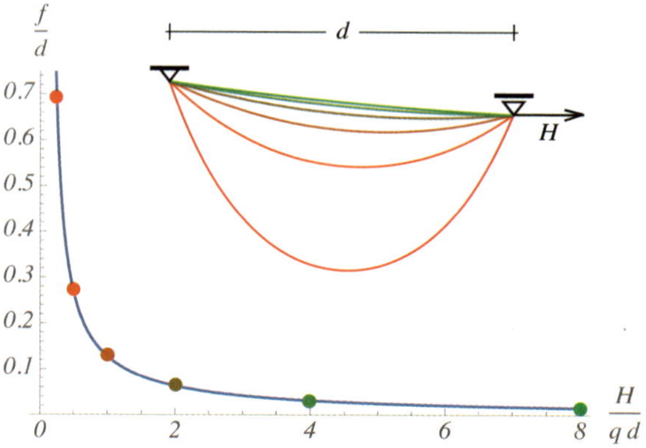

FIGURE 7.43 – Diagramme de l'affaissement en fonction de la poussée et forme des fils suspendus dans les conditions indiquées dans le diagramme (chaque tracé correspond à la condition indiquée par le point de couleur égale).

en supposant $(f/l)^4 \ll 1$ *on a la solution approchée :*

$$d = \frac{l}{2}\left(1 + \sqrt{1 - \frac{2}{3}\left(\frac{f}{l}\right)^2}\right).$$

L'équilibre donnant lieu à deux solutions (les deux paraboles dessinées en figure 7.44), il faudra choisir l'une ou l'autre sur la base d'un autre critère. Le principe de stabilité énoncé à page 239 permet de cerner quelle solution on considère stable. Pour ce faire, on doit écrire le travail virtuel de toutes les actions en jeu lors d'un éloignement du système de son état d'équilibre.

Le fil étant inextensible et parfaitement souple en réponse aux sollicitations autres que la traction, la seule action pouvant donner du travail est la charge extérieure q :

- *aucun changement de longueur ne peut se produire et donc le travail des efforts normaux de traction est toujours nul ;*
- *aucun autre effort intérieur ne peut se produire et il n'y a donc pas d'autres travaux en jeu.*

Cette propriété caractérise, par ailleurs, tous les systèmes dont le comportement est défini en termes de liaisons parfaites.

Si on considère q conservative, comme l'action de la gravité, son travail pour aller de la configuration avec extremum positif (fonction y *de l'équation (7.3), avec* $H < 0$*) à la configuration avec extremum négatif (idem, mais avec* $H > 0$*) est indépendant du parcours et vaut :*

$$\mathscr{W}_{H<0 \to H>0} = -\frac{q^2}{4|H|}\int_{-d/2}^{d/2}(x^2 - d^2)\,dx = \frac{11q^2d^3}{48|H|} = \frac{11}{6}q\,d\,|f| > 0\,;$$

on constate que ce travail est positif, celui de la transformation inverse négatif : sur la base de l'énonce du principe de stabilité, on peut donc affirmer que la condition $H > 0$ est la condition stable. Dans ce cas, le fil pend vers le bas ($f > 0$), la poussée est positive ($H > 0$) et l'effort normal est une traction ($N > 0$).

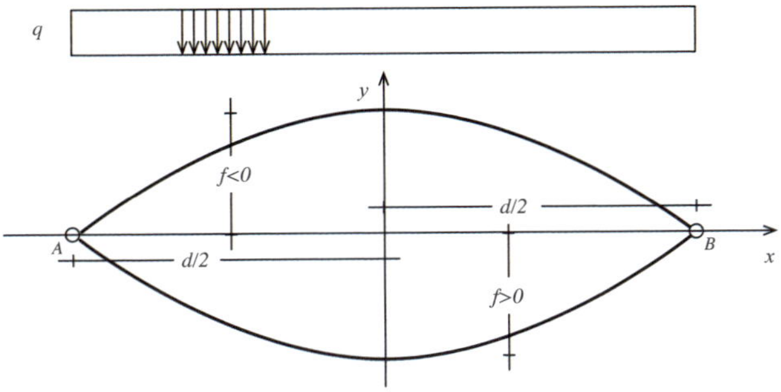

FIGURE 7.44 – Solutions du problème de l'équilibre funiculaire sous charge uniforme.

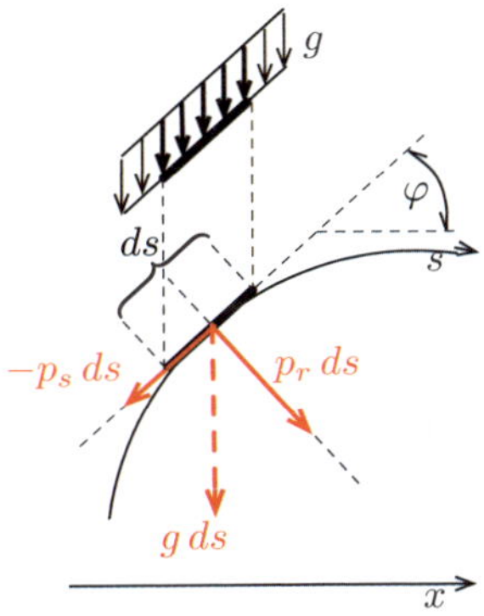

FIGURE 7.45 – Decomposition d'une charge g, uniforme sur le fil, sur les directions radiale et tangentielle.

L'analyse précédente peut être répétée dans le cas d'une force verticale uniformément distribuée sur le fil. Si g indique cette force, les actions p_s et p_r s'écrivent :

$$p_s = -g \sin\varphi\,;\; p_r = g\cos\varphi\,;$$

l'équilibre en direction radiale donne :

$$\kappa N + g\cos\varphi = 0 \;\Rightarrow\; -y'' + \frac{g}{H}\sqrt{1+(y')^2} = 0\,;$$

et donc l'intégrale :

$$y = \frac{H}{g}\cosh\left(\frac{gx}{H} + c_1\right) + c_0\,.$$

Avec les conditions aux bords du cas précédent, on obtient :

$$y = \frac{H}{g}\left(\cosh\frac{gx}{H} - \cosh\frac{gd}{2H}\right)\,.$$

Dans ce cas, le fil suspendu prend la forme dite de la chaînette (qui est décrite par la fonction mathématique appelée cosinus hyperbolique), qui ne diffère de la parabole trouvé dans le cas précédent que très peu si les affaissements sont faibles (voir figures 7.46 et 7.47).

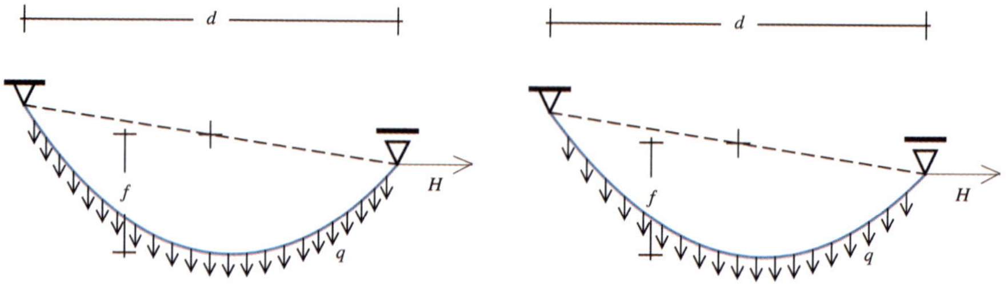

Fil suspendu avec charge uniformément distribuée sur sa longueur (caténaire).

Fil suspendu avec charge uniformément distribuée sur sa portée (parabole).

FIGURE 7.46 – Formes des fils suspendus.

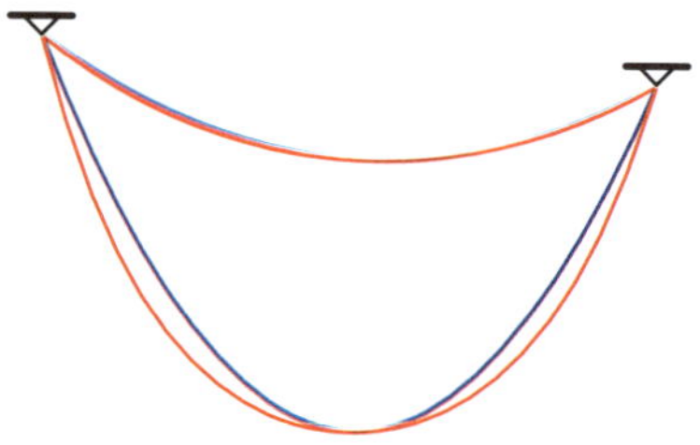

FIGURE 7.47 – Chaînettes (en rouge) et paraboles (en bleu) suspendues aux mêmes appuis et ayant le même affaissement : pour des faibles affaissements les deux courbes sont confondues.

7.6 Conclusion

Les sujets présentés dans ce chapitre donnent accès à la connaissance des thèmes suivants :

- l'objet fil inextensible idéal et la question de l'équilibre funiculaire ;
- la détermination de la forme funiculaire, par la statique graphique, dans le cas des forces concentrées, ou par les équations différentielles, si les charges sont distribuées ;
- les concepts d'affaissement et de poussée associés dans l'équilibre funiculaire ;
- l'équilibre funiculaire inversé et la question de la stabilité de l'équilibre ;
- l'analogie entre le diagramme du moment et la courbe funiculaire et son application pour le calcul des poutres continues ;

Les funiculaires nous ont donné l'occasion pour présenter des approfondissements portant sur la courbure d'une ligne, les équations indéfinies d'équilibre des poutres courbes et le concept de stabilité de l'équilibre.

7.7 Exercices

Exercice 74. Dessinez le funiculaire inversé du chargement ci-dessous passant par les deux points A et B indiqués.

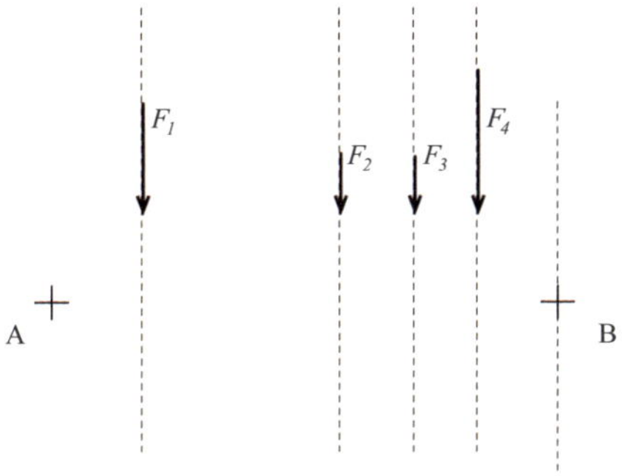

Le dessin d'un polygone funiculaire inversé suit les mêmes règles que pour un funiculaire direct. Il suffit de placer le pôle à gauche du polygone des forces. Une première tentative permet l'identification des reactions :

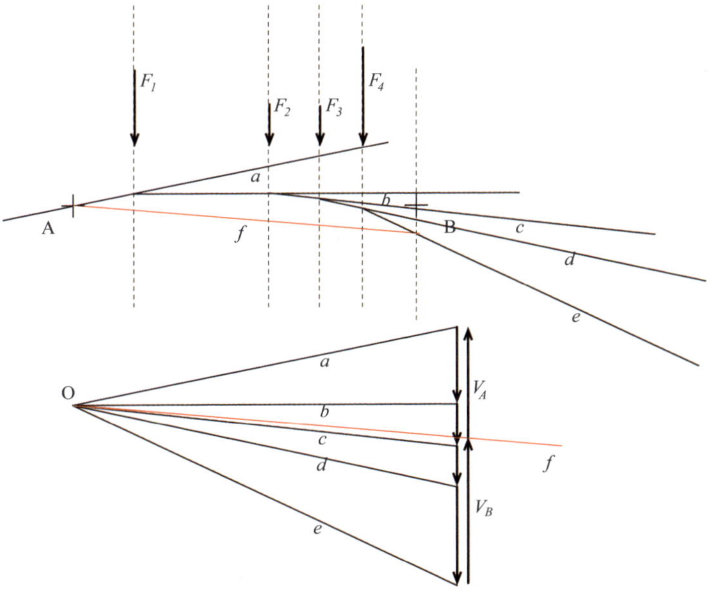

On peut ensuite tracer un deuxième funiculaire dont la ligne de fermeture passe par A et B :

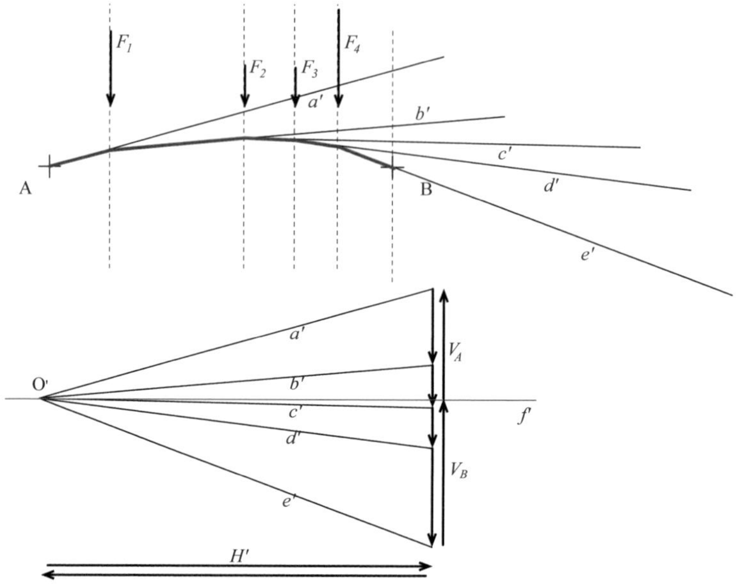

La *chaînette inversée* ainsi obtenue fonctionne comme son homologue non inversé, sauf que chaque élément est maintenant comprimé plutôt que tendu.

Dans l'équilibre du système inversé les forces appliquées sur le funiculaire se trouvent *en dessus* de la ligne des appuis, alors que, dans l'équilibre direct, elles se trouvent *en dessous* de cette ligne.

Il s'ensuit que la condition directe est stable alors que l'inverse est instable.

Exercice 75. Dessinez le funiculaire d'un chargement radial comme à la figure ci-dessous, passant par les points A et B indiqués et ayant la forme de la moitié d'un dodécaèdre.

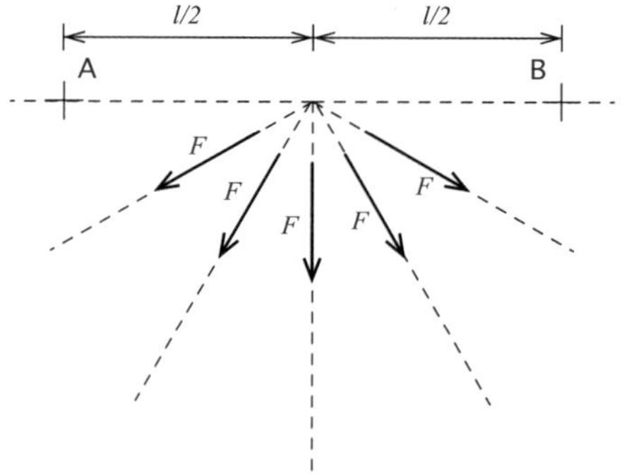

Le dessin d'un premier funiculaire qui passe par les deux points est immédiat, car la symétrie du système permet l'identification d'un pôle sur la ligne parallèle à la droite AB qui passe par la moitié du polygone des forces.

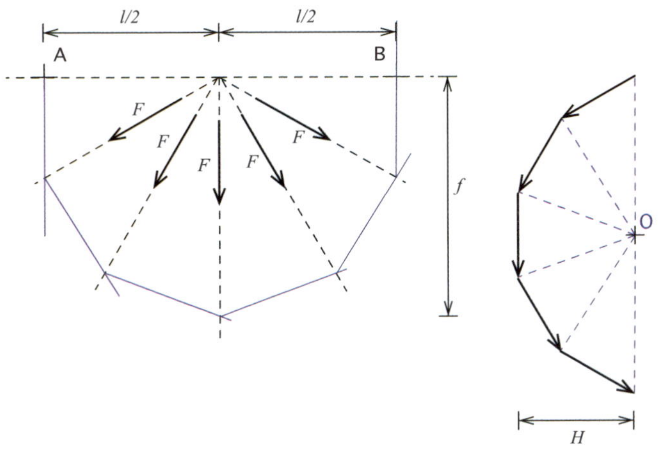

Il est ensuite possible de calculer la poussée H' d'un deuxième funiculaire en imposant que l'affaissement de celui-ci soit la moitié de la distance $\overline{AB}$. Le théorème de Thalès donne la solution du problème par une construction géométrique simple :

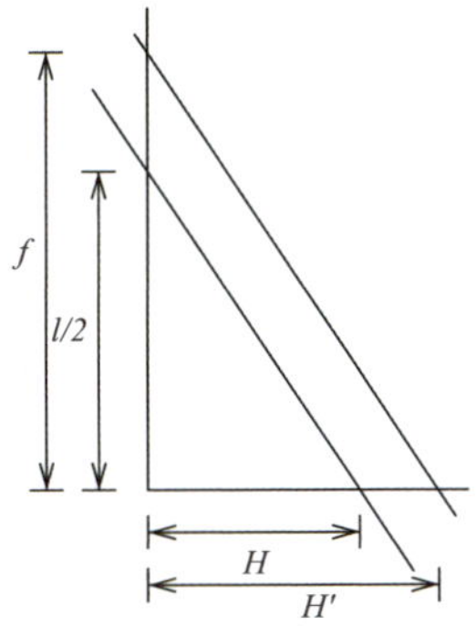

Finalement, le funiculaire recherché peut être tracé.

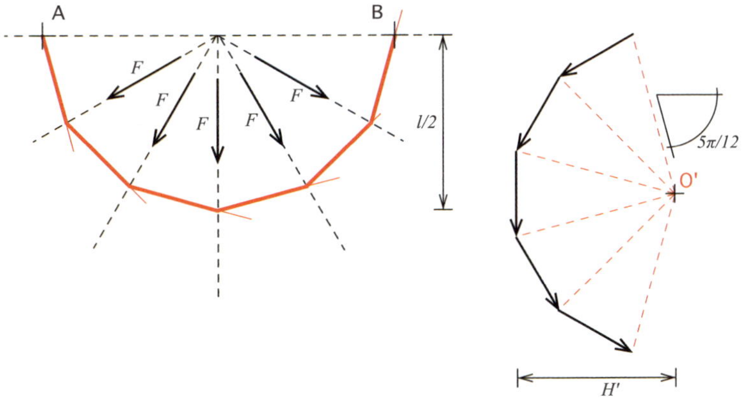

- milieu de poutre entre rotules : $M_{BCmax} = q(l/2)^2/8 = ql^2/32$;

seulement les valeurs sous les forces doivent être calculés.

Par la procedure habituelle, on se donne les mouvements virtuels :

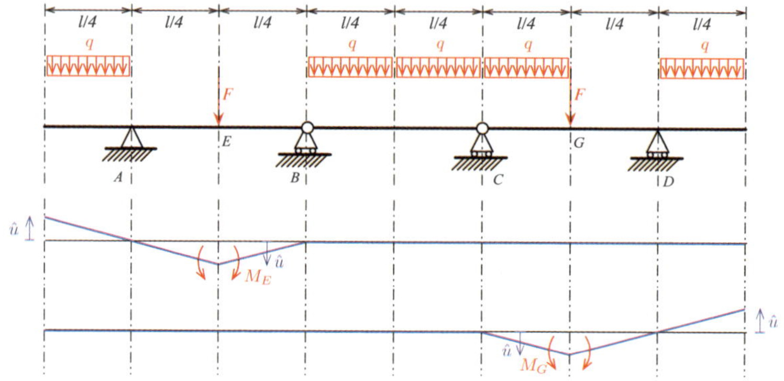

et on obtient, respectivement, dans les deux cas indiqués, les travaux virtuels :

$$\hat{\mathscr{W}} = -ql\hat{u}/8 + F\hat{u} - 8M_E\hat{u}/l = 0\ \forall\hat{u} \ \Rightarrow\ M_E = -ql^2/64 + Fl/8\,;$$

$$\hat{\mathscr{W}} = ql\hat{u}/8 + F\hat{u} - ql\hat{u}/8 - 8M_E\hat{u}/l = 0\ \forall\hat{u} \ \Rightarrow\ M_G = Fl/8\,.$$

En conclusion, on dessine le diagramme, pour $F = ql/4$:

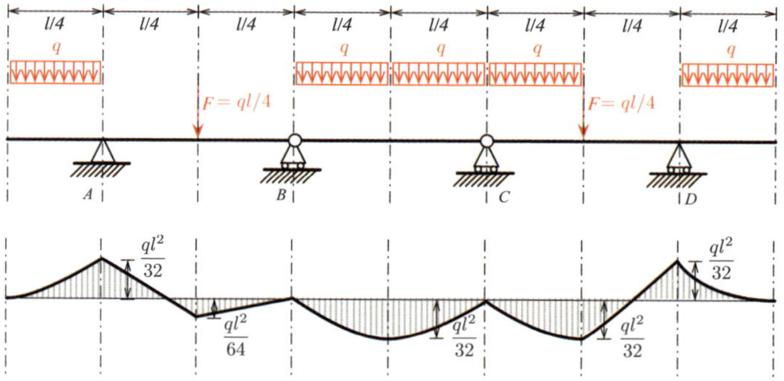

Exercice 77. Intégrez les équations d'équilibre d'une anneau circulaire de rayon R et épaisseur négligeable, sous force extérieure radiale uniforme p, dirigée vers le centre de l'anneau, et force extérieure tangentielle nulle.

L'anneau peut être vu comme une poutre courbe encastrée sur elle-même. Nous avons donc

$$\begin{array}{rcl} 3p & = & 3 \\ i & = & 3 \\ \hline 3p-i & = & 0 \end{array}$$

le système est donc au moins trois fois hyperstatique intérieurement, alors qu'il est trois fois mobile extérieurement ($e = 0$, le système est libre extérieurement). Le système des forces extérieures étant auto-équilibré, les mouvements de corps rigide ne seront pas activés. Pour le degré d'hyperstaticité intérieur, on peut remarquer que la mise en place de trois rotules (n'importe où sur la poutre) permet de créer un système isostatique intérieurement ; par conséquent le système étudié est effectivement trois fois hyperstatique intérieurement. On doit s'attendre à une solution éventuellement indéterminée, définie dans une famille à trois paramètres, sauf cas particuliers lié au type de chargement.

La symétrie radiale du problème permet d'écrire $V = 0$ partout. Par conséquent les équations d'équilibre du § 7.5.2 donnent deux problèmes découplés ; le problème de l'effort normal :

$$\left\{ \begin{array}{l} \frac{dN}{ds} = 0 \\ \\ \frac{N}{R} + p = 0 \end{array} \right. \Rightarrow \; N = -Rp\,,$$

et celui du moment fléchissant

$$\frac{dM}{ds} = 0 \;\Rightarrow\; M\,\text{constant.}$$

La solution statique est donc déterminée à un moment fléchissant constant près, mais elle donne la valeur de l'effort normal en tout point de l'anneau.

Ce résultât est un cas particulier de la solution du problème des reservoirs sous pression connue sous le nom de « formule du chaudronnier ». Sa demonstration est possible en faisant appel à l'analogie avec un problème d'équilibre hydrostatique : on imagine un corps ayant la forme d'une moitié d'anneau, immergé dans un liquide de telle manière que la pression soit uniforme sur son bord :

ce corps ne bougera pas sous l'effet de la pression ([5]) ; les forces agissant sur les diverses parties de son bord se font donc mutuellement équilibre. En particulier la résultante des pressions sur la partie courbe sera égale et opposée à celle sur la partie droite, qui vaut $2Rp$. Par ailleurs, si on coupe l'anneau sur un diamètre :

5. Comme pour le collier de Stevin, Pascal démontre en 1663 cet équilibre à partir du travail virtuel des forces en jeu ; il s'agit du dit « principe de Pascal ».

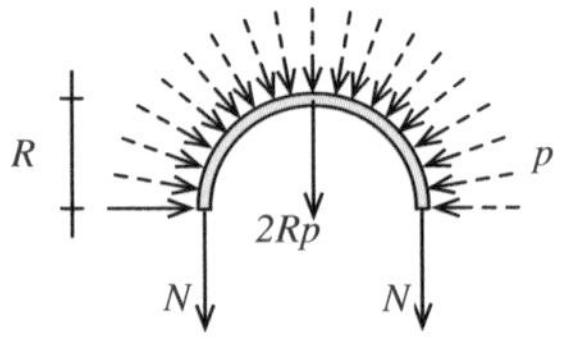

les deux efforts normaux agissant sur la coupe équilibrent la résultante des pressions sur la partie courbe restante de l'anneau, et donc :

$$2N + 2Rp = 0 \Rightarrow N = -Rp\,.$$

Exercice 78. On étudie la stabilité des diverses configurations du système ci-dessous. La force F_2, appliquée à l'extrémité C, est indiquée avec deux flèches opposées en pointillé car elle vas agir selon une règle particulière : avec une amplitude fixe, mais en étant dirigée dans le sens qui permet l'équilibre, selon la configuration donnée.

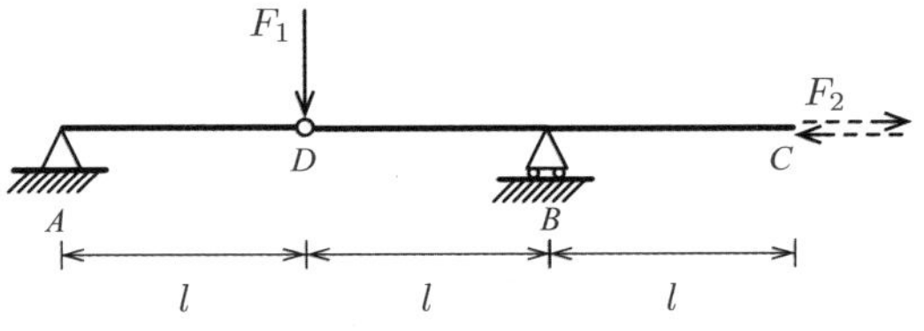

Les deux images suivantes montrent, par exemple, deux configurations possibles d'équilibre, avec F_2 agissant sur l'une à l'opposé que sur l'autre. Notez qu'on considère l'appui B comme pouvant se déplacer d'une distance finie, avec les positions B' et B'' distinctes de la position initiale. Dans ces dessins, α est donc un angle d'amplitude finie (indiquant une rotation réelle finie et non pas une petite rotation virtuelle).

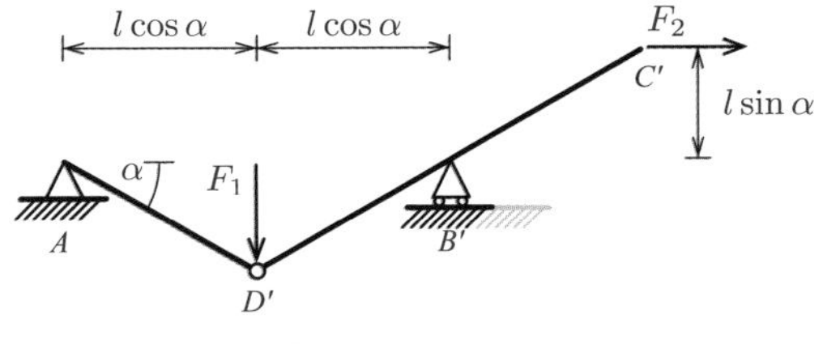

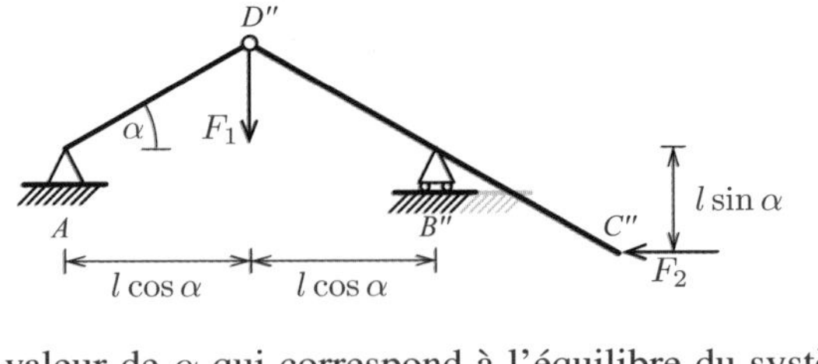

Pour connaître la valeur de α qui correspond à l'équilibre du système, dans l'un ou dans l'autre cas, on procède comme d'habitude, en introduisant un petit mouvement virtuel décrit par l'angle infinitésimal $\hat{\alpha}$, à partir de l'une ou de l'autre configuration définie par l'angle α. Par exemple pour le premier cas (D' plus bas que A) :

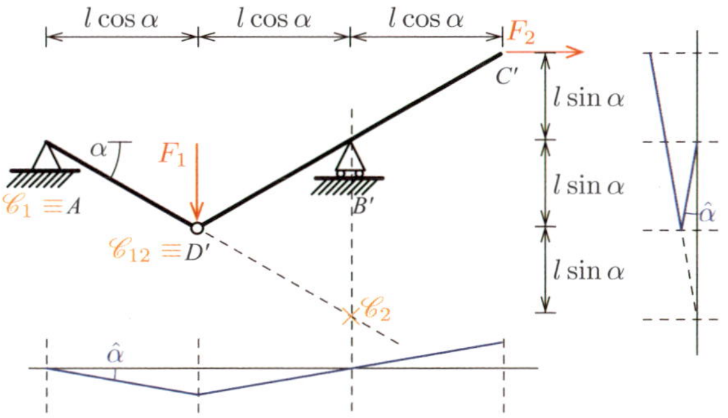

$$\hat{\mathscr{W}} = (F_1 l \cos\alpha - 3F_2 l \sin\alpha)\hat{\alpha} = 0 \ \forall \hat{\alpha} \ \Rightarrow \ \tan\alpha = \frac{F_1}{3F_2} \, ,$$

et pour le deuxième cas (D' plus haut que A) :

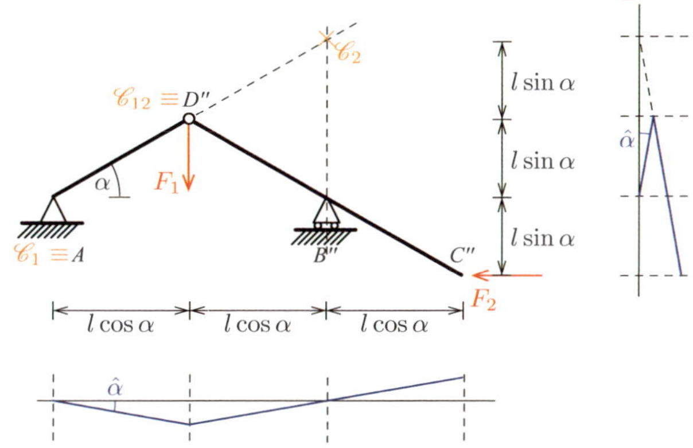

avec un travail virtuel et une condition d'équilibre identiques au cas précédent.

Mais, si les deux configurations sont équivalentes du point de vue de l'équilibre, il en vas pas de même de la stabilité de cet état. Pour distinguer la configuration stable de l'instable il faut tenir compte du signe du travail nécessaire pour s'éloigner de l'état d'équilibre : si ce travail est négatif, alors l'équilibre est stable, sinon, il est instable.

Le travail réel fait par les forces en jeu en s'éloignant de la configuration déplacée pour aller vers la configuration horizontale ($\alpha = 0$) se calcule aisément, comme le dessin suivant le montre pour le premier cas :

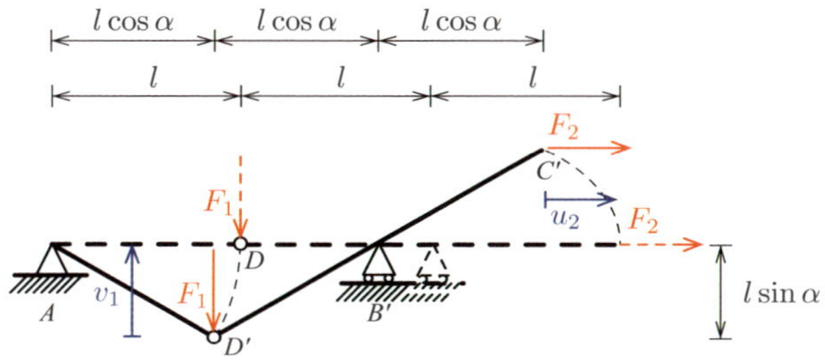

$$\mathscr{W}_{D' \to D} = -F_1 l \sin\alpha + 3F_2 l(1 - \cos\alpha) = 3F_2 l \frac{\cos\alpha - 1}{\cos\alpha} < 0\,,$$

en ayant supposé $0 \leq \alpha < \pi/2$, comme la géométrie du système suggère. Dans le cas opposé, le signe du travail est opposé :

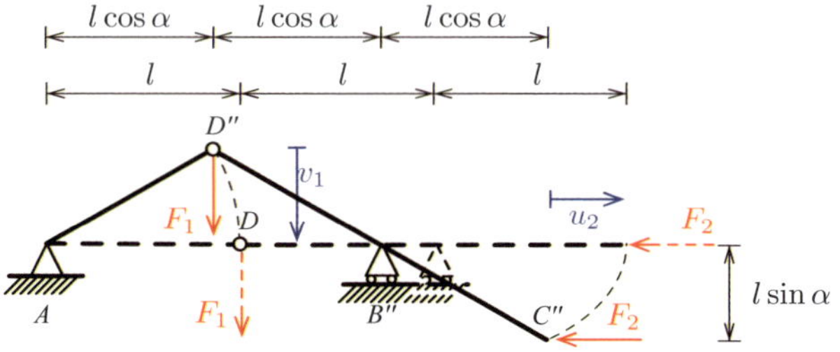

$$\mathscr{W}_{D'' \to D} = 3F_2 l \frac{1 - \cos\alpha}{\cos\alpha} > 0 \text{ si } 0 \leq \alpha < \pi/2\,.$$

Il s'en suit que, pour porter D' en D et ensuite en D'', il faut faire un travail négatif, et pour le chemin inverse il faut un travail positif. La configuration avec D' plus bas que A est donc stable (travail négatif pour s'y éloigner) et la configuration opposée est instable (travail positif).

On constate, par ailleurs, que l'expression du travail réel du système qui s'éloigne de la configuration d'équilibre peut s'écrire en prenant une configuration finale qui n'est pas nécessairement celle à $\alpha = 0$. Par exemple, en partant de la configuration stable, si on note φ l'angle donnant une autre configuration de même type (D''', définit par φ, plus bas que A) :

$$\mathscr{W}_{D' \to D'''} = -F_1 l \sin\alpha + 3F_2 l(1 - \cos\alpha) + F_1 l \sin\varphi - 3F_2 l(1 - \cos\varphi) =$$

$$= 3F_2 l \frac{\sin\alpha(\sin\varphi - \sin\alpha) + \cos\alpha(\cos\varphi - \cos\alpha)}{\cos\alpha} < 0\,. \qquad (7.4)$$

Le dernier résultat se prouve soit, pour φ proche de α, en écrivant :

$$\begin{aligned} \sin\varphi - \sin\alpha &= \cos\alpha(\varphi - \alpha) - \sin\alpha \tfrac{(\varphi-\alpha)^2}{2} + \ldots\,; \\ \cos\varphi - \cos\alpha &= -\sin\alpha(\varphi - \alpha) - \cos\alpha \tfrac{(\varphi-\alpha)^2}{2} + \ldots\,; \end{aligned}$$

d'où :

$$\mathscr{W}_{D' \to D'''} = -3F_2 l \frac{(\varphi - \alpha)^2}{2\cos\alpha} < 0 \text{ si } 0 \leq \alpha < \pi/2\,;$$

soit en observant le signe de la fonction de l'équation (7.4), dont l'opposée est tracée dans les images ci-dessous :

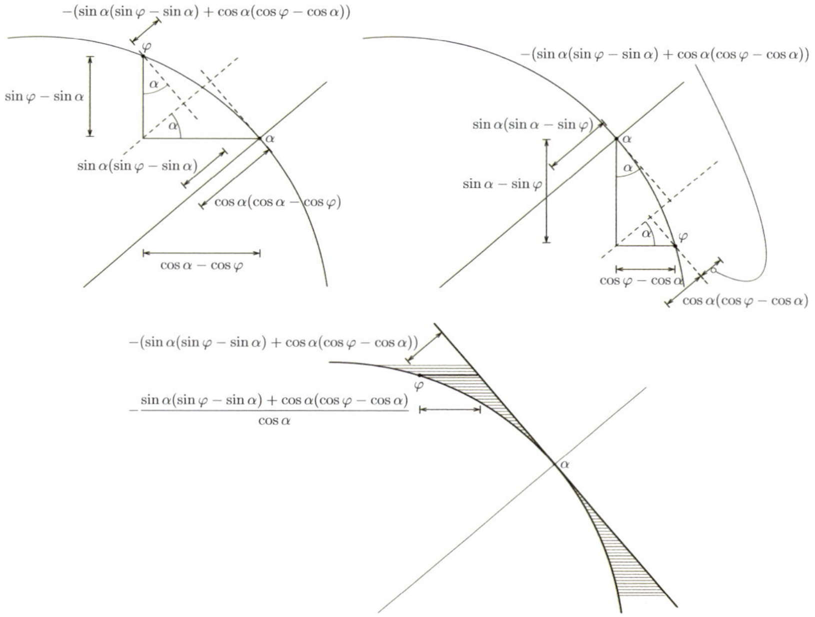

Exercice 79. On étudie les changements de forme d'un funiculaire, de longueur donnée, suite au passage d'une surcharge. On considère la structure et le chargement de la figure ci-dessous :

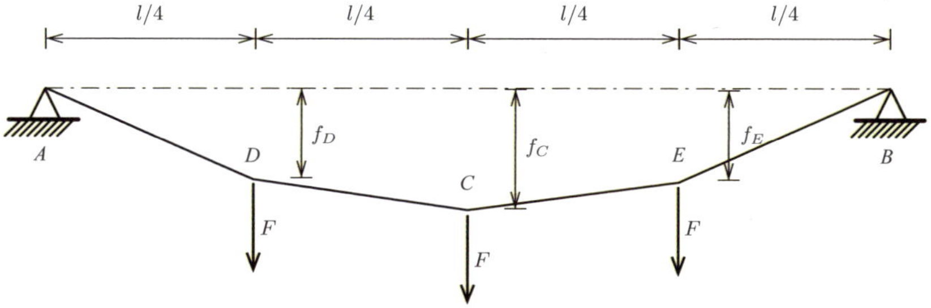

et on imagine le passage d'une force d'intensité fixe, aillant de A à B, produisant des changements de forme du funiculaire du type esquissé dans les images suivantes, lorsqu'elle se trouve au point D (nouvelle géométrie dessinée en rouge) :

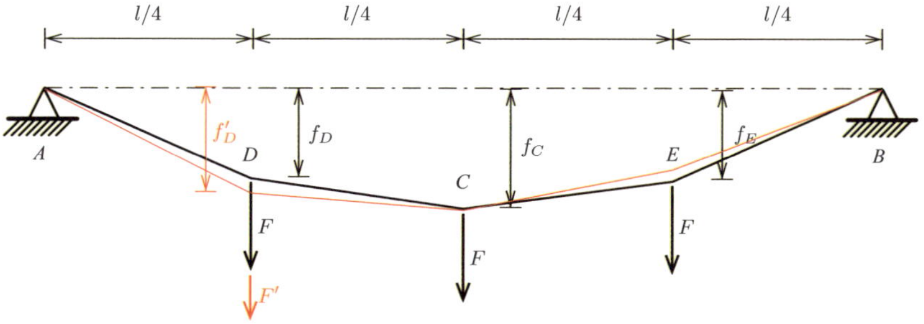

ou au point C (nouvelle géométrie en bleue) :

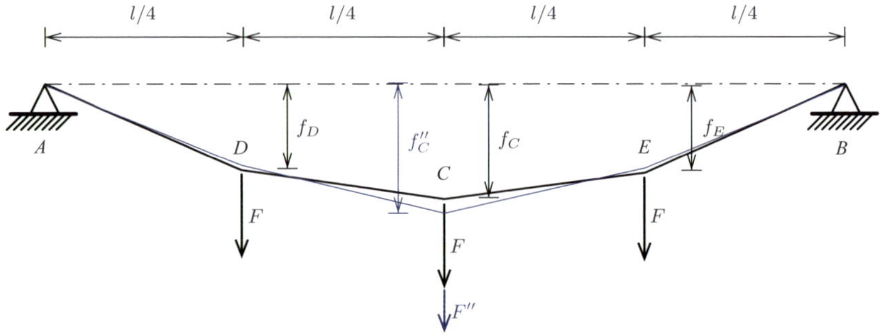

Le calcul des valeurs des affaissements des points C, D et E sous les trois forces égales F, pour une poussée H arbitraire, donne :

$$f_C = \frac{Fl}{2H}\,;\; f_D = f_E = \frac{3Fl}{8H} = \frac{3}{4}f_C\,.$$

Si on ajoute la force F' au point D, on obtient, par la même procédure, les nouveaux affaissements *sous une nouvelle poussée* H' :

$$f'_C = \frac{Fl}{2H'} + \frac{F'l}{8H'}\,;\; f'_D = \frac{3Fl}{8H'} + \frac{3F'l}{16H'}\,;\; f'_E = \frac{3Fl}{8H'} + \frac{F'l}{16H'}\,.$$

Les changements de longueur du fil étant inadmissibles, il faut que H' soit supérieur à H ; plus exactement, il faut que H' et H respectent l'identité des longueurs :

$$\sqrt{l^2/4 + f_D^2} + \sqrt{l^2/4 + (f_C - f_D)^2} + \sqrt{l^2/4 + (f_C - f_E)^2} + \sqrt{l^2/4 + f_E^2} =$$

$$\sqrt{l^2/4 + {f'_D}^2} + \sqrt{l^2/4 + (f'_C - f'_D)^2} + \sqrt{l^2/4 + (f'_C - f'_E)^2} + \sqrt{l^2/4 + {f'_E}^2}\,.$$

Pour simplifier la recherche de la solution de ce problème, on se place dans l'hypothèse que les variations des affaissements restent petites par rapport aux affaissements initiaux. Du point de vue géométrique, on admet alors que les variations de longueur des hypoténuses des triangles rectangles construits sur les branches du funiculaire, suite au petit déplacements verticaux des sommets de cette ligne, soient approchées comme dans le calcul suivant :

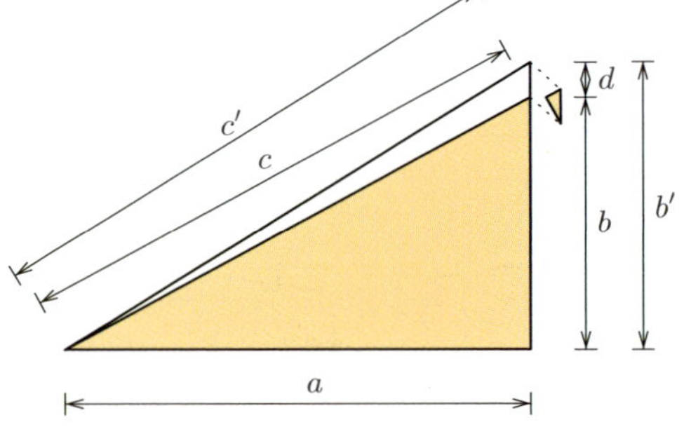

$$c' \approx c + \frac{a}{c} d,$$

où on a confondu c avec sa projection sur la droite de c' et les proportions du triangle abc avec celles de $ab'c'$. On obtient l'expression :

$$\frac{l}{l_{AD}}\left(\frac{3F}{8}\left(\frac{1}{H'}-\frac{1}{H}\right)+\frac{3F'}{16H'}\right)+\frac{l}{l_{DC}}\left(\frac{F}{8}\left(\frac{1}{H'}-\frac{1}{H}\right)-\frac{F'}{16H'}\right)+$$
$$+\frac{l}{l_{CE}}\left(\frac{F}{8}\left(\frac{1}{H'}-\frac{1}{H}\right)+\frac{F'}{16H'}\right)+\frac{l}{l_{EB}}\left(\frac{3F}{8}\left(\frac{1}{H'}-\frac{1}{H}\right)+\frac{F'}{16H'}\right)=0 \Rightarrow$$
$$H' = H\left(1+\frac{F'}{F}\frac{l_{DC}}{3l_{DC}-l_{AD}}\right);$$

où $l_{AD} = l_{EB} = \sqrt{l^2/4 + f_D^2}$ dénotent, respectivement, les longueurs du côté AD et du côté EB du funiculaire, et $l_{DC} = l_{CE} = \sqrt{l^2/4 + (f_C - f_D)^2}$ celles des côtés DC et CE.

Pour les approximations qui suivent, on supposera négligeable $(F'/F)^2$ par rapport à l'unité.

Le mouvement du point C du funiculaire sous la surcharge F' est alors :

$$f'_C \approx f_C + \frac{l_{AD}-l_{DC}}{l_{AD}+3l_{DC}}\frac{F'l}{8H};$$

ceux de D et E :

$$f'_D \approx f_D + \frac{l_{AD}+l_{DC}}{l_{AD}+3l_{DC}}\frac{3F'l}{16H};\ f'_E \approx f_E + \frac{l_{AD}-3l_{DC}}{l_{AD}+3l_{DC}}\frac{3F'l}{16H}.$$

Pour le cas de la force F'' ajoutée au point C, les mêmes passages conduisent aux résultats :

$$f_C = \frac{Fl}{2H};\ f_D = f_E = \frac{3Fl}{8H};$$
$$f''_C = \frac{Fl}{2H''} + \frac{F''l}{4H''};\ f''_D = f''_E = \frac{3Fl}{8H''} + \frac{F''l}{8H''};$$
$$H'' = H\left(1+\frac{F''}{F}\frac{l_{DC}+2l_{AD}}{3l_{DC}+4l_{AD}}\right);$$
$$f''_C \approx f_C + \frac{l_{DC}}{3l_{DC}+4l_{AD}}\frac{F''l}{4H};\ f''_D = f''_E \approx f_D - \frac{l_{AD}}{3l_{DC}+4l_{AD}}\frac{F''l}{4H}.$$

La *souplesse apparente* de la structure mesure sa mobilité par effet du chargement ; le fil étant supposé inextensible, cette souplesse dérive des variations de forme du funiculaire à cause de la variation des charges appliquées et est, pour cela, appelée apparente, car elle relève d'une propriété des charges (qui conservent leur énergie potentielle totale dans le mouvement). Au delà des valeurs numériques entre parenthèses dans les expressions obtenues des affaissements, on constate que la souplesse du funiculaire est proportionnelle au rapport l/H. Ce résultat est de valeur générale : la mise en place d'une poussée plus importante réduit donc la souplesse apparente d'un funiculaire tendu entre deux points donnés.

8

Premiers éléments de conception des structures

« We can find in certain cases lower limits to the quantity of material necessary to sustain given forces, and also assign the forms of frames which attain the limit of economy ([a]). »
[A. G. M. Michell, The limits of economy of material in frame-structures. *Phil. Mag.* 8 (1904), pp. 589–597]

---

a. On peut trouver, dans certains cas, des limites inférieures de la quantité de matière nécessaire pour reprendre des forces données et définir, en même temps, les formes des structures qui atteignent la limite de l'économie.

8.1 Introduction

Les axiomes, les définitions et les algorithmes présentés dans les chapitres précédents sont les éléments d'un langage formel qui permet la formulation de discours cohérents sur les structures. Ces structures, objets de la statique, seront des modèles de la réalité, capables de nous donner des indications fiables sur des phénomènes réels ; des indications qui seront, volontairement et nécessairement, limitées, car tout modèle doit *servir* dans un *contexte* restraint, après *validation* par l'observation.

Ainsi, l'information traitée par la statique reste limitée, par exemple, parce qu'elle néglige tout effet énergétique qui peut dériver du comportement des matériaux ou des liaisons, mais, dans ces limites, la formulation d'un modèle statique est un passage utile à la prévision de la réponse de certaines structures à des charges connues.

De plus, les éléments de la statique appartiennent au noyau du langage formel plus compréhensif, qui est celui de la mécanique des structures, de sorte que leur portée dépasse les applications présentées dans ce texte.

Mais la capacité de modéliser ne trouve pas son application seulement à l'étude prédictive ou à la reconnaissance d'un objet défini, car elle permet aussi de *concevoir* ce qui est possible dans un contexte donné et de *rechercher*, éventuellement, des solutions optimales parmi ces possibilités.

La phrase de A. George M. Michell (1870-1959) transcrite en debut du chapitre pose, en 1904, la première pierre d'un edifice scientifique qui reçoit aujourd'hui l'attention d'une vaste communauté, permettant d'enrichir l'art de concevoir les structures d'outils mathématiques et d'une ossature méthodologique. La question de la forme optimale des objets portant des charges, comme les poutres, les arches ou les voûtes, fut en effet posée, pour la première fois, dans les *Discours* de Galilée et reçut une grande attention dans les siècles XVIIe et suivants. Le débat ouvert par Michell généralise cette question, car il porte sur la recherche de la forme optimale d'une structure, compte tenu des variations possibles de sa topologie et de sa géométrie.

Ce chapitre propose des applications de la statique à la *conception des structures*, donnant des algorithmes qui permettent l'identification d'une structure répondant, d'une manière supposée convenable, à des conditions données. Il s'agit d'une démarche qui procède dans le sens opposé à celui du *calcul des structures*, dont le but est la connaissance de la réponse d'une structure, définie, dans des conditions données, comme c'est le cas pour les exemples proposés dans les autres chapitres de ce livre.

Les corollaires, qui seront présentés, prennent leurs appuis sur les hypothèses générales de la statiques, formulées dans les chapitres précédents, mais, étant issus de ces racines, trouvent, comme elles, une extension immédiate au plus vaste monde décrit par la mécanique des structures.

8.2 Indicateurs de la sollicitation

8.2.1 Définition

La définition d'un problème de conception passe nécessairement par celle d'un programme à réaliser par le biais d'une structure. On pourra alors toujours se référer, moyennant les simplifications nécessaires, à une *performance*, que le système projeté devra atteindre dans une situation *test*. Tant la mesure de cette performance, quant la spécification du test, relève de la liberté du concepteur, certes, exercée dans un cadre technique de règles, mais sortant des limites de notre étude. Ce que nous allons approfondir sont les techniques de calcul, permettant la connaissance de la mesure de performance choisie, suite à la définition d'un test. Plus particulièrement, nous pourrons donner des méthodes de travail, valables à cette fin, si la mesure de la performance se précise par ce qu'on peut appeler un *indicateur* de l'état de sollicitation de la structure, et si la détermination de cet état est accessible par les seuls outils de la statique.

On appelle indicateur de la sollicitation un scalaire obtenu en élaborant algébriquement l'information sur la sollicitation et/ou sur les réactions d'une structure chargée. On peut prendre comme indicateur de la sollicitation, par exemple, la valeur du moment fléchissant dans un point donné, la somme, algébrique ou en valeur absolue, des moments fléchissants dans plusieurs points de la structure, ou des fonctions similaires des autres efforts intérieurs et/ou des réactions.

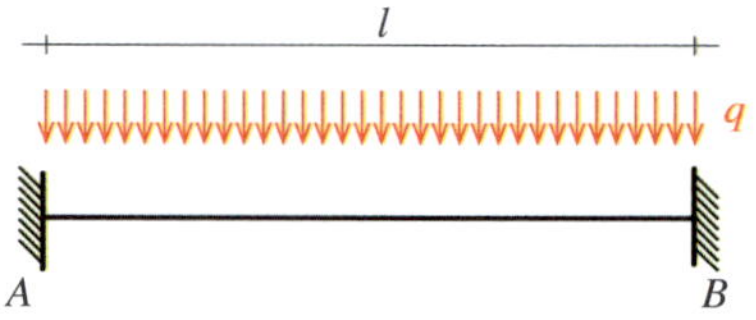

FIGURE 8.1 – Poutre doublement encastrée.

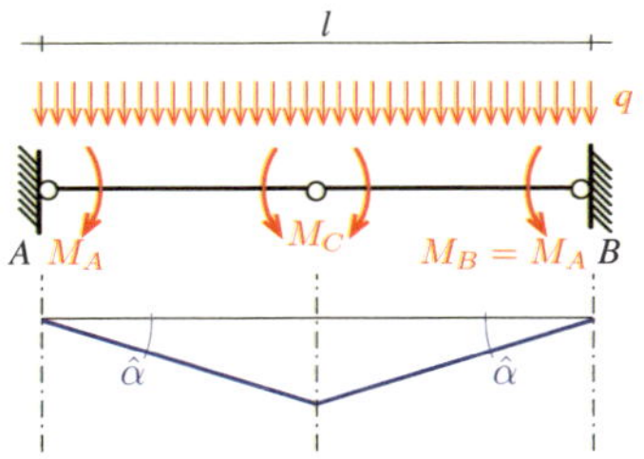

FIGURE 8.2 – Calcul de la différence entre moments dans la poutre doublement encastrée.

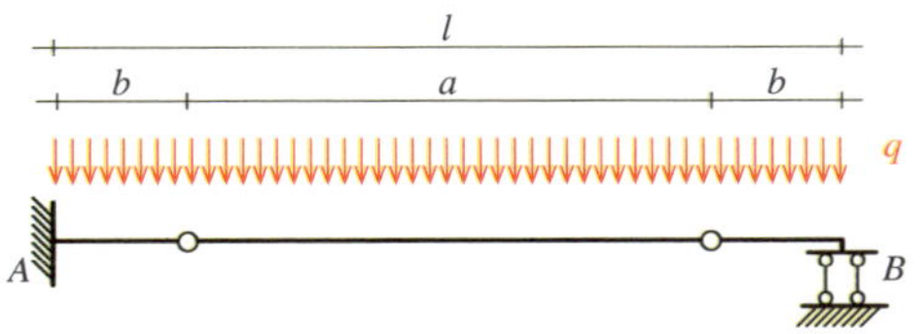

FIGURE 8.3 – Poutre *cantilever*.

8.2.2 Calcul

Un premier exemple peut être donné par l'étude d'une poutre doublement encastrée, sous charge uniforme (figure 8.1).

Il s'agit d'une structure trois fois hyperstatique, symétrique et chargée symétriquement, de sorte qu'on peut réduire à deux les inconnues du problème, par la position $M_A = M_B$. On peut se donner un mécanisme virtuel symétrique et une famille de mouvements virtuels (voir figure 8.2) et obtenir ainsi la condition, liant les moments inconnus :

$$\hat{\mathscr{W}} = (M_A + M_B - 2M_C + ql^2/4)\hat{\alpha} = 0 \; \forall \hat{\alpha} \;\Rightarrow\; M_C - M_A = ql^2/8$$

La statique, seule, ne nous donne pas accès à plus d'informations sur le système, mais on peut noter que le calcul de la différence entre le moment maximal et minimal dans la poutre a été rendu possible par la donnée d'un mouvement virtuel approprié.

Dans ce cas particulier, on constate l'effet d'une règle générale, qu'on peut appliquer au calcul des indicateurs de la sollicitation :

Corollaire *Pour l'évaluation d'une performance, exprimée par une relation algébrique entre efforts intérieurs, il faut se donner le mécanisme virtuel ayant les coupures associées à ces efforts et un mouvement de ce mécanisme dont les paramètres sont liés par ladite relation.*

En s'appuyant sur cette règle, on peut, par exemple, répondre à la question suivante : quelle est la différence en valeur absolue des moments extrêmes, dans une poutre *cantilever*, testée par une charge uniforme ?

Une telle poutre est dessinée figure 8.3. Il s'agit d'un système isostatique, symétrique pour ce qui concerne les conditions de flexion ; la mise en place d'une seule rotule vir-

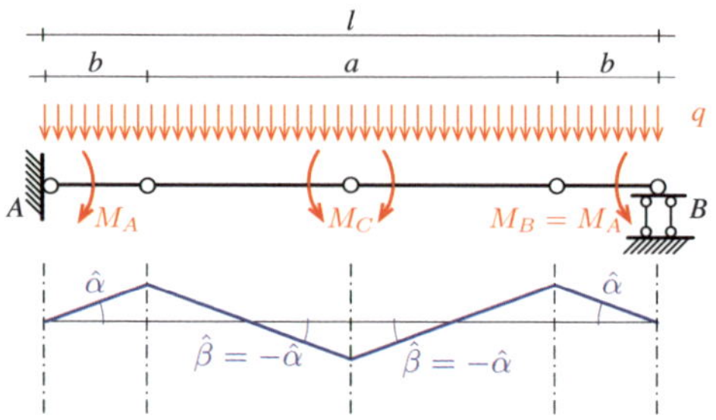

FIGURE 8.4 – Mouvement virtuel permettant le calcul de l'indicateur de la sollicitation demandé pour la poutre *cantilever*.

tuelle suffit pour la détermination du moment fléchissant à l'endroit de calcul, mais on peut faire économie du calcul séparé des moments et calculer directement l'indicateur recherché. Les moments extrêmes se trouvent au milieu et aux encastrements et sont de signe opposé ; la mise en place de trois rotules virtuelles permet le calcul direct de leur différence en valeur absolue (c'est-à-dire de leur somme algébrique), à condition d'introduire la relation entre paramètres des mouvements virtuels possibles (voir figure 8.4) :

$$\hat{\beta} = -\hat{\alpha}\,.$$

On obtient ainsi :

$$\hat{\mathscr{W}} = \left(-2M_A - 2M_C - qb^2 + \frac{1}{4}q(a-2b)^2\right)\hat{\alpha} = 0\,\forall\hat{\alpha} \;\Rightarrow\; M_A + M_C = \frac{qa}{2}\left(\frac{a}{4} - b\right).$$

On observe que cette différence s'annule si $b = a/4$, qui est un choix possible pour la conception d'une structure optimale.

Par ailleurs, le même mouvement virtuel nous donne accès à l'indicateur de la sollicitation associé à d'autres charges test sur la même structure. Par exemple, en condition de force uniformément distribuée seulement dans la longueur centrale a, on obtient :

$$\hat{\mathscr{W}} = \left(-2M_A - 2M_C + \frac{1}{4}q(a-2b)^2\right)\hat{\alpha} = 0\;\forall\hat{\alpha} \;\Rightarrow\; M_A + M_C = \frac{q(a-2b)^2}{8}\;;$$

et donc la condition géométrique optimale $b = a/2$.

Formellement, il est possible d'associer à la déformée virtuelle un effort généralisé, qu'on peut appeler *force indicatrice* ou *moment indicateur* ([1]). Il s'agit de la force, ou du moment, qui travaille virtuellement dans ladite déformée, et qui coïncide donc avec l'indicateur de la sollicitation faisant l'objet du problème.

La déformée virtuelle est alors la ligne d'influence de l'action indicatrice qui lui est associée. Sous charge donnée, cette action dépend de la géométrie du système, en particulier de la position des liaisons, et on peut poser le problème de la recherche des positions des liaisons qui donnent à l'action indicatrice la valeur vue comme optimale.

1. Dans l'étude des défauts d'homogénéité des matériaux, on s'appuie, depuis J. D. Eshelby (1916-1988), en 1951, sur l'idée de *force configurationnelle*, entité dont la condition d'équilibre règle le mouvement des défauts. En regardant les liaisons par rapport auxquelles on se donne une force indicatrice comme des défauts de la continuité de la structure, on voit la similitude entre les forces indicatrices et celles d'Eshelby.

En particulier, si c'est une valeur nulle qu'on envisage, la condition de nullité de l'action indicatrice s'obtient directement de l'expression du travail virtuel, en annulant le travail virtuel des *efforts extérieurs réels*, qu'on notera $\hat{\mathscr{W}}_r$, quel que soit le mouvement virtuel dans la famille considérée (sans ajouter les efforts fictifs, équivalents aux efforts intérieurs inconnus, permettant de rétablir l'équilibre, rompu par l'introduction des coupures). Notamment, dans l'avant dernier exemple traité :

$$\hat{\mathscr{W}}_r = q\left(-b^2 + \frac{1}{4}(a-2b)^2\right)\hat{\alpha} = 0 \,\forall\hat{\alpha} \;\Rightarrow\; b = \frac{a}{4}\,;$$

et dans le suivant :

$$\hat{\mathscr{W}}_r = \frac{1}{4}q(a-2b)^2\hat{\alpha} = 0 \,\forall\hat{\alpha} \;\Rightarrow\; b = \frac{a}{2}\,.$$

Dans d'autres cas, la valeur envisagée de l'action indicatrice n'est pas nulle, mais elle est définie par un critère d'extremum. Par exemple, les résultats précédents auraient pu être obtenus en cherchant le minimum de la valeur absolue de la somme $M_A + M_B$, b variant entre 0 et $l/2$. On note

$$\min_{b\in[0,l/2]} |M_A + M_B|$$

le problème de la recherche de la valeur de b, dans l'intervalle indiqué, minimisant $|M_A + M_B|$; on peut écrire la recherche de la performance optimale comme suit ($\hat{\alpha}$ étant un paramètre donnant l'amplitude du mouvement virtuel) :

$$\min_{b\in[0,l/2]} |M_A + M_B| \;\&\; \hat{\mathscr{W}}(\hat{\alpha}) = 0\,\forall\hat{\alpha} \quad\Rightarrow\quad \min_{b\in[0,l/2]} \left|\frac{1}{\hat{\alpha}}\hat{\mathscr{W}}_r(\hat{\alpha})\right|\,.$$

Le terme $\hat{\mathscr{W}}_r(\hat{\alpha})/\hat{\alpha}$, écrit à la limite d'un mouvement virtuel d'amplitude nulle, est le générateur infinitésimal du travail virtuel des efforts extérieurs réels, dans le mécanisme considéré. Il représente donc l'action que les efforts extérieurs produisent sur ce mécanisme. à la naissance du mouvement, qui est une mesure de l'indicateur de performance choisi. La recherche de l'extremum de cette grandeur représente donc bien l'objectif de la maximisation, ou minimisation, de cet indicateur.

En général, on peut alors traduire la recherche de la performance optimale d'un système dans un problème d'extremum particulier :

Principe d'optimisation *La forme optimale d'un système est celle qui minimise (ou maximise) le travail virtuel des efforts extérieurs réels, dans des mouvements virtuels correspondants à l'indicateur de performance choisi.*

Règle spéciale d'optimisation *Lorsque la performance optimale s'exprime par la nullité d'une force indicatrice ou d'un moment indicateur, le problème de la recherche de la forme optimale d'un système se traduit dans la condition de nullité du travail virtuel des efforts extérieurs réels, quel que soit le mouvement virtuel dans la classe des mouvements correspondants à l'indicateur de performance choisi.*

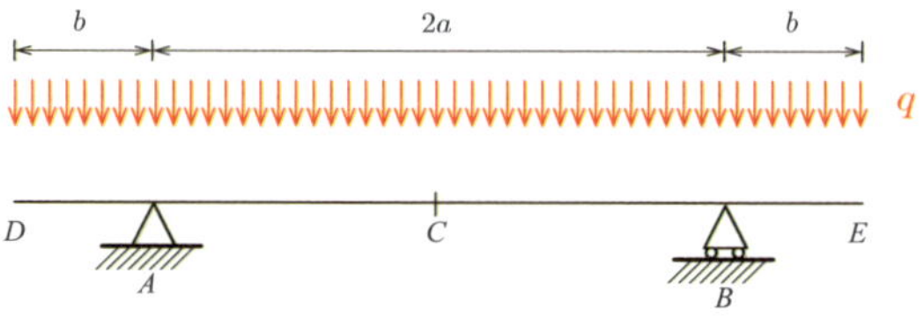

FIGURE 8.5 – Poutre sur deux appuis avec consoles d'extrémité.

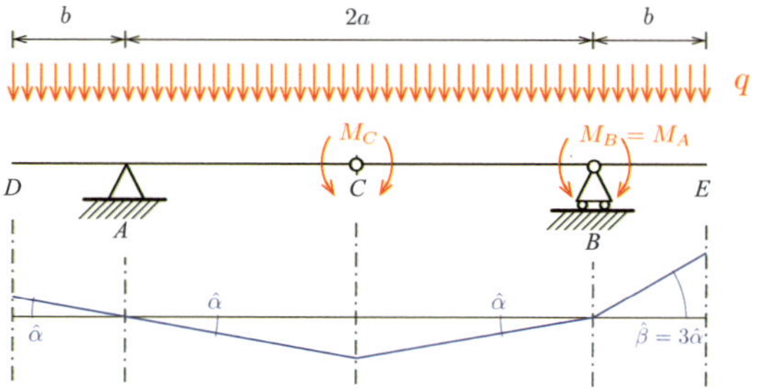

FIGURE 8.6 – Mouvement virtuel pour le calcul de l'indicateur de la sollicitation demandé pour la poutre sur deux appuis avec consoles d'extrémité.

8.3 Position des liaisons

8.3.1 Liaisons extérieures

Les exemples du paragraphe précédent montrent qu'on peut se donner un test et un indicateur dans le but de trouver la position optimale des liaisons, extérieures ou intérieures. Pour illustrer cette technique, on considère une poutre sur deux appuis avec consoles d'extrémité (figure 8.5), symétrique et chargée par une force uniformément distribuée sur toute sa longueur, et on se pose la question de la détermination de l'emplacement des appuis qui minimise, en valeur absolue, l'indicateur de la sollicitation défini par la différence des valeurs absolues des moments maximal et minimal sur la poutre. La structure optimale sera donc également chargée par les moments positifs et négatifs extrêmes.

L'indicateur de la sollicitation recherché est une expression algébrique contenant deux valeurs du moment fléchissant, correspondants aux points C et A, ou C et B, car la symétrie du problème assure de l'équivalence $M_A = M_B$. Les mouvements virtuels nécessaires à son identification sont donc basés sur l'introduction de deux rotules, dans lesdits points, plus une relation, liant les deux paramètres cinématiques ainsi libérés (voir figure 8.6)

On obtient le travail virtuel :

$$\hat{\mathscr{W}} = (-2M_C - 2M_B)\hat{\alpha} + q(a^2 - 2b^2)\hat{\alpha} = 0 \;\forall\hat{\alpha} \;\Rightarrow\; M_C + M_B = q(a^2 - 2b^2)\,.$$

La condition de nullité de l'indicateur s'écrit :

$$M_C + M_B = 0 \;\Leftrightarrow a = b\sqrt{2}\,.$$

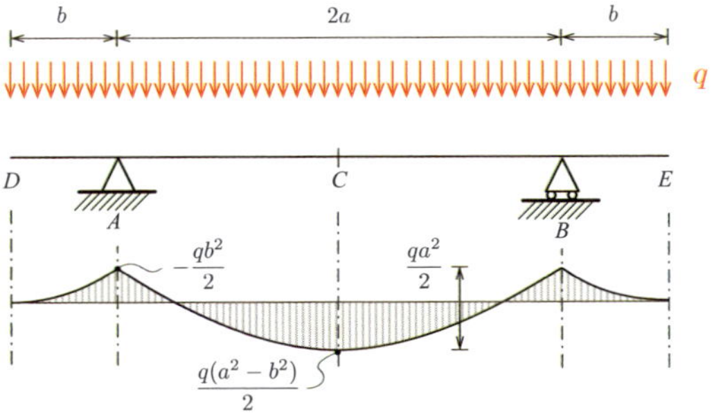

FIGURE 8.7 – Diagramme du moment fléchissant de la poutre sur deux appuis avec consoles d'extrémité.

On parvient au même résultat en imposant la nullité du travail virtuel des efforts extérieurs réels :

$$\hat{\mathscr{W}}_r = q(a^2 - 2b^2)\hat{\alpha} = 0 \;\forall\hat{\alpha} \;\Rightarrow\; a = b\sqrt{2}\,.$$

Encore le même résultat s'obtient en tenant compte des moments fléchissants extrêmes, calculés séparément dans A, ou B, et C. Le premier vaut :

$$M_A = M_B = -\frac{qb^2}{2}\,;$$

et le deuxième, compte tenu du résultat du § 8.2.2 pour la poutre doublement encastrée, est :

$$M_C = \frac{qa^2}{2} - \frac{qb^2}{2}\,.$$

Il s'ensuit que (voir figure 8.7) :

$$M_C + M_B = q\left(\frac{a^2}{2} - b^2\right) = 0 \;\Rightarrow\; a = b\sqrt{2}\,.$$

8.3.2 Liaisons intérieures

Le cas du § 8.2.2 donne un exemple de recherche de position optimale de liaisons intérieures. Un deuxième exemple est fourni par la recherche de l'emplacement optimal des rotules latérales dans une arche à trois articulations. L'optimisation d'une telle structure passe par la définition d'un test dans lequel la sollicitation n'est pas réduite à l'effort normal.

Pour présenter la question, on considère la structure du viaduc d'Austerlitz, construit sur la Seine à Paris, en 1903-1904 (voir figure 8.8), qui se compose d'une arche principale, à trois articulations, portant un tablier sécant. L'arche, parabolique en première approximation, est réalisée avec une structure en treillis, dont les membrures s'écartent en s'éloignant des rotules, afin de s'adapter aux sollicitations locales.

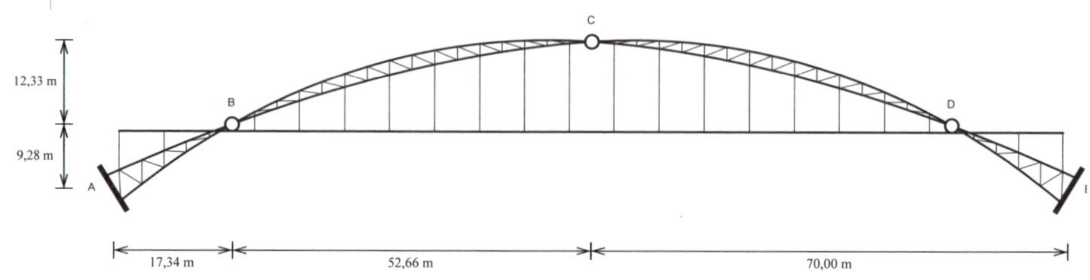

FIGURE 8.8 – Schéma statique de principe du viaduc d'Austerlitz.

Une arche parabolique, isostatique, sous charge uniformément distribuée au sol n'est sollicité que par un effort normal, comme la solution du funiculaire inversé le montre. Dans ces conditions, l'emplacement des rotules n'a pas d'effets sur les efforts intérieurs. Mais un viaduc ferroviaire n'est pas toujours sollicité par des forces également distribuées sur sa longueur : au passage d'une rame de métro, seulement une partie de la structure (dont la longueur est, au plus, celle de la rame) sera surchargée. Par conséquent, un moment fléchissant et un effort tranchant apparaîtrons sur l'arche, et on pourra se poser la question d'un indicateur de cette sollicitation et du critère d'optimisation de la structure qui peut en découler.

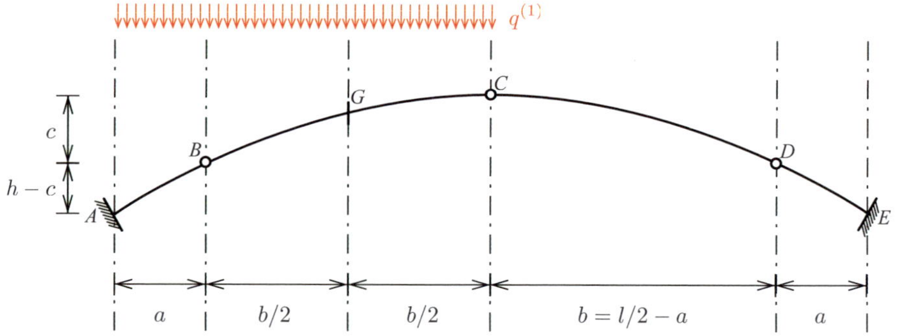

FIGURE 8.9 – Schéma statique simplifié et chargement pour l'étude du viaduc d'Austerlitz.

On adopte un schéma statique simplifié (voir figure 8.9) et on choisit comme indicateur de la sollicitation la différence des valeurs absolues des moments maximal et minimal sur l'arche au passage d'une rame de métro, en admettant que celle-ci puisse occuper seulement la moitié du viaduc (en débordant éventuellement à l'extérieur de la structure), donnant lieu à la charge $q^{(1)}$ de figure 8.9. Le moment maximal se trouvera en un point proche de G, milieu de la travée BC, le minimal au point A ; on prendra l'indicateur ([2]) :

$$M_A + M_G\,.$$

2. Le moment maximal sur la travée BC ne sera pas forcement M_G, la détermination du point de maximum étant un élément de la solution du problème statique, mais en se donnant un indicateur évalué sur un point défini à priori on simplifie considérablement le problème sans perte de qualité de la solution.

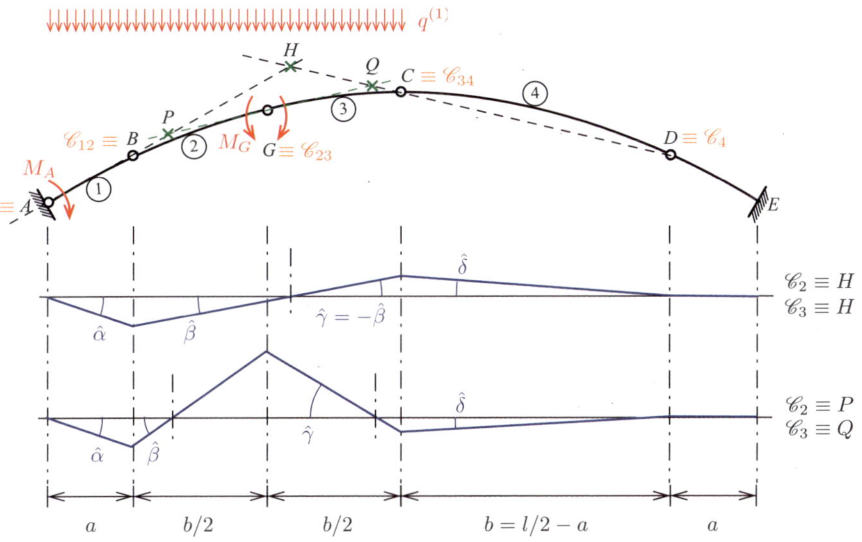

FIGURE 8.10 – Mouvements virtuels possibles pour le calcul de l'indicateur de la sollicitation choisi pour le viaduc d'Austerlitz.

Pour le calculer, on peut introduire une rotule virtuelle au point A et une au point G et se donner ainsi un mouvement virtuel à deux paramètres, liés entre eux de telle manière que la rotation virtuelle duale des moments M_A et M_G soit la même. Le problème est celui de la recherche de la position des rotules B et D (respectant la symétrie de la structure) minimisant l'indicateur choisi, c'est-à-dire telle que le travail des efforts extérieurs réel soit nul dans tout mouvement virtuel du type indiqué.

Les familles de mouvements virtuels pouvant être obtenues en introduisant les deux rotules (aux points A et G) dans la structure isostatique peuvent être décrites à l'aide de la figure 8.10.

Les centres $\mathscr{C}_1$, $\mathscr{C}_{12}$, $\mathscr{C}_{23}$, $\mathscr{C}_{34}$ et $\mathscr{C}_4$ sont respectivement identifiés avec les rotules A, B, G, C et D, alors que pour les centres $\mathscr{C}_2$ et $\mathscr{C}_3$ on ne peut donner que des conditions d'appartenance à un lieu géométrique de dimension 1.

Les conditions d'alignement des centres $\mathscr{C}_1$, $\mathscr{C}_{12}$ et $\mathscr{C}_2$, des centres $\mathscr{C}_2$, $\mathscr{C}_{23}$ et $\mathscr{C}_3$, et des centres $\mathscr{C}_3$, $\mathscr{C}_{34}$ et $\mathscr{C}_4$, permettent l'identification de ce lieu, qui se compose des couples de points sur les droites AB, dans laquelle se trouve $\mathscr{C}_2$, et CD, où se trouve $\mathscr{C}_3$, telles que le segment $\mathscr{C}_2\mathscr{C}_3$ contient G. Un segment quelconque de l'étoile centrée au point G est dessiné en vert dans la figure 8.10, ses intersections, P avec la droite AB et Q avec la droite CD, donnent des centres $\mathscr{C}_2$ et $\mathscr{C}_3$, et donc des mouvements, compatibles.

Dans la même figure 8.10, on note aussi le cas particulier $\mathscr{C}_2 \equiv \mathscr{C}_3 \equiv H$, à l'intersection des deux droites, dans lequel aucune rotation relative ne se produit en G, qui ne présente donc pas d'intérêt pour la suite.

La condition

$$\hat{\alpha} = \hat{\beta} + \hat{\gamma}\,, \tag{8.1}$$

nécessaire au calcul direct de l'indicateur, permet d'enlever l'indétermination sur la position de $\mathscr{C}_2$ et $\mathscr{C}_3$ et d'identifier une famille de mouvements virtuels à un paramètre, par rapport auxquels on pourra calculer $\hat{\mathscr{W}}_r$ (on note que les trois rotations seront prises comme positives dans les sens indiqués en figure 8.10).

Pour traiter analytiquement l'information géométrique, on se donne un système de coordonnées cartésiennes centré au point $C \equiv (0,0)$; les autres points du schéma ont les coordonnées :

$$A \equiv (-l/2, -h)\,; \quad B \equiv (-b, -c)\,; \quad D \equiv (b, -c)\,; \quad G \equiv (-b/2, -c/4)\,;$$

avec c dicté par la forme parabolique de l'arche :

$$c = \frac{4b^2h}{l^2}\,. \tag{8.2}$$

Les conditions d'alignement des centres précédemment énoncées, se traduisent dans les expressions suivantes pour les coordonnées des centres $\mathscr{C}_2$ et $\mathscr{C}_3$:

$$\mathscr{C}_2 \equiv (x_2, y_2)\,; \quad \mathscr{C}_3 \equiv (x_3, y_3)\,;$$

$$\begin{aligned} x_2 &= -\frac{b(2bh + 4hl - l^2m)}{2(4bh + 2hl - l^2m)}\,;\; y_2 = -\frac{b^2h}{l^2} + \frac{bh(b-l)m}{4bh + 2hl - l^2m}\,; \\ x_3 &= \frac{b(2bh - l^2m)}{2(4bh + l^2m)}\,;\; y_3 = -\frac{b^2h}{l^2} + \frac{3b^2hm}{4bh + l^2m}\,; \end{aligned} \tag{8.3}$$

où m est le paramètre décrivant l'étoile centrée au point G. Dans la suite, on assume $x_2 < -b/2 < x_3$, comme pour le cas $\mathscr{C}_2 \equiv P$ et $\mathscr{C}_3 \equiv Q$ de figure 8.10 ; ce qui implique pour m les conditions :

$$-4\frac{bh}{l^2} < m < 4\frac{bh}{l^2} + 2\frac{h}{l}\,,$$

correspondantes, la première, à une droite parallèle à CD et, la deuxième, à une droite parallèle à AB.

La compatibilité des rotations s'écrit :

$$\hat{\alpha} = \frac{x_2 + b}{a}\hat{\beta}\,;\; \hat{\gamma} = -\frac{x_2 + b/2}{x_3 + b/2}\hat{\beta}\,. \tag{8.4}$$

Compte tenu des (8.3) et (8.4), la condition (8.1) permet l'identification de m (respectant les limitations précédentes) :

$$m = -\frac{2bh(-17b^2 - 6bl + 5l^2)}{l^2(11b^2 - 6bl + l^2)}\,. \tag{8.5}$$

La surface balayée dans le mouvement virtuel par la charge $q^{(1)}$ est alors une fonction de b dont on pourra chercher les zéros :

$$\hat{A}^{(1)} = \frac{1}{2}\hat{\alpha}\left(\frac{l}{2} - b\right)\left(\frac{l}{2} + x_2\right) + \frac{1}{2}\hat{\beta}\,(b + x_{02})\,(x_3 - x_2) + \frac{1}{2}\hat{\gamma}x_3^2 =$$

$$= \frac{b^2(b^2+2bl-l^2)}{2(5b^2-2bl-l^2)}\hat{\beta} = 0\ \forall\hat{\beta} \ \Rightarrow\ b^{(1)} = (\sqrt{2}-1)l \approx \frac{41}{100}l\,;$$

ce qui répond au problème posé.

On peut retrouver ce résultat en passant par le calcul séparé des moments fléchissants convoqués dans l'indicateur.

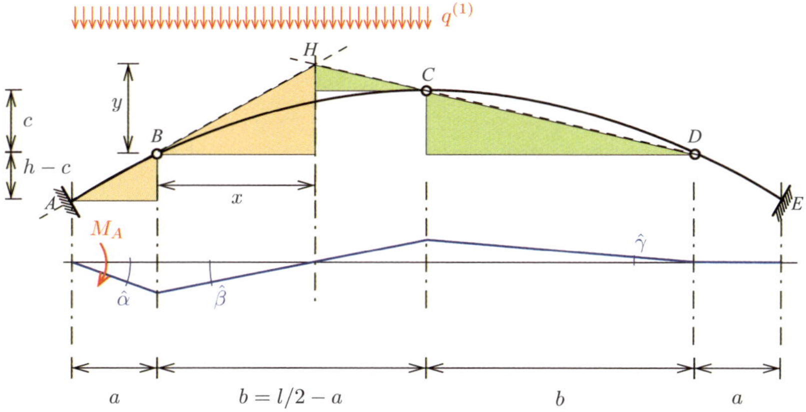

FIGURE 8.11 – Calcul du moment à l'encastrement dans l'arche du viaduc d'Austerlitz.

Le calcul du moment à l'encastrement, $M_A^{(1)}$, se fait par la déformée virtuelle de la figure 8.11. Les proportions entre côtés des triangles d'égale couleur s'écrivent :

$$\frac{y}{x} = \frac{h-c}{a}\,;\ \frac{y-c}{b-x} = \frac{c}{b}\,;$$

avec c comme à l'équation (8.2). On obtient (notez, par ailleurs, $x - x_H = b$) :

$$x = \frac{1}{1+\frac{l}{4b}}b \ \Rightarrow\ \hat{\beta} = \frac{a}{b}\left(1+\frac{l}{4b}\right)\hat{\alpha}$$

et, en cas de charge $q^{(1)}$, uniformément distribuée sur la moitié de l'arche :

$$\hat{\mathscr{W}} = M_A^{(1)}\hat{\alpha} + \frac{1}{2}q^{(1)}\left(a(a+x)\hat{\alpha} - (b-x)^2\hat{\beta}\right) = 0\ \forall\hat{\alpha} \ \Rightarrow\ M_A^{(1)} = -\frac{q^{(1)}al}{8}\,.$$

Pour le calcul du moment au milieu des parties centrales de l'arche, M_G, on considère la déformée virtuelle et les proportions entre côtés des triangles d'égale couleur de la figure 8.12 :

$$\frac{y}{x} = \frac{3c/4}{b/2}\,;\ \frac{y-c/4}{b/2-x} = \frac{c}{b} \ \Rightarrow\ x = \frac{3}{10}b\,.$$

Il s'ensuit que :

$$\hat{\beta} = \frac{b}{2x}\hat{\alpha} = \frac{5}{3}\hat{\alpha}\,;$$

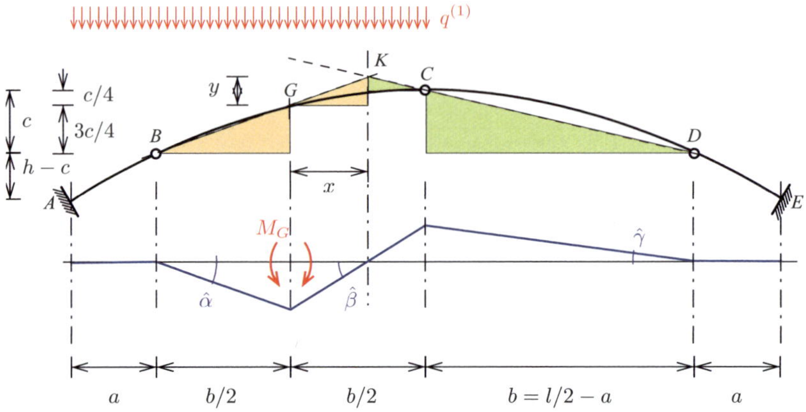

FIGURE 8.12 – Calcul du moment à mi-travée dans l'arche du viaduc d'Austerlitz.

le moment $M_G^{(1)}$ sous la charge distribuée sur la moitié de l'arche est donné par l'identité à zéro du travail virtuel suivant :

$$\hat{\mathscr{W}} = -M_G^{(1)}(\hat{\alpha}+\hat{\beta}) + \frac{1}{4}q^{(1)}b(b/2+x)\hat{\alpha} - \frac{1}{2}q^{(1)}(b/2-x)^2\hat{\beta}\,;$$

et on obtient :

$$M_G^{(1)} = \frac{q^{(1)}b^2}{16}\,.$$

L'indicateur de la sollicitation adopté étant $M_G^{(1)} + M_A^{(1)}$, la condition optimale, donnant un indicateur nul, est :

$$M_G^{(1)} = -M_A^{(1)} \;\Rightarrow\; \frac{1}{16}b^2 = \frac{1}{8}al \;\Rightarrow\; b = (\sqrt{2}-1)l\,,$$

comme précédemment trouvé.

Le mouvement virtuel caractérisé par le paramètre m de l'équation (8.5) est, par ailleurs, la ligne d'influence de l'indicateur choisi. Par conséquent, on peut s'en servir pour l'identification de la condition optimale correspondante à cet indicateur, mais sous d'autres chargements.

La portée l est de 140 m ; la vraie position des rotules sur le viaduc est définie par les distances :

$$b = 52{,}66\,\mathrm{m};\; a = 17{,}34\,\mathrm{m}\,;$$

proches des distances théoriques, préconisées par les calculs précédents, qui sont :

$$b^{(1)} = 57{,}99\,\mathrm{m}\,;\; a^{(1)} = 12{,}01\,\mathrm{m}\,.$$

On observe que l'emplacement choisi par les concepteurs génère un moment aux naissances plus important qu'au milieu des travées centrales.

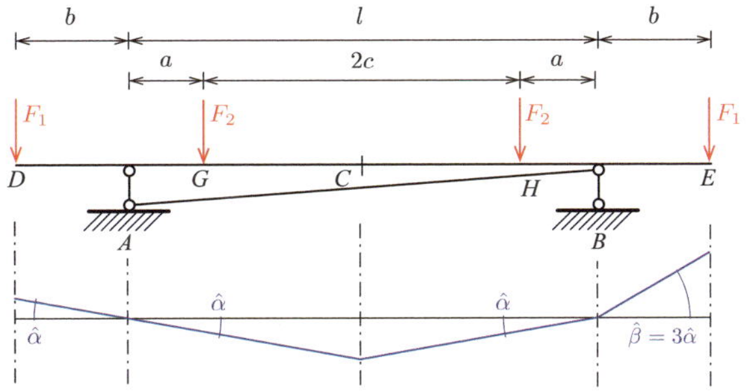

FIGURE 8.13 – Poutre sur deux appuis avec consoles d'extrémité, chargée par des forces concentrées.

8.3.3 Exemple des empilements parallèles

L'exemple de la poutre sur deux appuis avec consoles d'extrémité, du § 8.3.1, peut être adapté pour introduire l'étude des charpentes à empilement. On considère une poutre sur deux appuis avec consoles d'extrémité, mais chargées par deux forces verticales concentrées sur les nez des consoles et deux autres placées, symétriquement, sur la zone centrale, entre appuis, de la poutre. Dans la figure 8.13 on représente ces appuis comme des bielles (pour des raisons qui seront plus claires dans la suite) et on place une bielle en diagonale pour bloquer les mouvements horizontaux. Dans la même image, on représente les mouvements virtuels nécessaires à la recherche de la condition optimale définie par l'indicateur de la sollicitation précédemment introduit.

L'identité à zero du travail virtuel des forces réelles quel que soit le mouvement virtuel donne la condition optimale recherchée :

$$\hat{\mathscr{W}}_r = (-4F_1 b + 2F_2 a)\hat{\alpha} = 0 \; \forall \hat{\alpha} \; \Rightarrow \; 2F_1 b = F_2 a \, . \tag{8.6}$$

Cette structure peut être imaginée comme un élément d'une suite empilée (voir figure 8.14), et on peut se poser la question de sa conception optimale. En particulier, on va imaginer que toutes les consoles soient de la même longueur, b, et toutes les forces au bout des consoles soient d'intensité égale, F (ce qui est coherent avec un dimensionnement identique de ces pièces), et que les distances a_i et c_i changent à tous les étages de telle manière que le moment fléchissant maximale dans toutes les poutres de la structure soit le même (sa valeur étant Fb).

On compte les étages du haut vers le bas, à partir de l'indice 0, et on appelle $c = c_0$ la demi-distance entre bielles de support à l'étage supérieur. La condition optimale (8.6) pour l'étage 1 s'écrit :

$$2Fb = Fa_1 \; \Rightarrow \; a_1 = 2b \, ;$$

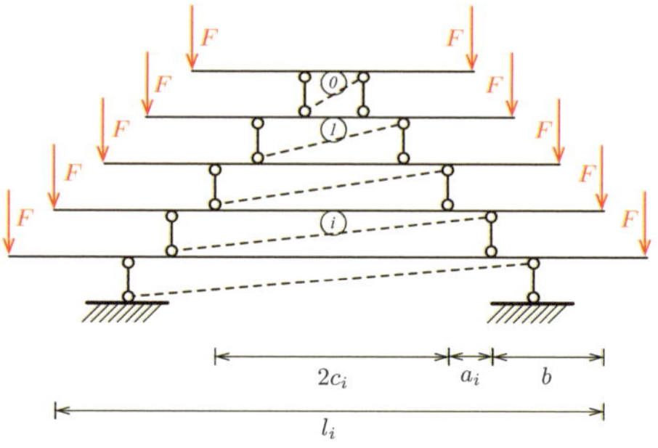

FIGURE 8.14 – Schéma de charpente à empilement ; les diagonales pointillées indiquent une reprise des forces horizontales qui n'est pas nécessairement obtenue par des éléments de ce type.

pour les suivants :

$$\begin{array}{rcl} 2Fb = 2Fa_2 & \Rightarrow & a_2 = b\,; \\ 2Fb = 3Fa_3 & \Rightarrow & a_3 = \frac{2}{3}b\,; \\ 2Fb = 4Fa_4 & \Rightarrow & a_4 = \frac{1}{2}b\,; \\ \dots & & \\ 2Fb = iFa_i & \Rightarrow & a_i = \frac{2}{i}b\,; \\ \dots & & \end{array}$$

On voit que $a_i/2$ suit la *série harmonique* $1/i$; les longueurs totales des poutres suivent la loi :

$$l_n/2 = c + \sum_{i=1}^{n} a_i + b = c + \left(2\sum_{i=1}^{n} \frac{1}{i} + 1\right) b\,;$$

un profil de ce type est représenté en figure 8.15, en prenant $2c = b = 1$ et un espacement de 1 entre étages. Dans cette image, les éléments bloquant les translations horizontales, donnant lieu à ce qu'on appelle le *contreventement* de la structure, ne sont pas représentés.

8.3.4 Exemple des empilements nexorades

Un système basé sur le même principe, mais à géométrie spatiale, peut être obtenu en imaginant que chaque étage de l'empilement soit constitué d'un nombre m de poutres identiques, disposées, par rapport à un centre, comme les côtés pairs d'un polygone de $2m$ côtés. Pour respecter la loi imposée par le critère de performance choisi, la relation harmonique liant a_i et b_i sera la même que pour l'empilement plan, mais la distance entre appuis de chaque étage dépendra de celle de l'étage précédent et du nombre m, par une nouvelle règle, qui reste à déterminer. Pour ce faire, avec référence à la figure 8.16, on considère la progression de la distance entre les poutres d'un étage et l'axe central de la structure :

$$d_{i+1} = d_i \cos\frac{\pi}{m} + \left(c_i + \frac{2}{i}b\right)\sin\frac{\pi}{m}\,; \tag{8.7}$$

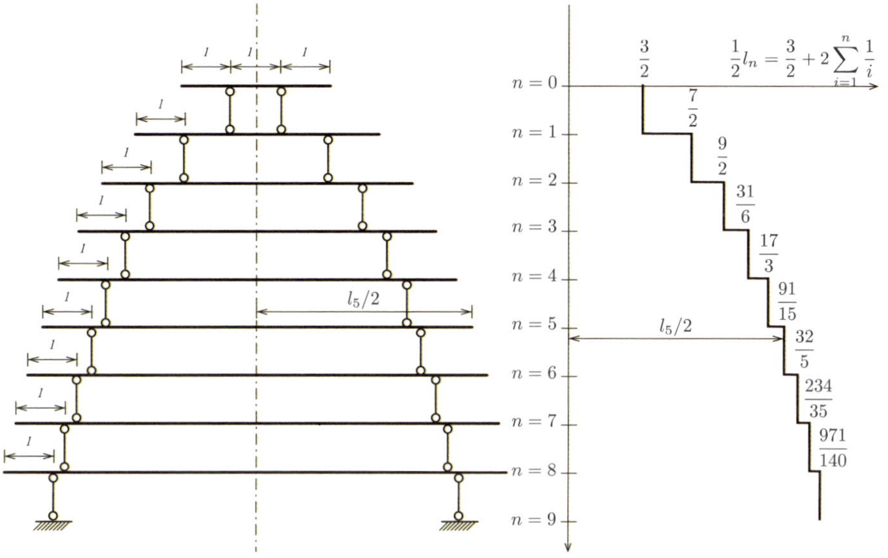

FIGURE 8.15 – Charpente à empilement optimale : sous charges égales concentrées sur les nez des consoles, les poutres sont sollicitées par les mêmes moments fléchissants maximales. Le système de contreventement n'est pas indiqué.

et la progression de la demi-distance entre appuis de l'étage supérieur :

$$c_{i+1} = d_i \sin \frac{\pi}{m} - \left(c_i + \frac{2}{i} b \right) \cos \frac{\pi}{m} \; ; \tag{8.8}$$

donnant les valeurs d_{i+1} et c_{i+1}, en partant de d_0 et c_0 et pour tout i.

La figure 8.20 montre deux empilements de tubes à section circulaire, dessinés en respectant ces règles, avec les liaisons bielles obtenues simplement par contact ponctuel entre tubes.

Cette étude conduit à une autre, qui introduit une autre famille de structures, appelées *nexorades*. On considère la généralisation de la figure 8.13 présentée en figure 8.18 : les deux forces entre appuis n'étant plus les mêmes, leurs points d'application sur la poutre devront se déplacer pour garantir les deux conditions d'optimalité :

$$M_G = M_H = -M_A$$

(avec $M_A = M_B$ toujours par construction).

Un premier indicateur de la sollicitation à prendre en compte est :

$$M_G - M_H \; ;$$

pour l'évaluer, en faisant référence à la figure 8.18, on considère le travail virtuel :

$$\hat{\mathscr{W}} = (-F_1 b + F_2' a')\hat{\alpha} + (F_2'' a'' - F_1 b)\hat{\beta} - M_G(\hat{\alpha} - \hat{\gamma}) - M_H(\hat{\gamma} + \hat{\beta})$$

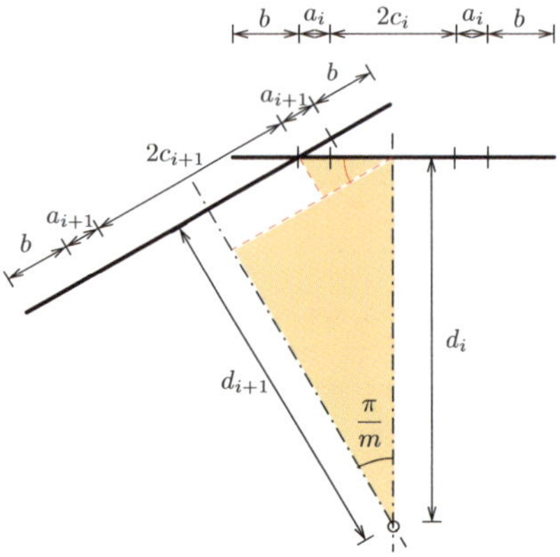

FIGURE 8.16 – Relation entre positions des poutres à deux étages successifs d'un empilement à base polygonale.

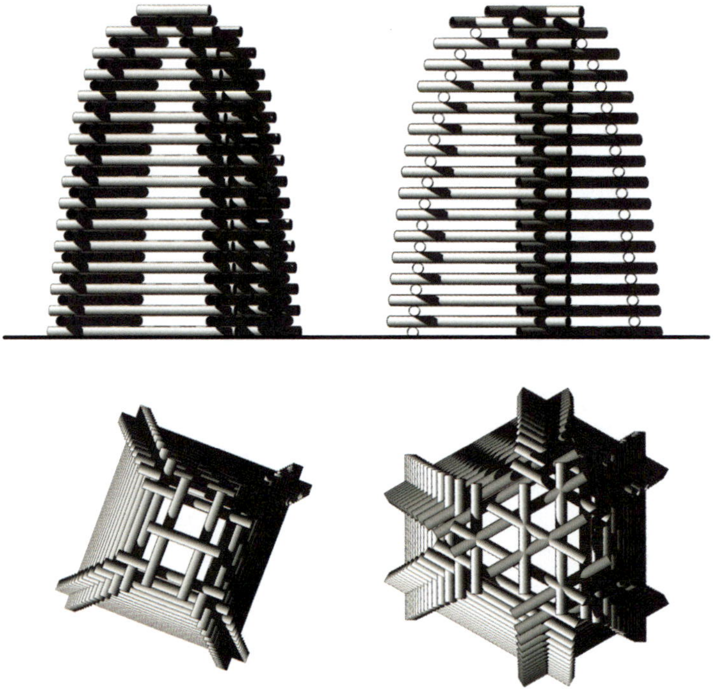

FIGURE 8.17 – Projections orthogonales et ombres propres en élévation (en haut) et en plan (en bas) d'un empilement carré (à gauche) et d'un empilement hexagonal (à droite) obéissant aux règles (8.7) et (8.8).

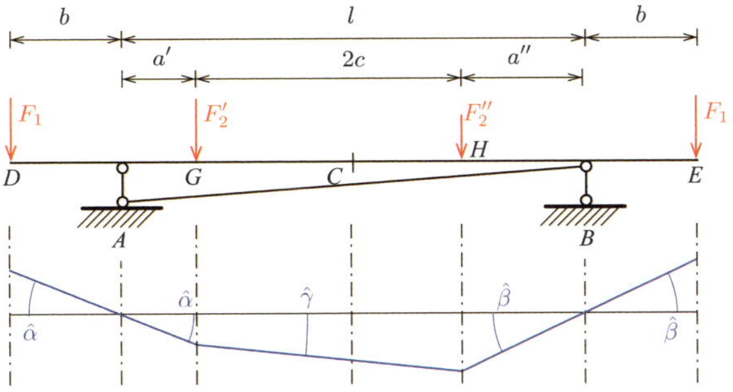

FIGURE 8.18 – Poutre sur deux appuis avec consoles d'extrémité, chargée par forces concentrées non symétriques. Mouvements virtuels pour le calcul des moments sous les forces.

et la condition de compatibilité :

$$a'\hat{\alpha} + 2c\hat{\gamma} = a''\hat{\beta}\,.$$

Le choix d'un mouvement tel que

$$\hat{\alpha} - \hat{\gamma} = -\hat{\beta} - \hat{\gamma} \;\Rightarrow\; \hat{\alpha} = -\hat{\beta} \;\&\; \hat{\gamma} = \frac{a' + a''}{2c}\hat{\beta}$$

permet l'écriture de la condition optimale :

$$\hat{\mathscr{W}}_r = (-F_1 b + F_2' a' - F_2'' a'' + F_1 b)\hat{\alpha} = 0 \;\forall \hat{\alpha} \;\Rightarrow\; F_2' a' = F_2'' a''\,.$$

Il est possible de contrôler ce résultat en évaluant les moments en G et H, mais avec un calcul bien plus long (on laisse les détails de ce calcul au lecteur) :

$$M_G = -F_1 b + F_2' a' \frac{2c + a''}{2c + a' + a''} + F_2'' a'' \frac{a'}{2c + a' + a''}\,;$$

$$M_H = -F_1 b + F_2' a' \frac{a''}{2c + a' + a''} + F_2'' a'' \frac{2c + a'}{2c + a' + a''}\,;$$

$$M_G = M_H \;\Rightarrow\; (F_2' a' - F_2'' a'')\left(1 - \frac{a' a''}{(2c + a')(2c + a'')}\right) \;\Rightarrow\; F_2' a' = F_2'' a''$$

(l'autre facteur du produit étant non nul si $c > 0$). Si cette condition est remplie, la valeur des moments fléchissants en G et H est :

$$M_G = M_H = -F_1 b + F_2' a'\,.$$

Un deuxième indicateur de la sollicitation à prendre en compte est

$$M_H + M_B\,,$$

pour lequel, en faisant référence à la figure 8.19, on considère le travail virtuel :

$$\hat{\mathscr{W}} = (-F_1 b + F_2' a')\hat{\alpha} + F_2'' a'' \hat{\beta} - F_1 b \hat{\gamma} - M_H(\hat{\alpha} + \hat{\beta}) + M_B(\hat{\beta} - \hat{\gamma})\,.$$

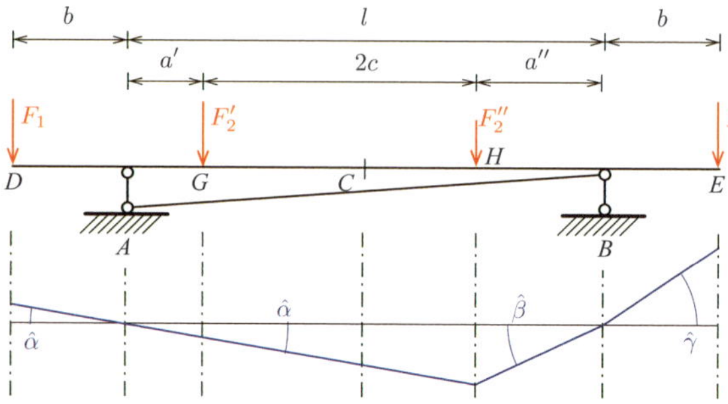

FIGURE 8.19 – Poutre sur deux appuis avec consoles d'extrémité, chargée par forces concentrées non symétriques. Mouvements virtuels pour le calcul du moment sous une force et sur un appui.

En prenant

$$\hat{\gamma} = \hat{\alpha} + 2\hat{\beta}\,;\, \hat{\beta} = \frac{2c + a'}{a''}\hat{\alpha}\,;$$

on obtient le travail virtuel des efforts extérieurs réels :

$$\hat{\mathscr{W}_r} = -F_1 b + F_2' a' + F_2'' a'' \frac{2c + a'}{a''} - F_1 b\left(1 + 2\frac{2c + a'}{a''}\right)\hat{\alpha} = 0\ \forall \hat{\alpha}\ \Rightarrow$$

$$2F_1 b\left(1 + 2\frac{2c + a'}{a''}\right) = F_2' a' + F_2'' a'' \frac{2c + a'}{a''}\,.$$

En tenant compte de la condition d'optimalité déjà explicitée, on en déduit :

$$2F_1 b = F_2'' a'' = F_2' a'\,. \tag{8.9}$$

Ce résultat, comme le précédent, peut être obtenu en passant par le calcul des moments M_H et M_B ; compte tenu de la valeur calculée de M_G, on a confirmation de la formule précédente :

$$M_H = -M_B\ \Rightarrow\ F_2' a' = 2F_1 b\,.$$

Cet exemple permet de dessiner des structures comme les empilements précédents, mais avec un décalage vertical entre appuis d'une même poutre, qui vient donc à supporter des forces différentes entre appuis. Dans ce passage, on suppose pouvoir négliger les effets dus à l'inclinaison des poutres.

On imagine la poutre des figures 8.18 et 8.19 comme un élément d'une chaîne récursive, telle que son appui B soit fourni par une autre poutre identique et la force F_2' agissant sur elle soit générée par une troisième poutre, égale aux précédentes. L'enchaînement des éléments est donc tel que la réaction de l'appui B de l'un dévient la charge F_2' de l'autre ; seulement les A sont les appuis extérieurs de la chaîne, qui peut se composer d'un nombre arbitraire de poutres (voir figure 8.20 pour trois poutres).

La structure est caractérisée par une *chiralité* : les médiatrices des poutres sont décalées d'une même distance par rapport à l'axe centrale de la structure. On peut imaginer

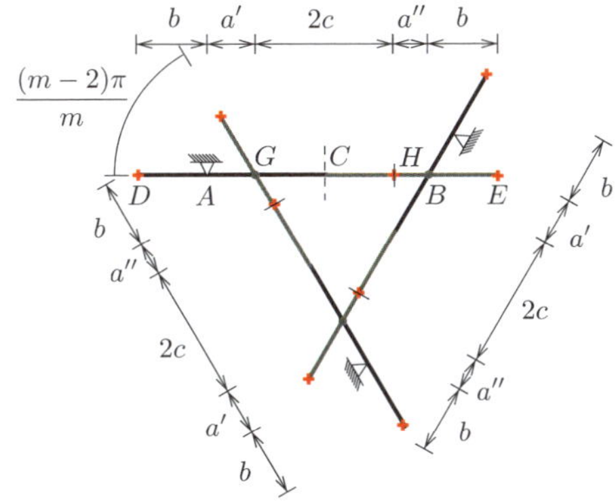

FIGURE 8.20 – Vue en plan de trois poutres liées en chaîne récursive, telle que l'une fournit appui à l'autre, avec consoles des deux côtés. Les croix rouges indiquent les points d'application des forces verticales (orthogonales au plan du dessin). Les lettres majuscules permettent la comparaison avec les figures 8.18 et 8.19. La partie grise de chaque poutre est plus en haut de la partie noire. Les appuis sont à prendre dans le sens du mouvement orthogonal au plan du dessin. $m = 3$ indique le nombre de poutres qui composent la chaîne.

que les points tels que H fournissent appui à un étage supérieur, similaire à celui dessiné en figure 8.20, mais de plus petite taille, a fin que les appuis comme A de cet étage supérieur reposent sur les H de l'étage inférieur, avec un processus qui peut être répété autant de fois qu'on veut, chaque chaîne venant à composer un étage d'un empilement *nexorade*.

Soit, pour abréger l'écriture, $F_1 = F$ et soient F et b les mêmes à tous les étages. On numérote les étages par l'indice i, du haut vers le bas en partant de 0. Soit, à l'i-ème étage, R_i la réaction verticale des appuis comme B (des figures 8.18 et 8.19), R_{i+1} celle des appuis comme A. On considère les étages composés de chaînes régulières de m côtés (c'est-à-dire composées de m poutres identiques).

La récursivité correspond aux conditions :

$$F_2' = R_i \,;\; F_2'' = R_{i-1} \,;$$

pour le i-ème étage. L'équilibre d'une poutre quelconque de cet étage impose les conditions :

$$R_i(2c_i + a_i'') = R_{i-1}(a_i' + 2c_i) + F(a_i' + 2c_i + a_i'') \,;\; R_{i+1} = R_{i-1} + 2F \,.$$

Les conditions d'optimisation (8.9), avec ces conditions d'équilibre, donnent :

$$R_i = R_{i-1} + F \,;$$

si on prend pour l'étage le plus haut $R_0 = 0$, on obtient $R_i = iF$ et :

$$a_i' = \frac{2b}{i} \text{ si } i > 0 \,; \quad a_i'' = \frac{2b}{i-1} \text{ si } i > 1 \,. \tag{8.10}$$

Les conditions récursives d'appui imposent la variation de la distance c selon la règle :

$$c_{i+1} = \frac{1}{2} a_{i+1}'' \cos\beta + \frac{1}{2}\sqrt{\left(a_i'\,(1 + \cos\beta) + 2c_i + a_i''\right)^2 + (a_i' \sin\beta)^2 - \left(a_{i+1}'' \sin\beta\right)^2} \tag{8.11}$$

où $\beta = \frac{(m-2)\pi}{m}$ est l'angle entre porte-à-faux des poutres (voir figure 8.20).

Le dessin de structures respectant ces règles requiert encore la prise en compte des conditions géométriques d'entrelacement des chaînes et de contact entre étages, en fonction de la géométrie des sections des poutres, sur lesquelles on ne donnera pas de détails. Ces conditions engendrent une inclinaison des poutres, variable d'un étage à l'autre ; les règles d'optimisation obtenues seront encore valables, sous forces verticales, à condition de prendre les distances a_i', a_i'', b_i et c_i en horizontal. Les figures 8.21 montre deux exemples, obtenus pour $c_0 = 2b$, $a_0' = 0$ et $a_0'' = a_1'' = 0$.

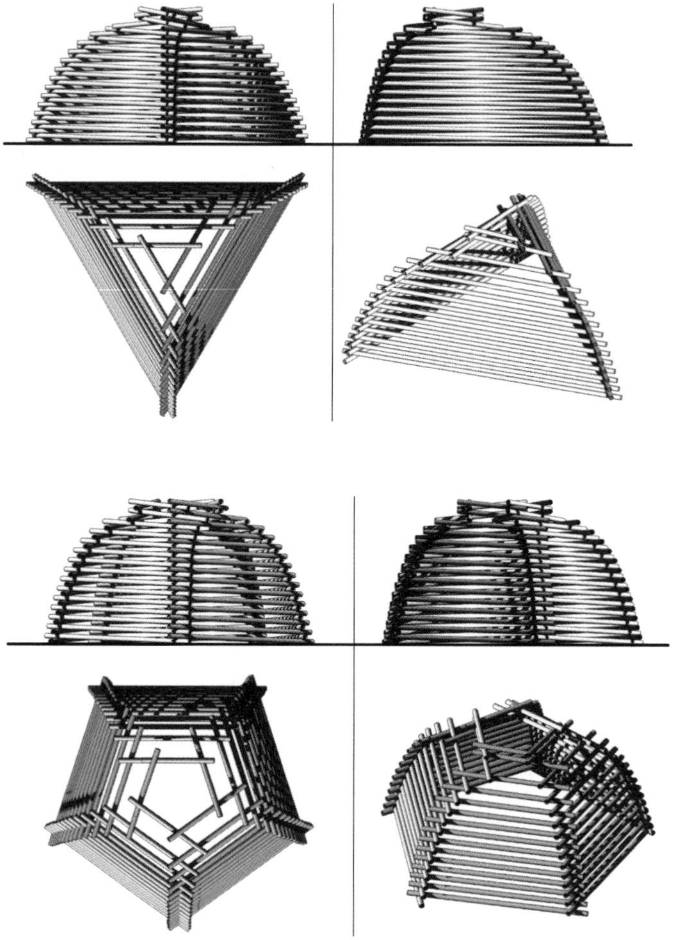

FIGURE 8.21 – Projections orthogonales et isométriques avec ombres propres d'un empilement nexorade triangulaire (en haut) et pentagonal (en bas), obéissants aux règles (8.10) et (8.11).

8.3.5 Exemple des grilles nexorades

Un autre cas, similaire aux précédents, est donné par une poutre doublement appuyée, avec console d'un seul côté, chargée par deux forces ponctuelles, l'une entre appuis, l'autre sur le nez de console. On cherche la position optimale de la force entre appuis afin que les moments fléchissants extrêmes (sous la force et sur l'appui) soient les mêmes.

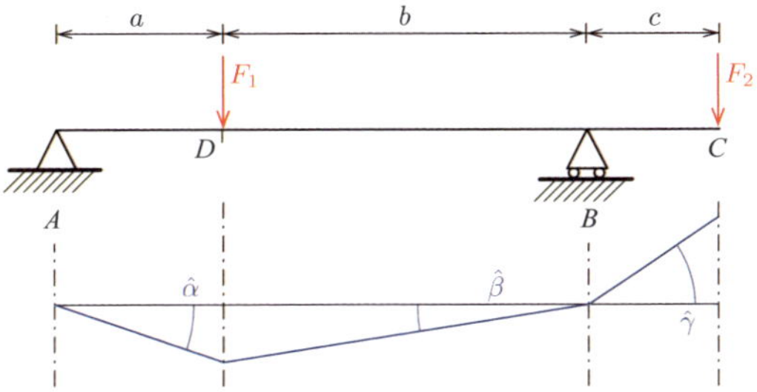

FIGURE 8.22 – Mouvement virtuel pour le calcul de l'indicateur de la sollicitation demandé pour la poutre sur deux appuis avec une seule console d'extrémité.

Avec référence à la figure 8.22, pour obtenir la condition recherchée, il faut prendre :

$$\hat{\alpha} + \hat{\beta} = \hat{\gamma} - \hat{\beta}$$

et donc, étant donné la relation entre $\hat{\alpha}$ et $\hat{\beta}$:

$$\hat{\beta} = \frac{a}{b}\hat{\alpha}\,;\ \hat{\gamma} = \left(1 + 2\frac{a}{b}\right)\hat{\alpha}\,.$$

On obtient la condition d'optimalité :

$$\hat{\mathscr{W}}_r = \left(F_1 a - F_2 c\left(1 + 2\frac{a}{b}\right)\right)\hat{\alpha} = 0\ \forall\hat{\alpha}\ \Rightarrow\ c = \frac{F_1}{F_2}\frac{a}{1 + 2a/b}\,. \tag{8.12}$$

Un cas particulier, intéressant pour ses applications, s'obtient en imposant que les réactions verticales soient égales aux forces appliquées, selon les règles : $R^v_A = F_2$ et $R_B = F_1$, qui engendrent la condition :

$$a + b + c = \frac{F_1}{F_2}b\,. \tag{8.13}$$

Les deux critères (8.12) et (8.13) donnent lieu à la condition :

$$(a+b)\left(2a + \left(1 - \frac{F_1}{F_2}\right)b\right) = 0\,;$$

les deux paramètres a et b étant positifs, on obtient :

$$F_1 > F_2\ \&\ a = c = \frac{b}{2}\left(\frac{F_1}{F_2} - 1\right)\,.$$

Finalement, pour $F_1 = 3F_2$, on obtient $a = b = c$.

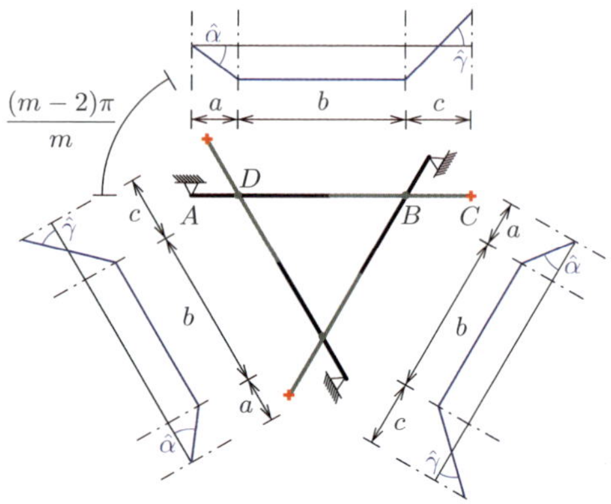

FIGURE 8.23 – Vue en plan de trois poutres liées en chaîne récursive, telle que l'une fournit appui à l'autre, avec consoles d'un seul côté. Les lettres majuscules permettent la comparaison avec la figure 8.22 (notations comme en figure 8.20). Les croix rouges indiquent les points d'application des forces, égales et orthogonales au plan du dessin. Les lignes bleues représentent les projections du déplacement virtuel des poutres permettant la recherche de la condition optimale.

Cette étude introduit la conception d'assemblages entrelacés optimaux, suivant le principe constructif du paragraphe précédent : des chaînes récursives, liant un nombre arbitraire de poutres identiques, de telle manière que l'appui B de l'une soit fourni par le point D de l'autre, les appuis de type A restant extérieurs au système et les nez des consoles C restant disponibles pour recevoir des forces égales (un exemple, avec trois poutres, est donné en figure 8.23).

En prenant le même indicateur de performance du cas précédent, $M_D - M_B$, afin que les valeurs absolues extrêmes du moment fléchissant soient égaux, et en faisant référence à la figure 8.23, on observe que les points B et D suivent le même mouvement virtuel, car homologues dans la chiralité. La condition qui permet la recherche de l'optimum est $\hat{\alpha} = \hat{\gamma}$, d'où la condition d'optimalité :

$$\hat{\mathscr{W}}_r = (a - c)F\hat{\alpha} = 0 \;\Rightarrow\; a = c\,;$$

avec F intensité de toutes les forces appliquées sur les consoles. Si on se donne $b = a = c$, alors la force échangée sur les liaisons internes aux points B et D sera $3F$.

En liant plusieurs de ces chaînes, on peut concevoir des *grilles nexorades* et les optimiser visant de performances structurelles comme celles recherchée dans les exemples précédents (voir figure 8.24). Une analyse plus approfondie du sujet, riche d'applications, sort du cadre introductif propre de ce travail.

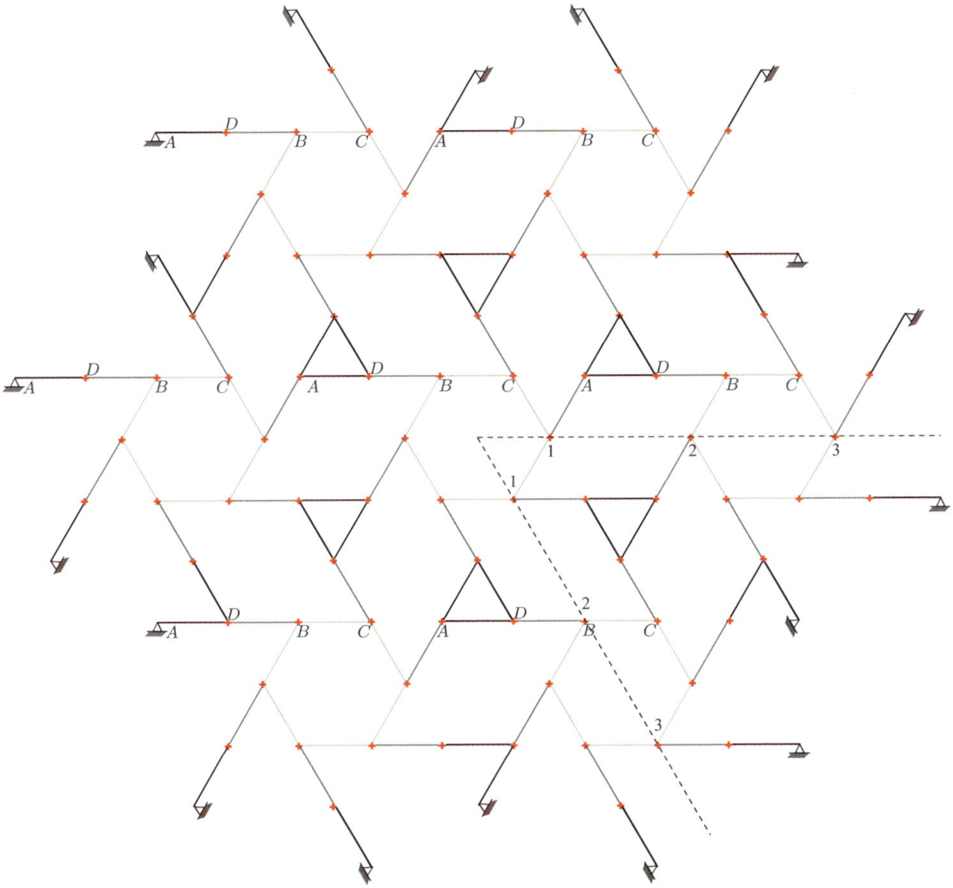

FIGURE 8.24 – Exemple de grille nexorade. Les croix rouges indiquent les points d'application des forces (en direction orthogonale au plan de la grille) ; les lignes pointillées indiquent un secteur conservé dans la chiralité.

8.4 Variantes topologiques et géométriques

Le corollaire du principe des travaux virtuels, proposé à page 275, et les énoncés de page 277, permettent aussi la recherche des formes des structures visant des performances données. Deux familles de problèmes peuvent se présenter, dans de conditions imposées de chargement et de liaison :

1. identifier la topologie optimale ;

2. identifier la géométrie optimale pour une structure dont on se donne la topologie.

L'article cité en ouverture du chapitre permet l'introduction d'une famille particulière de problèmes d'optimisation. En traduisant les propos de Michell dans le langage que nous avons adopté, on se donne, pour un treillis sous charges données, une performance qui correspond au plus petit volume de matière qu'il faut utiliser pour le réaliser, c'est-à-dire au volume du treillis dont toutes les barres sont exploitées à la limite de leur résistance. Ce volume peut être mesuré en termes d'efforts intérieurs grâce à une formule présentée, quarante ans avant Michell, par Maxwell, mais connue précédemment ([3]). La performance optimale est celle du treillis qui utilise le moins de matière, parmi tous ceux qui portent les mêmes forces extérieures. La topologie et la géométrie du treillis seront donc définies en cherchant cet optimum, dans la classe des systèmes admissibles dans le sens des forces portées.

Si toutes les barres résistent également en traction et en compression (on prend les deux résistances égales pour simplifier la démarche), le volume minimal du treillis, assurant sa résistance par rapport à des efforts intérieurs donnés, est proportionnel à

$$\mathscr{V} = \sum_i l_i |N_i| \,, \tag{8.14}$$

où la sommation s'étend à toutes les barres du treillis, l_i est la longueur de la i-ème barre et N_i son effort normal sous les charges données.

Le treillis ayant, grâce à sa forme, le plus petit volume minimal sous un chargement donné, peut alors être vu comme un optimum par rapport à ce chargement. En cherchant le minimum de la fonction (8.14), on peut s'autoriser à changer la disposition et le nombre des barres du treillis, à condition de se donner toujours un ensemble d'efforts intérieurs N_i en équilibre, selon la géométrie de chaque cas, avec les efforts extérieurs donnés.

Michell montre ensuite que cela correspond à la recherche du système qui, dans un mouvement virtuel qui allonge les barres tendues et raccourcit les barres comprimées d'une même quantité par rapport à leur longueur, fait le plus petit travail.

En utilisant la méthode des indicateurs de performance, pour obtenir le minimum de $\mathscr{V}$, défini à l'équation (8.14), on peut se donner un mouvement virtuel tel que le travail de la force indicatrice généralisée soit $\mathscr{V}$. Cela correspond à prendre un mouvement virtuel du treillis, compatible avec les liaisons, tel que, pour chaque barre i :

$$\hat{u}_i = \operatorname{sgn}(N_i) l_i \hat{\varepsilon} \tag{8.15}$$

soit le déplacement virtuel de ses extrémités, positif en cas d'éloignement, négatif dans le cas contraire, $\hat{\varepsilon}$ étant une (petite) amplitude arbitraire du mouvement. On a alors le travail virtuel de toutes les forces en jeu :

$$\hat{\mathscr{W}} = -\sum_i \hat{u}_i N_i + \sum_j \hat{d}_j F_j = -\hat{\varepsilon} \sum_i l_i |N_i| + \sum_j \hat{d}_j F_j = -\hat{\varepsilon}\mathscr{V} + \hat{\mathscr{W}}_r \,;$$

où j est l'indice des nœuds chargés par des forces extérieures, F_j sont ces forces et $\hat{d}_j$ leurs déplacements, compatibles avec les $\hat{u}_i$.

La condition d'équilibre $\hat{\mathscr{W}} = 0 \; \forall \hat{\varepsilon}$ implique :

$$\hat{\varepsilon}\mathscr{V} = \hat{\mathscr{W}}_r \; \forall \hat{\varepsilon} \,; \tag{8.16}$$

3. On la trouve, par exemple, dans Saint-Venant (1797-1886), Navier (1785-1836) et Young (1773-1829).

et donc la recherche du minimum du générateur infinitesimal de l'action des efforts extérieurs sur l'indicateur de performance ($\hat{\mathscr{W}}_r/\hat{\varepsilon}$, voir les remarques précédentes le principe de page 277), qui correspond à la minimisation du volume minimal proposé.

Il faut noter que l'équation précédente n'est valable que si la condition d'équilibre l'est, c'est-à-dire si les forces fictives, représentant les efforts intérieurs, qui donnent $\mathscr{V}$ sont en équilibre avec les forces extérieures (réelles) qui donnent $\hat{\mathscr{W}}_r$ et si les mouvements virtuels $\hat{u}_i$ et $\hat{d}_j$ sont compatibles.

La condition de minimum pour $\mathscr{V}$, compte tenu de l'équation (8.16) et dans le mêmes conditions de validité de celle-ci, s'écrit :

$$\min\{\mathscr{V}\} \Leftrightarrow \min\left\{\frac{1}{\hat{\varepsilon}}\hat{\mathscr{W}}_r\right\} = \min\left\{\frac{1}{\hat{\varepsilon}}\sum_j \hat{d}_j F_j\right\}$$

et montre comment l'approche proposée par Michell s'inscrit dans le principe énoncé à page 277.

Par ailleurs, il est possible de généraliser l'indicateur de performance de Michell, en introduisant une ponderation des contributions des barres au volume total par le biais de l'amplitude du déplacement virtuel. On peut écrire, par exemple :

$$\hat{\mathscr{W}} = -\hat{\varepsilon}\sum_i \phi_i l_i |N_i| + \sum_j \hat{d}_j F_j \,;$$

où ϕ_i est le poids associé à la i-ème barre. Un cas intéressant est celui dans lequel on fait dépendre la pondération du fonctionnement, en compression ou en traction, de la barre :

$$\phi_i = \begin{cases} \phi^{(+)} \geq 0 & \text{si} \quad N_i > 0 \\ \phi^{(-)} \geq 0 & \text{si} \quad N_i < 0 \end{cases} ;$$

ce qui permet de tenir compte d'une résistance du matériau dépendante du signe de l'effort normal, ou de l'usage des deux matériaux différents, ou d'autres conditions particulières, qui peuvent découler de la nature des joints, du besoin de résilience, ou du risque d'instabilité de l'équilibre élastique.

8.4.1 Exemple du fil suspendu

On considère un fil portant une force verticale, retenu entre deux points, A et B, sur la même ligne horizontale. On fixe la longueur minimale, d_{min}, du segment joignant les extrémités du fil et la force portée, F (sa position restant libre), et on imagine de vouloir déterminer la géométrie qui permet la réalisation d'une structure optimale au sens de Michell.

Pour calculer l'action des efforts extérieurs sur le volume minimal, il faut se donner un mouvement virtuel dans lequel les deux parties du fil séparées par le point d'application de la force, noté C, s'allongent d'une quantité proportionnelle à leur longueur (voir l'équation (8.15), avec des efforts de signe égale).

La compatibilité du mouvement infinitésimal ainsi produit, est présentée dans l'image de gauche de figure 8.25. Les mouvements des deux parties du fil pourront être décrits

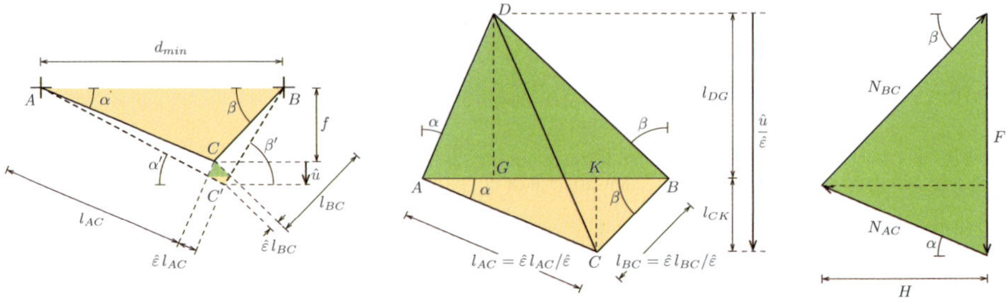

FIGURE 8.25 – Mouvement virtuel d'un fil portant une force.

comme des petits mouvements de rotation autour des points d'attache respectifs, plus les variations de longueur.

La petite rotation d'une partie du fil donnera lieu, comme d'habitude, à des mouvements de translation, dans la direction orthogonale à celle de la dite partie du fil. La variation de longueur de chaque partie du fil sera proportionnelle à la longueur initiale de cette partie et donnera lieu à un mouvement de l'extrémité C dans une direction approximativement égale à celle de cette partie. La prise en compte en même temps des changements de ces directions et des variations de longueurs donnerait en fait des contributions négligeables ([4]). Il s'ensuit que, en première approximation, on peut prendre, dans le mouvement virtuel du fil, les angles $\alpha' \approx \alpha$ et $\beta' \approx \beta$, de sorte que les deux triangles orange dans l'image de gauche de la figure 8.25 sont semblables, ayant deux angles égaux.

Il est possible de construire directement sur le plan géométral ce mouvement virtuel, en observant que les allongements de deux parties du fil, étant proportionnels à leurs longueurs respectives, peuvent être dessinés à l'échelle de ces longueurs, en les divisant par l'amplitude du mouvement virtuel $\hat{\varepsilon}$ (voir les côtés inclinés du triangle orange de l'image centrale de la figure 8.25). Les petits mouvements sans allongement des fils étant de petites rotations autour des points d'attache, ils pourront être représentés, dans ce même plan géométral, comme les deux normales au fil menées de A et B (voir les côtés inclinés du triangle vert de la dite image centrale). Leur point commun, D, représente alors la position initiale du point d'application de la force, alors que C, dans ce diagramme, représente la position finale de ce même point après un petit déplacement compatible. La distance parcourue par ce point en verticale, c'est-à-dire dans la direction de la force appliquée, est alors lue sur le diagramme comme la projection verticale de la diagonale CD du quadrilatère, notée $\hat{u}/\hat{\varepsilon}$ en figure 8.25, car l'échelle du tracé est $1/\hat{\varepsilon}$.

Il faut finalement observer que le triangle vert ainsi construit est semblable au triangle d'équilibre des forces (image de droite de la même figure), étant, par construction, simplement tourné de $\pi/2$ par rapport à celui-ci ; le rapport des côtés de ces triangles est fixé,

4. Le même type d'approximation a été introduit dans le calcul de l'allongement des diagonales du treillis, page 203, ou des parties du funiculaire de l'exercice 79 de page 270.

étant donné par d_{min}/F ([5]).

Le travail virtuel des forces réelles rapporté à l'unité d'allongement $\hat{\varepsilon}$ est donc proportionnel au double de la surface du quadrilatère $ABCD$ au centre de la figure 8.25 :

$$\hat{\mathscr{W}}_r = \frac{F\hat{u}}{\hat{\varepsilon}} = (l_{DG} + l_{CK})F = (\frac{H}{F}d_{min} + f)F = Hd_{min} + fF\,;$$

où $f = \overline{AB}$ est la flèche et H est la poussée du fil. Le facteur de proportionnalité est d_{min}/F et il s'obtient en calculant le double de la surface comme :

$$(l_{DG} + l_{CK})l_{AB} = (\frac{H}{F}d_{min} + f)d_{min} = (Hd_{min} + fF)\frac{d_{min}}{F}\,.$$

On peut constater que ce travail est, comme montré au paragraphe § 8.4, égal à l'indicateur correspondant au volume minimal de Maxwell, car celui-ci est donné par :

$$N_{AC}l_{AC} + N_{BC}l_{BC}$$

qui, en observant les triangles rectangles ACD et BCD, est encore proportionnel au double de la dite surface :

$$l_{AD}\,l_{AC} + l_{BD}\,l_{BC} = (N_{AC}l_{AC} + N_{BC}l_{BC})\frac{d_{min}}{F}\,;$$

donc :

$$\mathscr{V} = N_{AC}l_{AC} + N_{BC}l_{BC} = \frac{F\hat{u}}{\hat{\varepsilon}} = \frac{1}{\hat{\varepsilon}}\hat{\mathscr{W}}_r$$

comme noté à l'équation (8.16).

La proportionnalité entre la surface du quadrilatère central de figure 8.25 et l'indicateur de performance implique que le minimum de l'un correspond au minimum de l'autre. Ce minimum s'obtient, la diagonale AB étant fixée, lorsque tous ses angles sont droits, donc par la condition :

$$\alpha + \beta = \pi/2\,.$$

Il s'ensuit que l'extrémité C du fil suspendu optimal décrit un demi-cercle, dont le diamètre est AB, lorsque la force verticale F se déplace de A à B.

On peut observer que le diagramme de Cremona de toute solution optimale est un triangle semblable à celui donnant le plan géométral de la même structure. En faisant référence à la relation de réciprocité de Maxwell (voir page 198), ces structures optimales se disent *auto-réciproques*. Le volume minimal sera alors proportionnel à la somme des carrés construits sur les côtés du fil ou, plus généralement, sur les barres du treillis.

8.4.2 Exemple des réseaux carrés tendus

Un deuxième exemple est fourni par les réseaux ayant la symétrie du carré.

Un tel réseau est un graphe plan formant des carrés égaux, pouvant s'étendre infiniment, dans toutes les directions du plan, par simple répétition translative d'un motif

5. Les conditions d'équilibre s'écrivent comme au § 7.2 (voir, par exemple, la figure 7.8).

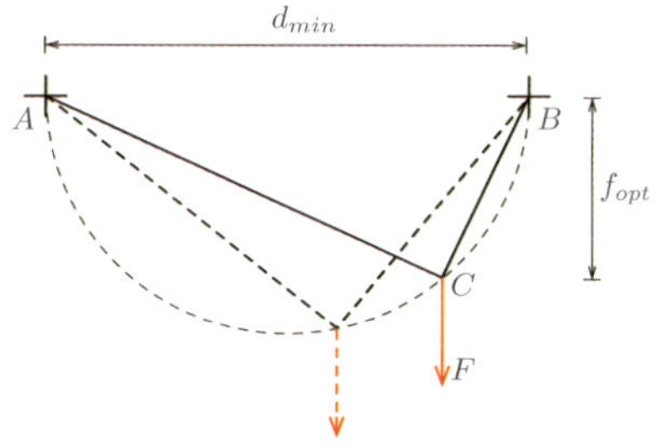

FIGURE 8.26 – Géométrie optimale d'un fil portant une force de position variable.

construit sur le carré, dit *cellule élémentaire*. On peut se donner un treillis plan, dont les barres correspondent aux côtés de ce réseau et les nœuds articulés à ses sommets. Ne craignant aucune confusion, dans la suite, on appellera « réseau » tant la figure géométrique de base que le treillis qui lui est associé.

L'analyse cinématique d'un treillis de ce type montre qu'il s'agit d'un système intérieurement hypostatique, qui ne peut garder sa géométrie initiale que sous des chargements particuliers ou avec des conditions au bord particulières ([6]).

On considère le cas des réseaux carrés chargés par des forces d'égale intensité, appliquées aux nœuds du bord suivant les directions des côtés. Ces forces seront telles à assurer l'équilibre, global et local, du système hypostatique, ce qui est le cas si elles sont toutes dirigées vers l'intérieur, ou vers l'extérieur, du réseau, ou si elles sont alternées, de façon à créer des alignements de barres comprimées et d'autres de barres tendues. Quatre cas, présentés en figure 8.27, peuvent être étudiés sur une cellule carrée isolée.

La méthode présentée au chapitre 7 permet d'affirmer que l'équilibre est stable, dans le cas (1) de la figure 8.27, si les barres sont tendues et qu'il est instable si elles sont comprimées, comme démontré par les passages qui suivent. La figure 8.28 donne les éléments géométriques permettant le calcul du déplacement des nœuds lors d'une déformation d'un réseau carré conservant les longueurs des côtés. La mesure x du déplacement des deux nœuds opposés s'éloignant du centre de la figure est :

$$x = a\,(\sin\alpha + 1 - \cos\alpha)\,\sqrt{2}/2\,;$$

6. Pour s'en convaincre, il suffit de prendre un carré isolé et le voir comme un ensemble de 4 points (8 degrés de liberté dans le plan) liés par 4 bielles (4 degrés de blocage), ce qui implique qu'il existe au moins 1 degré de liberté en trop par rapport à la cinématique du corps rigide : outre que les translations et les rotations d'ensemble, les mouvements qui changent les longueurs des diagonales, sans changer celles des côtés, sont possibles.

En ajoutant à cette première maille deux autres ponts et trois bielles, on obtient une deuxième maille carrée et un deuxième degré de liberté libre, et ainsi de suite, si on propage le réseau dans une seule direction, le mécanisme acquiert un degré de liberté intérieur pour chaque maille en plus.

Par contre, si on double la ligne de mailles ainsi obtenue par une deuxième ligne, on obtiendra un mécanisme dont les degrés de libertés intérieurs ne sont augmentés que d'une unité par rapport au précédent, et ainsi de suite pour chaque ligne ajoutée.

On peut conclure en affirmant que un réseau à mailles carrées de n lignes et m colonnes a $m + n$ degrés de liberté intérieurs, plus 3 extérieurs.

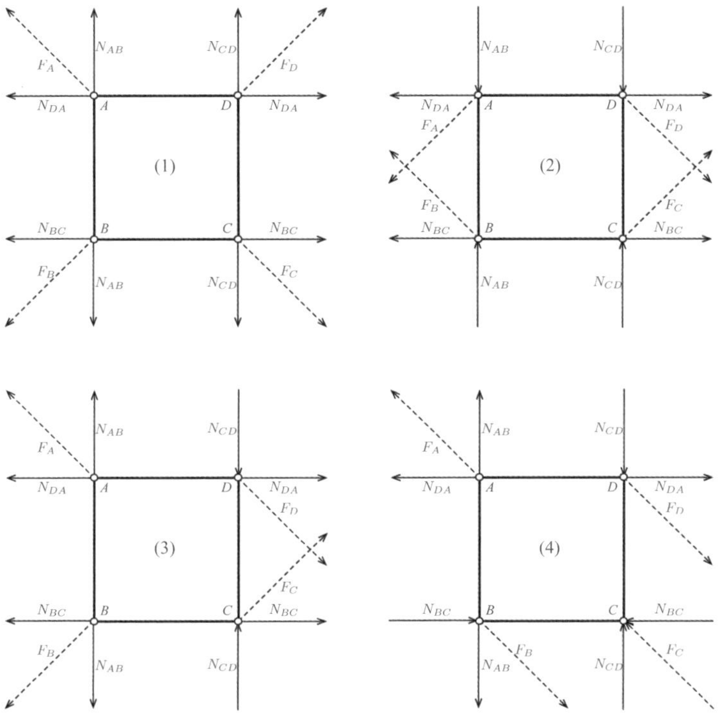

FIGURE 8.27 – Chargements équilibrés d'une maille carrée articulée.

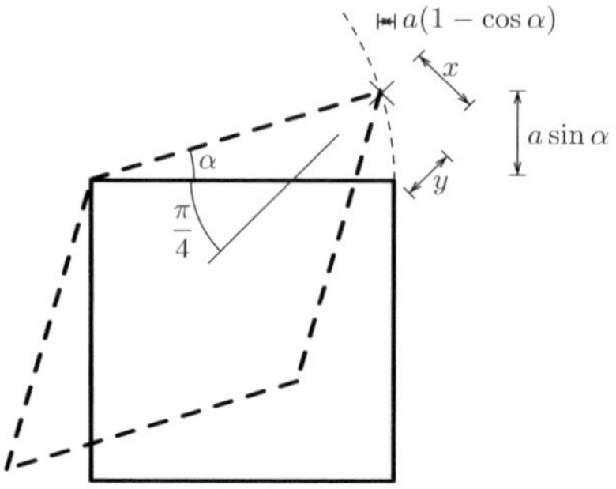

FIGURE 8.28 – Déformation d'un carré conservant les longueurs des côtés.

la mesure y relative aux deux nœuds qui s'approchent est :

$$y = a\,(\sin\alpha - 1 + \cos\alpha)\,\sqrt{2}/2$$

et donc, étant que :

$$1 - \cos\alpha > -1 + \cos\alpha\,,$$

on a $x > y$: la somme des composantes suivant les diagonales des déplacements des nœuds est toujours équivalente à un mouvement vers l'intérieur (ce qui correspond à la propriété du carré de renfermer la surface maximale parmi les quadrilatères, éventuellement équilatéraux, d'égal périmètre). Par conséquent, sous forces égales suivant les diagonales, le travail virtuel des forces extérieures dans un mouvement d'éloignement du système de son état avec angles droits est positif, si les forces extérieures pointent toutes vers l'intérieur, négatif dans le cas contraire. Sur la base du principe de stabilité énoncé à page 239, chapitre 7, on peut en conclure que les chargements du premier type donnent des états d'équilibre instable, ceux du second type des états d'équilibre stable.

Dans les cas (3) de la figure 8.27, le même raisonnement conduit à identifier comme stables les chargements avec trois barres tendues et une barre comprimée (comme celui illustré dans la dite figure), et instables les conditions opposées. Finalement, dans les cas (2) et (4), l'énoncé du chapitre 7 ne nous permet pas de décider sur la stabilité du chargement, car le travail des forces extérieures est nul quel que soit le mouvement virtuel du système.

Pour illustrer une application du principe d'optimisation, prenons l'exemple de la cellule du réseau carré également tendu (figure 8.27 (1)). On peut se donner un réseau dont la cellule élémentaire est un carré incliné, comme dans l'image (a) de la figure 8.29, ou une croix, comme dans l'image (c), mais on peut aussi prendre une cellule en *étoile*, comme dans l'image (b) de la même figure, à condition de conserver les symétries et les sommets A, B, C et D. On voit qu'on passe d'une cellule à l'autre de cette famille en choisissant des valeurs différents du paramètre α, entre 0 (croix) et $\pi/2$ (la valeur $\alpha = \pi/4$ donnant le carré de la figure 8.27 (1), les valeurs supérieurs donnent des octogones irréguliers, jusqu'à la limite d'un carré avec diagonales, pour $\alpha \to \pi/2$).

En figure 8.31 on montre des exemples de cellules de ce type et les diagrammes de

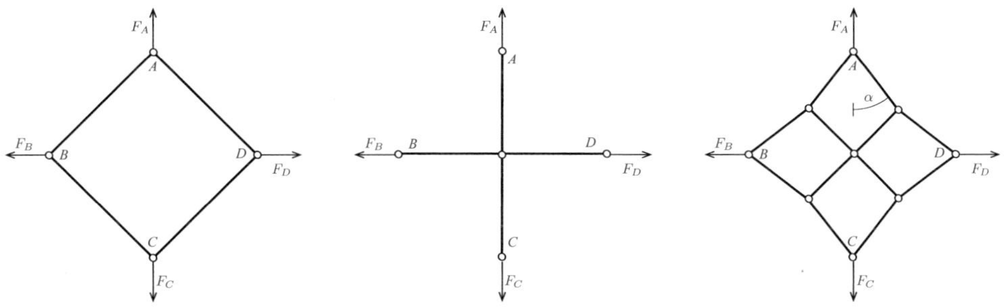

(a) (b) (c)

FIGURE 8.29 – Cellules d'un réseau ayant les symétries du carré, optimales au sens de Michell sous le même chargement.

Cremona correspondants. On peut alors calculer $\mathscr{V}$ en fonction de α selon la formule (8.14). Il s'agit d'écrire ($F > 0$, $0 \leq \alpha < \pi/2$) :

- l'effort normal des côtés de part et d'autre des pointes de l'étoile, $N_1 = F/(2\cos\alpha)$, toujours positif ;
- l'effort normal des diagonales de l'étoile, $N_2 = \sqrt{2}N_1(\cos\alpha - \sin\alpha) > 0$ si $\alpha < \pi/4$;
- la longueur des pointes de l'étoile, $l_p = l_{AB}/(\sqrt{2}(1+\tan\alpha))$, l_{AB} étant la distance entre A et B ;
- le demi-côté du carré inscrit dans l'étoile, $l_c = l_p \tan\alpha$;
- les longueurs des côtés de part et d'autre des pointes, $l_1 = \sqrt{l_p^2 + l_c^2}$;
- les longueurs des diagonales de l'étoile, $l_2 = \sqrt{2}l_c$;

et ensuite calculer $\mathscr{V} = 8|N_1|l_1 + 4|N_2|l_2$. On obtient :

$$\frac{\mathscr{V}}{2\sqrt{2}Fl_{AB}} = \frac{1 + |\cos\alpha - \sin\alpha|\sin\alpha}{(\sin\alpha + \cos\alpha)\cos\alpha} = \begin{cases} 1 & \text{si} \quad 0 \leq \alpha < \frac{\pi}{4}\,; \\ \frac{2}{(\sin\alpha+\cos\alpha)\cos\alpha} - 1 & \text{si} \quad \frac{\pi}{4} \leq \alpha < \frac{\pi}{2}\,; \end{cases}$$

ce qui montre que tout treillis construit pour $\alpha \leq \frac{\pi}{4}$ est optimal dans le sens de Michell (les valeurs pris par la fonction pour $\alpha > \frac{\pi}{4}$ étant tous supérieurs à 1).

On peut aussi écrire $\hat{\mathscr{W}}_r$ pour ces figures, lorsque tous leurs côtés s'allongent en proportion de leurs longueurs (il suffit d'imaginer la figure grandir également dans les deux directions) :

$$\frac{1}{\hat{\varepsilon}}\hat{\mathscr{W}}_r = 4Fa/\sqrt{2}$$

ce qui est le cas si $\alpha \leq \pi/4$ (car toutes les barres sont alors tendues), alors que s'il existe de barres comprimées, le travail des forces réelles sera calculé en se donnant un mouvement virtuel de compression de celles-ci, et de traction des autres, ce qui donnera une valeur forcement supérieure de la précédente (voir figure 8.30), rendant inutile son calcul.

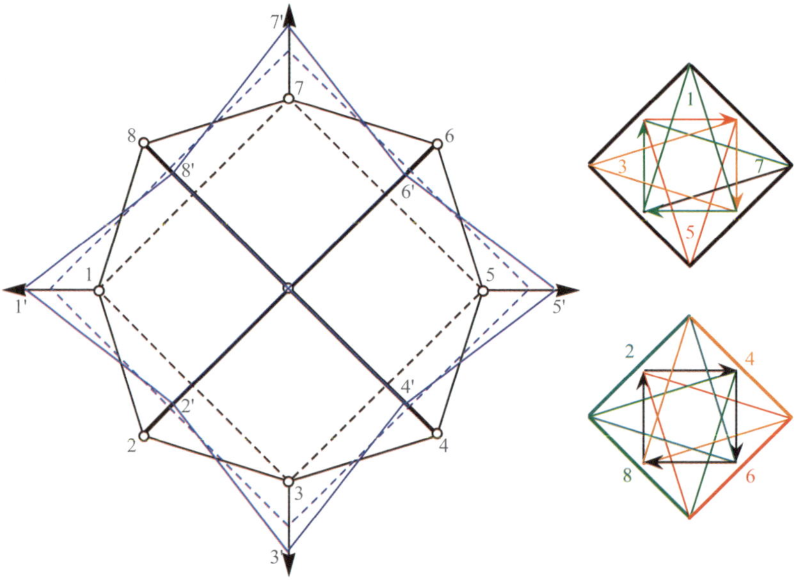

FIGURE 8.30 – Exemple de mouvement virtuel (en bleu) d'une cellule ayant de barres comprimées. La cellule, en noir, est représentée à gauche, deux diagrammes de Cremona sont représentés à droite, avec des couleurs qui permettent l'identification des triangles d'équilibre de chaque nœud. Les barres comprimées sont dessinées en double épaisseur dans le plan géométral de la cellule. Le mouvement vers l'intérieur dû à la contraction virtuelle des barres comprimées cause un plus grand mouvement vers l'extérieur des points d'application des forces que si toute la cellule s'était allongée également (ce mouvement virtuel d'allongement uniforme est celui du carré hachuré).

Ces deux résultats, cohérents comme attendu, montrent que toute cellule ayant $\alpha \leq \pi/4$ est équivalente du point de vue du critère choisi et peut, par conséquent, faire partie d'un réseau optimal. Par ailleurs, on peut constater qu'une cellule en étoile peut toujours remplacer une cellule liant les mêmes sommets en croix, ce qui engendre la possibilité de réaliser des cellules optimales récursives, comme illustré en figure 8.32.

En conclusion, dans le cas d'efforts de traction uniforme sur un réseau carré, on peut se donner plusieurs cellules optimales, ou des structures obtenues par combinations non périodiques de cellules optimales, comme en figure 8.33.

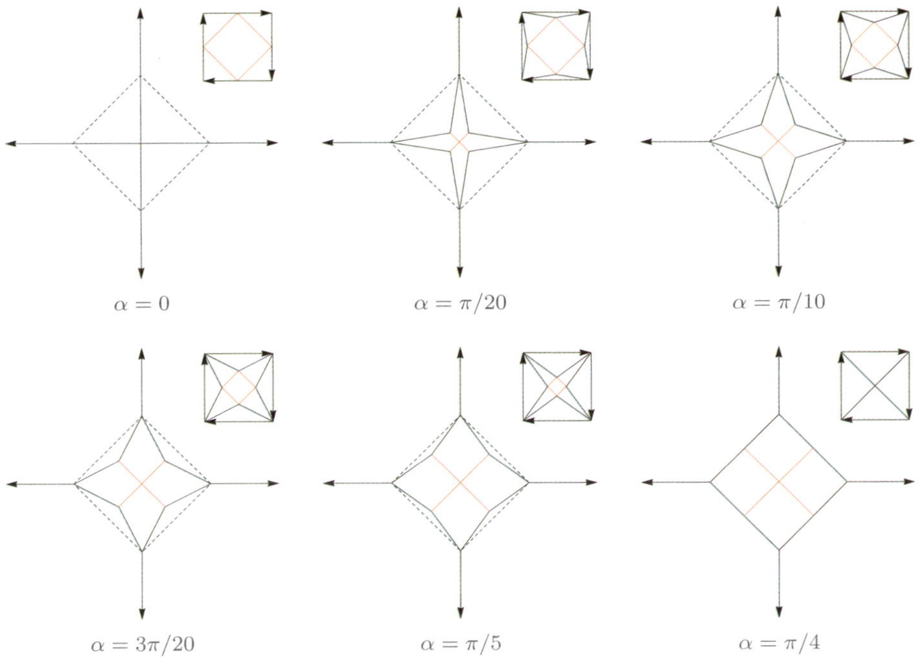

FIGURE 8.31 – Exemples de structures optimales d'égale volume. On montre la géométrie et le diagramme de Cremona des structures aillant de la croix ($\alpha = 0$) au carré ($\alpha = \pi/4$) selon une même logique. La couleur permet d'associer les barres à leurs efforts normaux.

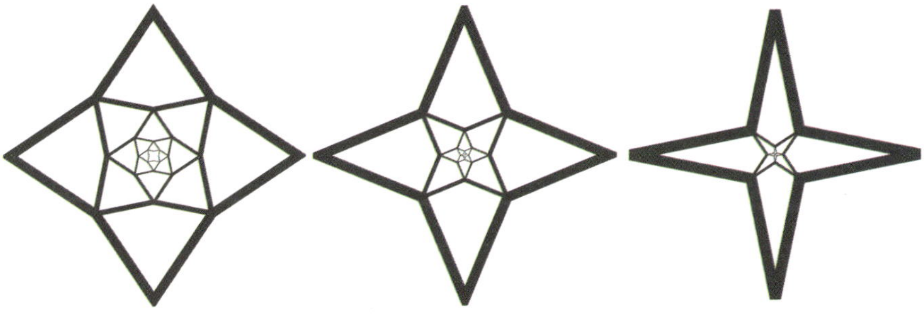

FIGURE 8.32 – Exemples de cellules optimales récursives.

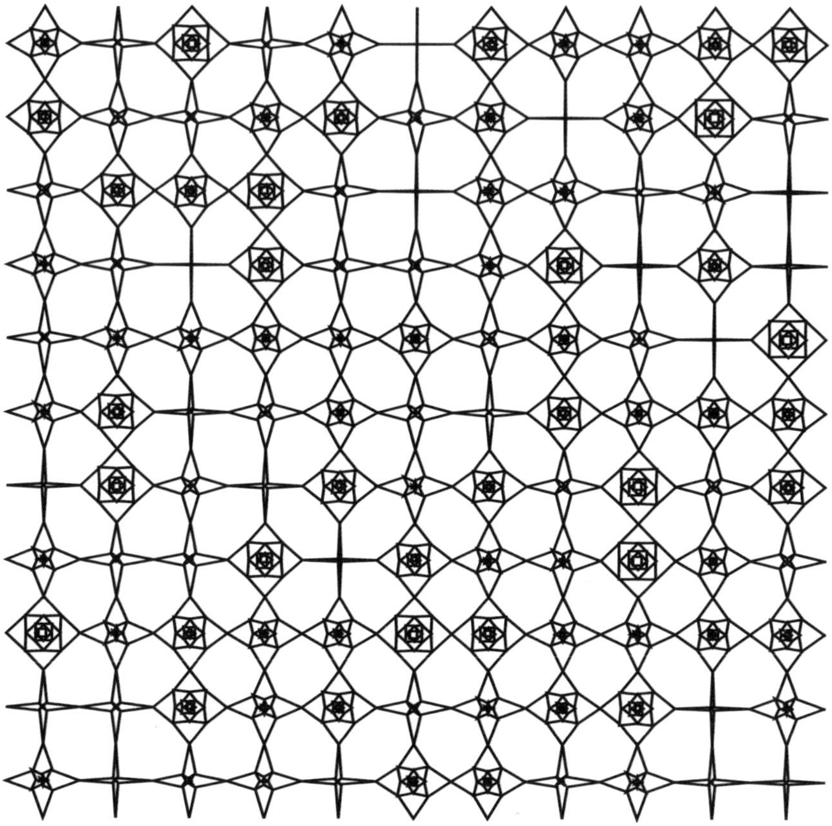

FIGURE 8.33 – Un exemple de réseau carré optimal en traction uniforme, selon le critère choisi, tiré au sort parmi les réseaux équivalents en volume.

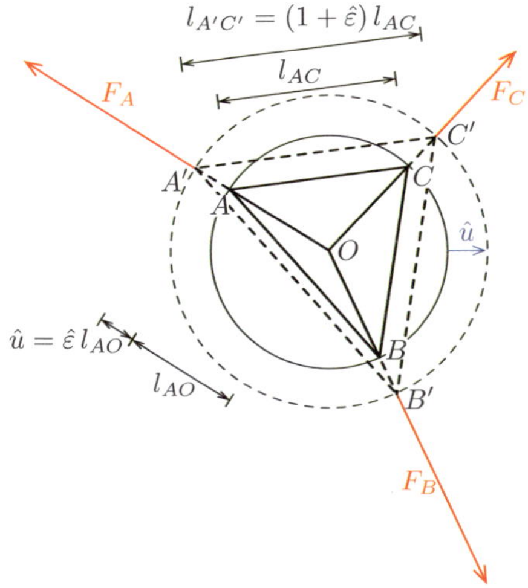

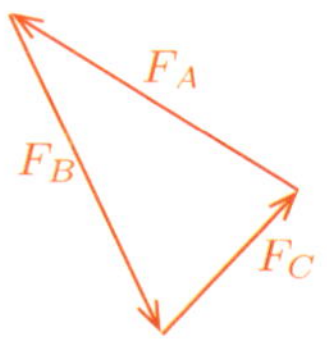

FIGURE 8.34 – Étoile de trois fils et triangle équivalent en volume minimal.

8.4.3 Variantes topologiques locales

L'étude d'un nœud triple, simplement tendu, généralise la possibilité de variantes topologiques locales, observées dans l'exemple précédent. Le calcul du travail virtuel des forces extérieures réelles, dans un mouvement virtuel du type nécessaire pour la minimisation du volume de Maxwell, est particulièrement aisé si on considère les trois fils de longueur égale, comme les segments OA, OB et OC en figure 8.34. Ce travail sera simplement donné par la somme des intensités des tractions appliquées, multipliée par l'extension virtuelle, arbitraire, des trois fils (égale dans les trois cas, car les fils sont d'égale longueur initiale) :

$$\hat{\mathscr{W}}_r = (F_A + F_B + F_C)\hat{u}\,.$$

Si on remplace les trois fils par un triangle ABC, dont les sommets correspondent aux extrémités des fils, le mouvement virtuel à prendre en compte, étant donné par une expansion des trois côtés du triangle proportionnelle à leurs longueurs initiales, modifie ce triangle en un autre, $A'B'C'$, qui lui est semblable, en déplaçant les trois sommets comme dans le cas précédent. L'expression du travail virtuel des forces réelles, rapporté à cette expansion arbitraire, sera donc la même.

On peut en conclure qu'il est toujours possible de remplacer une étoile de trois fils tendus, convergents en un point O, avec un triangle dont O est le centre du cercle circonscrit (point d'intersection des médiatrices des côtés) et les sommets se trouvent sur les branches de l'étoile. Le travail permettant l'évaluation du volume minimal est, alors, le même pour les deux figures, de sorte que l'une sera minimale si l'autre l'est.

Les observations précédentes demeurent valables quel que soit le nombre de côtés de l'étoile, donnant lieu à un polygone équivalent du point de vue du volume minimal de Maxwell, à la seule condition que ce polygone admette un cercle circonscrit dont le centre coïncide avec le centre de l'étoile. Ce résultat permet la proposition de réseau optimaux équivalents dont les nœuds peuvent être obtenus par un processus d'inflation, comme montré en figure 8.35.

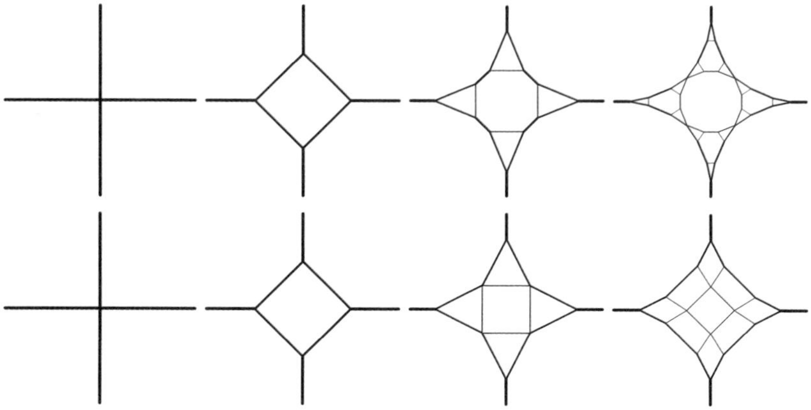

FIGURE 8.35 – Exemples de variantes topologiques d'un nœud, à volume minimal constant, obtenues par un processus d'inflation à partir d'une étoile à angles droits (images à gauche). L'épaisseur des traits est proportionnel à l'effort de traction correspondant.

8.5 Conclusion

Ce chapitre fournit des éléments d'initiation aux thèmes de la conception et de l'optimisation des structures, en introduisant les sujets suivants :

- les indicateurs de la sollicitation et un corollaire du principe des travaux virtuels, permettant l'évaluation de la performance d'une structure exprimée par un tel indicateur ;
- un principe d'optimisation, visant la minimisation d'un indicateur de la sollicitation, et une règle spéciale, applicable lorsque ce minimum est zéro ;
- des exemples d'application pour la définition de la position optimale des liaisons, extérieures ou intérieures, dans une structure ;
- l'étude de l'optimisation topologique avec des exemples.

Il est intéressant de noter comment la portée des sujets et des énoncés introduits puisse aller bien au-delà des applications habituelles de la statique, donnant un nouvel élan à cette discipline qui, s'appuyant sur nombre minimal d'axiomes, peut engendrer des résultats d'une grande généralité.

8.6 Exercices

Exercice 80. On se donne trois forces en équilibre, dont l'intensité et la direction sont celles obtenues pour un fil optimal symétrique (voir l'image de gauche de la figure 8.36), chacune étant attachée à l'extrémité, A, B ou D, d'un fil, dont l'autre extrémité est liée aux autres fils au point C. On étudie la possibilité de remplacer le nœud en étoile au point C par un triangle, GHJ, sans modifier les forces appliquées (voir l'image de droite de la figure 8.36), et on compare les solutions du point de vue de leur volume minimal.

Le volume minimal de l'étoile, par unité de longueur des branches et par unité de force verticale appliquée, est :

$$\frac{\mathscr{V}'}{Fl_{CG}} = 1 + \sqrt{2}\,.$$

En tenant compte de :

$$l_{GH} = \sqrt{2+\sqrt{2}}\,;\ \cos\gamma = \frac{\sqrt{2+\sqrt{2}}}{2}\,;\ \sin\gamma = \frac{\sqrt{2}}{2\sqrt{2+\sqrt{2}}}\,;$$

on obtient le volume minimal du triangle :

$$\frac{\mathscr{V}''}{Fl_{CG}} = \frac{1}{\sqrt{2+\sqrt{2}}}\sqrt{2+\sqrt{2}} + \frac{1}{2+\sqrt{2}}\sqrt{2} = \frac{4+3\sqrt{2}}{2+\sqrt{2}} = 1+\sqrt{2} = \frac{\mathscr{V}'}{Fl_{CG}}\,.$$

Les deux éléments peuvent donc commuter sans changement du volume minimal de la structure.

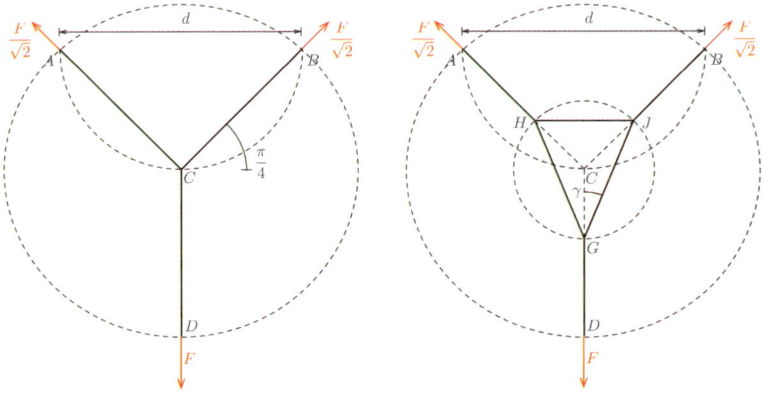

FIGURE 8.36 – Variante topologique, équivalente en volume minimal, d'un nœud triple.

Exercice 81. La relation entre une structure et son diagramme de Cremona a été appelée « reciprocité ». Cela dérive du fait que les règles permettant le passage de la structure chargée audit diagramme peuvent être appliquées pour aller dans le sens inverse, en interpretant le diagramme comme une structure et la structure comme son diagramme de Cremona, sous un chargement particulier, à priori inconnu.

On peut alors affirmer que le diagramme de Cremona d'une structure de volume minimal, sous le chargement correspondant à cet optimum, représente aussi une structure optimale au sens de Michell, pour un chargement qu'il faudra identifier. Dans les deux cas, le produit des valeurs absolus des efforts normaux par les longueurs des barres sont proportionnels ; si l'un est un minimum dans sa classe l'autre le sera aussi, dans la classe correspondante par la réciprocité qui les lie.

On considère la structure avec nœud en triangle de l'exemple précédent et on cherche à identifier le chargement par rapport auquel son diagramme de Cremona représente une structure de volume minimal. La figure 8.37 montre le résultat de cette analyse.

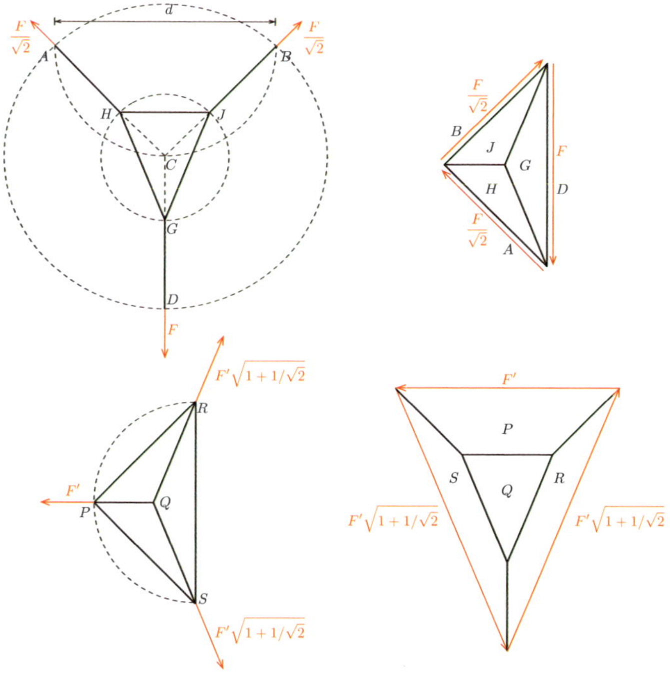

FIGURE 8.37 – Plans géométraux, à gauche, et diagrammes de Cremona, à droite, de deux structures réciproques ayant le même volume minimal.

Il faut noter que les équilibres des nœuds P, R et S de la deuxième structure (image en bas à gauche de la figure 8.37), comportant trois efforts inconnus, ne peuvent pas être déterminés par les seules conditions d'équilibre ; il s'ensuit que le diagramme de Cremona de cette structure, géométriquement équivalent à la structure initiale (image en bas à droite de la figure 8.37) ne représente qu'une condition possible d'équilibre de la structure dessinée sous les forces indiquées.

Exercice 82. Pour un fil parabolique inextensible, tendu entre deux points alignés horizontalement, portant une charge verticale uniformément distribuée (voir chapitre 7), d étant la porté et f la flèche, on peut identifier le rapport optimal f/d au sens de Michell.

On prend l'équation de la parabole suspendue entre $(-d/2, 0)$ et $(d/2, 0)$ du §7.5.3 :

$$y = f\left((2x/d)^2 - 1\right) ;$$

la poussée, sous la charge q, est $H = qd^2/(8f)$; l'effort normal N s'obtient en tenant compte de l'inclinaison φ du fil sur l'horizontal, dont la tangente est donnée par la dérivée de y :

$$\tan\varphi = y' = \frac{8fx}{d^2} ; \; N = \frac{H}{\cos\varphi} = \frac{qd^2}{8f}\sqrt{1 + \left(\frac{8fx}{d^2}\right)^2} .$$

La longueur d'un petit élément de parabole ds s'écrit en fonction de dx, en tenant compte de son inclinaison, par une relation similaire :

$$ds = \frac{dx}{\cos\varphi} = \sqrt{1 + \left(\frac{8fx}{d^2}\right)^2}\, dx$$

Le volume minimal de Michell est proportionnel à

$$\int_{fil} N ds = \frac{qd^2}{8f}\int_{-d/2}^{d/2}\left(1 + \left(\frac{8fx}{d^2}\right)^2\right) dx = \frac{qd^2}{2\sqrt{3}}\left(\frac{\sqrt{3}d}{4f} + \frac{4f}{\sqrt{3}d}\right) ;$$

son minimum correspond à :

$$f = \frac{\sqrt{3}}{4} d ,$$

qui est la longueur de l'apothème de l'hexagone inscrit dans le cercle de diamètre d (voir figure 8.38).

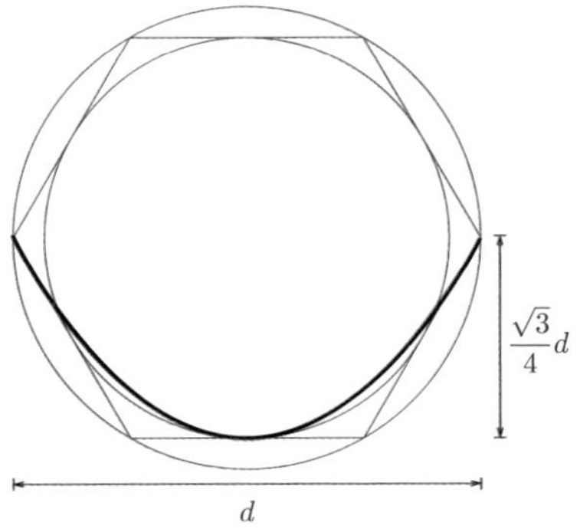

FIGURE 8.38 – Funiculaire de volume minimal pour une charge verticale uniformément distribuée horizontalement.

Exercice 83. On peut partir du résultat de l'exercice 80 de page 309, pour dessiner des réseaux tendus équivalents, en volume optimal, à des réseau périodiques semi-réguliers de type 488 (carré, octogone, octogone), sans nécessairement viser un résultat périodique. En effet, le nœud en étoile de figure 8.36 est le nœud typique d'un réseau 488, dont la nature optimale dérive directement de ce qui a été montré au § 8.4.2 pour les réseaux carrés tendus, la figure 8.29(a) correspondant à un élément carré typique d'un tel réseau. Le passage du nœud en étoile à celui en triangle laissant les volumes minimales identiques, il pourra être imaginé autant de fois qu'on veut dans le réseau.

La figure 8.39 montre un exemple. Il est intéressant de noter que les efforts dans les barres du réseau ne dépendent que de leur inclinaison par rapport aux forces appliquées ; si F sont les forces extérieures, les tractions des côtés des carrés valent $F/\sqrt{2}$, celles des autres côtés des octogones F, celles sur les côtés égales des triangles isocèles $F/\sqrt{2+\sqrt{2}}$ et celles sur leurs bases $F/(2+\sqrt{2})$, comme montré par le diagramme de Cremona de figure 8.37.

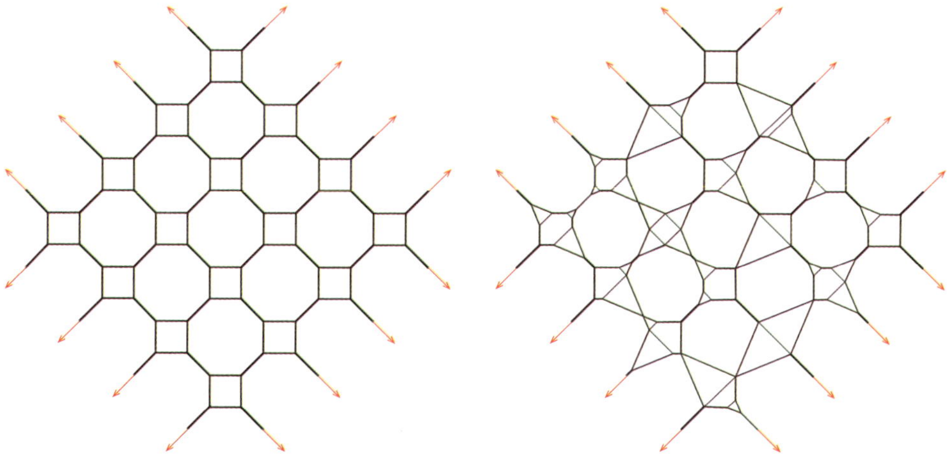

FIGURE 8.39 – Réseau tendu périodique semi-régulier 488 (à gauche) et réseau non périodique également optimal (à droite). L'épaisseur des traits est proportionnel à l'effort de traction correspondant.

Exercice 84. Le réseau 488 de l'exemple précédent, chargé par des forces égales dirigées suivant les directions des carrés, est optimal au sens de Michell. Grâce à la réciprocité et à la définition du volume minimal, on peut tracer le diagramme de Cremona correspondant et rechercher les forces extérieures par rapport auxquelles ce diagramme pourra être interprété, à son tour, comme une structure optimale.

En figure 8.40 on montre le résultat de cette recherche. Les images de la première ligne montrent le réseau 488 et son diagramme de Cremona. Le réseau réciproque en bas à droite étant hyperstatique, son diagramme de Cremona, de type 488, représenté à sa droite, n'est pas la seule solution du problème de l'équilibre statique ; il suffit d'imaginer la dilatation ou la contraction d'un ou plusieurs carrés de ce diagramme pour comprendre l'indétermination existante sur l'amplitude des efforts normaux. On observe que, dans la solution particulière dessinée, qui est optimale car réciproque d'une solution optimale, les efforts normaux sont tous identiques, car les côtés du réseau 488 faisant fonction de diagramme de Cremona le sont par construction.

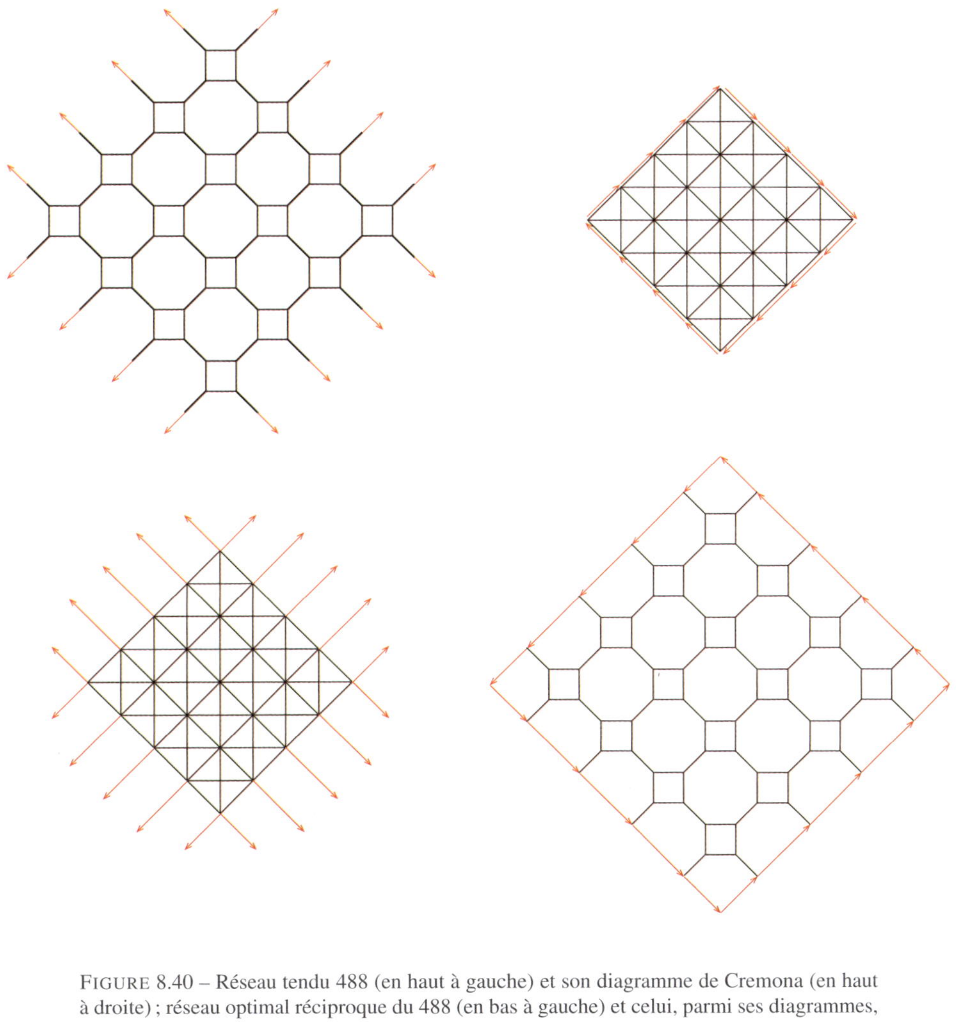

FIGURE 8.40 – Réseau tendu 488 (en haut à gauche) et son diagramme de Cremona (en haut à droite) ; réseau optimal réciproque du 488 (en bas à gauche) et celui, parmi ses diagrammes, qui correspond à la solution statique optimale (en bas à droite).

Conclusion

La statique est une science basée sur un système axiomatique relativement restreint, pouvant s'appliquer à un grand nombre de situations. La présentation donnée dans ce livre se limite aux exemples basiques du génie civil et du génie mécanique, afin de donner au lecteur le cadre le plus simple possible pour aborder la matière.

Alimentée par les questions structurales de l'architecture, la statique a été longuement une discipline essentiellement géométrique, associant l'étude des systèmes simples, comme le levier ou le plan incliné – avec leurs caractères géométriques manifeste –, à la recherche d'un art de bâtir par les proportions.

Mais, sous l'impulsion de la géométrie analytique de Descartes d'abord et du calcul différentiel ensuite, la statique s'est nourrie d'autres méthodes que ceux de la géométrie projective, lui donnant un cadre formel plus riche et une plus grande puissance d'analyse. Certes, des épisodes du passé, comme le développement de la statique graphique dans la seconde moitié du XIXe siècle, témoignent toujours de l'existence d'un lien fort entre géométrie et statique, mais cette science est aujourd'hui, comme toute branche de la mécanique, tributaire d'un formalisme mathématique avancé qui, parfois, offusque le sens épistémologique d'une filiation indéniable.

Dans ce livre nous avons cherché de rapprocher le plus que possible les concepts et les démonstrations à la source géométrique de leur inspiration, même au prix d'une éventuelle verbosité face à des notions qui jouissent désormais d'une grande compacité d'exposition grâce à un langage mathématique spécifique. La raison de ce choix est multiple. Tout d'abord ce livre s'adresse à un lecteur éventuellement non formé à l'étude des sujets mathématiquement plus complexes : en s'appuyant exclusivement sur la géométrie, les raisonnements présentés pénètrent potentiellement un plus large public tout en véhiculant des concepts qui intéressent réellement plus de monde que ceux qu'ils serait possible d'informer autrement.

Deuxièmement, en se limitant autant que possible à la géométrie projective, on donne à la statique la généralité et la profondeur qui lui appartiennent et qui se trouvent parfois cachés dans des formalismes plus évolués.

Dans les limites du simple cadre choisi et de l'exposition qu'on a su en faire, on espère vous avoir donné, chers lecteurs, le goût de l'approfondissement et le sens d'une discipline qui, débattue depuis les présocratiques, ne termine pas de nous fasciner.

Table des figures

Table des matières

Achevé d'imprimer par Corlet, Imprimeur, S.A. - 14110 Condé-sur-Noireau
N° d'Imprimeur : 182079 - Dépôt légal : mai 2016 - *Imprimé en France*